현장 실무자를 위한

사출금형 설계

Injection Mould Design
for the Field Engineers

신남호 저
공주대학교 기계자동차공학부
금형설계 공학전공 교수

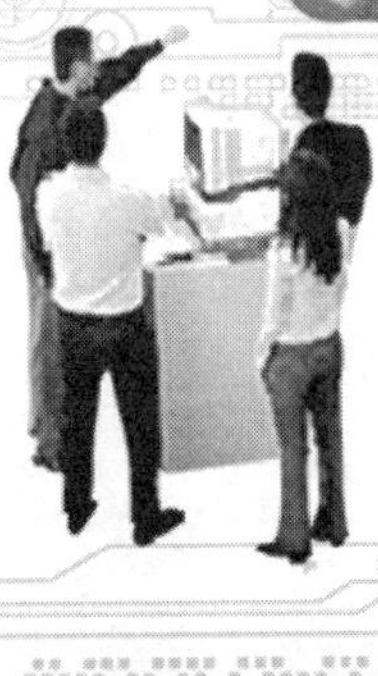

실무현장에 꼭 필요한 가이드!
:: 현장 실무자에게 필요한 이론과 응용을 다루기 쉽게 설명
:: 산업 현장에서 쓰이는 사출기술에 대해서 세부적이고 이해하기 쉽게 요약 기술

대광서림

현장 실무자를 위한
사출금형설계

발행일 | 2008년 7월 7일 초판 인쇄
         2017년 4월 3일 7쇄 인쇄
         2021년 4월 8일 개정판 인쇄
저 자 | 신남호 (공주대학교 기계자동차공학부 금형설계공학전공 교수 역임)
발행인 | 김구연
발행처 | 대광서림주식회사
         서울 광진구 아차산로 375, 크레신타워 513호
         TEL. (02) 455-7818
         FAX. (02) 452-8690
등 록 | 1972.11.30 제1972-2호

저작권 ⓒ 2021 신남호
ISBN 978-89-384-5192-7   93580

정가 23,000원

머리말

　산업의 고도성장과 더불어 플라스틱 공업이 오늘날과 같이 큰 발전을 이룩한 것은 플라스틱 금형업계의 당면과제인 생산성향상, 품질향상, 원가절감이라는 목표를 달성하기 위하여 산업현장의 기술자들이 많은 노력을 기울인 결과이다.
　이제는 플라스틱 금형기술을 통해 반도체 부품과 초정밀 첨단 제품까지도 개발 제작하여 수출산업 전선에서 한몫을 하고 있음은 매우 자랑스러운 일이라 할 수 있다.
　현대의 산업은 고도의 정밀도를 확보할 수 있는 금형기술을 요구하고 있다. 이러한 요구에 부응하기 위해서는 종래의 금형기술을 한 단계 끌어올릴 수 있는 금형기술을 체계적으로 확고히 하고 또한 그 기술을 보급, 확산시키는 것이 필요하다. 이렇게 함으로써 금형기술발전의 내일을 기약할 수 있을 것이다.
　본 도서는 사출금형설계를 강의하기 위한 대학교재를 목적으로 만들어진 것이다.
　현장실무에 응용하기 쉽도록 기본적인 사출금형에 대한 이론과 실무적으로 활용하는 금형부품 및 설계방법을 체계적으로 조화시키고 한 제품을 다양한 설계기법으로 기술함으로 금형설계 및 제작의 장단점을 이해할 수 있으며, 금형설계의 기초에서 실무적인 응용까지 사출금형 설계기술자로서 갖추어야 할 기본적인 내용을 다루었다. 따라서 금형설계를 전공하고자 하는 공학도는 물론 이 분야에 종사하고자 하는 기술자들이 쉽게 이해할 수 있도록 설계 입문과 참고서적인 내용을 갖추도록 노력하였다.
　본 도서가 플라스틱 금형 산업발전에 다소나마 공헌할 수 있다면 필자로서 무한한 영광으로 생각하며, 또한 본 도서의 내용 중 부족한 점과 부정확한 점들을 독자 여러분께서 지적하여 주시면 후에 보정하겠사오니 많은 지도 있으시기를 바란다.
　끝으로 이 책의 출판에 노고를 아끼지 않고 협조하여 주신 대광서림 임직원 여러분께 진심으로 감사드린다.

지은이 올림

차 례

1장 | 사출금형의 종류

1. 사출금형의 종류 ·· 12
   1.1 압축금형 ·· 12
   1.2 트랜스퍼금형 ·· 13
   1.3 압출금형 ·· 14
   1.4 블로성형금형 ·· 14
   1.5 진공성형금형 ·· 15
   1.6 사출성형금형 ·· 16

2. 사출금형 부품의 명칭 ·· 17

3. 사출금형의 기본 종류 ·· 20
   3.1 사출금형의 기본형 종류 ·· 20
   3.2 플라스틱용 금형의 구조 ·· 23

2장 | 성형품 설계 및 불량

1. 금형설계를 고려한 성형품 설계 ·· 32
   1.1 기본적인 파팅라인 결정방법 ·· 32
   1.2 성형품 빼기구배 ·· 34
   1.3 성형품의 살 두께 ·· 37
   1.4 성형품 변형과 보강 ·· 38
   1.5 보스 ·· 42
   1.6 성형품의 구멍 ·· 42
   1.7 나사 성형품 ·· 43
   1.8 금속 인서트 ·· 44
   1.9 가공성을 고려한 금형설계 ·· 45

2. 사출성형용 수지의 분류 및 특성 ·· 50

2.1 성형수지의 분류 ·· 50
2.2 성형재료가 금형설계에 미치는 영향 ·················· 51
2.3 각종 성형수지의 종류 및 특징 ··························· 53
2.4 성형수축 발생요인 ·· 54
2.5 성형수축률의 변동요인 ······································ 55

3. 성형품 치수 ··· 55
3.1 성형품 일반 치수공차 ·· 55
3.2 열경화성 성형품 치수공차 ·································· 56
3.3 열경화성 및 열가소성 수지별 성형품 치수공차 ·········· 57

4. 성형부의 금형치수 ·· 58
4.1 성형수축률 ·· 58
4.2 성형부의 금형치수 ·· 59
4.3 성형품 치수의 분류 ·· 60

5. 성형품의 불량과 대책 ·· 62
5.1 성형불량 종류와 원인 ·· 62
5.2 불량원인과 개선대책 ·· 64

3장 | 유동시스템 및 성형기

1. 러너 ··· 74
1.1 러너구조 ·· 74
1.2 러너 레이아웃 ·· 75
1.3 러너리스 ·· 79

2. 게이트 ··· 83
2.1 게이트의 기능 ·· 83
2.2 게이트의 분류 ·· 84
2.3 게이트의 종류와 특징 ·· 85
2.4 게이트 위치 설정시 유의사항 ······························ 94

3. 스프루 부시 ·· 97
3.1 스프루 부시 ··· 97
3.2 스프루 부시와 로케이팅링 ·································· 99
3.3 스프루로크핀 ·· 101

4. 로케이팅링 ··········· 105
  4.1 로케이팅링의 설계 ··········· 105
  4.2 로케이팅링 종류와 특징 ··········· 106

5. 사출성형기 ··········· 107
  5.1 사출성형기의 구성 ··········· 107
  5.2 사출성형기의 종류 ··········· 108
  5.3 사출성형기의 주요 수치 ··········· 112
  5.4 사출성형기의 성형순서 ··········· 115
  5.5 사출성형의 특성 ··········· 118

4장 | 금형설계기술

1. 금형온도 조절 ··········· 122
  1.1 온도조절의 필요성 ··········· 122
  1.2 냉각홈 분포와 냉각효과의 관계 ··········· 122
  1.3 금형온도 조절의 열적해석 ··········· 123
  1.4 냉각수 회로설계 ··········· 125

2. 에어벤트 ··········· 131
  2.1 에어벤트(가스 빼기) ··········· 131
  2.2 벤트 불량시 문제점 ··········· 131
  2.3 에어벤트의 방법 ··········· 132

3. 금형의 강도 ··········· 133
  3.1 금형의 강도 ··········· 133
  3.2 직사각형 캐비티의 측벽두께 ··········· 133
  3.3 원통형 캐비티의 측벽두께 ··········· 135
  3.4 코어 받침판의 두께 ··········· 136
  3.5 핀류와 볼트의 강도 ··········· 138

4. 가공성을 고려한 금형설계 ··········· 140
  4.1 가공성을 고려한 금형설계 ··········· 140
  4.2 가공성을 고려한 금형설계 적용 예 ··········· 141

5. 성형품 밀어내기 ··········· 152

5.1 원형 밀핀 ·· 152
5.2 각형 밀핀 ·· 154
5.3 슬리브 밀핀 ·· 155
5.4 스트리퍼 플레이트 이젝터 ·· 158
5.5 공기압 이젝터 ·· 161
5.6 2단 밀어내기 ·· 162
5.7 판 조기귀환 금형구조 ·· 164
5.8 성형품 밀어내기 금형구조 ·· 166

6. 언더컷의 처리 ·· 171
6.1 언더컷 ·· 171
6.2 언더컷 부분을 설계 변경한 예 ·· 171
6.3 언더컷 처리방법 ··· 173
6.4 언더컷 처리 금형구조 ·· 180
6.5 플라스틱 기어 ·· 183

5장 | 사출금형의 부품

1. 사출용 금형의 가이드 부품 ·· 192
1.1 사출용 금형의 가이드핀 ·· 192
1.2 사출용 금형의 가이드 부시 ·· 195
1.3 사출용 금형의 서포트핀 ·· 196
1.4 사출용 금형의 이젝터 가이드핀 ·· 198
1.5 사출용 금형의 이젝터 가이드 부시 ·· 202
1.6 사출용 금형의 가이드레일 ·· 203

2. 사출용 금형의 조립부품 ·· 204
2.1 사출용 금형의 로케이팅링 ·· 204
2.2 사출용 금형의 플러볼트 ·· 207
2.3 사출용 금형의 스톱핀 ·· 209
2.4 사출용 금형의 스톱볼트 ·· 210
2.5 사출용 금형의 테이퍼 로크핀 ·· 211
2.6 사출용 금형의 볼버튼 및 플런저 ·· 212
2.7 사출용 금형의 맞춤핀 ·· 214
2.8 사출용 금형의 로킹블록 ·· 215
2.9 사출용 금형의 금형 열림방지편 ·· 216

2.10 사출용 금형의 삼단고리 ·· 217
2.11 사출용 금형의 스톱링 ··· 219
2.12 사출용 금형의 스트로크 엔드블록 및 서포트필러 ············ 220
2.13 사출용 금형의 테이퍼 블록세트 ···································· 221

3. 사출용 금형의 DEMOLDING 부품 ··································· 222
3.1 사출용 금형의 이젝터핀 ··· 222
3.2 사출용 금형의 앵귤러핀 ··· 223
3.3 사출용 금형의 이젝터 로드 ·· 226
3.4 사출용 금형의 이젝터 슬리브 ··· 227
3.5 사출용 금형의 리턴핀 ·· 228
3.6 사출용 금형의 러너 이젝터 셋트 ···································· 230
3.7 사출용 금형의 러너로크핀 ·· 231
3.8 사출용 금형의 슬라이드 코어, 대기판 및 홀더 ················ 233
3.9 사출용 금형의 스프루로크부시 ······································· 239
3.10 사출용 금형의 인장링크 ··· 240

4. 사출용 금형의 스프루 부시 및 냉각시스템 부품 ·········· 242
4.1 사출용 금형의 스프루 부시 ·· 242
4.2 사출용 금형의 냉각장치 연결구 ····································· 246
4.3 사출용 금형의 플러그 ·· 249
4.4 O-링 ··· 252
4.5 O-링용 백압링 ·· 253
4.6 O-링의 홈 ··· 255

5. 사출용 금형의 기계적인 부품 ··· 259
5.1 접시머리 작은 나사 ··· 259
5.2 아이볼트 ··· 260
5.3 6각볼트 ·· 262
5.4 6각 구멍붙이 볼트 ·· 263
5.5 세트 스크류 ·· 264
5.6 스페이서 링 ·· 265
5.7 압축 및 인장스프링 ··· 266
5.8 스프링와셔 및 플러볼트용 칼라 ····································· 271

6장 | 사출금형설계

1. 금형설계의 요점 ·················· 274
1.1 금형구조설계 ················ 274
1.2 금형설계와 출도 ············ 276
1.3 금형설계의 검토내용 ······· 278

2. 금형설계 제도법 ················ 280
2.1 금형설계의 기초사항 ······· 280
2.2 평면도, 측면도 및 조립도의 정의 ······· 282
2.3 조립도 작성방법 ············ 286
2.4 부품도 작성방법 ············ 289
2.5 금형의 설계제도 과정 ······· 295
2.6 금형설계 전 고려사항 ······· 297

3. 금형설계 실예 ···················· 299
3.1 사이드 게이트형 금형설계 ······· 299
3.2 터널 게이트형 금형설계 ······· 320
3.3 핀포인트 게이트형 금형설계 ······· 342
3.4 슬라이드 코어형 금형설계 ······· 365

1장

사출금형의 종류

1. 사출금형의 종류

1.1 압축금형(Compression mould)

압축성형에는 열경화성 플라스틱이 사용되며 분말상의 재료를 금형의 캐비티에 넣고, 위로부터 누르는 형을 닫고, 가열 가압하면 유동성에 의해 캐비티의 세부까지 충전된다. 열경화성 플라스틱은 압축성형 과정에서 가열 가압에 의한 화학적 변화가 일어나서 상대적으로 유동성이 없는 상태로 경화 또는 성형가공 된다. 종류로는 플래시 금형, 포지티브 금형, 세미포지티브 금형으로 분류한다.

1) 플래시 금형(Flash mould)

일명 평압형 금형이라고 하며 그림 1.1.1(a)와 같이 재료가 캐비티를 꽉 채우고 여분의 재료가 파아팅 면으로부터 넘쳐 밀려나게 된다. 플런저가 완전히 밀착되면서 0.05mm내지 0.2mm 틈새가 있어 여분의 재료가 빠져 나갈 수 있다. 이 금형은 접시나 받침대와 같은 얕고 깊이가 있는 제품 제작에 적합하다.

2) 포지티브 금형(Positive mould)

일명 압입형 금형이라고 하며 그림 1.1.1(b)와 같이 플런저와 캐비티 벽 사이에 틈새가 거의 없고, 플런저에 가한 압력이 재료에 그대로 전달되고, 재료의 이탈이 거의 없다. 플런저와 캐비티의 간격(clearance)은 금형크기와 성형재료에 따라 0.04mm부터 0.2mm까지 다양하다. 재료의 계량을 정확히 하여야 한다.

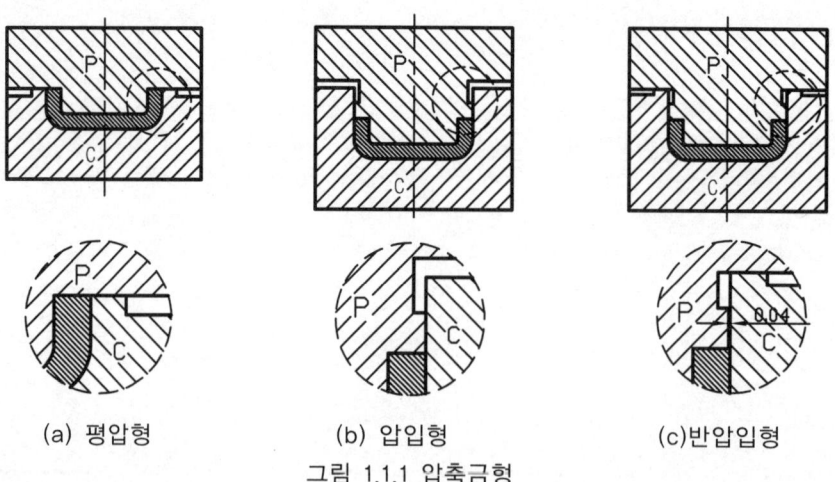

(a) 평압형　　　(b) 압입형　　　(c)반압입형

그림 1.1.1 압축금형

3) 세미포지티브 금형(Semi-positive mould)

일명 반 압입형 금형이라고 하며 그림 1.1.1(c)와 같이 금형이 닫히기 시작함에 따라 여분의 재료가 빠져 나가다가 플런저가 캐비티 안에 들어가게 되면 재료에 충분히 압력이 가해져 높은 농도의 제품이 나온다. 플래시 금형과 포지티브 금형의 양쪽 장점을 살린 것이 세미포지티브 금형이다.

1.2 트랜스퍼 금형(Transfer mould)

트랜스퍼 성형은 열경화성 플라스틱의 성형능률과 품질의 향상을 목적으로 고안된 성형법으로 압축 금형과 다른 점은 재료를 캐비티 내에 넣은 상태에서 성형되는 것이 아니고 별도로 마련된 실린더에서 가열하여 플런저나 유압실린더의 작용으로 밀폐된 금형 속에 유동적인 상태로 압입된다.

액체상태의 재료는 스프루(sprue), 러너(runner) 및 게이트(gate)를 통해서 캐비티 내로 유입되며 성형가공이 완료될 때까지 재료에 압력이 작용된다. 트랜스퍼 금형은 그 성형 방식에 따라 포트형 트랜스퍼와 플런저 트랜스퍼가 있다.

1) 플런저 트랜스퍼(Plunger transfer)

재료가 고온의 금형에 의해 가열되며 포트 플런저의 압력을 받아 유동상태로 되어 스프루, 러너 및 게이트를 통하여 캐비티에 유입되어 제품이 형성된다. 플런저 트랜스퍼는 플런저가 금형의 일부가 아니고 성형 프레스기의 일부라는 점이다.(그림 1.2.1(a))

2) 포트 트랜스퍼(Pot transfer)

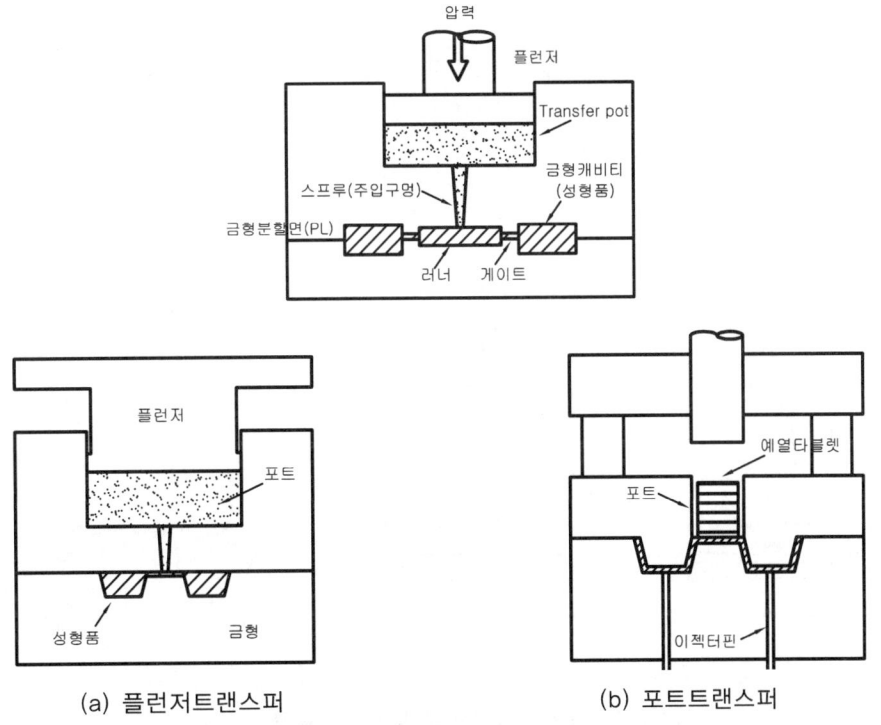

(a) 플런저트랜스퍼   (b) 포트트랜스퍼

그림 1.2.1 트랜스퍼 금형의 원리

포트에 예비 성형품이 들어있고 금형의 열과 플런저의 압력에 의해 재료는 액체상태로 되어 러너와 게이트를 통하여 캐비티로 유입 성형된다. 포트 트랜스퍼는 플런저가 캐비티부 금형의 일부를 형성한다.(그림 1.2.1(b))

1.3 압출금형

성형재료를 가열 실린더 속에서 가열하여 가소화시켜 스크류에 의하여 소요의 형상을 한 단면으로 연속적으로 압출시켜 냉각 고화시켜 성형품을 얻는다. T모양, 앵글모양, 막대모양, 파이프모양 등 일정한 단면형상의 성형품 밖에 얻을 수 없으므로 응용범위는 좁아지지만 성형을 연속적으로 능률적으로 한다.

그림 1.3.1은 압출성형의 원리도를 나타낸 것이다.(그림 1.3.1)

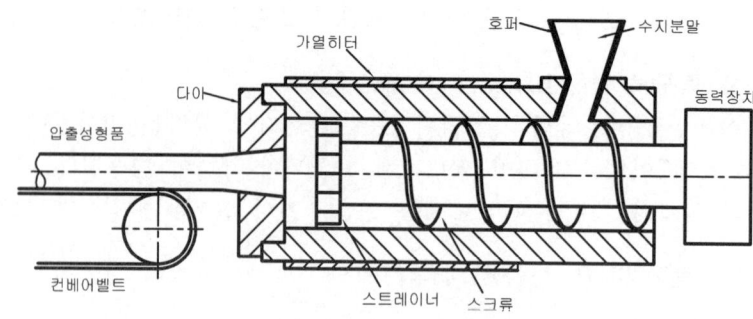

그림 1.3.1 압출성형의 원리

1.4 블로성형금형(Blow Molding)

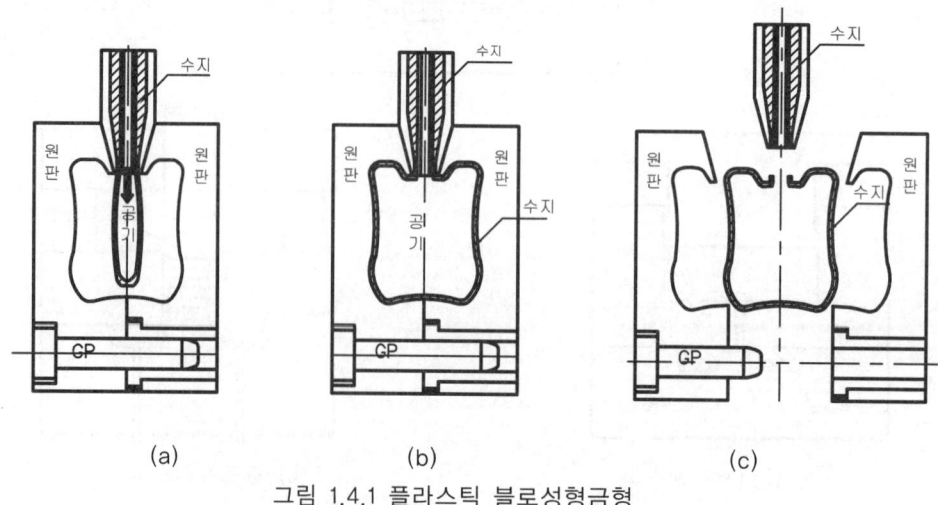

그림 1.4.1 플라스틱 블로성형금형

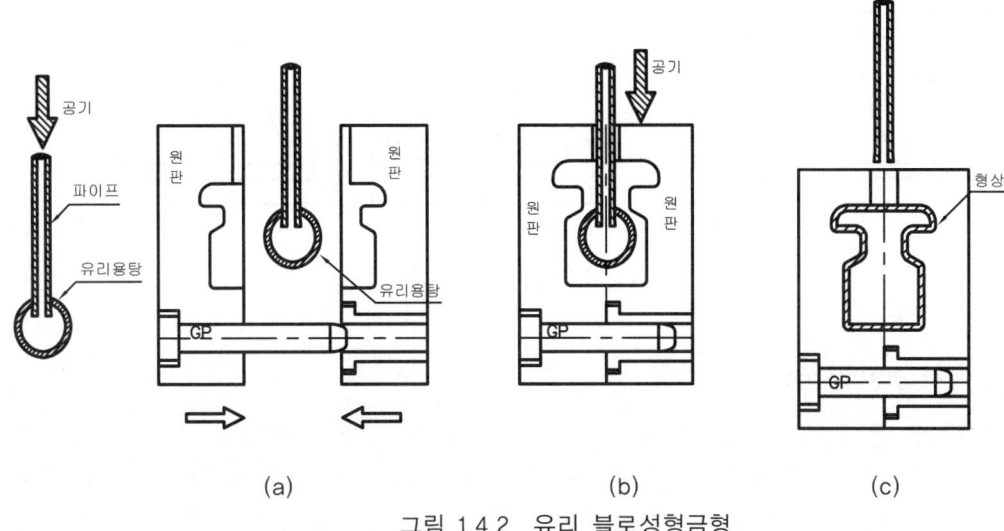

그림 1.4.2 유리 블로성형금형

블로성형은 그림 1.4.1~2와 같이 일정한 형틀에 용융된 플라스틱수지 내부에 공기를 불어넣어 수지를 형틀 외부에 부착시킨 후 내부공기를 자연 배출시켜서 요구하는 제품을 성형시키는 방법으로 플레이트(원판) 2매로 이루어지며 추출 기구는 없으며, 공기를 불어넣는 장치가 수지 주입부와 공기 주입부가 같은 위치에 있어야한다. 어린이의 장난감, 화장품 용기류 등에 사용된다.

1.5 진공성형금형

열가소성 플라스틱 시이트(sheet) 또는 필름을 오목형 또는 볼록형의 한 쪽에서만 공기압을 이용하여 성형하는 방법이다. 즉, 재료의 시이트나 필름을 금형형상위에 밀착시키고 가열하면서 형상하부에 있는 흡입 구멍으로부터 공기를 흡입시키면, 재료는 금형형상 모양으로 흡입 밀착되며 성형된다.

그림 1.5.1은 그 원리도를 나타낸 것이다. 그림의 (a)는 Straight법이라고 하는 가장 간단한 방법인데 깊이 drawing하는 경우에 두께가 불균일하게 되기 때문에 예비신장을 한 후에 성형하는 것이 바람직하다. 그림의 (b)는 Drape법이라고 한다.

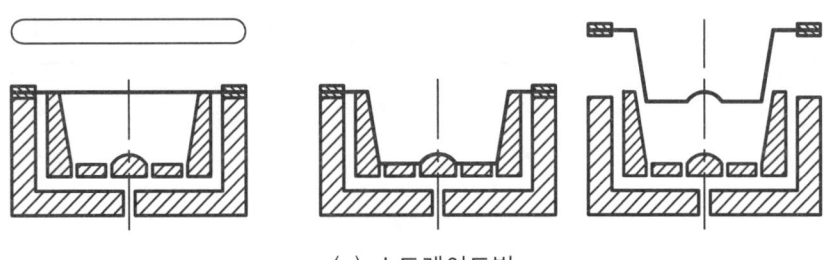

(a) 스트레이트법

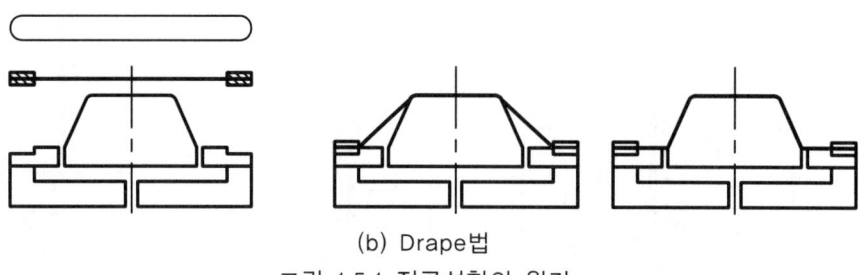

(b) Drape법
그림 1.5.1 진공성형의 원리

1.6 사출성형금형

열가소성 플라스틱의 성질(경화시키기 위해 용융상태로 가열하였다가 냉각시키더라도 그 구조상 물리 변화만 생긴다)을 이용하여 실린더 안에서 가열로 수지가 액체로 변화된 것을 스크루의 전진에 의하여 노즐을 통하여 고압으로 압입하면 용융수지는 스프루, 러너 및 게이트를 지나서 캐비티부에 충전되고, 냉각된 금형에 의해서 냉각 고화되므로 성형이 된다.

사출 후 유압 실린더에 의하여 스크루가 후퇴하고 금형이 파팅라인을 따라 열리면 성형품이 금형으로부터 떨어지도록 이젝터 기구를 작동시킨다.

사출 성형 금형에서 성형품설계, 금형설계, 성형재료 및 금형의 문제와 그 대책에 대하여서는 다음 장부터 설명이 되고 있다.

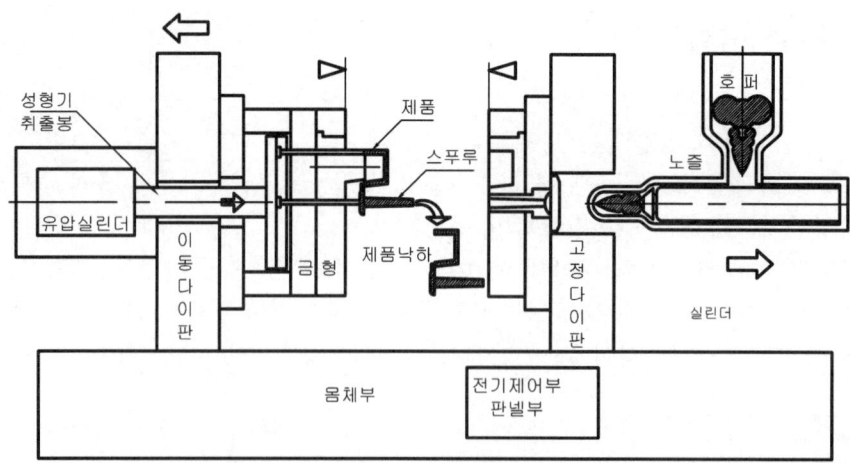

그림 1.6.1 사출성형기

2. 사출금형 부품의 명칭

사출성형금형 설계·제작에 사용하고 있는 금형용어의 뜻을 이해함으로 상대와 의사전달의 정확함과 금형정보 교환에 도움을 주기 위함.

표 2.1.1 사출금형 부품의 용어

그 림	금 형 용 어
(목형)	① **성형품**: 목형을 플라스틱 수지로 바꾸었을 때 부르는 이름 ② **제품도**: 성형품을 제도규격에 맞추어 작도한 도면을 말함 ③ **사양서**(시방서): 성형품을 생산하기 위하여 여러 가지 요구사양 및 시작방식을 작성한 것
(윗 형틀 / 아래형틀)	④ **고정측형판**: 성형품을 성형하는 공간을 이루는 형판 중 금형의 고정측에 있는 판으로 캐비티부가 내재한다.(Cavity plate) ⑤ **가동측형판**: 성형품을 성형하는 공간을 이루는 형판 중 금형의 가동측에 있는 판으로 이판에는 코어가 내재되기도 한다.(Core plate) ※ 형틀 속의 주물사를 금형강으로 바꾸었을 때를 하나의 판으로 봄
(주물사, 목형, 주물사, 가이드부시, 가이드핀)	⑥ **가이드 핀**: 가동측형판에 고정되고 금형이 열리고 닫힐 때 고정측형판과 가동측형판이 정확하게 형합 되도록 안내역할을 하는 핀.(Guide pin) ⑦ **가이드 부시**: 고정측형판에 고정되고 가이드핀(안내핀)이 움직일 때 저항이 적도록 베어링 역할을 해주는 부품.(Guide bush) ※ 형판 위치고정을 위하여 복수로 들어가며 회전방지를 위하여 1개소의 위치를 다르게 할 수 있다.

그 림	금 형 용 어
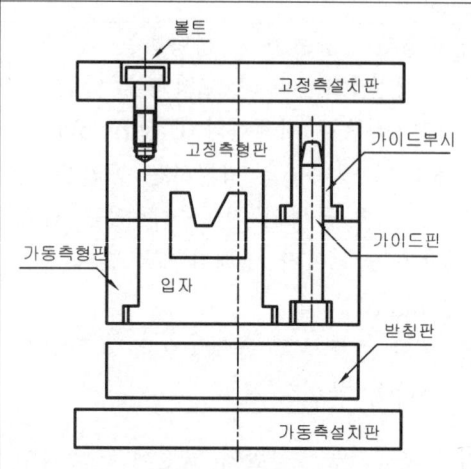	⑧ **고정측설치판**: 금형을 구성하는 맨 위에 있는 판 형상의 부품으로 사출성형기의 고정측부착판에 금형을 설치하여 고정하는 판으로 상고정판(상원판)이라고도 한다.(Fixed clamp plate) ⑨ **가동측설치판**: 금형을 구성하는 맨 아래에 있는 판 부품으로 사출성형기의 가동측부착판에 금형을 설치하여 고정하는 판으로 하고정판(하원판)이라고도 한다.(Moving clamp plate) ※ 형판 크기는 항상 고정측설치판과 가동측설치판이 같도록 하는 것이 좋다.
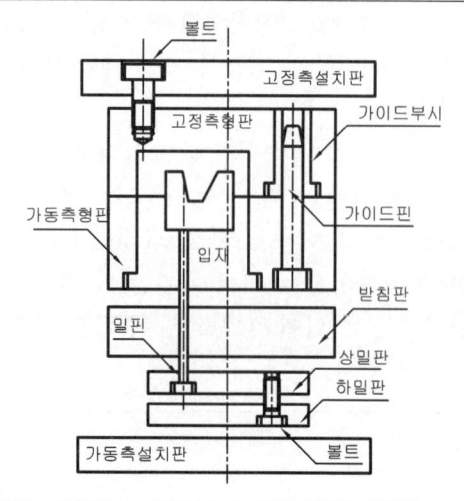	⑩ **받침판**: 가동측에 설치하는 형판으로 사출성형시 고압에 의해서 가동측형판의 휨이 일어나지 않게 받쳐 주는 판.(Support plate) ※ 항상 크기는 고정측형판/ 가동측형판을 같게 하는 것이 좋다. ※ 가동측형판에 직접 가공할 경우에는 받쳐주는 판이 불필요하므로 생략해도 무방하다.
	⑪ **밀핀**: 고정측형판과 가동측형판 사이에 있는 성형품을 밀어내기 위하여 들어가는 핀.(Ejector pin) ⑫ **밀핀고정판**(약칭:상밀판): 밀핀, 리턴핀 및 스프루로크핀 등이 고정되어 있는 판.(Ejector retainer plate) ⑬ **밀핀받침판**(약칭:하밀판): 상밀판에 설치되어 있는 밀핀, 리턴핀 및 스프루로크핀들의 받침판 역할을 하는 밀판. ※ 상밀판과 하밀판은 볼트로 체결한다.

그 림	금 형 용 어
(그림: 리턴핀 관련 금형 구조 - 볼트, 고정측설치판, 고정측형판, 가이드부시, 가동측형판, RP, 가이드핀, 입자, 받침판, 밀핀, 상밀판, 하밀판, 가동측설치판, 볼트)	⑭ **리턴핀**: 밀핀 고정판에 고정되어 있으며 금형이 닫힐 때 밀핀이나 스프루 로크핀을 보호하여 원위치로 정확히 되돌아가게 하도록 작용한다. (Return pin) ※ 통상 가동측형판에는 리머가공을 하여 전진 후퇴를 도모하나 요즈음에는 가공여유를 주므로 밀판 가이드 핀을 설치하고 있다.
(그림: 다리 관련 금형 구조 - 볼트, 고정측설치판, 고정측형판, 가이드부시, 가동측형판, 입자, RP, 가이드핀, 받침판, 밀핀, 상밀판, 하밀판, 다리, 가동측설치판, 볼트)	⑮ **다리**: 상/하측의 밀판이 제품을 밀어내기 위한 공간을 확보해 주기 위하여 들어가는 판.(Spacer blocks)
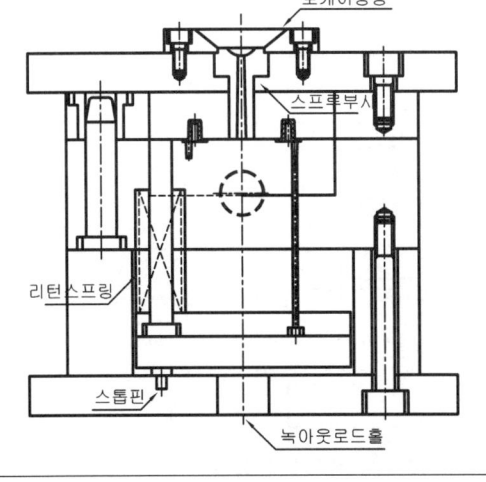	⑯ **로케이팅링**: 고정측설치판의 카운터 보링자리(Counter bore)에 들어가며 사출성형기의 노즐과 스프루 부시의 중심을 맞추는데 사용되는 부품으로 사출성형기의 노즐에 따라 여러 형태가 있다(Locating ring) ⑰ **스톱핀**: 스톱핀은 가동측설치판에 부착되어 밀판과 가동측설치판 사이에 이물이 끼어 밀핀받침판이 원위치로 돌아오지 않으므로 금형고장이 일어나는 것을 방지하는 기능을 가진 부품. (Stop pin)

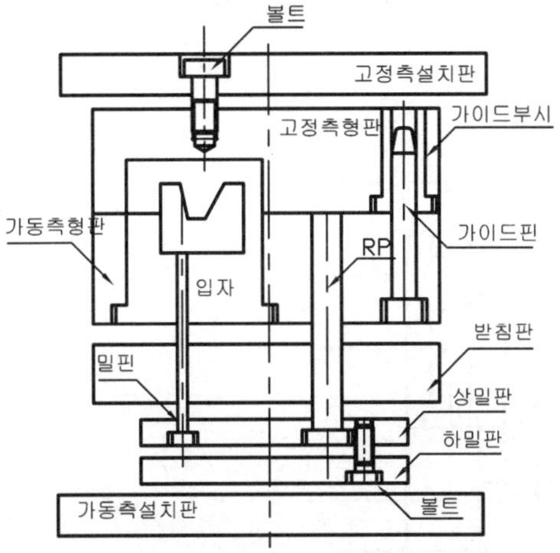

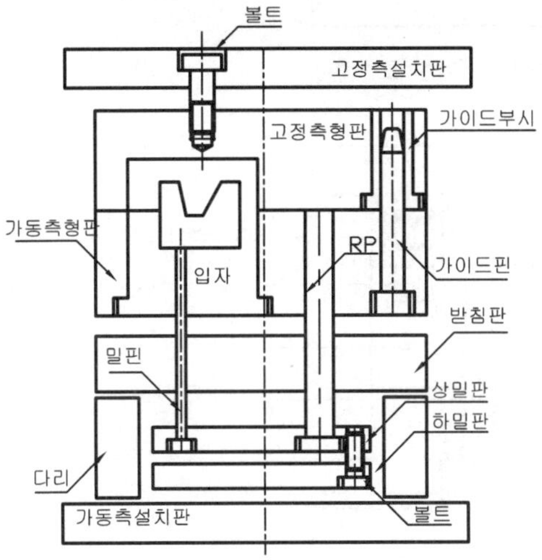

3. 사출금형의 기본 종류

3.1 사출금형의 기본형 종류

1) 몰드베이스 사이드 게이트형(국산기준)

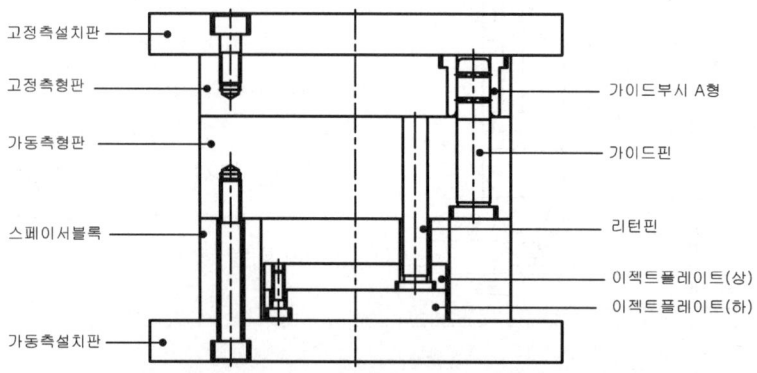

그림 3.1.1 A형: 받침판 없는 표준형

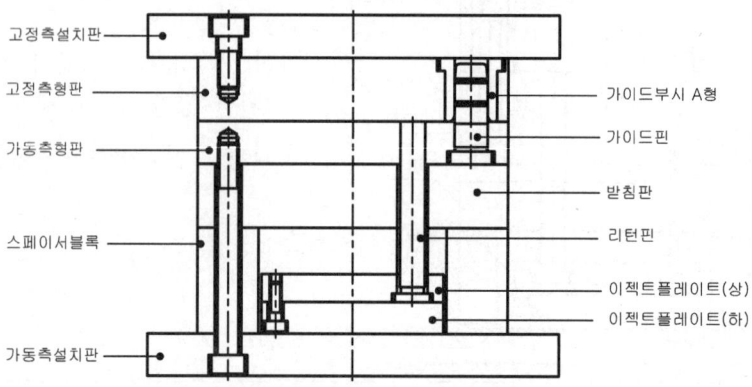

그림 3.1.2 B형: 받침판 있는 표준형

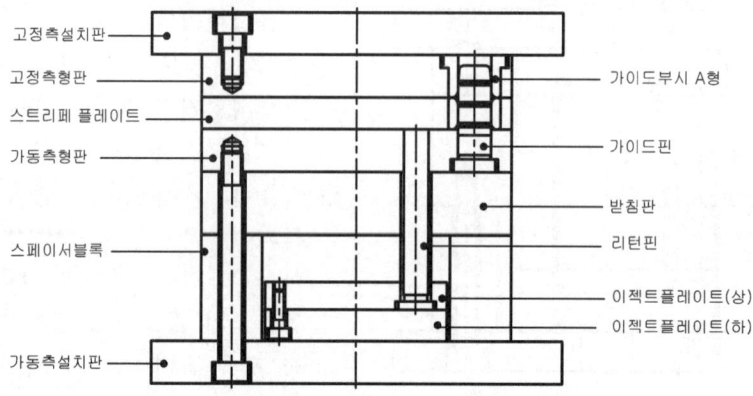

그림 3.1.3 C형: 스트리퍼 플레이트 돌출방식 표준형

2) 몰드베이스 사이드 게이트형의 변형(국산 기준)

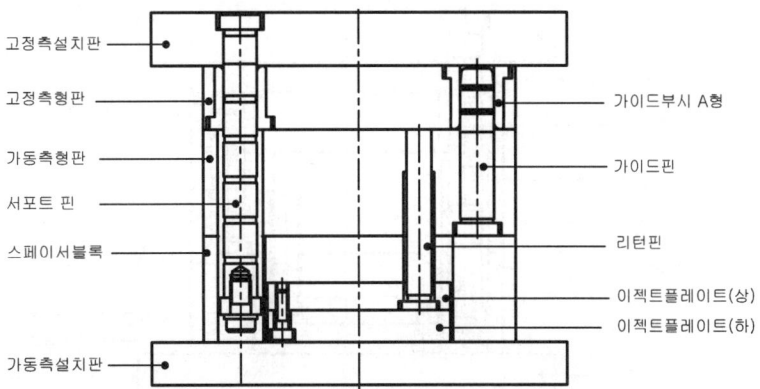

그림 3.1.4 DA형: 받침판 없는 이젝터핀 돌출형

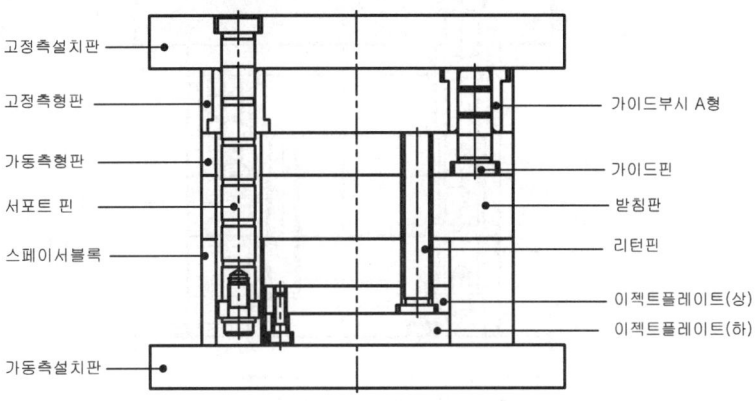

그림 3.1.5 DB형: 받침판 있는 이젝터핀 돌출형

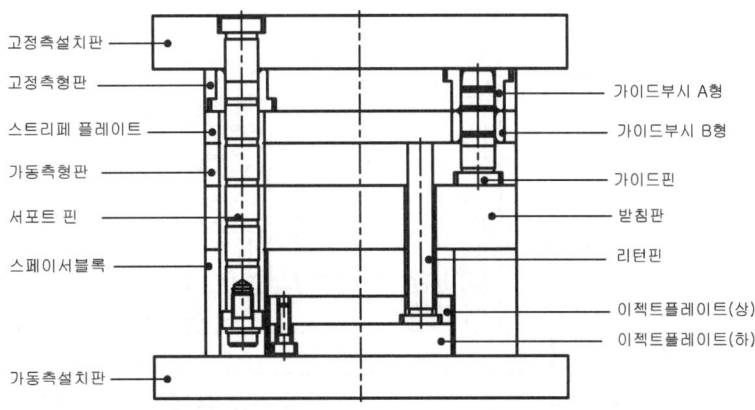

그림 3.1.6 DC형: 받침판 있는 스트리퍼 플레이트 돌출형

3) 몰드베이스 핀포인트 게이트형(국산 기준)

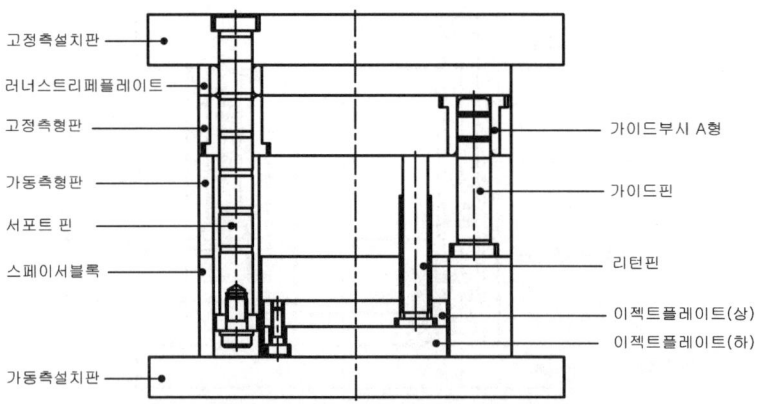

그림 3.1.7 DA형: 받침판 없는 이젝터핀 돌출형

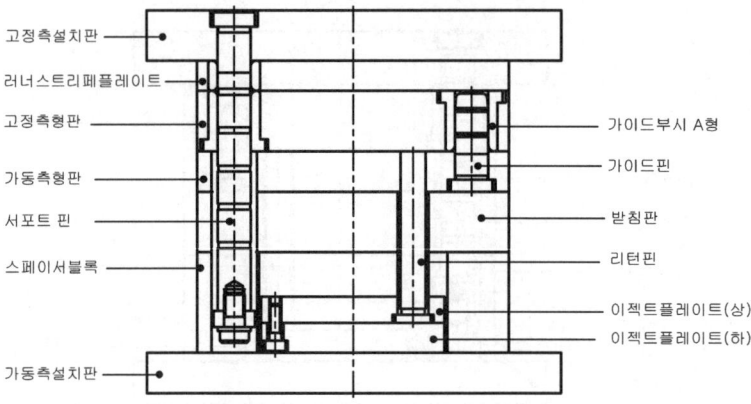

그림 3.1.8 DA형: 받침판 없는 이젝터핀 돌출형

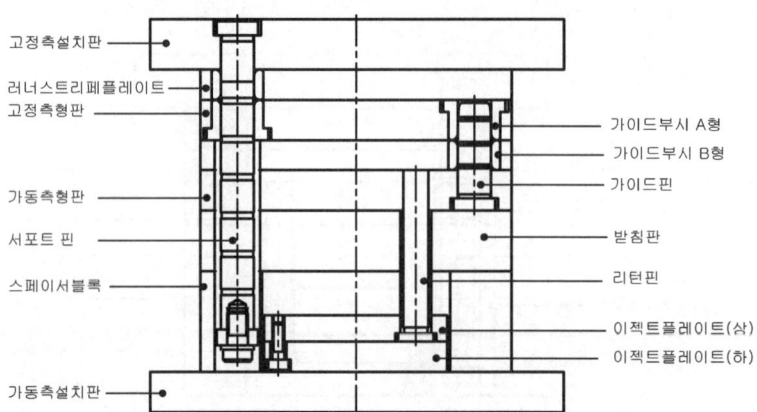

그림 3.1.9 DC형: 받침판 있는 스트리퍼 플레이트 돌출형

3.2 플라스틱용 금형의 구조

1) 사출성형용 금형(사이드 게이트형)

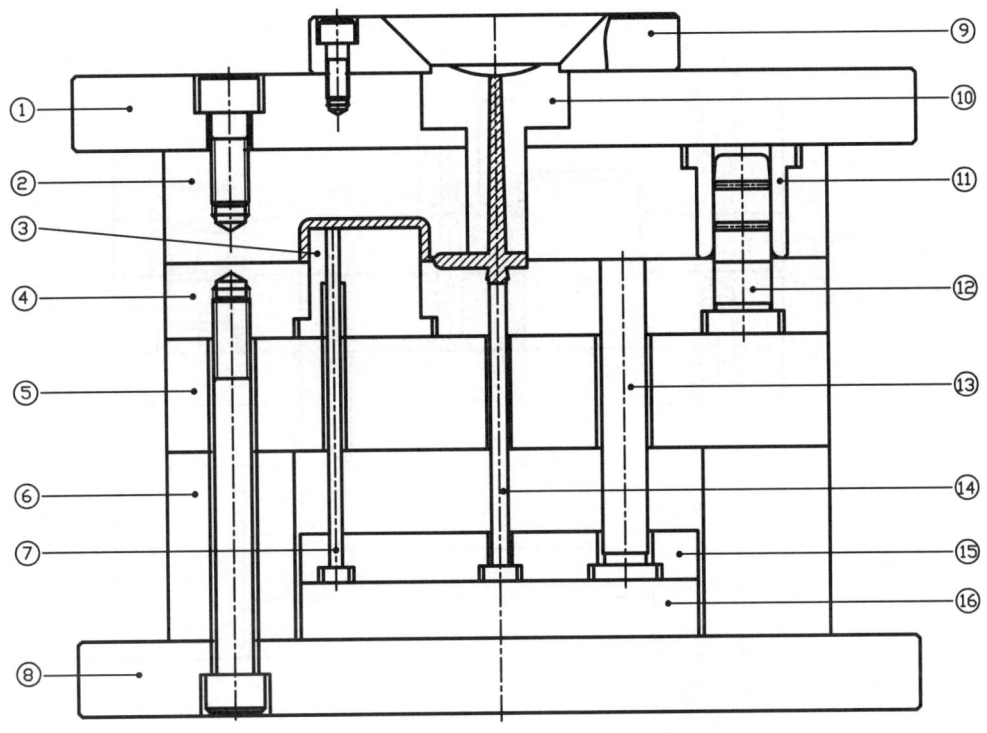

번호	품 명	번호	품 명	번호	품 명
1	고정측설치판	7	이젝터핀	13	리턴핀
2	고정측형판	8	가동측 설치판	14	스프루로크핀
3	하 코어	9	로케이팅링	15	이젝터 플레이트(상)
4	가동측형판	10	스프루 부시	16	이젝터 플레이트(하)
5	받침판	11	가이드핀 부시	17	
6	스페이서블록	12	가이드핀	18	

2) 사출성형용 금형(스트리퍼 플레이트형)

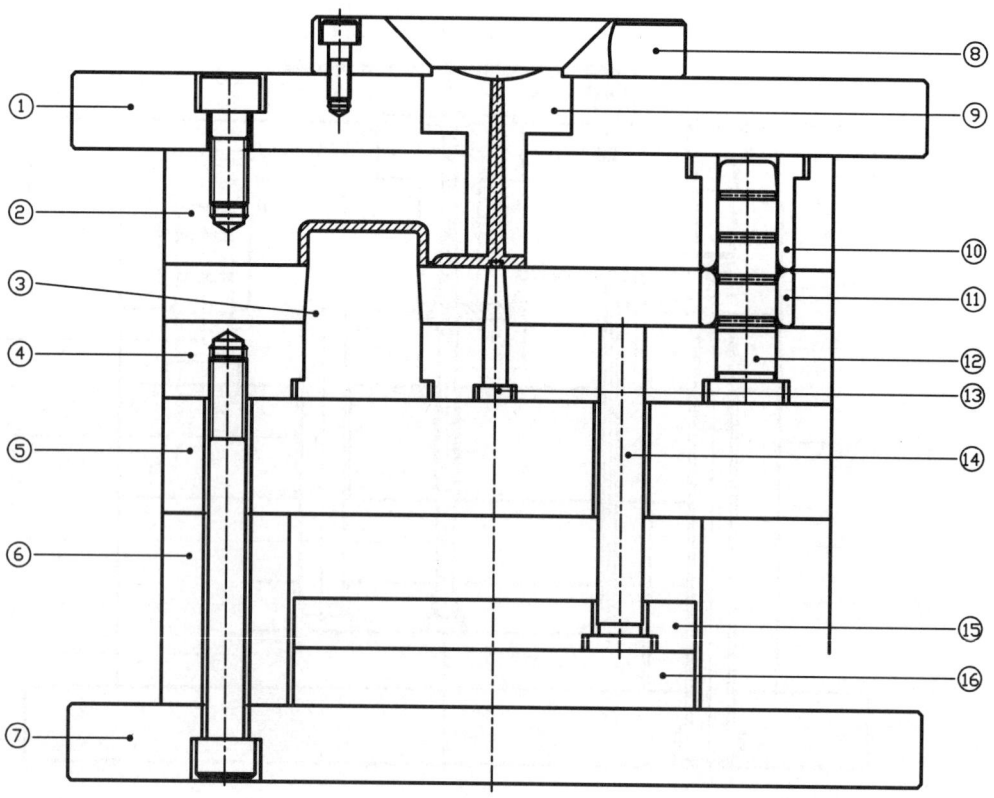

번호	품 명	번호	품 명	번호	품 명
1	고정측설치판	7	가동측설치판	13	스프루로크핀
2	고정측형판	8	로케이팅링	14	리턴핀
3	하 코어	9	스프루 부시	15	이젝터 플레이트(상)
4	가동측형판	10	가이드핀 부시 A형	16	이젝터 플레이트(하)
5	받침판	11	가이드핀 부시 B형	17	
6	스페이서블록	12	가이드핀	18	

3) 압축성형용 금형

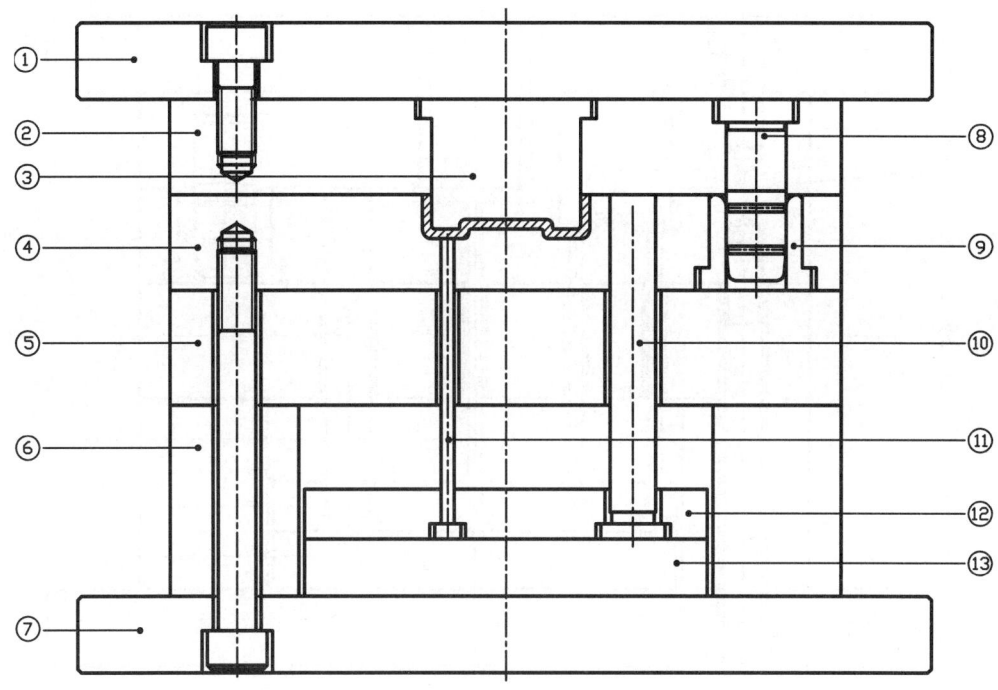

번호	품 명	번호	품 명	번호	품 명
1	고정측설치판	6	스페이스 블록	11	이젝터핀
2	고정측형판	7	가동측설치판	12	이젝터 플레이트(상)
3	상 코어	8	가이드핀	13	이젝터 플레이트(하)
4	가동측형판	9	가이드핀 부시 A형		
5	받침판	10	리턴핀		

4) 트랜스퍼 성형용 금형

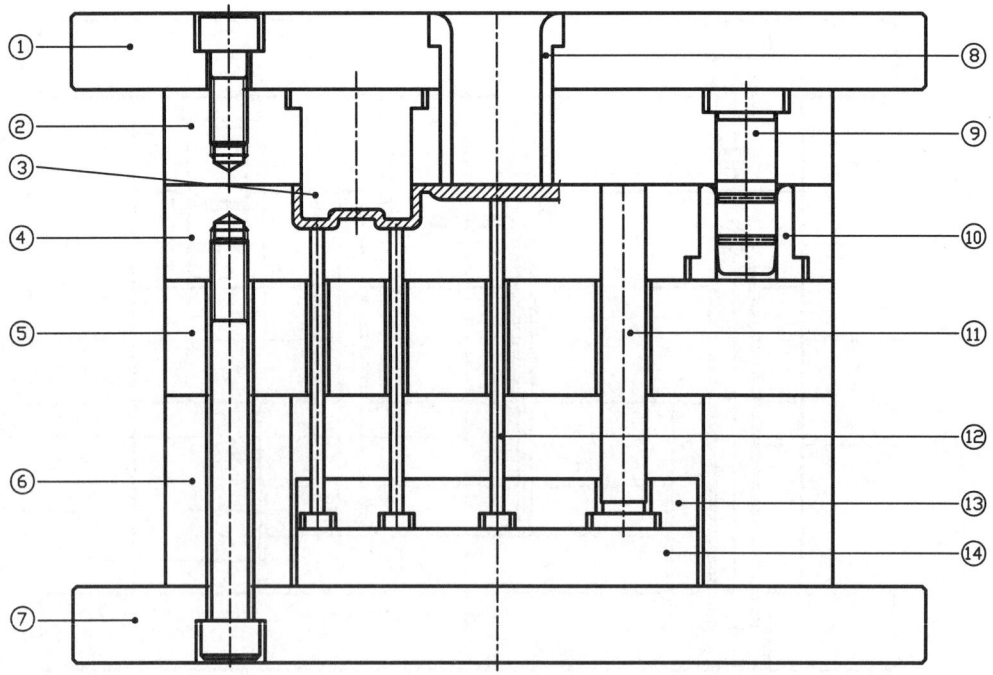

번호	품 명	번호	품 명	번호	품 명
1	고정측설치판	6	스페이스 블록	11	리턴핀
2	고정측형판	7	가동측설치판	12	이젝터핀
3	상 코어	8	트랜스퍼 포트	13	이젝터 플레이트(상)
4	가동측형판	9	가이드핀	14	이젝터 플레이트(하)
5	받침판	10	가이드핀 부시 A형		

5) 핀포인트 게이트형(3매판)

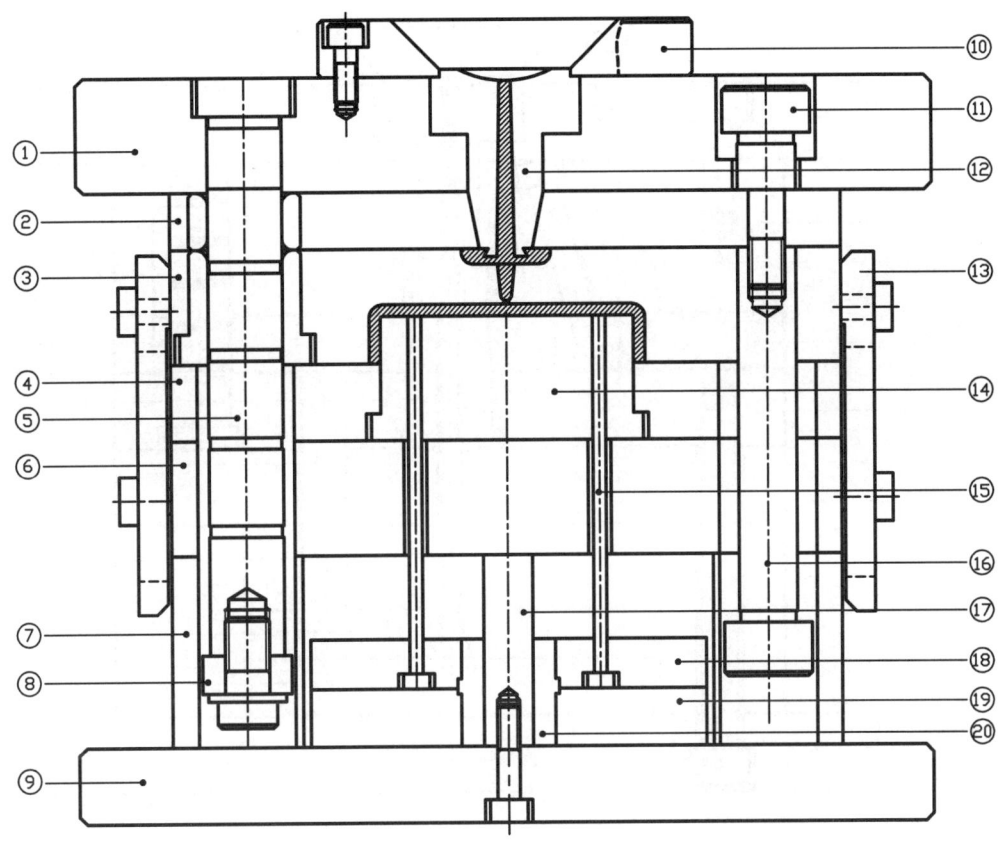

번호	품 명	번호	품 명	번호	품 명
1	고정측설치판	8	서포트핀 카라	15	이젝터핀
2	러너 스트리퍼 판	9	가동측설치판	16	풀러 보울트
3	고정측형판	10	로케이팅링	17	이젝터 가이드핀
4	가동측형판	11	스톱 볼울트	18	이젝터 플레이트(상)
5	서포트핀	12	스푸루 부시	19	이젝터 플레이트(하)
6	받침판	13	인장링크	20	이젝터 가이드부시
7	스페이서 블록	14	하 코어		

6) 캐비티코어 분할형(2매판)

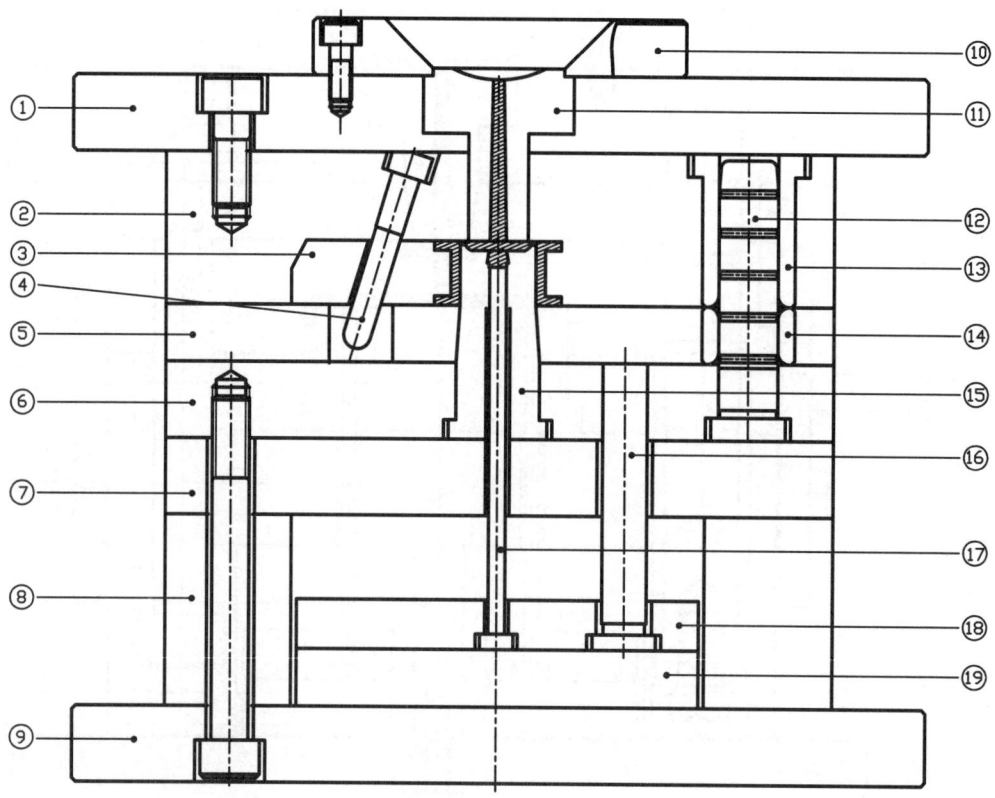

번호	품 명	번호	품 명	번호	품 명
1	고정측설치판	8	스페이서 블록	15	하 코어
2	고정측형판	9	가동측설치판	16	리턴핀
3	분할 코어	10	로케이팅링	17	스프루로크핀
4	앵귤러핀	11	스프루 부시	18	이젝터 플레이트(상)
5	스트리퍼플레이트	12	가이드핀	19	이젝터 플레이트(하)
6	가동측형판	13	가이드부시 A형		
7	받침판	14	가이드부시 B형		

7) 가동측 사이드 코어형(2매판)

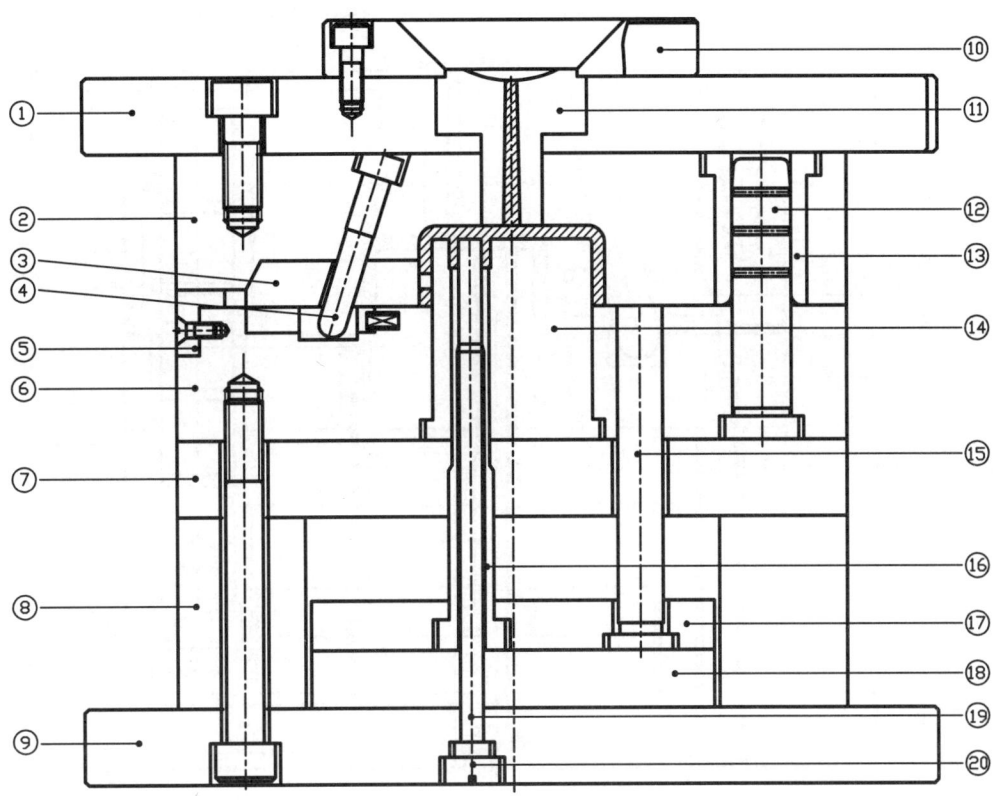

번호	품 명	번호	품 명	번호	품 명
1	고정측설치판	8	스페이서 블록	15	리턴핀
2	고정측형판	9	가동측설치판	16	슬리브 밀핀
3	사이드 코어	10	로케이팅링	17	이젝터 플레이트(상)
4	앵귤러 핀	11	스프루 부시	18	이젝터 플레이트(하)
5	스톱불록	12	가이드핀	19	하 코어핀
6	가동측형판	13	가이드부시 A형	20	무두 볼트
7	받침판	14	하 코어		

8) 고정측 사이드 코어형(2매판 특수형)

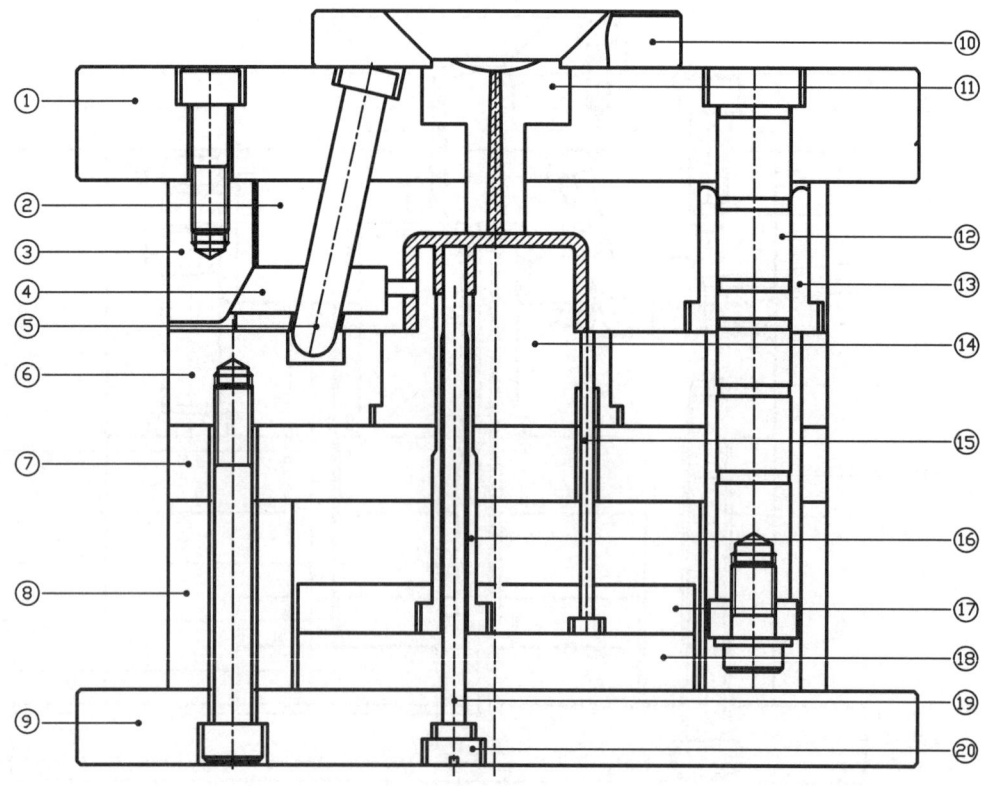

번호	품 명	번호	품 명	번호	품 명
1	고정측설치판	8	스페이서 블록	15	이젝터핀
2	고정측형판	9	가동측설치판	16	슬리브핀
3	로킹블록	10	로케이팅링	17	이젝터 플레이트(상)
4	사이드 코어	11	스프루 부시	18	이젝터 플레이트(하)
5	앵귤러핀	12	서포트핀	19	하 코어핀
6	가동측형판	13	서포트 가이드부시	20	무두 볼트
7	받침판	14	하 코어		

2장

성형품 설계 및 불량

1. 금형설계를 고려한 성형품 설계

1.1. 기본적인 파팅라인 결정방법

1) 파팅라인

① 파팅라인 : 금형에서 성형품을 빼내기 위해 금형을 열 때 성형품의 열리는 기준선
② 파팅라인은 성형품의 상품가치와 금형제작 원리에 큰 영향이 미치게 된다.

2) 기본적인 파팅라인의 결정 방법

① 금형 열림의 방향에 수직인 평면으로 한다.

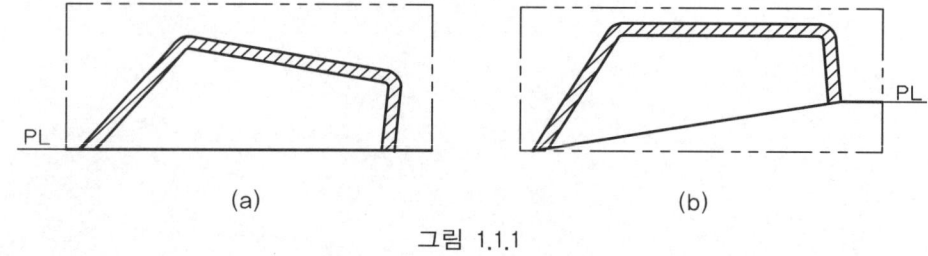

그림 1.1.1

② 눈에 잘 띄지 않은 위치 또는 형상으로 한다.

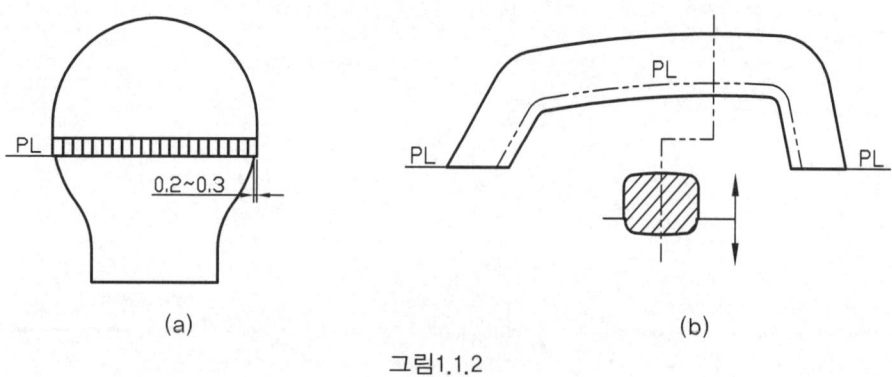

그림 1.1.2

③ 금형제작이나 성형품 다듬질이 잘 될 수 있는 위치 및 형상으로 한다.

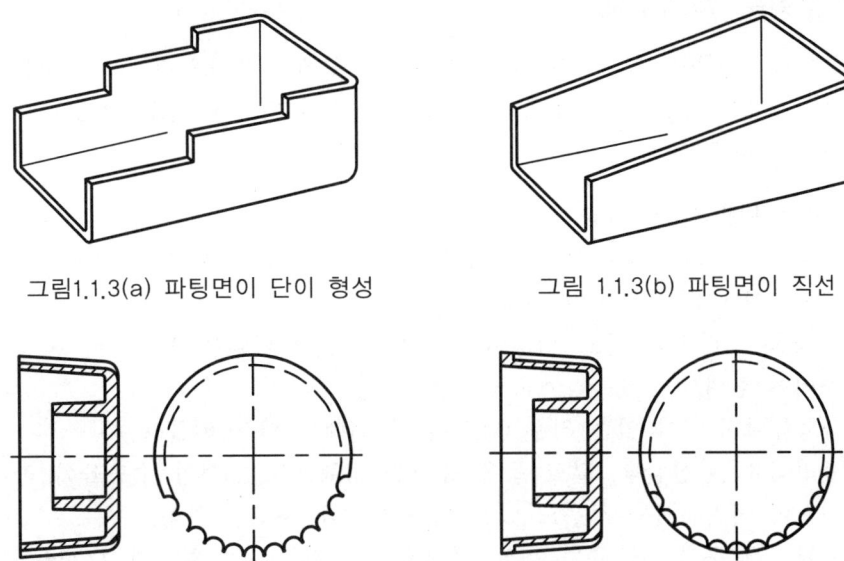

그림1.1.3(a) 파팅면이 단이 형성   그림 1.1.3(b) 파팅면이 직선

그림1.1.4(a) 파팅면까지 무늬 있음   그림 1.1.4(b) 파팅면에 테두리

④ 언더컷이 없는 부위를 택한다.

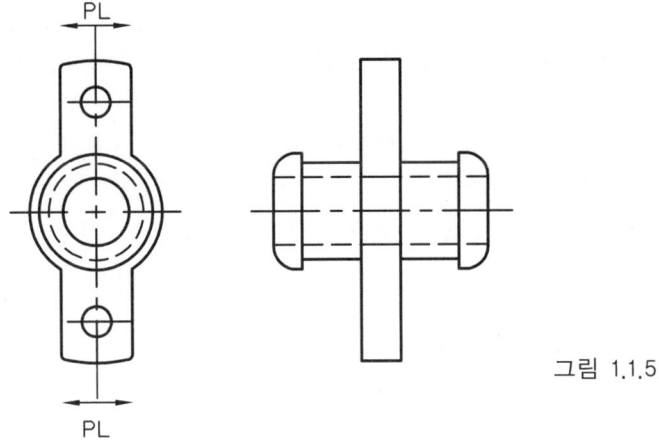

그림 1.1.5

⑤ 발 구배에 관계되지 않는 한 성형품이 파팅면의 한쪽에서 성형되도록 한다.
⑥ 금형이 열릴 때 성형품이 가동측(하원판)에 붙도록 파팅면을 정한다.

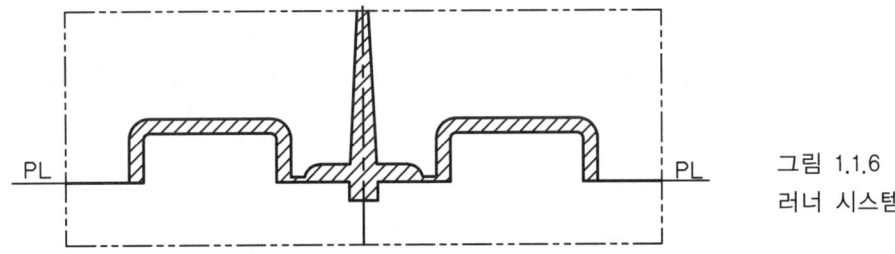

그림 1.1.6
러너 시스템

1.2 성형품 빼기구배

금형에서 성형품을 쉽게 뽑아내기 위해서는 구배가 필요하다. 이 구배는 성형품의 형상 성형재료의 종류, 금형의 구조, 성형품 표면의 다듬질 정도 및 표면다듬질 방향 등에 의하여 다르다

1) 빼기구배 설계 기준
① 성형품을 금형으로부터 밀어내기 쉽게 하기 위해 수직의 벽에는 각 측면에 1°~2°의 구배를 두어야 한다.
② 성형품이 비교적 길고 형상이 복잡한 경우 내벽에는 1/2°~1° 이상의 구배를 두어야 한다.
③ 성형품에 무늬가 있는 경우 0.25mm에 대해 1°의 구배를 둔다.
④ 유리섬유, 탄산칼슘, 탈크 등을 충전한 성형재료는 성형 수축율이 작아 성형시 이형이 어려워지는 경우도 있기 때문에 크게 주도록 한다.
⑤ 스틸렌계 수지의 경우는 통상 2/25mm 이어야 하고 최소한 1/25mm의 구배를 주어야 한다.
⑥ 가죽무늬모양은 그 종류에 따라서는 빼기 어려우므로 충분히 큰 빼기 구배가 필요하다 (최소한 6° 이상)
⑦ 리브는 0.5° 정도로 하되 벽에 붙은 세로 리브는 0.25° 정도 한다.
⑧ 싱크마크를 방지하기 위하여 리브 밑바닥은 벽 살 두께의 1/2로 하고 앞 끝은 금형제작상의 제약에서 최저 1mm 이상으로 하는 것이 좋다
⑨ 창살은 창살에 피치를 3mm이상으로 하고 창살 부 전체의 길이가 길수록 빼기 구배를 5° 이상으로 한다.
⑩ 창살 높이가 높을 때(약8m/m이상) 창살은 사다리꼴 모양으로 한다.

2) 빼내기 구배의 설정기준
① 일반적인 빼내기 구배의 경우는 1/30~1/60(2°~1°)이 적당하며, 실용 한도는 1/120 (1/2°)로 한다.
② 상자 또는 덮개의 구배
  ⓐ H가 50mm까지의 것은 S/H=1/30~1/35로 한다.
  ⓑ H가 10 mm이상의 것은 S/H=1/60이하로 한다.
  ⓒ 얇은 가죽 무늬가 있는 것은 S/H=1/5~1/10로 한다.
  ⓓ 컵과 같은 것은 캐비티 측 보다 코어 측의 구배를 약간 많이 잡는다.

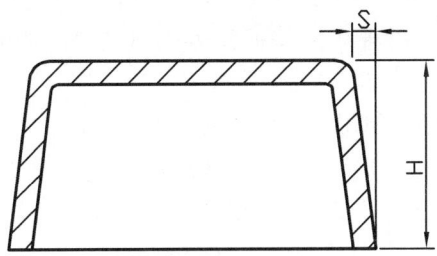

그림 1.2.1 상자

3) 격자의 구배

① 일반적으로 0.5(A-B)/H= 1/12~1/14로 한다.
② 격자의 피치(P)가 4mm이하로 될 경우에는 구배를 1/10정도로 한다.
③ 격자부의 치수(C)가 클수록 빼기구배를 많이 잡는다.
④ 격자의 높이(H)가 8mm를 넘는 높이의 격자 또는 ②항의 경우에서 빼기구배를 충분히 잡을 수 없는 경우에는 캐비티 격자의 1/2H이하의 격자모양의 것을 붙여서 성형품을 가동측에 남도록 한다.

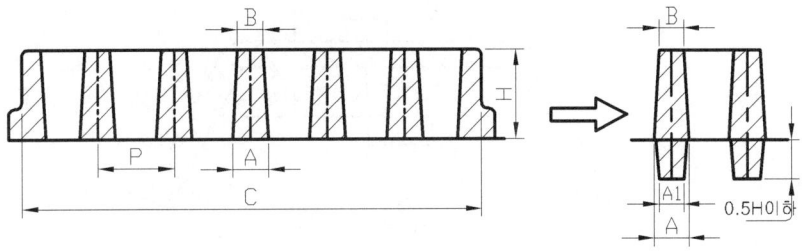

그림 1.2.2 격자의 구배

4) 세로리브의 구배

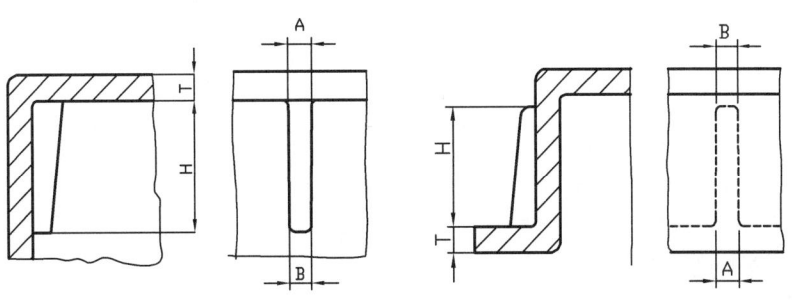

(a) 내측 벽 리브　　　(b) 외측 벽 리브

그림 1.2.3 세로방향 리브의 구배

① 보강으로 많이 쓰이는 세로리브의 빼기구배는 일반적으로 측벽 바닥 두께에 의해 A, B의 치수가 정해지면 구배를 다음과 같이 해야 한다.
$$0.5(A-B)/H = 1/50 \sim 1/20$$
② 안쪽 벽, 바깥쪽에 리브가 있는 경우 :
$$A = T \times (0.5 \sim 0.7), \quad B = 1.0 \sim 1.8mm$$
③ 싱크마크가 약간 발생해도 좋은 경우 :
$$A = T \times (0.5 \sim 0.7), \quad B = 0.8 \sim 1.0mm$$

5) 성형품의 바닥리브 구배
① 바닥리브는 세로리브와 같은 용도와 방식으로 구배를 적용
② 가장 많이 사용되는 구배는
$$\frac{0.5(A-B)}{H} = \frac{1}{100} \sim \frac{1}{50}$$
A = T×(0.5~0.7), B = 1.0~1.8mm로 하고, 싱크마크가 발생해도 좋은 경우는 B=0.8~1.0mm로 해야 한다.

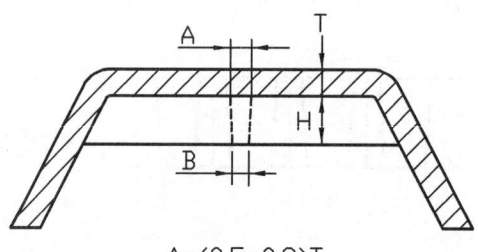

A=(0.5~0.8)T
그림 1.2.4 바닥리브

6) 보스의 구배
① 보스의 높이가 30mm이상이며 강도를 필요로 하는 경우
◎ 고정측: $\dfrac{0.5(d-d')}{H} = \dfrac{1}{50} \sim \dfrac{1}{30}$

◎ 가동측: $\dfrac{0.5(D-D')}{H} = \dfrac{1}{100} \sim \dfrac{1}{50}$

단 고정측은 가동측 보다 빼내기 구배를 많이 준다.

② 셀프태핑, 스크류 등의 빼기구배는
$$\frac{0.5(D-D')}{H} = \frac{1}{30} \sim \frac{1}{20}$$

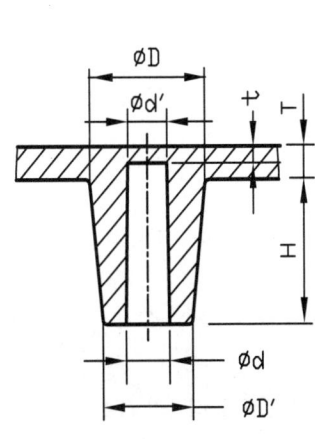
그림 1.2.5 보스

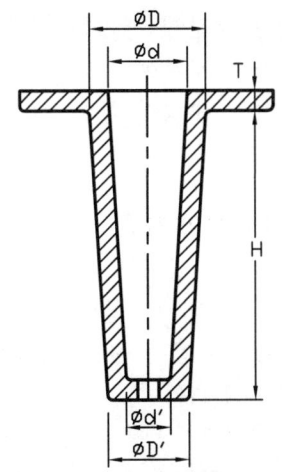
그림 1.2.6 태핑 스크류용 보스

표 1.2.1 셀프태핑·스크류 ø3용 치수

T	2.5~3.0		3.5
D	7	7	8
D'	6	6.5	7
t	T/2 또는 1.0~1.5		
d	2.6		
d'	2.3		

1.3 성형품의 살 두께

살 두께가 얇으면 성형시간이 빠르고 재료비도 절약되나, 큰 성형압력이 필요하고, 반면 살 두께가 두꺼우면 냉각할 때 수축에 의한 싱크마크나 기포가 발생하기 쉽다. 따라서 살 두께는 되도록 균일하게 하는 편이 수축도 균일하고, 내부변형도 적고, 성형재료와 시간을 절약할 수 있다.

1) 살 두께 설정요인
① 구조상의 강도
② 금형으로부터 떨어져 나올 때의 강도
③ 충격에 대한 힘의 균등한 분산
④ 매입(Insert) 쇠붙이의 균열 방지(성형재료와 금속의 열팽창 차에 의한 수축시의 균열)

⑤ 구멍, 창의 매입 금속부에 의하여 생기는 웰드의 보강
⑥ 살이 얇은 부분에 생기는 연소의 방지
⑦ 살이 두꺼운 부분에 생기는 싱크마크의 방지
⑧ 나이프 에지 모양의 부분 및 얇은 살 두께의 흐름

2) 살 두께 설계기준
① 가공생산성과 성형품 물성과의 균형을 취하기 위한 적정 살 두께는 1.5mm~3.5mm정도로 해야 한다.
② 두께는 될 수 있는 한 균일하게 하고 가급적이면 불연속적으로 두께 변화가 있지 않도록 한다.
③ 게이트 부근은 어느 정도 두껍게 하고 게이트로부터 거리가 멀어짐에 따라 약간 얇게 한다.
④ 부품이 기능상의 요구에 의해 두께의 변화를 주어야 할 때는 그 부분에 코너 R을 가능한 크게 해주어야 한다. (R은 최저0.3m/m)
⑤ 인서트의 외주 살 두께는 다음에 의해 정한다.
   살 두께≥ 인서트의 외경×1/2
⑥ 흰지 부의 살 두께는 0.3~0.5mm로 한다.

표 1.3.1 성형품 재료와 살 두께

재 료	살 두께(mm)
폴리에틸렌	0.9 ~ 4.0
폴리프로필렌	0.6 ~ 3.5
폴리아세탈 (나일론)	0.6 ~ 3.0
폴리아세탈 (테트린)	1.5 ~ 5.0
스티롤(일반용) 및 AS	1.0 ~ 4.0
아 크 릴	1.5 ~ 5.0
경질염화비닐	1.5 ~ 5.0
폴리카아보네이트	1.5 ~ 5.0
셀룰로우드 아세테이트	1.0 ~ 4.0
A B S	1.5 ~ 4.5

1.4 성형품 변형과 보강

1) 변형발생 요인
① 각 부위의 냉각속도 차에 의해서 발생한다.
② 유동방향에 의한 성형수축의 이방성(異方性)에 의해 발생한다.

③ 내부응력에 의해서 발생한다.
④ 코어가 쓰러짐으로써 편육(偏肉)하는 경우
⑤ 성형압력에 의하여 금형이 변형하는 경우

2) 보강과 변형방지
(1) 성형품의 모서리에 R을 주어 보강
① 성형품의 모든 모서리 부분은 응력이 집중되어 있으므로 변형을 감소시키기 위해서 모서리에 R을 붙여서 응력분산과 함께 재료의 흐름을 좋게 한다.
② 내면 모서리의 살 두께는 1/2의 R을 붙임으로 응력집중을 감소시키나 살 두께는 1/3이 증가 한다
③ 바깥 면에서의 살 두께는 1.5배의 R을 붙인다.
④ PS, AS, ABS 수지에 대해서는 내면모서리는 $\frac{1}{4}T$이상의 R을 붙이고 바깥측면에는 $1\frac{1}{4}T$이상의 R을 준다.
⑤ 실제로 부품의 요구기능이 금형의 복잡성 등의 원인으로 이상적으로 R을 줄 수 없을 때 최소한 0.3mm R이상을 주어야 한다.
⑥ 유리섬유 강화수지는 빼내기 구배 및 캐비티면의 모서리의 R은 보통 스티렌수지보다 크게 해야 한다.

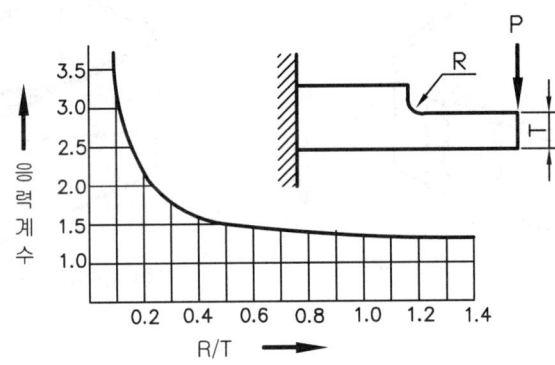

그림 1.4.1 R/T와 집중응력의 관계

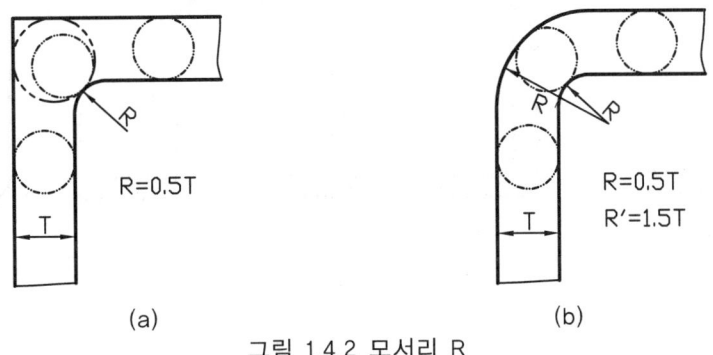

그림 1.4.2 모서리 R

⑦ 금형의 복잡성 등의 원인으로 이상적으로 R을 줄 수 없을 때에도 최소한 R=0.3mm 이상을 주어야 한다.
⑧ 유리섬유 강화수지는 빼내기 구배 및 캐비티면의 모서리의 R은 스티렌 수지보다 크게 한다.

(2) 살붙이기와 형상 변화에 의한 보강

측면 및 둘레에 강성(剛性)을 주어 강도를 보강하고, 살 두께의 수축을 균일하게 하여 재료의 흐름을 양호하게 하는 방법.
① 띠 모양의 보강(그림 1.4.3)
② 측벽 형상 단차에 의한 보강(그림 1.4.4)
③ 둘레의 보강(그림 1.4.5)
④ 제품 바닥형상에 의한 보강(그림 1.4.6)
⑤ 평판의 보강(그림 1.4.7)

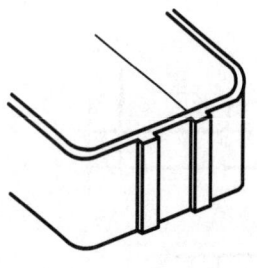

그림 1.4.3 띠모양 보강

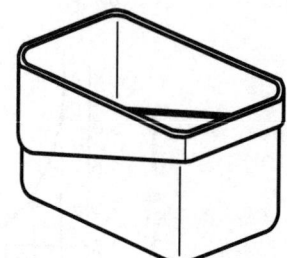

그림 1.4.4 단차에 의한 보강

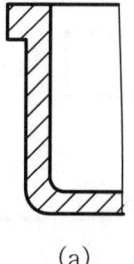 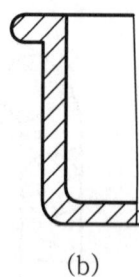 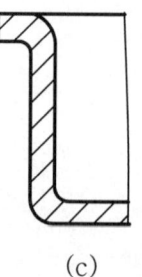 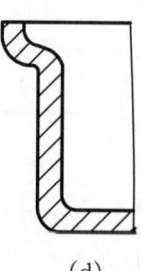 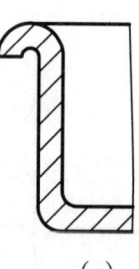

  (a)   (b)   (c)   (d)   (e)

그림 1.4.5 둘레의 보강

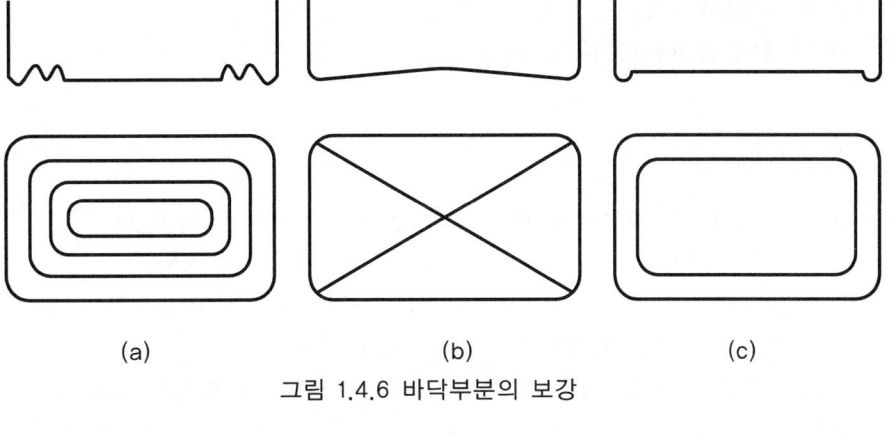

그림 1.4.6 바닥부분의 보강

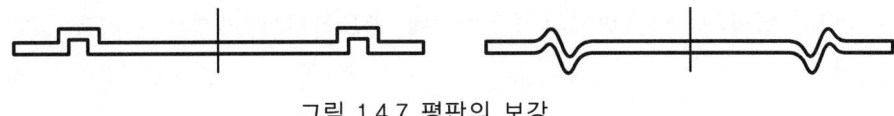

그림 1.4.7 평판의 보강

(3) 리브에 의한 보강

① 그림 1.4.8(a)는 리브와 살 두께가 같은 경우로 리브근부에서 단면이 50% 증가함으로 싱크현상이 발생하나, 그림 1.4.8(b)는 리브근부 살 두께의 1/2로 한 경우에는 단면적이 20%증가로 싱크현상이 발생하지 않는다.

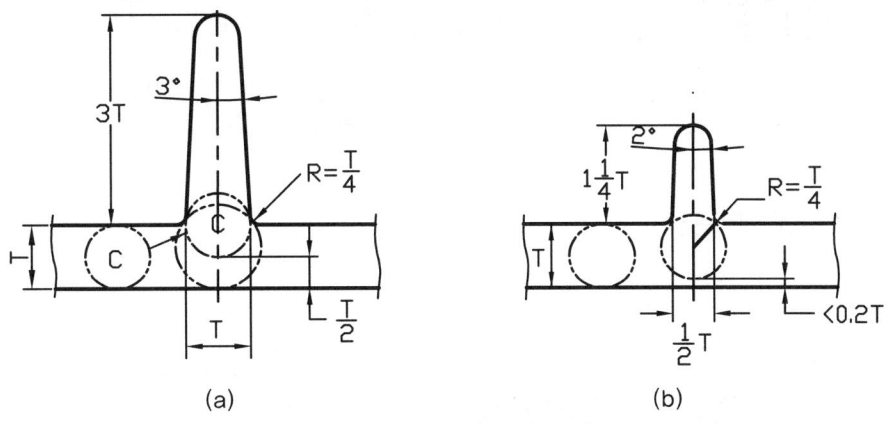

그림 1.4.8 리브근부의 두께

② 제품 강성(剛性)이나 강도(强度)를 주며, 넓은 평면의 휨을 방지.
③ 벽두께(T)에 대하여 리브두께(s)는 1/2~2/3T로 한다.
④ 리브의 피치는 벽두께의 4배 이상.
⑤ 리브의 설치 방향은 금형 내에서 수지가 흐르는 방향 쪽으로 한다.

⑥ 리브의 테이퍼 각은 5°이상으로 한다.
⑦ 리브의 근부의 R은 1/4T로 한다.

1.5 보스(Boss)

보스는 구멍부 보강, 조립시의 끼워 맞춤, 나사조립용으로 사용된다.
① 보스의 살 두께가 두꺼우면 반대쪽에 싱크가 발생하기 쉽다.
② 보스 높이가 높은 것은 공기가 고여서 충전부족이 쉬워지므로 측면에 리브를 붙여 재료의 흐름을 조절한다. (그림 1.5.1. a)
③ 보스의 위치는 그림 1.5.1 b와 같이 안쪽으로 하고 다리는 0.3~0.5 나오도록 한다.
④ 보스 근부에는 R을 준다.
⑤ 관통구멍의 보스는 반드시 그 주변에 웰드라인이 발생하는 것을 고려해야 한다.

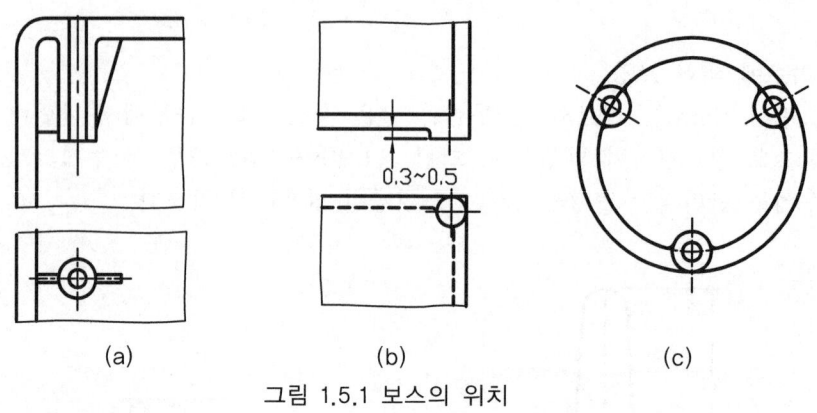

그림 1.5.1 보스의 위치

1.6 성형품의 구멍

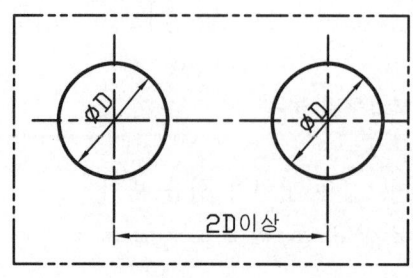

그림 1.6.1 구멍피치

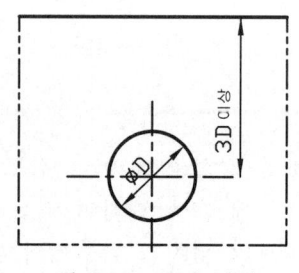

그림 1.6.2 구멍 거리

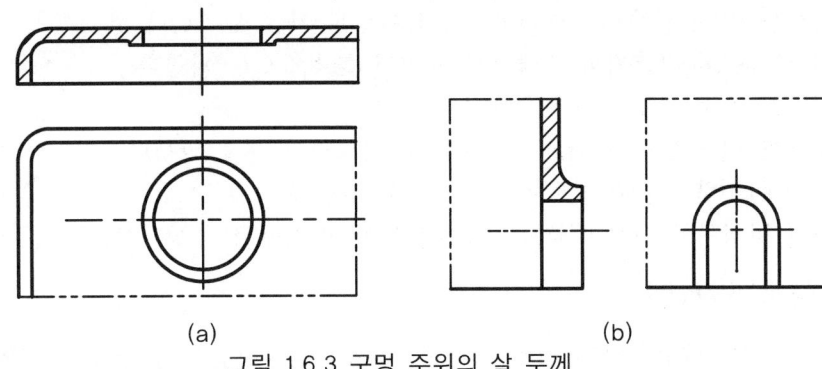

그림 1.6.3 구멍 주위의 살 두께

① 성형품의 구멍으로 인하여 웰드라인이 생기고 강도가 감소된다.
② 구멍과 구멍의 피치는 구멍지름의 2배 이상으로 한다. (그림1.6.1)
③ 구멍의 중심과 제품의 끝까지 거리는 구멍지름의 3배 이상으로 한다. (그림 1.6.2)
④ 구멍 주변의 살 두께는 두껍게 한다. (그림1.6.3 a, b)

그림 1.6.4 구멍설계

⑤ 성형재료의 흐름방향에 직각인 막힌 구멍으로서 코어 핀의 직경이 1.5mm 이하인 경우 핀이 굽어질 우려가 있으므로 깊이(L)는 구멍직경(D)의 2배 이하가 바람직하다. (그림 1.6.4 a)
⑥ 코어 핀의 맞대는 구멍의 경우는 상하구멍이 편심 할 우려가 있으므로 어느 한쪽의 구멍을 크게 잡는다. (그림 1.6.4 b)

1.7 나사 성형품

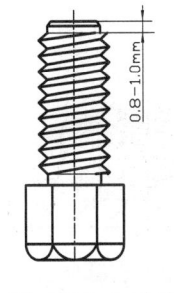

그림 1.7.1 수나사

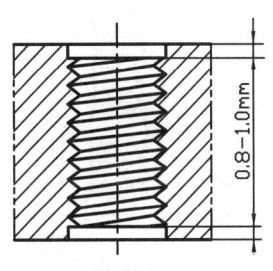

그림 1.7.2 암나사

① 나사산은 32산(약 0.75mm피치이하)이상은 가급적 피한다.
② 긴 나사는 플라스틱의 수축으로 피치가 틀려지므로 피한다.
③ 공차가 수축 값보다 작은 경우는 피한다.
④ 나사의 끼워 맞추기 위해 0.1~0.4mm정도의 틈새를 만든다.
⑤ 나사에는 반드시 빼기 구배를 1/15~1/25를 준다.
⑥ 나사 형상부는 나사상부에서 0.8~1.0mm 아래부터 형상이 되도록 한다.

1.8 금속 인서트

① 나사 또는 체결구멍 등에서 성형품 조립시 집중하중을 흡수하고, 접합할 수 없는 성형품을 조립하기 위해 성형공정 중에 삽입하는 부품.
② 금형에 인서트하는 공정 때문에 성형시간이 길어지므로 가능한 피하도록 하여 셀프텝핑 또는 접착방법으로 사용해야 한다.
③ 인서트물의 밑 부분의 살 두께는 인서트물 외경의 1/6이상. (그림 1.8.1 b)
④ 인서트물 외측의 성형품 두께는 인서트물 직경의 70%이상
⑤ 회전을 방지하기 위해 인서트 외측에 로렛가공.(그림 1.8.2 a)
⑥ 예리한 각을 가진 인서트물은 사용하지 않는다.
⑦ 볼트 및 너트를 인서트 할 경우에는 나사부에 재료가 들어가지 않도록 한다.(그림 1.8.2 a, b)

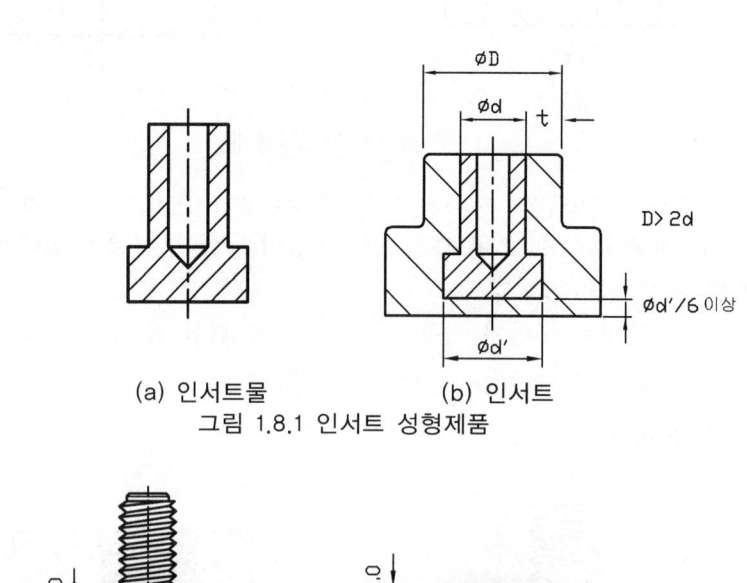

(a) 인서트물   (b) 인서트
그림 1.8.1 인서트 성형제품

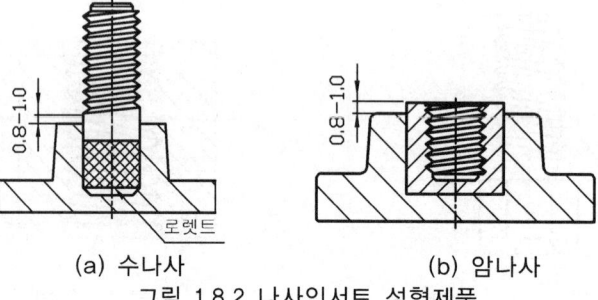

(a) 수나사   (b) 암나사
그림 1.8.2 나사인서트 성형제품

1.9 가공성을 고려한 금형설계

1) 가공성을 고려한 금형설계
금형을 제작을 할 때에 제품을 요구하는 대로 금형을 제작할 수 있도록
① 금형설계도면을 작도하는 것.
② 금형제작의 제작오차를 줄여줄 수 있는 금형설계.
③ 생산성이 있는 금형설계.
④ 금형의 보수 및 개조의 시간단축이 가능한 금형설계.
⑤ 저가로 금형을 제작하기 위하여 가공상의 문제를 미리 개선·설계하여야 한다.

2) 가공성을 고려한 금형설계 적용 예
(1) 금형설계

	금형설계에 적용시킨 예	개선한 내용
1 원형인서트코어	1. 양측면 가공	① 제품이 원형이면 원형으로 입자화 하고 회전방지는 양면으로 하여 180° 회전시켜도 방향에 지장이 없을 경우에 사용 ② 삽입되어지는 코어측은 좌/우, 상/하 어느 곳이든지 직각되게 가공하여 사용한다.
	2. 1면 가공	① 제품이 원형이면 원형으로 입자화 하고 회전방지는 한 면만 하여, 180° 회전시 조립이 불가능 할 때에 사용 ② 삽입되어지는 코어측은 좌/우, 상/하 어느 한곳만 가공하므로 가공시에 필히 방향표시를 확인하여 직각되게 가공하여 사용한다.
2 사각인서트코어	1. 볼트로 체결	① 체결볼트위치를 X축 치수 Y축 치수를 다르게 하여 사용하는 것이 좋다. 같을 경우에는 180° 회전하여 조립하면 불량이 될 수도 있다.
	2. 날개로 방향 조절	① 날개의 위치를 한 곳이나 아니면 반대측이 아닌 두 곳으로 사용하는 것이 좋다. 같을 경우에는 180° 회전하여 조립하면 불량이 될 수도 있다

(2) 가공성을 고려한 금형설계

	설계의 예	금형설계 적용	개선한 내용
1 핀포인트게이트에 적용	(러너, 대치수, 소치수, 성형품)	(볼트, 러너, 부시, 성형품)	① 원판과 코어에 각각 가공이 필요하고 빠지는 방향으로 대 치수와 소 치수로 가공해야 한다.(단차 발생이 있다.) ② 부시를 사용하므로 선반가공 혹은 하나의 공정에서 처리가능(단차 없음) ③ 부시를 다른 재질[경도가 큰 재질] 사용가능 ④ 별도 가공 및 경면사상 가능(시간단축/원가절감)
2 스톱바핀에 적용	(상밀판, 하밀판, 다리, 하고정판, 스톱바 핀)	(상밀판, 하밀판, 다리, 스톱바 핀, 하고정판, 볼트)	① 통상 스톱 바 핀을 때려 박음 ② 부시를 사용하므로 가동측설치판에 탭 가공만으로 가능 ③ 부시만 연마가 가능하므로 쉽다 ④ 높이 조정은 부시 교환만으로 가능하다. ⑤ 가동측설치판이 큰 것도 가능.
3 도그래그캠에 적용	(볼트, 블록, 슬라이드, PL)	(볼트, 블록, 슬라이드, PL)	① 볼트를 파팅면에 체결로 고정측을 분해않고 블록제거 가능 ② 습합을 볼 때에 분해, 조립이 쉽다. ③ 블록의 조립은 금형을 덮기 전에 확인이 가능하다 ④ 대형금형에 많이 사용

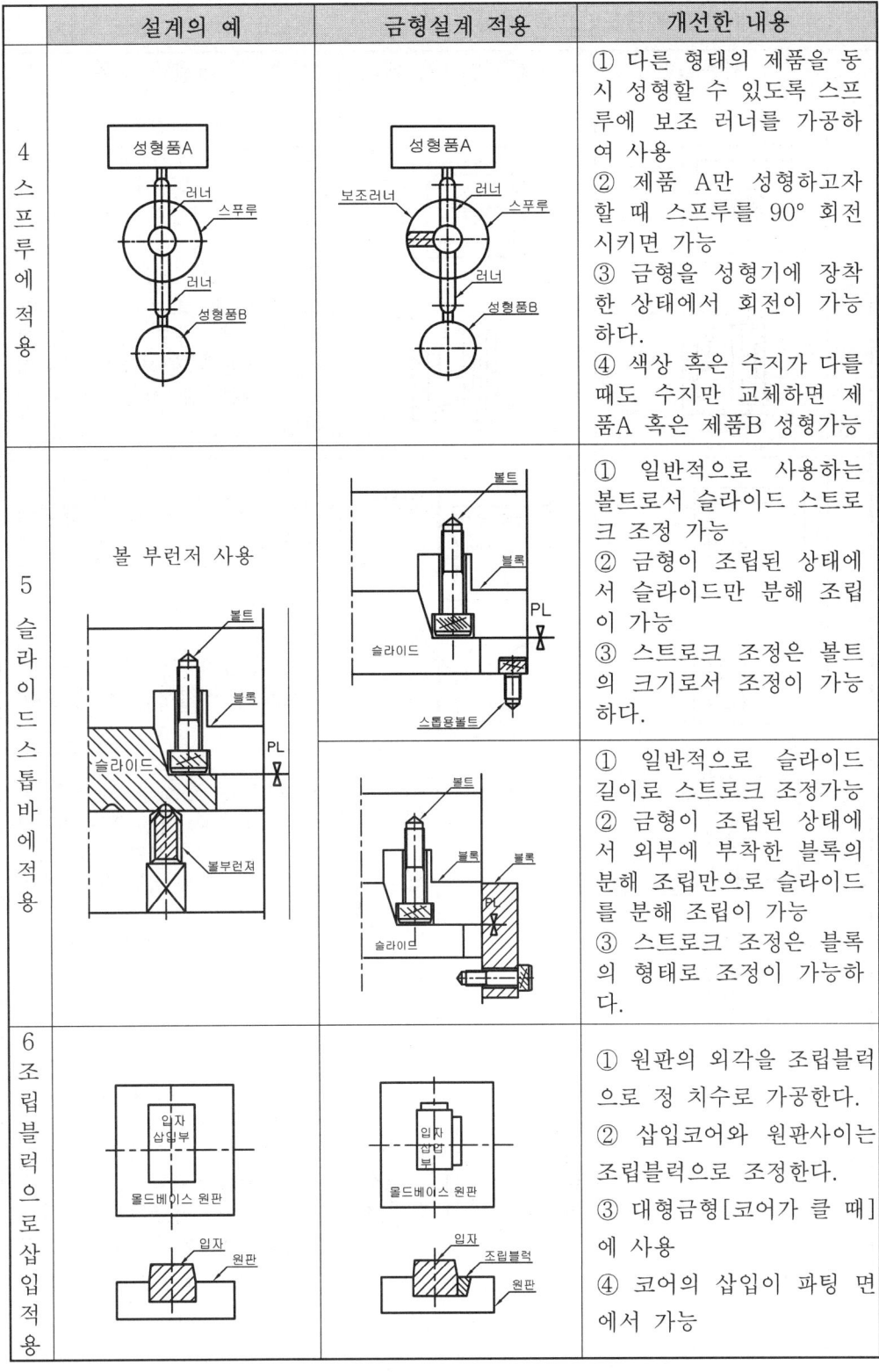

(3) 제품도면을 금형도면으로 개선

	제품도면	금형도면으로 개선	개선한 내용
1	(리브 쎈타에, 보스, 리브)	(입자A, 리브 편심, 보스, 입자B, 리브 편심)	① 보스에 리브가 연결되어 보강역할을 하고 리브의 위치가 보스의 센터에 위치할 때 입자로서 가공을 쉽게 하기 위하여 입자 A 혹은 입자 B 중 한곳에만 가공한다. ② 보스에 리브가 연결되어 보강역할을 하고 가공에서 보스의 가공은 중심에서 분할하므로 원주 상 샤프에지가 없어짐
2	(리브, 면수축, 리브, 면수축)	(살붙임, 리브, 리브, 살붙임)	① 표면에 리브가 연결되어 보강역할을 하고 리브로 인하여 표면수축이 염려될 때 살붙임을 하여 표면수축이 없도록 한다. ② 살붙임의 좌우에는 가능한 구배로서 연결하는 것이 좋다
3	(터치용 보스)	(터치용 보스, 밀핀사용)	① 텃치용 보스의 하단에 밀핀을 설치할 때에 밀핀에 덧살이 붙을 염려가 있으므로 핀의 상단부에 살 붙임 하여 추출한다. ② 슬리브 핀 상단에 방전가공 하는 것이 다소 가공상 어려운 점이 있음
4		(입자화, R)	① 리브의 끝 지점에 R이 있을 경우에 입자화하는 방법으로 주의를 요함 ② 리브가 단으로 구성되어 있고 바깥부위가 상대 물에 조립될 때 리브의 내부에서 분리하도록 한다. (바깥의 입자에 리브가공)

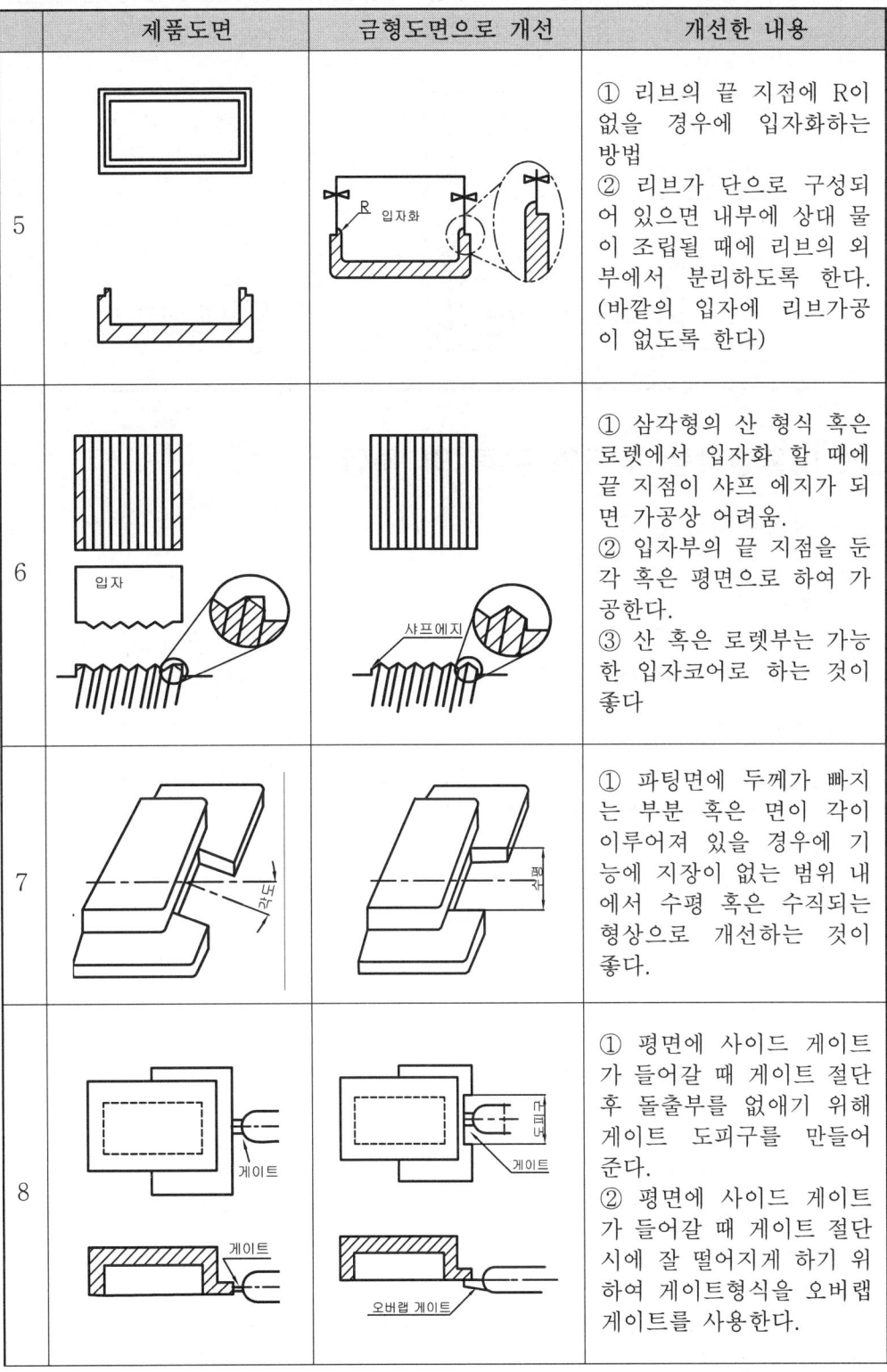

	제품도면	금형도면으로 개선	개선한 내용
9			① 훅크 역할을 하기 위하여 구멍이 형성되어 있을 경우 습합부의 구배 량을 키우기 위해 가능한 치수를 크게 유도하는 것이 좋다 ② 훅크 부의 습합부는 가능한 입자로 유도하도록 하고 표면에 선이 나타나도 가능한지 확인할 필요가 있다

2. 사출성형용 수지의 분류 및 특성

2.1 성형수지의 분류

1) 열경화성 수지

열경화성 수지는 가열용융상태에서 중합이 일어나는 동안에 분자반응 부분인 긴 분자가 가교결합을 형성하여 경화되면 가열하여도 연화되지 않는 수지.

2) 열가소성 수지

가열용융상태에서 중합이 일어나는 동안에 분자반응 부분인 긴 분자가 결합하지 않으므로 열을 가하면 다시 연화되는 수지.

① 결정성 수지

분자의 구조가 흐름방향으로 크게 배열되는 경향이 있는 수지.
  ⓐ 흐름방향과 직각방향의 수축율의 차가 크다.
  ⓑ 금형온도가 수축률에 미치는 영향이 크므로 치수변동이 크다.

② 비결정성 수지

분자의 구조가 배열되는 경향이 비교적 작은 수지.
  ⓐ 흐름방향과 직각방향의 수축률의 차가 매우 작다.
  ⓑ 수축률이 작으므로 인하여 치수변동이 거의 없다.

3) 엔지니어링 수지

일반수지에 강성과 내열성 등 여러 가지 특성을 부여하여 공업용 재료로 사용하기 위해 만든 수지.

① 인장강도 500Kg/cm2이상, 충격강도 6Kg. cm/cm2
② 난연성이고 내마모성, 강성, 탄성, 내약품성이 우수하다.
③ 가격이 높다.

2.2 성형재료가 금형설계에 미치는 영향

1) 결정성 수지

일반적으로 수지가 흐름방향으로 크게 배향하기 때문에 흐름방향과 직각 방향의 수축율의 차가 크게 되어 성형품의 굽힘, 휨, 뒤틀림이 발생하기 쉽다. 금형온도는 수축률에 미치는 영향이 크기 때문에 금형 온도관리를 충분 하지 않으면 치수변동이 크다.

표 2.2.1 결정성 수지의 특징과 금형설계 요점

	수지명	특 징	금형 설계시 유의점
1	폴리 에틸 렌 (PE)	1. 흐름이 좋고, 성형성 양호하나 성형능률은 좋지 않다. 2. 수축이 크고, 왜곡, 변형이 일어나기 쉽다. 3. 냉각시간이 길다. 4. 언더컷 부위를 강제로 추출이 가능하다.	1. 성형수축률: 직각방향 1.5%~2.5% 흐름방향 2.0%~3.0% 2. 왜곡, 휨 방지를 위해 밀어내기 밸런스에 주의 3. 냉각속도를 균일하게 하는 회로설계에 주의를 요함 4. 성형기의 종류는 스크류 식이 좋음 5. 충전 속도를 빨리 할 수 있는 러너 구조와 게이트구조로 설계요함
2	폴리 플로 필렌 (PP)	1. 성형성이 매우 좋다. 2. 변형, 왜곡, 수축 등 불량이 쉽게 발생 3. 힌지(Hinger) 특성이 뛰어남	1. 성형수축률: 1.0%~2.5% 2. 수축, 변형 방지의 성형품 설계가 필요 3. 게이트는 다점 게이트를 고려할 것. 4. 힌지부에 웰드라인이 없도록 게이트 위치 설정에 주의.
3	폴리 아미 드 (나이 론) (PA)	1. 흐름이 매우 좋으므로 플래시 발생이 쉽다. 2. 용융점도가 낮으므로 안정성이 나쁘다. 3. 용융온도 이외에서 굳으므로 금형 혹은 성형기 스크류 파손 우려가 있다. 4. 흡수율이 높고 치수 안정성이 나쁘다.	1. 성형수축률: 1.0%~1.5% 2. 흐름을 고려하여 러너는 작게 길이는 길게 설정 3. 재료온도, 금형온도관리에 주의요함 4. 플래시 방지를 위해 정밀금형제작 필요 5. 금형온도를 높이고 결정화에 대한 주의 필요
4	폴리 아세 탈	1. 흐름이 나쁘고 열분해가 쉽다 2. 플로마크 발생이 쉽다. 3. 수축변형이 일어나기 쉽다.	1. 성형수축률: 1.5%~3.5% 2. 유동저항이 작은 러너 설정 러너길이는 가급적 짧게 설정 3. 성형조건, 실린더온도, 금형온도 관리에 주의
5	불소 수지 (3불 화 에틸 렌)	1. 용융점도가 극히 높다. 2. 고압성형을 요한다. 3. 변색이 쉬워 외관이 나빠지기 쉽다. 4. 가스발생으로 금형을 부식시킨다. (표면도금처리필요).	1. 성형수축률: 0.4%~0.6% 2. 흐름에 적합한 러너설정 3. 변색방지를 위해 재료의 온도관리에 주의를 요함 4. 금형 부식대비를 위해 표면도금 할 것. 5. 스크류식의 고압성형기 사용요망

2) 비결정성 수지

결정성 수지에 비하여 흐름방향과 직각방향의 수축율의 차는 매우 작고, 수축률의 절대 값도 작기 때문에 치수정도를 높이는 것은 비교적 쉽다.

표 2.2.2 비결정성 수지의 특징과 금형설계 요점

	수지 명	특 징	금형 설계시 유의점
1	아크릴 니트릴 스틸렌 (AS)	1. 흐름이 좋고, 성형성 양호, 성형능률양호 2. 크랙발생이 쉽다. 3. 플래시(BURR) 발생이 쉽다. 4. 투명성/내약품성/내열성 우수	1. 성형수축률: 0.2%~0.4% 2. 밀어내기 방식 설정에 주의 3. 언더컷과 빼기구배는 1°이상 필요 4. 금형재질은 프리하든강 사용 필요.
2	아크릴 니트릴 부타디 엔스틸렌(ABS)	1. 흐름이 나쁘므로 성형성과 성형능률 저하 2. 성형품 성능이 불안정 3. 게이트부 표면에 웰드가 생기기 쉬움	1. 성형수축률: 0.3%~0.8% 2. 복합 수지이므로 성형조건이 어려움 3. 고압성형이므로 사출압에 의한 금형의 강도에 주의요함
3	아크릴 (PMMA)	1. 흐름이 나쁘므로 성형성과 성형능률 저하 2. 충전불량, 플로우마크, 수축발생이 쉬움 3. 투명도 양호, 이물질혼입에 주의요	1. 성형수축률: 0.2%~0.6% 2. 흐름을 고려하여 러너는 크게 길이는 짧게 설정 3. 재료온도 및 금형온도관리에 주의요 4. 구배각도는 가급적 3°이상 요함 5. 고압성형을 요하고 고압성형기 사용요망
4	폴리 카아본 네이트 (PC)	1. 용해점도가 높으므로 고압 고온성형 필요 2. 잔류응력이 발생: 크랙발생 쉬움 3. 단단하므로 금형파손이 쉬움 4. 플래시(BURR) 발생이 쉬움 5. 플로마크. 젯팅현상의 발생이 쉬움	1. 성형수축률: 0.5%~0.7% 2. 유동저항이 작은 러너설정, 러너길이는 가급적 짧게 설정 3. 재료 예비 건조를 장시간 요함 4. 인서트 물 삽입은 가급적 피할 것 5. 고압성형을 요하고 스크류식의 고압성형기 사용요망.
5	염 화 비 닐(경질 PVC)	1. 성형영역과 분해영역이 근접해 있으므로 열안정성이 나쁨 2. 흐름이 좋지 않다. 3. 외관이 나빠지기 쉽다. 4. 가스발생으로 금형을 부식시킨다.(표면 도금처리 필요)	1. 성형수축률: 0.5%~0.7% 2. 유동저항이 작은 러너설정 러너길이는 가급적 짧게 설정 3. 재료의 온도 관리에 주의를 요함 4. 금형 부식대비를 위해 표면 도금. 5. 스크류식의 고압성형기 사용요망

2.3. 각종 성형수지의 종류 및 특징

표 2.3.1 플라스틱 재료의 선팽창계수, 성형수축률, 열변형온도

분류		성형재료		선팽창계수 (10-5/℃)	성형수축률 (%)	열변형온도 (℃)
		수지명	충전재(強化材)			
열경화성수지		페놀(PENOL)	목탄면(木炭綿)	3.0~4.5	0.4~0.9	
		페놀(PENOL)	아스베스트	0.8~4.0	0.05~0.4	149~204
		페놀(PENOL)	운모	1.9~2.6	0.05~0.5	149~177
		페놀(PENOL)	유리섬유	0.8~1.0	0.01~0.4	149~316
		유리어	a-셀룰로스	2.2~3.6	0.6~1.4	127~143
		멜라민	a-셀룰로스	4.0	0.5~1.5	210
		폴리에스테르	유리섬유	2.0~5.0	0~0.2	
		폴리에스테르	프레믹스	2.5~3.3	0.2~0.6	7,205
		규소수지	유리섬유	0.8	0~0.05	7,483
		디아릴프탈레이트	유리섬유	1.0~3.6	0.1~0.5	
		에폭시	유리섬유	1.1~3.5	0.1~0.5	204~206
열가소성수지	결정성	폴리에틸렌(HDPE)	고밀도	10.0~13.0	2.0~5.0	43~49(60~82)
		폴리에틸렌(MDPE)	중밀도	14.0~16.0	1.5~5.0	32~41(49~74)
		폴리에틸렌(LDPE)	저밀도	10.0~20.0	1.5~5.0	(38~49)
		폴리프로필렌(P,P)		5.8~10.0	1.0~2.5	57~63(96~110)
		폴리아세탈(P.O.M)		3.6~8.0	1.3~2.8	
		아세탈(ACETAL)		8.1~8.3	2.5~3.0	(124)
	비결정성	폴리스티렌(P.S)		6.0~8.0	0.2~0.6	96.1
		폴리스티렌(P.S)	내충격용	3.4~21.0	0.2~0.6	96.1
		폴리스티렌(P.S)	20~30% 유리섬유	3.0~4.5	0.1~0.2	103
		아크릴로니트릴 스티렌	AS	6.0~8.0	0.2~0.7	91~93(88~99)
		ABS (일반)	6.0~13.0	0.3~0.8	66~107 (88~113)	
		브타디엔 스티렌	ABS 20~30% 유리	2.9~3.0	0.1~0.2	66~99(74~107)
		아크릴(PMMA)	마타그릴	5.0~9.0	0.2~0.8	44~88(49~96)
		폴리카보네이트(P.C)		6.6	0.5~0.7	129~128(141)
		폴리카보네이트(P.C)	10~40% 유리	1.7~4.0	0.1~0.3	
		염화비닐(P.V.C)	경질	5.0~18.5	0.1~0.5	57~74(82)
		염화비닐(P.V.C)	연질	7.0~25.0	1.0~5.0	
		염화비닐리덴		19	0.5~2.5	54~66

2.4. 성형수축 발생요인

1) 열적수축
① 수지 고유의 열팽창에 의해 나타나는 수축이며, 성형품이 금형으로부터 빠져나왔을 때의 금형과 수지의 열팽창의 차에 의해 생긴다.

2) 경화 및 결정화에 의한 수축
① 열경화성 수지의 경우에는 가열 경화반응의 진행에 따라 고분자화 하므로 체적이 수축된다.
② 열가소성 수지의 경우에는 성형과정에서의 결정화에 따라 체적수축이 발생한다.

3) 탄성회복에 의한 팽창
① 성형압력에 의해 압축되고 있던 성형품이 성형압력으로부터 해방될 때 고온의 성형품이면 압축이 되어 있지 않은 상태로 되돌아가려는 탄성회복이 일어나, 성형품의 체적이 팽창하는 쪽으로 변화되어 열적수축에 의한 성형수축의 일부를 상쇄하게 된다.
② 탄성회복은 압축성이 큰 수지일수록 그 영향은 크게 나타난다.

4) 분자배향의 완화에 의한 수축
① 열가소성 수지에서 용융 유동상태에 의해 분자배향을 일으켜 유동방향으로 수지분자가 늘어지지만 냉각과정에서 배향성이 일부 완화되어 늘어진 수지분자가 원래 상태로 되돌아가려는 성질 때문에 수축이 일어난다.
② 결정성수지는 결정까지도 배향되므로 수축은 더 커진다. 분자 배향성이 큰 수지에서는 그 성형수축은 일반적으로 유동방향으로는 크게 직각방향으로는 작게 일어난다.

2.5. 성형수축률의 변동요인

1) 캐비티 내의 수지압
성형기 노즐에서 금형 캐비티까지의 압력손실은 사출압력에 관계없이 일정하므로 성형수축률은 캐비티 내의 수지압에 의한다.
① 캐비티 내의 수지압이 높을수록 수축률은 작아진다.
② 수축률의 변화는 비결정성 수지는 직선으로, 결정성 수지는 곡선으로 감소된다.

2) 수지 온도
① 수지온도가 상승하면 유동성이 좋으므로 금형내의 충전상태가 개선되고, 금형 내에서의 냉각시간이 길어지므로 수지는 치밀하게 되어 비점에서는 성형수축은

작아진다(결정성수지).
② 그러나 이에 반해서 수지온도 상승으로 열적팽창이 크게 되어 냉각후의 수축량은 커지게 된다.
③ 수지의 종류, 성형압력, 게이트의 치수, 제품의 살 두께 등에 따라서는 정 반대되는 경향을 나타내는 수도 있다.

3) 스크류 전진시간(사출시간)
① 게이트가 고화되지 않는 한 캐비티 내의 수지를 계속 공급하고 있는 시간으로 스크류가 전진을 계속하면 수축률은 작아지고 제품 중량은 커진다.

4) 금형온도
① 금형온도가 높아지면 성형수축률은 크게 나타난다.
② 금형온도가 높아지면 수지의 서냉으로 결정화도가 높아져 결정성수지는 비결정성수지보다 성형수축률이 크게 나타난다.

5) 성형품 살 두께
① 결정성 수지는 살 두께가 두꺼워짐에 따라 수축은 커진다.
② 비결정성 수지는 살 두께에 관계없는 것(ABS, PC), 살 두께가 커짐에 따라 수축률이 커지는 것(PS, AS, PMMA), 살 두께가 커짐에 따라 역으로 수축률이 작아지는 것(경질 PVC)이 있다.

6) 게이트 단면적
① 게이트의 단면적이 클수록 성형수축률은 작아진다.

7) 경시적 치수변화(후 성형수축)
① 내부응력에 의한 치수의 경시적 변화, 형상의 변화(굽힘, 뒤틀림)가 일어난다.
② 결정성 수지는 상온상태에서 결정화 진행에 의해 치수가 변한다.
③ 흡습에 의해 치수가 변한다.

8) 성형수축의 안정화
① 내부응력의 제거와 치수 안정성을 위하여 수지의 열변형 온도보다 약 10℃이상 낮은 온도에서 어닐링 방법으로 열처리 한다.
② 금형온도가 높고 살 두께가 두꺼울수록 후 수축은 커진다.
③ 성형수축이 일반적으로 크면 후 수축은 적다.

3. 성형품 치수

3.1. 성형품 일반 치수공차

1) 적용범위

이 규격은 성형가공품 중 1200mm이하의 일반제품에 대해 규정한다. 단 경사변화에 의한 허용치는 포함하지 않는다.

2) 치수 차

치수 허용공차는 고 정밀급(A), 중 정밀급(B), 보통급(C)로 구분되고 그 수치는 다음 표에 의한다.

〈표 3.1.1 제품 일반 허용오차〉 (단위: mm)

치수구분(mm)	고정밀급(A)	중정밀급(B)	보통급(C)
3까지	±0.14	±0.18	±0.25
10까지	±0.18	±0.25	±0.40
30까지	±0.25	±0.4	±0.6
80까지	±0.40	±0.6	±0.9
180까지	±0.50	±0.8	±1.3
310까지	±0.65	±1.0	±1.6
500까지	±0.80	±1.5	±2.0
800까지	±1.0	±1.3	±2.5
900까지	±1.15	±1.8	±3.1
1200까지	±1.30	±2.2	±3.8

3.2. 열경화성 성형품 치수공차

1) 적용범위

이 규격은 성형가공품 치수에 치수차가 수치 또는 기호로 기입되어 있지 않은 250mm 이하의 치수를 규정한다. 이것은 흡습 그밖에 경시변화에 의한 허용치는 포함하지 않는다.

2) 치수 차

치수 허용공차는 1급에서 4급의 4등급으로 구분하고 그 수치는 다음 표에 의한다.

표 3.2.1 성형치수의 허용오차 (단위: mm)

치수구분 \ 등급	1	2	3	4	휨
6mm까지	0.05	0.10	0.10	0.20	0.2
6~18mm까지	0.08	0.10	0.15	0.25	0.35
18~30mm까지	0.10	0.15	0.20	0.30	0.4
30~50mm까지	0.15	0.20	0.25	0.35	0.5
50~80mm까지	0.20	0.25	0.30	0.50	0.65
80~120mm까지	0.25	0.35	0.30	0.70	0.80
120~180mm까지	0.35	0.50	0.70	1.00	1.00
180~250mm까지	0.50	0.70	1.00	1.50	1.30
적용 제1종	정밀급				
적용 제2종		중급 정밀급			
적용 제3종			보통급 중급 정밀급	보통급 중급	

*주: 1. 위의 치수는 모두 ±를 붙여서 사용한다. 따라서 한쪽의 허용차의 경우 2배의 허용차 범위로 한다.
  (예) 치수구분의 50~80㎜까지 2급 적용의 경우 허용차는 ±0.25 또는 -0.5 또는 0으로 된다.
   2. 휨, 평면도는 성형품에 연속한 평면상의 떨어진 임의의 점을 기준으로 두께 측정기를 사용해서 측정한다.

3) 적용
① 위 표의 적용은 성형재료의 재질에 따라 유별한 것으로 보통사용에 있어서는 이 호칭을 사용해도 된다.
   제1종: 폴리카보네이트, 스티롤, 스티롤 공중합물, 페놀수지, 아크릴, 아세탈수지
   제2종: 나일론 경질, 비닐, 요소수지
   제3종: 폴리에틸렌, 폴리프로필렌, 연질비닐, 멜라민수지
② 정밀급, 중급, 일반급의 적용에 대하여는 다음과 같이 한다.
   (a) 보통급을 사용한다.
   (b) 정밀급은 보통 1개 빼기의 1개 형태에 한한다.
   (c) 파팅라인에 관계하는 치수에 대해서는 표기 치수차 외에 1급에 대해 ±0.05, 2급 ±0.05, 3급 ±0.10, 4급 ±0.10을 가산한다. 또, 분할된 금형 부품에 의해 캐비티가 구성
   (d) 다수개 빼기의 경우 정밀급은 적용하지 않는다.

3.3. 열경화성 및 열가소성 수지별 성형품 치수공차

1) 적용범위
① 이 규격은 열경화성 및 열가소성수지를 성형가공해서 만든 제품에 대해 관용상의 공차의 크기에 대해서 규정한다.

2) 공차규정
① 성형제품의 치수공차는 평균치수 즉 호칭치수로부터 플러스 측과 마이너스 측으로부터 벗어난 허용공차이다.
② 표준공차는 일반적인 생산조건하에서 사용되는 것을 말한다.
③ 거친공차는 정확한 치수가 중요치 않은 경우에 사용한다.

3) 수지의 종류
① A. B. C, ② 아크릴, ③ 셀룰로우즈, ④ 에폭시, ⑤ 나일론, ⑥ 일반용페놀, ⑦ 폴리에틸렌, ⑧ 폴리프로틸렌, ⑨ 비닐, ⑩ 아세탈, ⑪ 알키드, ⑫ 디알릴프탈레이드, ⑬ 멜라민 및 유리아, ⑭ 폴리 충진페놀, ⑮ 폴리 산화에스테르, ⑯ 폴리에틸렌, ⑰ 폴리스티렌

4) 공차규정의 사용방법

① 표 3.1.1 중에 횡단면을 표시한 제품은 상징적인 것으로 그것은 원형이나 장방형, 혹은 다른 형상일 수도 있으므로 치수 설정시 각별한 주의를 해야 한다.
② 인치식에서 허용공차는 6인치(150mm) 이상의 공차규정은 규정공차에다 1인치(25.4mm) 추가시마다 공차에 추가하는 1인치(25.4mm)당 공차를 더한다.
(※ 주: 6인치까지의 허용공차는 정밀공차가 ±0.008인치이고, 보통공차가 ±0.013인치이나 6인치 이상에서는 1인치당 추가공차가 보통공차일 때, ±0.003, 정밀공차 일 때는 ±0.002이므로, 기존 6인치 공차에 1인치당 추가공차를 더해 준다.)
③ 3.1.1 표에 표시된 직경 및 구멍치수에 대한 공차는 3.2.1 표에서 다루고 있는 특정재로의 시효특성에 대한 여유 공차를 포함시키지 않는다.
④ 깊이, 높이 및 저변치수에 대해서는 파팅라인을 고려해 넣어야 한다.
⑤ 측벽치수, 평면성, 동심성이란 점에서 제품설계는 벽 두께를 거의 일정하게 유지해야 한다.
⑥ 구멍깊이와 측면에 대한 빼기구배를 결정하는데 있어서 성형구멍깊이와 직경의 비율이 핀의 지나친 손상을 초래하지 않는 곳에까지 이르지 않도록 치수를 정한다.
⑦ 원하는 제품설계와 이것을 성형 가공하는 기법이 양립하는 경우에는 구석 살, 리브, 귀퉁이에 대한 수치공차를 늘린다.

5) 설계시 공차 규정사항
① 제품 설계시 도면에 표시된 치수가 확보되어야 할 다음조건을 고려한다.
  ⓐ 성형가공후의 치수 여부
  ⓑ 열처리후의 치수 여부
  ⓒ 습도조절후의 치수 여부
② 어떤 제품에 대한 공차는 인치에 대한 인치로 표시해야 하며 고정된 값으로 표시하면 안 된다.
③ 지정된 치수에 대해서는 엄격한 공차가 필요한 경우에 한해서 주서를 부친다. 단, 중요치 않은 치수는 전체적인 공차로 처리한다.
④ 성형가공 후 기계가동하기로 되어 있는 부분에 대해서는 관대한 성형공차를 부여한다.

4. 성형부의 금형치수

4.1. 성형수축률

1) 성형수축률의 표시방법

$$S = \frac{M-A}{M} \cdots\cdots\cdots ⓐ$$

S: 성형수축률, A : 상온의 성형품치수 M: 상온의 금형치수

위식을 변형하면
$$M = \frac{A}{1-S} \cdots\cdots\cdots ⓑ$$

식 ⓑ에서 수축율은 1보다 매우 작기 때문에 일반적인 경우에는 다음 식으로 대용한다.
$$M = A(1+S) \cdots\cdots ⓒ$$

예) 호칭치수 120mm인 성형품을 수축률 5/1000인 수지로 성형하고자 할 때 성형부 금형치수의 참 계산 값 [식ⓑ]과 근사 값[식ⓒ]을 비교하면 다음과 같다.

[풀이] $[120 \div (1-0.005)] - [120 \times (1+0.005)] = 0.003mm$ 가 되어 호칭치수에 대한 0.0025%이므로 실용상 거의 문제가 되지 않으나 정밀성형 금형에서는 참 계산식을 따를 필요가 있다.

4.2. 성형부의 금형치수

금형에 직접 관련된 치수는 사출금형의 성형품과 직접 관련되는 금형 해당부 또는 이것에 따르는 부분의 치수이고 다음과 같은 공차를 지정한다.

(1) 성형부의 금형치수 공차는 성형품치수공차의 약 1/3~1/4로 한다.(성형품 형상에 의한 허용정도, 성형조건에 의한 수축율, 금형제작 오차 등을 고려한 계수)
(2) 성형품 공차와 상온의 성형부 금형치수의 관계

$A \pm a$ 일 때 $\quad M = A(1+S) \cdots\cdots\cdots ⓐ$

$A^{+\alpha}_{-0}$ 일 때 $\quad M = (A + \frac{a}{2})(1+S) \cdots\cdots ⓑ$

$A^{+0}_{-\alpha}$ 일 때 $\quad M = (A - \frac{a}{2})(1+S) \cdots\cdots ⓒ$

$A^{+\alpha}_{-\beta}$ 일 때 $\quad M = (A + \frac{\alpha - \beta}{2})(1+S) \cdots\cdots ⓓ$

A : 상온의 성형품 치수, S : 성형수축률, M : 상온의 금형치수, α,β : 성형품공차

위 식을 일반적으로 적용하며, 소수점 3자리의 처리는 다음에 준한다.
① 계산 후 소수점 3자리에서 반올림한다.
② 성형 부 금형치수가 대칭인 경우 소수점 2자리가 홀수이면 성형품 공차 쪽으로 하여 짝수로 만든다.

③ 공차 치수는 수리 가능한 방향으로 잡는다.

예) 상온에서 치수가 90mm인 성형품을 수축률이 18/1000인 수지로 성형 가공을 하고자 할 때 다음 성형품 공차조건에서 성형 부 금형가공치수를 구하시오.

공차조건 : ① ±0.2, ② $^{+0.2}_{-0}$, ③ $^{+0}_{-0.2}$, ④ $^{+0.2}_{-0.1}$

① 식 ⓐ에서 $M = 90(1 + \frac{18}{1000}) = 91.62$

② 식 ⓑ에서 $M = 90(1 + \frac{0.2}{2})(1 + \frac{18}{1000}) = 91.72$

③ 식 ⓒ에서 $M = (90 - \frac{0.2}{2})(1 + \frac{18}{1000}) = 91.52$

④ 식 ⓓ에서 $M = (90 + \frac{0.2 - 0.1}{2})(1 + \frac{18}{1000}) = 91.67$

[④에서 대칭부의 치수인 경우에는 공차를 고려하여 91.68로 가공치수를 설정한다.]

4.3. 성형품 치수의 분류

1) 금형에 의해 직접 정해지는 치수와 직접 정해지지 않는 치수

직접 금형에 의해 정해지는 치수		직접 금형에 의해 정해지지 않는 치수	
치수구분	요 인	치수구분	요 인
Ⓐ	① 금형의 한 부품에 의해 정해지는 치수	Ⓑ Ⓒ	① 금형의 웅형, 자형 등의 2개의 부분은 상호에 의해 정해지는 치수 ② 가압 등에 의해 플래시 등의 발생이나 성형 조건에 의해 치수 변화가 일어나기 쉬운 치수

금형에 의해 직접 정해지는 치수	금형에 의해 직접 정해지지 않는 치수
![H1, H2, H3, H4, ØD1, ØD2, ØD3 캐비티측/코어측/성형품/P.L 도면]	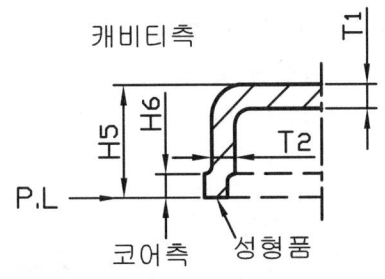
위 그림의 각 부분의 치수가 이것에 상당하고 금형의 웅형, 자형 어느 한 쪽에 의해서만 정해지는 치수이고, 플래시가 나오거나 그 두께에 영향을 받지 않는 치수이며, 성형품의 그 부분이 금형의 그 부분에 상당하는 치수이다.	사출 성형압이 가해지는 방향의 치수는 위 그림 각 부분의 치수가 상당하며, 그 방법이 금형의 웅형, 자형의 2개 이상의 부분에서 만들어지는 치수이고, 상자류의 외측 높이, 바닥 두께 등 파팅라인에 걸치는 치수, 측벽 두께는 웅형, 자형의 상호관계에 의해 정해지는 치수. 그밖에 사이드 코어 등에 걸치는 치수 등이다.

2) 성형품 치수적용

종 별		적용기준
금형에 의해 직접 정해지는 치수	· 일반치수 · 곡률반지름 · 중심 간격: · 성형 그대로의 것 · 쇠붙이가 있는 것	· 상자류의 안쪽, 바깥쪽의 가로 세로치수, 컵 등 내외지름 · 코너부의 둥글기(R) · 같은 쪽에 있는 구멍의 중심 간격, 볼록 부나 홈 부의 간격 또는 매설 쇠붙이의 중심 간격
금형에 의해 직접 정해지지 않는 치수	· 형 열기 방향에 있는 치수 (파팅라인과 직각방향의 치수) · 측벽 두께 및 속하는 치수	· 상자 류 컵 등의 외측 높이 또는 바닥부의 살 두께. · 웅형 자형과의 관계 또는 사이드 코어 등의 관계로 정해지는 치수
그 밖의 치수	· 평행도 및 편심 · 굽음, 홈 및 비틀림 · 각도	· 중공 원통내의 중심선의 흔들림, 동심원의 어긋남 · 다이얼의 눈금각도, 경사부분의 각도

5. 성형품의 불량과 대책

5.1 성형불량 종류와 원인

1) 성형불량과 원인: 금형을 설계제작 후에 성형기에서 제품을 성형시킬 때 여러 가지 불량이 발생할 수 있다. 이 때에 그 종류와 원인을 앎으로서 좋은 성형품을 생산하고자 한다.

표 5.1.1 불량종류와 원인

종류	원인	성형기에서의 원인	금형에서의 원인	수지에서의 원인
1	충진 불량	1. 재료온도가 낮다. 2. 사출압력이 낮다. 3. 재료공급이 부족하다. 4. 노즐 구멍크기가 너무 작다. 5. 실린더/노즐이 막혔다.	1. 게이트/러너가 작다. 2. 게이트 위치가 부적당하다. 3. 에어벤트위치 부적당하고 가공되어있지 않다. 4. 금형온도가 낮다. 5. 콜드 슬러그/러너 게이트가 막혔다.	1. 유동성이 나쁘다. 2. 윤활이 불량하다.
2	플래시 (덧 살)	1. 형체력이 부족하다. 2. 사출압력이 높다. 3. 재료공급이 과다하다. 4. 재료온도가 높다.	1. 분할면에 상처나 이물질이 있다. 2. 기계능력에 비해 투영 면적이 크다. 3. 금형온도가 높다.	1. 유동성이 너무 좋다.
3	수축 (싱크 마크)	1. 재료온도가 높다. 2. 사출압력이 낮다. 3. 재료공급이 부족하다. 4. 보압시간이 짧다. 5. 사출속도가 너무 늦다.	1. 금형온도가 높다. 2. 성형두께가 불균일하다. 3. 게이트 크기가 작다. 4. 냉각시간이 짧다. 5. 밀어내기가 부적합하다.	1. 재료가 연하다. 2. 수축률이 너무 크다.
4	웰드 라인	1. 재료온도가 낮다. 2. 사출압력이 낮다. 3. 사출속도가 느리다.	1. 러너/게이트가 작다. 2. 금형온도가 낮다. 3. 게이트 위치가 부적합하다. 4. 에어벤트가 부적정하다.	1. 경화가 너무 빠르다. 2. 건조가 불충분 하다. 3. 윤활이 불량하다.
5	휨 변형	1. 사출압력이 높다. 2. 보압시간이 길다. 3. 어닐링이 불충분하다.	1. 이젝터 구조가 불량하다. 2. 금형온도가 높다. 3. 게이트가 크다. 4. 냉각이 불균일하다.	1. 유동성이 나쁘다. 2. 수축률이 크다. 3. 재료의 강성이 부족하다.

6	플로마크	1. 재료온도가 낮다. 2. 사출압력이 낮다. 3. 사출속도가 느리다. 4. 노즐구멍크기가 너무 작다.	1. 금형온도가 낮다. 2. 성형품 두께가 불균일하다. 3. 러너/게이트가 작다. 4. 콜드 슬러그 작든지 없다.	1. 유동성이 나쁘다. 2. 윤활이 불량하다.
7	기포	1. 사출속도가 빠르다. 2. 사출압력이 낮다. 3. 사출용량이 작다. 4. 보압시간이 짧다.	1. 에어 벤트가 부적정하다. 2. 게이트러너가 작다. 3. 콜드 슬러그 작든지 없다.	1. 건조가 불충분하다. 2. 휘발성이 크다.
8	백화현상	1. 사출압력이 높다. 2. 보압시간이 길다. 3. 어닐링이 불충분하다. 4. 재료온도가 높다.	1. 이젝터 위치/수량이 부적정하다. 2. 금형온도가 높다. 3. 빼기구배가 작다. 4. 냉각이 불균일하다.	1. 유동성이 나쁘다. 2. 윤활이 불량하다. 3. 재료의 강성이 부족하다.
9	흑조(탐)	1. 재료온도가 높다. 2. 실린더내의 체류시간이 길다. 3. 실린더 내에 흠이 있다.	1. 에어 벤트가 부적절/ 없다. 2. 슬러그 웰이 작다. 3. 캐비티 내에 기름 등이 부착되어 있다.	1. 윤활제가 과다하다. 2. 건조가 불충분하다.
10	은조현상	1. 사출속도가 빠르다. 2. 사출압력이 낮다. 3. 사출용량이 작다. 4. 보압시간이 짧다. 5. 재료온도가 높다.	1. 에어벤트가 부적정하다. 2. 게이트러너가 작다. 3. 성형품두께가 불균일하다. 4. 콜드 슬러그가 작든지 없다.	1. 건조가 불충분하다. 2. 휘발성이 크다.
11	표면광택	1. 노즐이 막혔다. 2. 노즐구멍 크기가 작다. 3. 재료의 공급이 부족하다.	1. 에어 벤트가 부적정하다. 2. 게이트/러너가 작다. 3. 부식방지가 부적당하다. 4. 이형제가 너무 과다하다.	1. 건조가 불충분하다. 2. 휘발성이 크다. 3. 이물질이 혼합되어 있다.
12	젯팅현상	1. 재료온도가 낮다. 2. 사출압력이 낮다. 3. 사출속도가 느리다.	1. 러너/게이트가 작다. 2. 금형온도가 낮다. 3. 게이트위치/형상이 부적합하다.	1. 경화가 너무 빠르다. 2. 윤활이 불량하다.
13	이형불량	1. 사출압력이 높다. 2. 재료의 공급이 너무 많다.	1. 노즐구멍과 스프루 구멍이 편심되어 있다. 2. 금형온도가 높다. 3. 스프루 구배가 작다. 4. 캐비티에 언더컷이 있다. 5. 빼기구배가 작다.	1. 윤활제가 부족하다.

2) 성형품 불량을 발생시킬 수 있는 부분별 분포

① 성형품 설계 ·· 약 10%

    ⓐ 성형품 구조로 인한 불량률

② 금형설계 ·· 약 30%
　　ⓐ 치수 오기로 인한 불량률(1/4)
　　ⓑ 구조설계 잘못 설정으로 인한 불량률(1/3)
③ 금형제작 ·· 약 30%
　　ⓐ 제작에 따른 가공불량률
④ 성형작업 ·· 약 30%
　　ⓐ 성형조건에 인한 불량률
　　ⓑ 성형재료(수지) 잘못 설정으로 인한 불량률

3) 사출작업후의 성형품의 불량

사용자의 요구에 맞고 완벽한 금형설계와 제작을 하더라도 성형작업에서 성형기의 기능, 성형조건의 부적정, 수지선정의 부적합
① 성형품의 형상변화 및 치수변화로 인한 불량: 휨, 수축변형, 충진부족, 크랙발생
② 외관상 불량: 수축, 웰드라인, 기포, 긁힘, 플래시, 플로마크, 백화
③ 사용수지에 의하여 발생하는 불량: 은줄, 흑 줄, 색 얼룩, 박리, 타버림 등이 발생

5.2 불량원인과 개선대책

(1) 충진부족(Short Shot): 성형품의 일부분이 성형되지 않고 미성형 상태로 되어있는 것.

불량원인	개선대책	빈도
1. 사출기 용량이 부족하다.	1. 용량이 큰 사출성형기에서 작업한다. 2. 형체력이 큰 사출기에서 작업한다. 3. 금형부착방향이 바뀌었나. 확인한다.	성형기
2. 수지의 유동성이 나쁘다.	1. 사출압력을 높게 한다. 2. 사출속도를 빠르게 한다. 3. 수지온도(실린더온도)를 높게 한다. 4. 금형온도를 높게 한다(냉각수 유량을 적게/온수 사용)	성형조건
3. 게이트/러너가 부적합.	1. 유동기구(스프루/러너/게이트)를 크게 한다.	금형설계
4. 다수 캐비티 중 일부가 미 성형된다.	1. 게이트 밸런스를 조정한다(러너배열 조정) 2. 게이트 위치를 바꾼다.	금형설계
5. 에어벤트설치가 나쁘다.	1. 에어벤트를 설치한다.	금형설계
6. 콜드 슬러그 웰이 작다.	1. 콜드 슬러그 웰(Cold slag well) 크게 한다.	금형설계
7. 살 두께가 너무 작다.	1. 얇은 벽 두께를 두껍게 한다. 2. 성형품 형상에서 미 성형부위 살 두께를 키운다.	제품설계

(2) 플래시(Flash/버[Burr]/덧살): 금형의 파팅 면 혹은 분할 면 등 틈새에 발행하여 불필요한 수지가 생겨 있는 것

불량원인	개선대책	빈도수
1. 사출기 용량이 크다	1. 용량이 작은 사출성형기에서 작업한다.	성형기
2. 사출기 형체력이 부족	1. 형체력이 큰 사출기에서 작업한다.	성형기
3. 사출압력이 높다	1. 사출압력을 낮게 한다.	성형조건
4. 수지 유동성이 좋다	1. 사출속도를 느리게 한다. 2. 수지온도(실린더온도)를 낮게 한다. 3. 금형온도를 낮게 한다(냉각수 유량을 많게/냉수 사용)	성형조건 성형조건 성형조건
5. 금형맞춤이 부적합	1. 습동부의 공차를 적게 한다.	금형설계
6. 받침판/가동측형판의 강도가 약하다	1. 받침봉을 세운다. 2. 파팅면에 이물질이 없는지 확인한다.	금형설계 금형설계
7. 수지의 공급 과다	1. 수지의 공급량을 조절한다.	성형조건

(3) 수축(Sink Mark/표면수축): 성형품의 표면 혹은 리브나 보스부위에 표면상 부분적으로 오목하게 들어가는 현상

불량원인	개선대책	빈도수
1. 사출압력을 낮다	1. 사출압력을 높게 한다.	성형조건
2. 수지의 수축률이 크다	1. 사출속도를 빠르게 한다. 2. 수지온도(실린더온도)를 낮게 한다.	성형조건 성형조건
3. 냉각시간이 짧다	1. 냉각시간을 길게 한다	성형조건
4. 수지의 유동성이 너무 좋다	1. 수지온도(실린더온도)를 낮게 한다. 2. 금형온도를 낮게 한다. (냉각수 유량을 많게/냉수사용)	성형조건 성형조건
5. 수지의 흐름저항이 크다	1. 유동기구(스프루/러너)를 크게 혹은 래핑 가공한다. 2. 게이트 위치를 바꾼다.	금형설계 금형설계
6. 냉각 회로가 나쁘다	1. 냉각회로를 재설정 가공한다.	금형설계
7. 계량조정이 불충분하다	1. 사출이 완료된 상태에서 실린더 내에 수지가 남아있도록 쿠션 량을 준다.	성형조건

(4) 웰드라인(Weld Line): 용융된 수지가 금형의 캐비내에서 분류되었다가 다시 합류하는 곳에 생기는 가는 선, 즉 두 개 이상의 게이트가 있는 경우, 구멍 및 살 두께의 변화가 있는 곳에서 발생.

불량원인	개선대책	빈도수
1. 수지의 유동성이 불량하다	1. 사출속도를 느리게 한다. 2. 수지온도[실린더온도]를 높게 한다. 3. 금형온도를 높게 한다(냉각수 유량을 적게/온수사용) 4. 이형제를 사용하지 않는다.	성형조건 성형조건 성형조건 성형조건
2. 게이트 위치가 부적합하다	1. 게이트 위치를 바꾼다. 2. 살 두께를 조절한다. 3. 에어벤트를 설치한다.	금형설계 금형설계 금형설계
3. 수지 내 수분 및 휘발성이 있다.	1. 수지건조를 충분히 한다.	재료건조

(5) 휨 변형: 사출성형 후 대기 중에서 발생하는 변형으로 근본적인 원인은 성형품의 냉각 불균형에서 온다.

불량원인	개선대책	빈도수
1. 냉각이 불균일하다.	1. 냉각시간을 길게 한다. 2. 금형온도를 낮게 한다.(냉각수 유량을 많게/냉수사용) 3. 냉각회로를 변경하여 금형온도를 균일하게 한다.	성형조건 성형조건 성형조건
2. 이젝터핀에 의하여 변형	1. 이젝터핀을 추가하여 밀어의 힘 균형을 유지한다. 2. 빼내기 구배를 충분히 크게 한다. 3. 코어측벽부를 경면연삭 한다.	금형설계 금형설계 금형설계
3. 성형응력에 의하여 변형	1. 수지온도를 높게 하여 수지의 유동성을 좋게 한다. 2. 금형온도를 높게 한다. 3. 사출압력을 낮게 한다.	성형조건 성형조건 성형조건
4. 수지의 결정성에 의하여 변형	1. 냉각속도를 조절한다. 2. 금형의 고정측과 가동측의 온도를 조절한다.	성형조건 성형조건
5. 수지의 배향성에 의하여 변형	1. 수지온도를 높게 하여 수축율 배향의 차이를 작게 한다. 2. 살 두께를 두껍게 하여 수축율 차이를 감소시킨다.	성형조건 제품설계

(6) 플로마크(Flow Mark): 용융된 수지가 금형의 캐비티 내에서 충전되면서 유동 자국이 게이트를 중심으로 동심원을 그리며 사람지문과 비슷하다

불량원인	개선대책	빈도수
1. 수지의 섬도가 높다	1. 사출속도를 빠르게 한다. 2. 수지온도[실린더온도]를 높게 한다 3. 금형온도를 높게 한다(냉각수 유량을 적게/온수사용) 4. 성형품 살 두께 변화를 원만하게 한다	성형조건 성형조건 성형조건 제품설계
2. 수지의 온도가 불균일하다	1. 콜드 슬러그 웰을 크게 하여 냉각수지의 유입을 차단 2. 스프루/러너/게이트를 크게 한다. 3. 냉각수 회로를 바꾼다.	금형설계 금형설계 금형설계

(7) 기포(수지내의 공간): 성형품 내부에 생기는 공간으로 두꺼운 부분에 생기는 진공된 구멍 외부가 먼저 고화되고 내부는 서서히 고화되면서 생긴 체적 감소 현상.

불량 원인	개선 대책	빈도수
1. 사출 압력이 낮다	1. 사출속도를 느리게 한다. 2. 수지온도(실린더온도)를 낮게 한다. 3. 금형온도를 높게 한다. 4. 스프루/러너/게이트를 크게 한다.	성형조건 성형조건 성형조건 금형설계
2. 냉각이 불균일하다	1. 성형품을 급랭하지 않는다(서서히 냉각시킴)	성형조건
3. 수분 혹은 휘발분이 있다	1. 수지를 충분히 건조시킨다. 2. 실린더 내의 체류시간을 짧게 한다.	재료건조 성형조건

(8) 백화(白化): 성형품 표면에 흰 자국이 생긴 모양으로 성형 후 밀어내기 할 때 언밸런스로 인하여 생기는 경우가 많다

불량원인	개선대책	빈도수
1. 냉각이 불충분하다	1. 냉각시간을 길게 한다.	성형조건
2. 이형의 불균형	1. 밀핀을 추가 설치한다. 2. 금형측면에 구배를 준다. 3. 보스는 가능한 슬리브로 밀어낸다.	금형설계 금형설계 금형설계

(9) 흑 줄(Black Streak): 성형품의 표면에 검은 줄이 나타나는 현상. 수지 중의 첨가제 혹은 윤활제가 실린더 내에서 열분해로 인하여 발생하는 것.

불량원인	개선대책	빈도수
1. 수지 중 이물질이 포함되어 있다	1. 분쇄수지를 조사한다. 2. 실린더를 청소한다.	성형재료 성형기
2. 수지가 열분해한다.	1. 실린더를 퍼지(Purge)한다 2. 실린더 온도를 낮게 한다. 3. 실린더 내의 체류시간을 짧게 한다.	성형기 성형조건
3. 캐비티 내에 공기가 빠져 나가지 않는다.	1. 에어벤트를 만들어준다 2. 게이트위치를 변경한다. 3. 사출속도를 느리게 한다. 4. 사출속도를 느리게 한다.	금형설계 성형조건

(10) 은조(Silver Streak): 성형품의 표면에 수지의 흐름방향으로 생기는 가는 선과 같은 모양(폴리카보네이트/염화비닐/AS수지) 등에 많이 발생.

불량원인	개선대책	빈도수
1. 수지 중 수분/휘발성분이 포함되어 있다	1. 수지를 충분히 건조시킨다. 2. 실린더내의 쿠션 량을 충분히 한다.	성형조건 성형조건
2. 수지가 열분해한다.	1. 실린더를 퍼지(Purge)한다 2. 실린더 온도를 낮게 한다. 3. 실린더내의 체류시간을 짧게 한다.	성형조건 성형조건 성형조건
3. 실린더 내에 공기가 흡입된다.	1. 호퍼부근의 실린더 온도를 낮게 한다. 2. 스크루 회전수를 느리게 한다.	성형조건 성형조건
4. 수지의 온도가 너무 낮다	1. 수지의 온도를 높인다. 2. 콜드 슬러그 웰을 크게 한다.	성형조건 금형설계
5. 금형표면에 수분/휘발성분이 있다	1. 금형을 깨끗이 닦는다. 2. 이형제를 사용하지 않는다.	성형조건 성형조건
6. 다른 수지가 포함되어 있다	1. 실린더를 청소한다. 2. 분쇄된 수지를 조사한다.	성형기 성형재료

(11) 광택/투명도 불량: 성형품의 표면에 광택이 없고 투명 제품의 경우 투명도가 없다. (PMMA수지/AS수지) 등에 많이 발생.

불량원인	개선대책	빈도수
1. 수지 중 수분/휘발성분이 포함되어 있다	1. 실린더를 청소한다. 2. 실린더 내의 체류시간을 짧게 한다. 3. 수지를 충분히 건조시킨다. 4. 이형 재를 사용하지 않는다.	성형기 성형기 성형조건 성형조건
2. 결정성수지의 냉각속도가 늦다	1. 냉각시간을 짧게 한다.	성형조건
3. 수지의 유동성이 불량하다	1. 수지온도(실린더온도)를 높게 한다. 2. 사출속도를 빠르게 한다. 3. 금형온도를 높인다.	성형조건 성형조건 성형조건
4. 금형의 끝 다듬질이 불량하다	1. 금형표면을 경면 사상한다. 2. 필요시 크롬 도금한다.	금형설계 금형설계

(12) 젯팅(Zeting): 성형품의 표면에 뱀이 지나가는 것과 같이 구불구불한 모양으로 보이는 현상. 냉각된 수지가 흘러 들어가서 생기는 경우가 많다

불량원인	개선대책	빈도수
1. 냉각된 수지가 캐비티 내에 유입된다.	1. 금형온도를 높게 한다. 2. 수지온도를 높게 한다. 3. 콜드 슬러그 웰을 크게 한다. 4. 노즐부분을 가열한다.	성형조건 성형조건 금형설계 성형조건
2. 사출속도가 빠르다	1. 사출속도를 느리게 한다. 2. 게이트 크기를 크게 한다. 3. 게이트 위치를 바꾸든지 혹은 형상을 바꾼다.(태브게이트/다단게이트형상으로)	성형조건 금형설계 금형설계

(13) 이젝팅 불량(제품이 고정측에 붙음): 성형품이 이동측에 붙지 않고 고정측에 붙는 경우나 사이드 코어측에 붙어 이형 시키지 못하도록 되어지는 현상

불량원인	개선대책	빈도수
1. 과잉충전으로 고정측에 부착	1. 사출압력을 낮게 한다. 2. 사출시간을 짧게 한다. 3. 실린더온도(수지의 온도)를 낮춘다. 4. 금형온도를 낮게 한다. 5. 고정측으로 압축공기를 불어 넣는다	성형조건 성형조건 성형조건 성형조건 성형조건
2. 고정측 빼기구배가 적다	1. 고정측 빼기구배를 충분히 준다. 2. 이동측에 언더컷을 주거나 구배량을 작게 한다.	금형설계 금형설계
3. 러너 혹은 스프루 등 기타 부분이 고정측에 붙어 성형품에 영향을 준다.	1. 스프루 칼키핀/러너하단의 밀핀에 언더컷을 크게 준다. 2. 노즐을 가열하여 수축을 크게 하도록 한다. 3. 스프루 와 노즐과의 접촉상태를 확인한다.	금형설계 금형설계 성형기

(14) 크랙과 크레이징(Crack/Crazing): 성형품의 표면에 가는 선이나 금이 가는 현상. 성형 직후 발생 혹은 잔류응력으로 냉각되면서 발생할 수 있다.

불량원인	개선대책	빈도수
1. 밀어내기의 불균형	1. 빼내기 구배를 충분히 주고 다듬질 가공한다. 2. 금형측면에 언더컷 유무를 조사한다. 3. 밀핀을 추가하여 균형을 유지시키도록 한다.	금형설계 금형설계 금형설계
2. 사출압력이 높다	1. 사출압력을 낮게 한다. 2. 수지온도를 높게 한다. 3. 금형온도를 높게 한다.	성형조건 성형조건 성형조건
3. 금속 인서트주위의 크랙 발생	1. 금속인서트를 예열 작업한다.	성형조건

(15) 타버림(Burn Mark): 성형품의 일부가 검게 타버린 상태. 금형 캐비티 내의 공기가 빠져나가지 못하고 단열압축으로 검게 타는 것

불량원인	개선대책	빈도수
1. 캐비티의 공기가 빠지지 않는다.	1. 타는 현상이 있는 부근에 에어벤트 설치를 한다. 2. 분할코어로 하여 에어벤트 역할을 할 수 있게 한다. 3. 수지온도를 낮게 하고 사출속도를 느리게 한다. 4. 게이트방식과 위치를 바꾼다.	금형설계 금형설계 성형조건 금형설계

(16) 색 얼룩: 성형품의 표면에 색상이 균일하지 못하고 얼룩지게 보이는 현상. 수지 중에 포함된 착색제가 분산불량/혼합불량으로 나타남

불량원인	개선대책	빈도수
1. 냉각속도 차이로 나타남	1. 냉각을 균일하게 할 수 있도록 한다. 2. 냉각회로를 변경한다.	금형설계 금형설계
2. 착색제의 혼합불량	1. 실린더를 퍼지(Purge)한다 2. 드라이 컬러링을 피하고 착색 펠렛(Pellet) 작업으로 착색한다.	성형기 성형재료
3. 착색제의 열 안정 부족 및 착색제 성질로 발생	1. 실린더 내의 체류시간을 짧게 한다. 2. 실린더 온도를 낮게 한다. 3. 착색제를 바꾼다. 4. 웰드라인 부근이 진하게 나타나면 수정이 어렵다	성형조건 성형조건 성형재료 금형설계

(17) 취약(脆弱): 성형 후 물성치(강도)가 정상 이하로 낮아지는 현상. 플라스틱이 열분해하여 충격강도가 낮아지므로 열분해 안정제를 첨가한다.

불량원인	개선대책	빈도수
1. 수지가 열에 약하다	1. 유동기구(러너/스프루/게이트)를 크게 한다. 2. 분쇄수지의 혼합 량을 줄인다. -재사용을 억제 3. 실린더를 퍼지(Purge)한다 4. 실린더 내의 체류시간을 짧게 한다.	금형설계 성형재료 성형기 성형조건
2. 수지가 가수분해한다.	1. 건조를 충분히 한다.	성형재료
3. 수지의 배향에 영향을 받는다.	1. 수지온도(실린더 온도)를 높게 한다. 2. 금형온도를 높게 한다. 3. 사출속도를 느리게 한다. (흐름방향/직각방향의 강도)	성형조건 성형조건 성형조건

(18) 박리(剝離, 떨어져 나감): 성형품이 운모와 같이 층층이 떨어져 나가는 현상. PS/PE와 같이 다른 수지와 혼합하기 힘든 수지일 경우가 많다

불량원인	개선대책	빈도수
1. 종류가 다른 수지가 혼합되어 있다	1. 실린더 내를 청소한다. 2. 분쇄된 수지의 양을 줄인다.	성형기 성형재료
2. 수지온도가 낮다.	1. 실린더 온도(수지의 온도)를 높인다. 2. 금형온도를 높인다.	성형조건 성형조건

(19) 상처/긁힘(脆弱): 성형품의 측면에 파팅면과 직각되게 긁힌 자국

불량원인	개선대책	빈도수
1. 금형측면의 다듬질이 불량하다.	1. 금형측면을 다시 다듬질한다. 2. 금형측면에 구배를 충분히 준다. 3. 금형측면에 언더컷이 있는지 조사 확인한다. 4. 깊은 부식 혹은 무늬가 있을 때에 사이드 코어를 사용한다. 5. 사출압을 낮추어 과잉 충전이 되지 않도록 한다.	금형설계 금형설계 금형설계 금형설계 성형조건
2. 밀판의 불균형으로 추출함	1. 밀판의 수평추출을 위하여 이젝트 가이드 핀을 설치한다. 2. 금형캐비티 배열을 균형을 배열한다.	금형설계 금형설계

3장

유동시스템과 성형기

1. 러너

1.1 러너구조

① 스프루에서 게이트(제품 충전부) 입구까지의 길이 부를 말하는 것으로 성형품의 충전시간과 수지의 충전량에 영향을 미친다.
② 고려사항으로는 ⓐ 예상 사출시간(제품 부 충전시간), ⓑ 예상 제품의 중량(성형수지의 특성), ⓒ 예상한 쇼트의 중량(1개의 제품중량×캐비티 수+러너의 중량)

1) 분류

(가) 콜드(Cold): 일반 금형에서 사용하는 것으로 러너를 금형의 온도로만 콘트롤(Control) 하므로 성형 후 재 분쇄하여 사용하는 경우가 많음
 ① 2매판 금형의 러너는 통상 이 분류에 속함
 ② 3매판 금형에서 핀 포인트 게이트 형식이 이 분류에 속함
 ③ 스프루 길이를 짧게: 연장 노즐형(Extension)

(나) 핫(Hot): 일명 러너리스(Runner-less) 금형이라고도 부르며, 이것은 러너의 주위에 금형의 온도 외에 별도로 열을 가하게 하여 항상 일정한 온도를 유지하도록 별도의 장치(매니폴드)를 한 것
 ① 3매판 금형에서 핀포인트 게이트 형의 러너와 게이트부위에 적용한 것
 ② 오픈(OPEN)형 핫러너: 러너는 없고 게이트는 있는 형식
 ③ 밸브(Value)형 핫러너: 러너와 게이트 모두 없이 한 형식. 성형과 동시에 게이트부을 핀(Pin)으로 눌러 자국만 남게 한 것임
 ④ 세미(SEMI) 핫러너: 러너만 없게 하고 게이트는 남게 한 형식

2) 콜드 러너의 형상과 치수관계

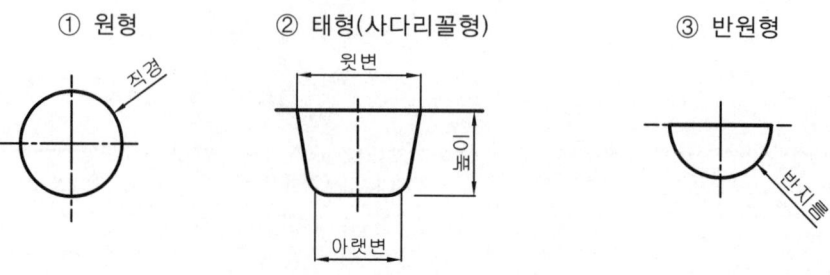

그림 1.1.1 러너 단면 형상

3) 러너의 단면적

① 원형의 단면적 = $\frac{\pi}{4} \times D^2$ 여기서 π=3.14, D=직경

② 태형의 단면적 = $\frac{윗변 + 아랫변}{2} \times 높이$

③ 반원형단면적 = $\frac{\pi}{4} \times D^2 / 2$

4) 러너 설계시 주의 사항
① 러너의 투영면적은 가능한 적게 설계하여 차후 크게 하는 방법으로 할 것
② 러너의 길이는 가능한 짧게 설계(압력손실이 작아지도록)
③ 각 캐비티에 동시에 충전될 수 있도록 밸런스에 주의할 것(러너의 모양 참조)
④ 러너의 외각부에 열손실이 작도록 경면사상으로 유도할 것
⑤ 수지의 흐름에 방해요소를 제거할 것(코너부에 R을 설정할 것)
⑥ 식은 수지가 제품에 충전되지 않도록 콜드 슬러그(Cold-Slag) 부를 설치할 것
⑦ 태형의 러너 사용 시에는 좌우측벽은 충분한 구배를 줄 것(10도 정도)
⑧ 반원형의 러너는 용융수지의 흐름이 약하기 때문에 가능한 한 사용치 말 것
⑨ 태형일 경우 측면과 바닥면의 코너는 R을 줄 것
⑩ 핫러너의 설계 시에는 핫러너 업체에 문의하여 설계토록 할 것(각 업체에 따라 전기회로 및 수지의 열적효과를 고려하여야 한다)

5) 러너(Runner) 설계시의 중요점
(가) 형상은 같은 면적의 조건에서 표면적이 적은 순서로 정한다.
  ① 원형 → ② 사다리꼴 형 → ③ 반원 형
(나) 러너의 접수길이: 면적은 동일하다고 전제하면
  ① 원형 = $\pi \times \varnothing D$ = 3.14×D
  ② 사다리꼴형 = W+N+H ≒ 4×D (H=D)
  ③ 반원형 = $\pi 2D/2 + 2D = 2D(\pi/2 + 1)$ = 2D×2.57 = 5.14D
(다) 상기 식에서 알 수 있듯이 가장 이상적인 러너의 형상은 원형이고 다음이 사다리꼴 형이며 반원 형은 사용하지 않는 것이 바람직하다

1.2. 러너 레이아웃

1) 일반적인 요구사항
다수 개 빼기 금형에서 캐비티 배열의 관계는 성형품형상, 게이트 수, 플레이트의 구성 및 게이트형상에 따라 좌우되므로 러너 레이아웃 설계 시 다음 사항을 고려하

여야 한다.
① 압력손실과 수지온도 저하를 막기 위하여 러너의 길이와 수는 가장 적어지는 유동선으로 한다.
② 러너 시스템은 유동배분을 고려하여 균형이 되도록 한다.
③ 러너 밸런스와 게이트 밸런스를 조화 있게 해야 한다.
④ 러너 끝 부위에 러너 통과 중에 식은 수지를 봉입시켜 캐비티 내로 유입되지 않도록 콜드 슬러그 웰을 설치하여야 한다.

2) 러너 레이아웃 형상과 특성

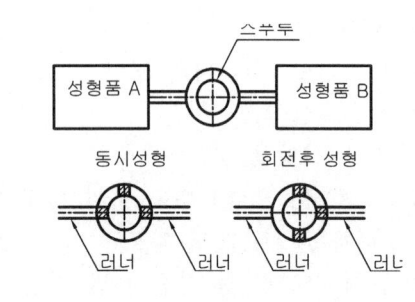

그림 1.2.1 일자형 러너

(가) 일자형(직선형)
① 일반적으로 1개취 및 2개취 금형에 사용하는 형상임
② 성형품형상에 따라 가공과 러너 개폐가 쉽다. (스프루 회전)
③ 스프루에서 고화된 수지가 성형품에 곧 바로 들어가므로 슬러그 웰은 스프루 하단에 크게 설치해야 한다.

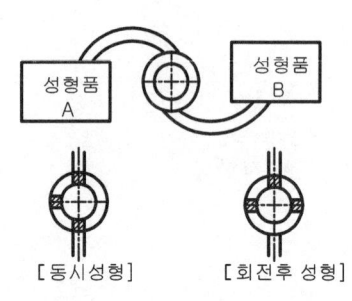

그림 1.2.2 S자형 러너

(나) S자형(굴곡형)
① 일반적으로 1개취 및 2개취 금형에서 슬라이드가 들어가는 제품생산을 하고자 할 때 사용하는 형식
② 성형품형상에 따라 가공이 다소 어렵고 사용 캐비티에 따라 러너의 개폐가 쉽다. (스프루 회전)
③ 스프루에서 교화용수지가 성형품에 곧 바로 들어가므로 슬러그 웰은 스프루 하단에 크게 설치해야 한다.
④ 슬라이드가 들어갈 때에는 일반적으로 캐비티측으로 만 러너를 하는 것이 좋다.

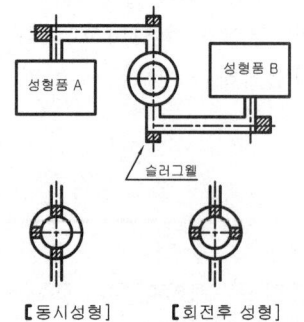

그림 1.2.3 ㄹ자형 러너

(다) ㄹ자형(굴곡형)
① 일반적으로 1캐취 및 2개취 금형에서 슬라이드가 들어가는 제품생산을 하고자 할 때 사용하는 형식
② 성형품 형상에 따라 가공이 다소 어렵고 사용 캐비티에 따라 러너의 개폐가 쉽다. (스프루 회전)
③ 러너가 길어지므로 인한 러너의 고화된 수지가 성형품에 들어가지 않도록 슬러그 웰을 크게 설치해야 한다.
④ 슬라이드가 들어갈 때에는 일반적으로 캐비티측으로 만 러너를 설치하는 것이 좋다.

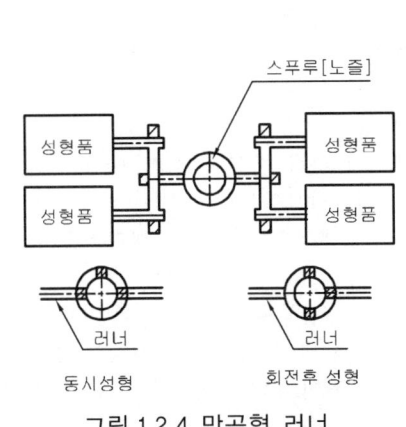

그림.1.2.4 만곡형 러너

(라) 만곡형
① 일반적으로 4개취 제품생산을 하고자 할 때 사용형식
② 성형품 형상에 따라 가공이 다소 어렵고 사용 캐비티에 따라 러너의 개폐가 어렵다. (스프루 회전시 2개취 사용불량)
③ 러너가 길어지므로 인한 러너의 고화된 수지가 성형품에 들어가지 않도록 슬러그 웰을 크게 설치해야 한다.
④ 게이트의 밸런스 맞춤이 쉽다
⑤ 러너와 추출밀핀 설치가 쉽다.

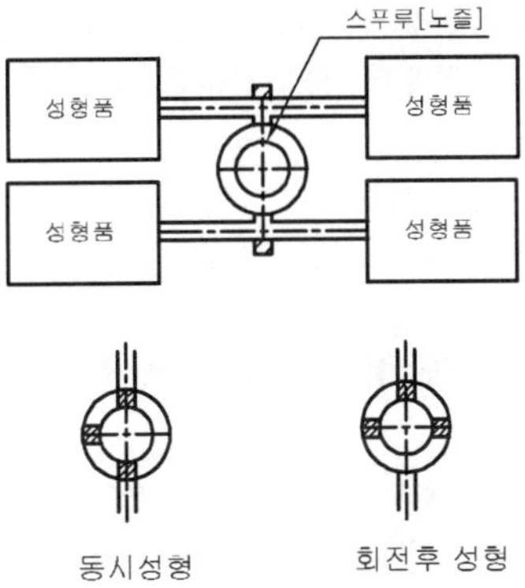

그림.1.2.5 H자형 러너

(마) H자형
① 일반적으로 4개취 제품생산은 하고자 할 때 사용형식
② 성형품 형상에 따라 가공이 다소 어렵고 사용 캐비티에 따라 러너의 개폐가 어렵다.(스프루 회전시 2개취사용불량)
③ 러너가 길어지므로 인한 러너의 고화된 수지가 성형품에 들어가지 않도록 슬러그 웰을 크게 설치해야 한다.
④ 게이트의 밸런스 맞춤이 쉽다.
⑤ 러너의 추출밀핀 설치가 쉽다.

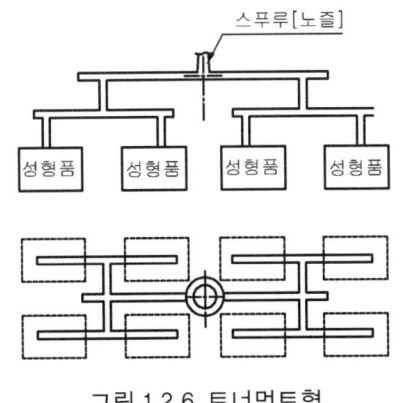

그림.1.2.6 토너먼트형

(바) 토너먼트형
① 일반적으로 4개취이상 제품생산을 하고자 할 때 사용형식
② 성형품형상에 따라 가공이 다소 어렵고 사용 캐비티에 따라 러너의 개폐가 어렵다.(스프루 회전시 4개취사용불량)
③ 러너가 길어지므로 러너의 고화된 수지가 성형품에 들어가지 않도록 슬러그 웰은 크게 설치해야 한다.
④ 게이트의 밸런스 맞춤이 어렵다.
⑤ 러너의 추출밀핀 수량이 많고 설치가 어렵다.

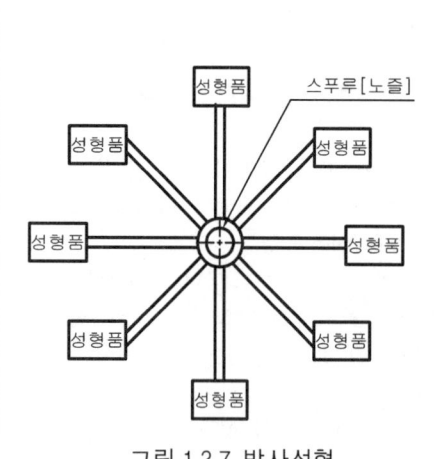

그림.1.2.7 방사선형

(사) 방사선형
① 일반적으로 다수 개취 제품생산을 하고자 할 때 사용 형식
② 성형 형상에 따라 가공이 어렵고 사용 캐비티에 따라 러너의 개폐가 어렵다.
③ 러너를 같게 할 수 있으므로 밸런스를 맞추기가 쉽다.
④ 몰드베이스가 원형일 경우에 사용한다.
⑤ 콜드슬러그 웰의 설치하기가 힘들고 러너밀어내기 추출 핀이 많이 들어가며 위치 잡기가 어렵다.

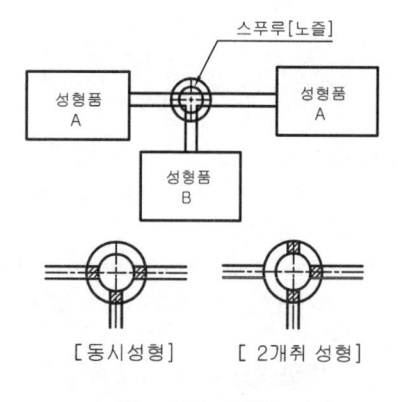

그림 1.2.8. T자형 러너

(아) T자형
① 일반적으로 3개취 제품생산을 하고자 할 때 사용 형식
② 제품이 다른 금형을 동시에 성형시키고자 할 때 스프루의 회전으로 필요한 제품만 성형시킬 수도 있다
③ 러너를 같게 할 수 없으므로 밸런스를 맞추기가 어렵다.
④ 종류가 다른 제품을 스프루 회전으로 2개취를 성형할 수도 있다

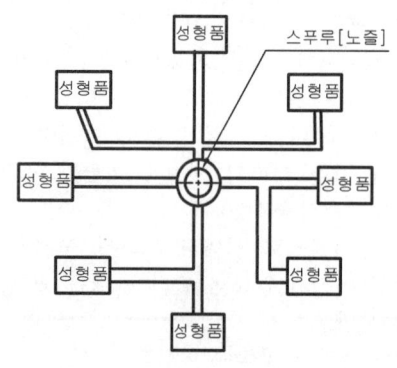

그림 1.2.9 자유형(다수 개 게이트형)

(자) 자유형(다수 게이트형)
① 일반적으로 3매판 금형의 1차 러너에 많이 사용한다.
② 제품은 동일하나 게이트수가 각각일 경우 게이트의 수에 맞도록 러너 밸런스를 고려하여 설계자가 결정한 형식임
③ 러너를 같게 할 수 없으므로 밸런스를 맞추기가 어렵다.
④ 제품의 중량에 비하여 러너의 중량이 많이 나갈 수 있다.

1.3. 러너리스

1) 러너리스 시스템
러너리스 사출금형이란: 사출금형에서 러너에 해당하는 수지를 항상 용융상태로 유지가 되도록 러너 부를 가능한 짧게 혹은 단시간에 성형시킬 수 있는 러너구조

2) 러너리스의 장점과 단점

	장 점	단 점
원가 측면	① 인건비 줄임: 러너의 추출 작업불필요 및 러너 재처리 불필요 ② 생산량증대: 항상 용융상태이므로 사이클 타임 단축	① 여러 종류의 전기적인 기계부품이 필요하여 금형제작 원가가 높다 ② 관리가 복잡하므로 숙련된 생산인력이 필요하다. ③ 성형기에 따라 생산원가가 높아질 수도 있다.
품질 측면	① 자동생산가능 하므로 수축률, 성형품 중량의 편차를 줄일 수 있음 ② 동일수지에서 동일한 성형조건이므로 성형불량을 줄일 수 있음 ③ 재생원료 사용이 불필요하므로 물리적 특성이 양호 할 수 있음	① 내부에 불순물 혹은 이물질이 들어갔을 때 이것의 제거가 어렵다. ② 시스템에 따라 생산원가가 높아질 수도 있다.
기계 효율성 향상	① 스프루 러너부가 작으므로 인한 사출 용량이 적은 성형기에도 가능 ② 스프루 러너제거 작업이 없으므로 금형상 손상 위험이 적음	① 성형기에 따라 부가적인 시스템의 부착 등이 필요하다.
생산 작업성	① 한번의 조건설정으로 미숙자도 생산작업이 가능 ② 스프루 러너제거 작업이 없으므로 금형상 손상 위험이 적음	

3) 러너리스 종류
러너리스에는 노즐변형 형(연장노즐, 우물형)과 러너변형(인슐레이티드, 핫트러너)으로 구분한다.

(가) 연장노즐형(익스텐션 노즐형)
① 성형기 노즐길이를 연장시킨 것으로 스프루가 없다.
② 단일 캐비티일 경우에는 이 타입을 많이 사용한다.
③ 노즐의 열(가열체의 열)이 직접 금형에 전달되므로 금형의 단열에 주의를 요한다.

④ 열전도를 작게 하는 것이 실패할 경우 케이트 고화가 방해된다.
⑤ 성형기 노즐에 가열체[히-터]가 들어가므로 로케이팅링의 크기가 커진다.
⑥ 성형기 사출압력에 의하여 수지를 직접 사출 하거나 차단한다.

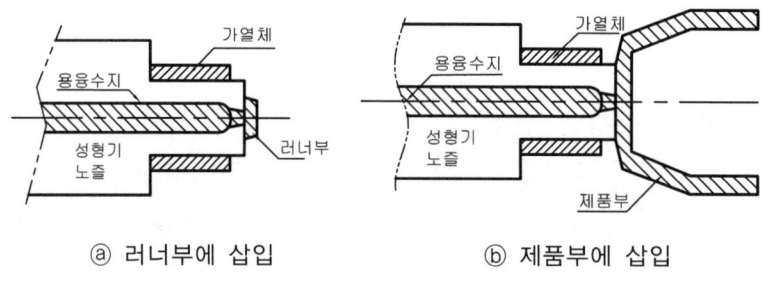

ⓐ 러너부에 삽입　　　　　ⓑ 제품부에 삽입

그림 1.3.1 익스텐션 노즐형

(나) 우물형(웰타입 노즐형)
① 성형기 노즐의 길이는 그대로이고 스프루에 용융수지 고임 홈을 만드는 것
② 스프루 외부나 내부에 가열체를 설치할 수 있다.
③ 노즐의 열(가열체의 열)이 직접금형에 전달되므로 금형의 단열에 주의를 요한다.
④ 열변형온도 범위가 작은 수지에는 사용할 수 없다.
⑤ 스프루에 가열체(히-터)가 들어가므로 스프루 직경이 커진다.
⑥ 성형기의 사출압력으로 직접 수지의 사출 혹은 차단을 한다.
⑦ 금형구조가 간단하다.
⑧ 치수정밀도가 높은 성형품에는 사용하지 않는 것이 좋다.

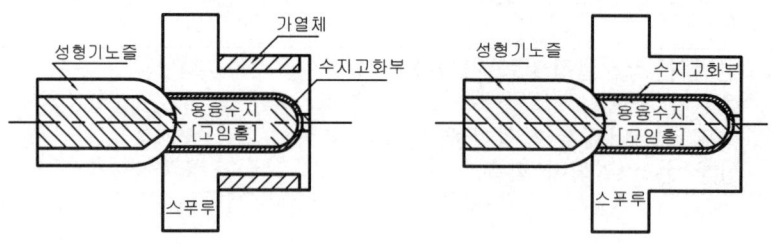

그림 1.3.2 웰타입 노즐형

(다) 인슐레이티드(Insulated-Runner): 내부 가열 형과 가열이 없는 형이 있음
① 3매판금형의 구성방식에서 러너의 지름을 크게 하여 사용하는 타입임
② 수지가 흐를 때에 러너 외측부가 냉각 고화되어 중심부의 용융수지만 흐름.
③ 러너에 의한 수지의 절약을 가져올 수 있다.
④ 러너 추출이 없으므로 동일기계에서 깊이가 깊은 성형품을 생산할 수 있다.

⑤ 성형을 고속으로 가능하다.
⑥ 보조가열을 하여 주므로 큰 제품에도 가능하다.
⑦ 수지가 고화되기 쉬우므로 사용수지 및 쇼트(short) 사이클의 제약을 받는다.
⑧ 정밀도가 높은 성형품에는 적합하지 않다.

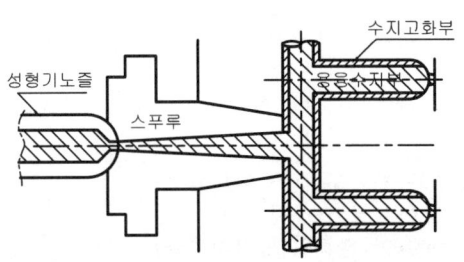

그림 1.3.3 인슐레이티드 러너

(라) 핫러너(Hot-Runner): 오픈 형과 밸브 형이 있음

러너형판에 가열 시스템을 내장시켜 러너내의 수지가 일정한 온도로 유지될 수 있는 러너구조

① 인슐레이티드 방식에서 수지고화를 방지하기 위하여 매니폴드를 사용한 것임
② 매니폴드의 열팽창대책을 충분히 고려해야한다.
③ 매니폴드와 각 부품의 조합 시 수지가 새지 않도록 해야 한다.
④ 게이트부가 막히지 않도록 고려해야하고 막혔을 때 분해조립이 쉬워야 한다.
⑤ 성형 시작 시에 온도상승이 가능한 빨라야 한다.
⑥ 게이트 밸런스잡기가 어려움으로 게이트 위치선정에 주의를 기울려야 한다.

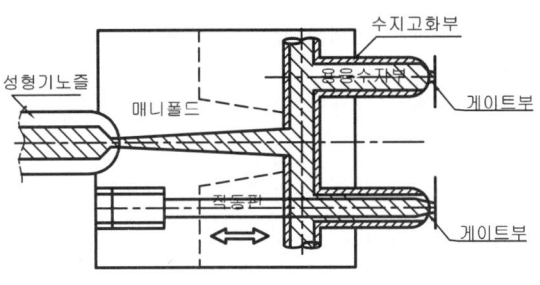

그림 1.3.4 핫러너

표 1.3.1 러너리스 시스템 사용수지의 해당여부

방식＼수지	P.S	P.P	A.S	ABS	P.C	P.A	P.O.M
연장형(익스텐션)노즐	가능	가능	부분가능	부분가능	부분가능	불가능	불가능
우물형(웰타입)노즐	가능	가능	가능	가능	가능	불가능	가능
인슐레이티드형 노즐	가능	가능	부분가능	부분가능	부분가능	불가능	불가능
핫러너형	가능	가능	가능	가능	가능	가능	가능

표 1.3.2 러너리스 시스템 장·단점

시스템 구분	특기내용	장 점	단 점
1. 익스텐션 노즐형	① 성형기 노즐 ② 스프루 없음	① 시작 시에는 보통의 경우와 동일 ② 성형 사이클과는 무관함 ③ 색 교환이 빠르다.(성형기 노즐) ④ 구조가 간단하다.	① 노즐과 금형사이에 열차이가 심함(냉각고화가 쉽다).
2. 웰타입 노즐형	① 스프루에 가공	① 구조가 간단하다(스프루 가공). ② 성형 싸이클과는 무관함 ③ 색 교환이 빠르다(성형기노즐)	① 스프루 와 금형사이에 열차이가 심함(냉각고화가 쉽다).
3. 인슐레이티드 노즐형	① 내부 가열 없음	① 설계가 간단하다. ② 제어가 필요 없다. ③ 색 교환이 빠르다. ④ 열에 민감한 수지에 적합하다.	① 소형물이나 긴 싸이클의 성형품에는 부적합 하다. ② 성형 시작 시 러너제거가 필요하다. ③ 게이트자국이 크게 남는다. ④ 열에 민감하므로 사이클 지연으로 냉각고화가 쉽다.
	② 내부 가열 있음	① 핫트러너 보다 제어가 쉽다. ② 내부 가열 없는 것 보다 게이트자국이 작다. ③ 색 교환이 적은 제품에 효율적이다.	
4. 핫 러너형	① 매니폴드 쎈 타 형	① 냉각 고화 문제가 적다. ② 인슐레이티드 보다 시작이 빠르다.	① 열의 제어에 주의를 요한다. ② 예열 시간이 길다. ③ 색바꿈의 시간이 길다. ④ 매니폴드의 자리의 공간 확보를 삽입공간에 가공해야 한다.
	② 게이트 부 끝(에지) 가열형	① 센터형 아닌 제품에 적합 ② 크기가 작은 금형에 하나만 제어 가능 ③ 다른 타입보다 게이트 자국이 작다.	① 매니폴드 자리의 공간 확보를 삽입공간에 가공해야 한다. ② 사이클 지연으로 과열현상이 일어나기 쉽다. ③ 캐비티 주의의 냉각 시스템 설계가 힘들다.
	③ 내부 가열형	① 사이클 지연에 의한 고화, 과열의 염려가 없다. ② 에너지의 낭비가 적다. ③ 색 교환 없이 대량생산에 적합하다. ④ 일반의 성형시작과 동일하다.	① 게이트 막힘의 경향이 많다. ② 다른 시스템보다 고도의 컨트롤을 필요로 한다. ③ 색 교환 시간이 길다.
	④ 게이트 오픈형	① 핫트러너형 중 가장 간단하다. ② 게이트 랜드 길이에 무관하다. ③ 게이트 수에 제약을 받지 않는다.	① 게이트 부위가 제품에 남는다. ② 다른 시스템보다 고도의 컨트롤을 필요로 한다.
	⑤ 게이트 밸브형	① 게이트 자국이 거의 남지 않는다. ② 게이트 위치를 조절할 수 있다. ③ 게이트 수에 제약을 받지 않는다.	① 밸브작동의 공 유압이 필요하다. ② 다른 시스템보다 고도의 컨트롤을 필요로 한다. ③ 핀의 작동이 잘 되지 않을 수 있다.

2 게이트

2.1 게이트의 기능

게이트는 러너의 종점이고 캐비티의 입구이다. 게이트의 위치, 개수, 형상 및 치수는 성형품의 외관이나 성형효율 및 치수 정밀도에 큰 영향력을 준다. 따라서 게이트는 성형품 형상으로 정하는 것이 아니고 캐비티 내의 용융수지의 흐름방향, 웰드라인의 생성, 게이트 처리 등을 고려해서 정한다.

1) 게이트의 역할

① 충전되는 용융수지의 흐름방향과 유량을 제어함과 동시에 성형품을 밀어내는데 충분한 고화 상태로 될 때까지 캐비티 내에 수지를 봉입하여 러너 측으로 역류를 막는다.
② 스프루 및 러너를 통과하면서 냉각된 수지는 가는 게이트를 지남으로써 마찰열로 재 가열되어 플로마크나 웰드라인을 경감시킨다.
③ 러너와 성형품의 절단을 쉽게 하고 마무리 작업을 간단히 한다.
④ 다수 개 빼기나 다점 게이트의 경우 굵기, 폭 및 두께 등의 조정에 의해 각 캐비티의 충전 밸런스를 잡을 수 있다.

2) 게이트 설정 시 유의사항

① 외관에 보이지 않는 곳에 설치함을 우선으로 하고 부득이한 경우에는 협의 후 결정한다.
② 게이트부의 후 가공을 최대한 줄일 수 있도록 유도하되 게이트 절단 후 튀어나오지 않도록 할 것.
③ 게이트위치는 제품의 두께가 두꺼운 곳에 설치하여 수지의 흐름이 좋은 위치에 정할 것.
④ 게이트위치는 제품의 두께가 얇은 곳은 피하여 압력이 작게 받는 곳을 택할 것 (가는 리브 부위, 보스의 상단부, 습합되는 부위, 코어 상 취약한 부위).
⑤ 핀 포인트 게이트의 경우에는 오목설치를 우선으로 하고 부득이한 경우에는 게이트직경이 가장 작은 곳이 절단되도록 구배를 줄 것
⑥ 필름게이트, 디스크게이트의 경우에는 넓은 면적으로 들어가므로 절단될 때 문제점을 고려 할 것.
⑦ 제품이 좁고 길이가 긴 경우에는 휨 혹은 변형에 대비하여 중앙부 보다 2/3지점으로 위치를 정하는 것이 좋다.
⑧ 성형수지에 유리섬유 함유나 혹은 열경화성 수지일 경우에는 터널, 핀포인트

게이트, 바나나게이트는 가능한 지양하도록 할 것 (박힘 염려 있음)
⑨ 사용수지의 특징 중 프로마크, 젯팅현상이 일어나기 쉬운 것은 항상 게이트형상을 태브(TAB)게이트 혹은 게이트선단부의 형상을 바꾸어 줄 것
⑩ 터널게이트 중 바나나 게이트형식은 성형 중 박힘 현상이 발생할 경우가 많으므로 분할하여 성형기에 장착된 상태에서 조치할 수 있도록 할 것.

4) 게이트의 단면형상

직사각형은 게이트 밸런스가 비교적 용이하며, 그 밖의 것은 게이트 밸런스를 취하기가 어렵다. 게이트의 깊이는 중간 크기의 성형품인 경우 깊이의 범위는 0.8~1.2mm가 바람직하다. 게이트 깊이는 얇을수록 바람직하나 얇을수록 압력 감소가 현저하므로 충전시간이 길어진다.

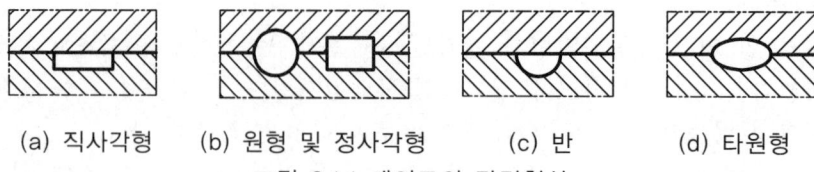

　(a) 직사각형　(b) 원형 및 정사각형　(c) 반　(d) 타원형
그림 2.1.1 게이트의 단면형상

2.2 게이트의 분류

1) 제한 게이트와 비제한 게이트
① 비제한 게이트 : 다이렉트 게이트
② 제한 게이트 : 표준 게이트, 오버랩 게이트, 핀포인트 게이트, 서브마린 게이트, 태브게이트, 링 게이트, 디스크 게이트 등.

표 2.2.1 제한 게이트와 비제한 게이트의 특징

비제한 게이트	제한 게이트
· 압력 손실이 적다.	· 게이트 부근의 잔류응력이 감소된다.
· 수지 량이 절약된다.	· 성형품의 휨, 균열 등의 변형 감소
· 금형 구조가 간단하다.	· 게이트의 고화시간이 짧으므로 사이클을 단축할 수 있다.
· 싸이클이 연장되기 쉽다.	
· 게이트의 후가공이 필요하다.	· 다수 개 캐비티인 경우 게이트 밸런스가 용이하다.
· 잔류응력, 압력에 의한 전단변형과 게이트 크랙이 발생하기 쉽다.	· 게이트의 제거가 간단하다.
	· 게이트 통과 시 압력 손실이 크다(단점).

2) 자동 절단 게이트와 비자동 절단 게이트
① 비자동 절단 게이트: 다이렉트 게이트
② 자동 절단 게이트: 핀포인트 게이트, 서브마린 게이트
③ 반자동 절단 게이트: 표준 게이트, 오버랩 게이트, 태브게이트, 팬 게이트, 필름 게이트 등.

표 2.2.2 자동 절단 게이트와 비자동 절단 게이트의 특징

분 류	특 징
비자동 절단 게이트	게이트 제거를 위해 후가공이 필요하다.
자동 절단 게이트	금형구조에 의해 성형품과 게이트가 자동 절단되며, 게이트 흔적이 미세하므로 후 가공을 생략한다.
반자동 절단 게이트	자동절단 게이트와 같이 후 가공을 완전히 생략할 수 없으나, 비자동 절단 게이트와 같이 특별한 공구 없이 게이트 제거와 후 가공을 간단히 할 수 있다.

2.3 게이트의 종류와 특징

1) 다이렉트 게이트(스프루 게이트)
① 스프루의 싱글 캐비티 금형으로 성형이 쉽다.
② 성형기 플런저의 압력이 직접 캐비티에 전해져 압력 손실이 적다.
③ 성형성이 좋고 모든 사출성형 재료에 적용할 수 있다.
④ 스프루의 고화 시간이 길므로 사이클이 길어진다.
⑤ 잔류응력 또는 배향이 일어나기 쉬우므로 게이트 주변에 링 모양의 리브를 돌려서 보강하는 것이 좋다.
⑥ 다이렉트 게이트 치수
  ㉠ 스프루 입구 지름은 노즐구멍 지름보다 0.5~1mm정도 크게 한다.
  ㉡ 스프루의 테이퍼는 2°를 최소로 하되 고점도 수지에서는 조금 굵게 저점도 수지에서는 가늘게 한다.

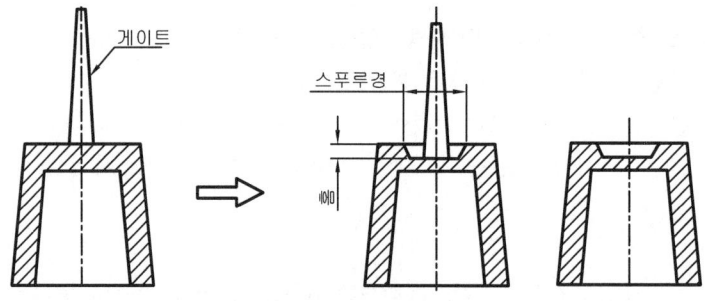

그림 2.3.1 다이렉트 게이트

표 2.3.1 일반적인 다이렉트 게이트 치수 예

제품중량 스프루지름 재료	3온스 이하		12온스 이하		대 형	
	d	D	d	D	d	D
폴리스틸렌	2.5	4	3	6	4	8
폴리에틸렌	2.5	4	3	6	4	8
ABS 수지	2.5	4	4	7	5	8
폴리카보네이트	3	5	4	8	5	10

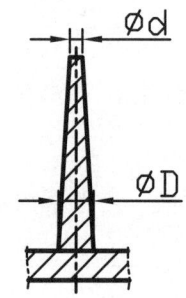

그림 2.3.2 다이렉트 게이트 치수

2) 표준 게이트(사이드 게이트)

① 성형품의 측면에 직사각형 또는 반원형의 주입부를 설치하므로 사이드 게이트, 에지 게이트라고도 하며 거의 모든 수지에 적용된다.
② 단면 형상이 간단하므로 가공이 쉽고, 치수를 정밀하게 가공할 수 있다.
③ 게이트 밸런스 할 때 수정이 용이하다.
④ 캐비티의 충전 속도는 게이트 고화와 관계없이 조절할 수 있다.
⑤ 단점으로는 압력손실이 크므로 사출압력을 높일 필요가 있으며 외관에 게이트 흔적이 남는다.
⑥ 표준 게이트의 치수
  ㉠ 대체로 게이트 직경 또는 깊이는 성형품 두께의 1/2정도로 한다.
  ㉡ 게이트 랜드는 게이트 직경 또는 깊이와 같게 하는 것이 바람직하다.
  ㉢ 게이트 폭과 깊이의 비율은 3 : 1을 표준으로 하고 폭이 러너지름보다 클 때는 편 게이트를 사용한다.
  ㉣ 다음과 같은 경험식을 참조한다.
    - 게이트의 깊이 $h = n \times T$
        h: 게이트 깊이 (mm), T: 성형품의 살두게, n=수지 상수

- 게이트의 폭 $W = \dfrac{n \times \sqrt{A}}{30}$

    W: 게이트 폭(mm), A : 성형품 외측의 표면적(mm^2)

⑦ 일반적으로 사용되는 표준 게이트는 깊이 0.5~1.5mm, 폭 1.5~5mm, 게이트 랜드(길이) 1.5~2.5mm가 보통이다. 대형 성형품에서는 게이트 높이 2.0~2.5mm(제품 두께의 70~80%정도), 폭 7~10mm, 랜드 2.0~3.0mm정도.

표 2.3.2 수지의 상수

재료명	n
PS, PE	0.6
POM, PC, PP	0.7
PVAC, PMMA, PA	0.8
PVC	0.9

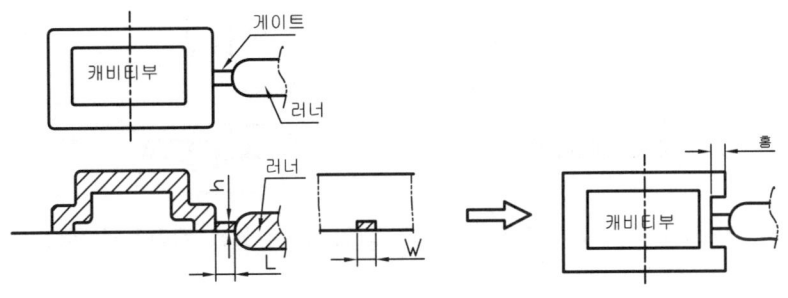

그림 2.3.3 표준게이트의 형상

3) 오버랩 게이트(Overlap Gate)

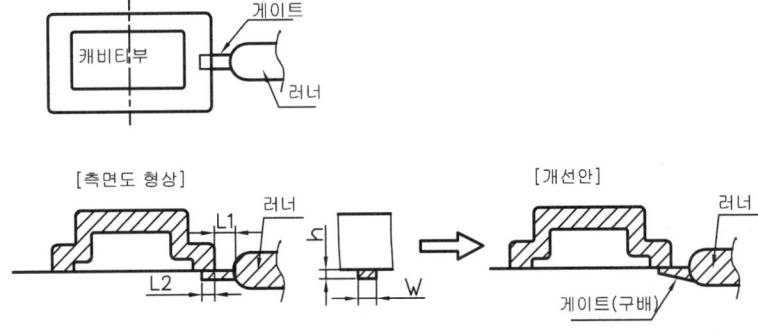

그림 2.3.4 오버랩 게이트의 형상

① 성형품에 플로마크가 발생하는 것을 방지하기 위하여 표준 게이트 대용으로 사용한다.
② 성형품의 측면부가 아니고 평면부에 게이트 위치를 설치한다.
③ 게이트 치수
  ㉠ 랜드의 길이 (L_1) = 2~3 mm
  ㉡ 게이트의 폭 (W) = $(n \times \sqrt{A})/30$ mm
  ㉢ 게이트의 높이 (h) = n×t(mm)
  ㉣ 게이트의 길이 (L_2) = h + W/2

4) 팬 게이트(Fan Gate)

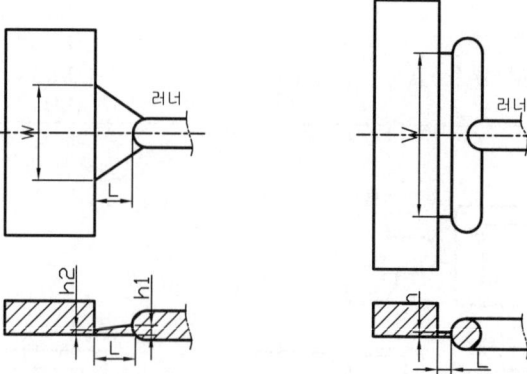

그림 2.3.5 팬 게이트의 형상   그림 2.3.6 필름 게이트의 형상

① 제품 단면에 대해 부채꼴로 퍼진 게이트 형상을 팬 게이트라 한다.
② 큰 평판상의 성형품에 적당한 형식으로 기포나 플로마크가 생길 우려가 있을 때 사용.
③ 게이트 폭이 넓어 수지 흐름이 균일하므로 얼룩이 생기지 않는다.
④ 응력 집중을 피할 수 있어 큰 변형을 억제할 수 있다.
⑤ 게이트 후가공이 필요하며 두꺼운 제품에는 부적합하다.
⑥ 게이트 치수
  ㉠ 게이트 랜드(L)는 표준 게이트보다 약간 길게 6mm 전후로 한다.
  ㉡ 게이트 폭 $(W) = \dfrac{n \times \sqrt{A}}{30}$
  ㉢ 게이트 깊이 (ht) = n×t(mm)
  ㉣ 캐비티 입구부의 깊이 $(h_2) = \dfrac{W \times h_1}{D}$ (mm)

5) 필름 게이트(Flash Gate)
① 성형품의 폭과 게이트 폭은 같은 길이로 하고 두께는 0.2~1mm, 랜드는 1mm 정도로 한다.
② 아크릴 또는 평판상의 큰 성형품에 적용한다.
③ 평판의 평면도, 변형을 최소로 억제하고자 할 경우 적용한다.
④ 성형 흐름을 균일하게 하므로 두께가 얇은 성형품, 저발포 성형품에 적응한다.

6) 디스크 게이트(Disk Gate)

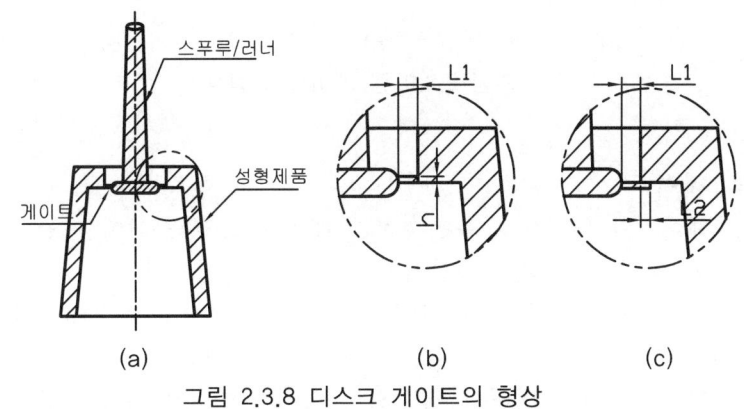

그림 2.3.8 디스크 게이트의 형상

① 원형 성형품의 내경에 사용하는 게이트로 다이어프램 게이트라고도 하며 웰드라인 발생을 억제 한다.
② 게이트 깊이는 0.2~1.5mm, 랜드는 0.7~1.2mm가 좋다.
③ 게이트 제거는 원통형의 타발공구를 사용해서 디스크부를 타발한다.
④ 게이트 치수
  ㉠ $h = 0.7n \times t$(mm)
  ㉡ $h_1 = n \times t$(mm)
  ㉢ $L_1 = h_1$ (최소한)

7) 링 게이트(Ring Gate)
① 디스크 게이트와 반대적으로 원통상의 외주에 게이트를 설치한다.
② 웰드라인 및 사출압력에 의한 코어의 쓰러짐(편심)이 방지된다.
③ 그림 2.3.9(C)는 둥근 원형 제품으로 링, 디스크 게이트 설치가 불가능한 제품에 사용한다.
④ 게이트 깊이 $h = 0.7 \times n \times t$, 랜드 $L = 0.7~1.2$mm

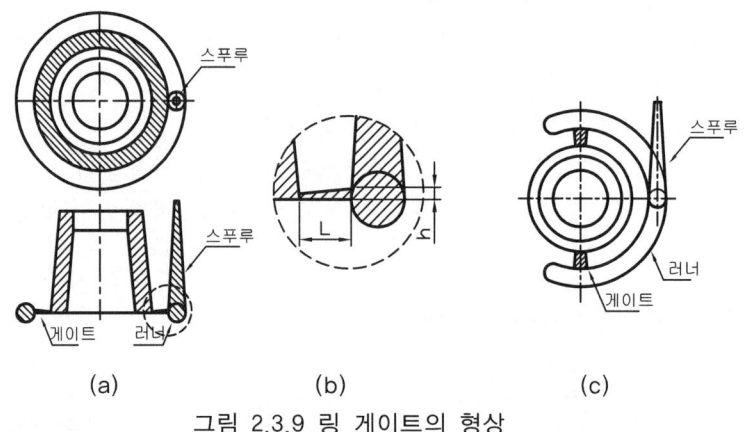

그림 2.3.9 링 게이트의 형상

8) 태브 게이트

① 오버랩 게이트의 변형으로 유동수지가 태브에서 교축 되어 마찰열에 의해 한층 더 가소화 한 후 유동성을 향상시켜 캐비티에 유입한다.
② PVC, PC, 아크릴 수지 등과 같이 열안정성이 나쁘고 용융점도가 높은 수지에 적합하다.
③ 태브게이트는 러너에 대해서 직각으로 설치하는 것이 일반적이며 태브의 폭은 6mm이상, 깊이는 성형품 살 두께의 75%가 표준이다.
④ 게이트 치수

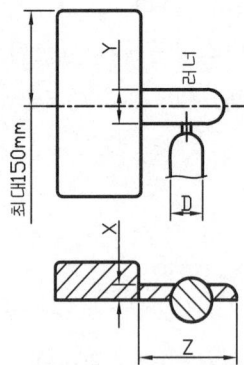

· 태브의 폭(Y) = D(러너 지름)
· 태브의 깊이(X) = 0.9×t
· 태브의 길이(Z) = $1\frac{1}{2}D$

그림 2.3.10 태브게이트의 형상

9) 핀포인트 게이트(Pinpoint Gate)

① 게이트 위치가 비교적 제한받지 않고 자유롭게 결정된다.
② 게이트 부근에 잔류응력이 적다.
③ 투영면적이 큰 성형품, 변형하기 쉬운 성형품의 경우 다점 게이트로 하므로 수

축, 변형을 적게 할 수 있다.
④ 게이트는 자동적으로 절단되고 다듬질 공정을 생략할 수 있다.
⑤ 게이트 단면적이 적어 압력손실이 크므로 저점도 수지를 사용하거나 사출압력을 높게 해야 한다.
⑥ 3매 구성 구조의 금형으로 성형 사이클이 길게 된다.
⑦ 게이트 치수
　㉠ 랜드 길이 L≒0.8~1.2mm
　㉡ 게이트 지름 $d = n \times c \times \sqrt[4]{A}$
　여기서, d: 게이트 지름(mm), n: 수지계수,
　　　　　A: 캐비티 표면적(mm2), c: 살 두께 함수
⑧ 살 두께는 0.7~2.5mm에 적용하며, 웰형 노즐에서는 30% 작게 한다.

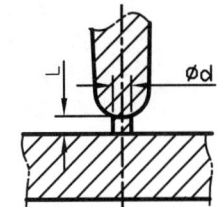

그림 2.3.11 핀 게이트의 형상

표 2.3.3 핀포인트 게이트 적용 예

그 림	적 요
1. 하 절 단 형	① 제품면의 사이드게이트 형상에 상용(배꼽설치 유무 확인) ② 록핀 설치(단 사이드일 경우는 하축 z 핀 설치 필요) ③ 일반적으로 가장 많이 사용 ④ SGP 및 인장봉 길이가 길다 ⑤ 칼키핀의 직경이 작아도 무관 ⑥ 2차 러너형상은 사이드 타입의 여러 가지에 사용이 가능함

그림	적요
2. 상절단형	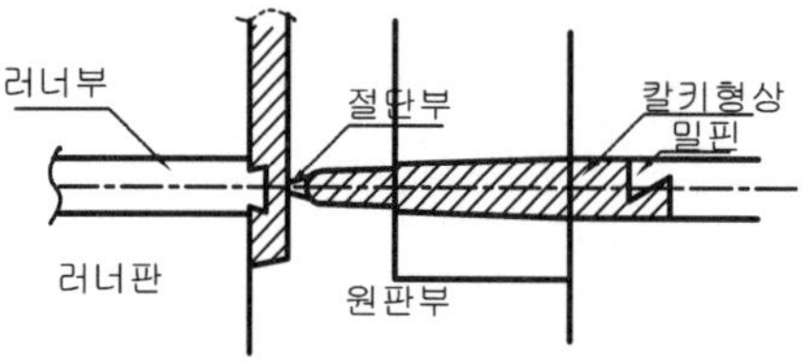 ① 러너 판 및 원판사이에서 절단(배꼽 설치 불필요) ② 밀핀 설치(이 경우는 필히 하측 z핀 설치 필요) ③ 성형기의 스트로우크가 작을 때 사용 ④ SGP 및 인장봉 길이를 짧게 할 때 ⑤ 칼키핀의 직경이 커지게 된다. ⑥ 2차 러너형상은 사이드 타입에 사용
3. 중간절단형	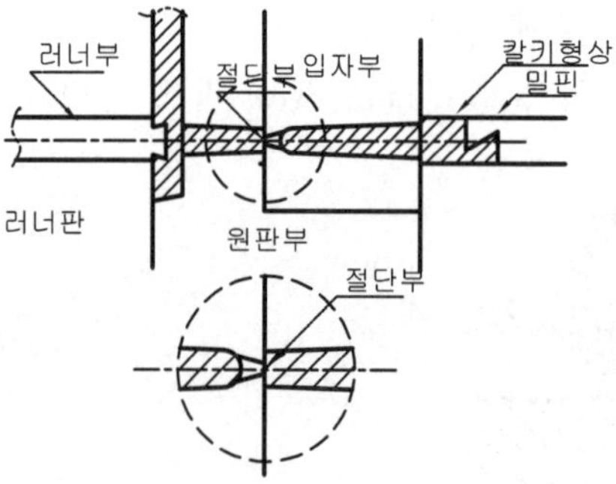 ① 입자부 및 원판사이에서 절단(배꼽설치 불필요) ② 밀핀 설치(이 경우는 필히 하측 z핀 설치 필요) ③ 성형기의 스트로크가 작을 때 사용 ④ SGP 및 인장봉 길이를 짧게 할 때 ⑤ 칼키핀의 직경이 커지게 된다. ⑥ 2차 러너형상은 사이드 타입에 사용
4. 경사형	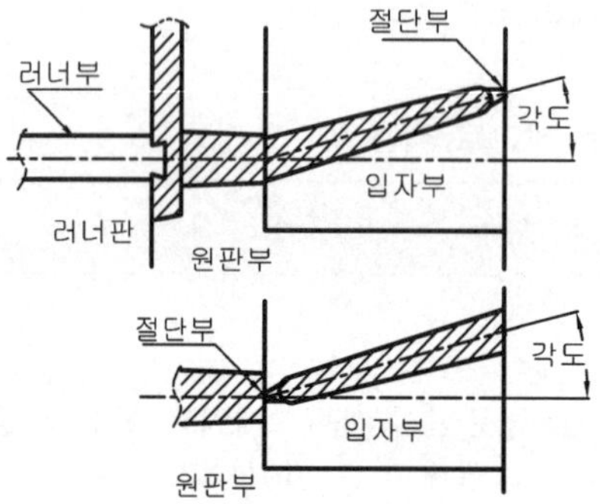 *게이트가 각도로 들어갈 때* ① 러너판/입자부/원판 사이에서 절단[조합형] ② 게이트 각도는 수지에 따라 다름[최대 25도 이하로 할 것] ③ 게이트 장소가 협소할 때 ④ SGP 및 인장봉 길이는 설계자가 결정 ⑤ 2차 러너형상은 사이드 타입에 사용

10) 터널게이트(Submarine Gate)

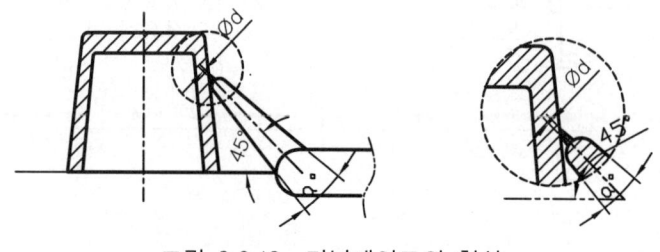

그림 2.3.12 터널게이트의 형상

① 러너는 파팅라인(PL)면에 있으나 게이트는 고정측 또는 가동측의 형판 속을 터널식으로 뚫고 캐비티에 주입되므로 일명 터널 게이트라 한다.
② 게이트는 금형이 열리면 자동으로 절단된다.
③ 게이트의 구조가 복잡, 가공이 어렵고, 압력손실이 크므로 사출압력을 높게 함.
④ 게이트 치수
　㉠ PL면과 게이트 입구의 경사각은 25°~45°로 한다.
　㉡ 터널부분의 테이퍼는 15°~25°정도로 한다.
　㉢ 직경 : $d = n \times c \times \sqrt[4]{A}$ 식을 적용

11) 핀충돌 방식(=다단게이트)

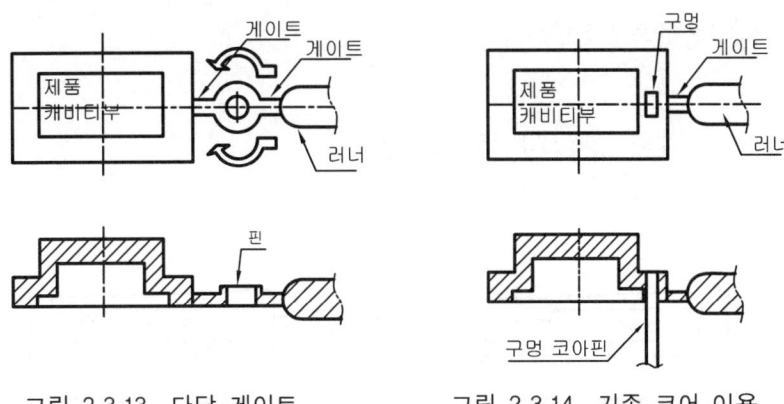

그림 2.3.13 다단 게이트　　　그림 2.3.14 기존 코어 이용

① 성형품의 표면에 플로마크가 발생 할 때 사용하는 게이트
② 가공이 쉽고 게이트 변경 및 위치설정이 어렵다.
③ 1차 게이트와 2차 게이트의 밸런스에 주의를 요한다.
④ 성형수지가 PC 일 경우에 주로 사용한다.
⑤ 핀을 삽입시켜 수지가 흘러 들어갈 때 수지온도를 높게 하여 플로우 마크를 없애기 위한 형식이다.

12) 기존구멍이용 형식

① 성형품의 표면에 플로마크가 발생할 때 사용하는 게이트
② 게이트가 들어가는 부위에 기존 구멍 부를 이용한다.
③ 게이트 부 변경 수정이 쉽다.
④ 성형수지가 PC일 경우에 주로 사용한다.
⑤ 구멍부위에 의하여 수지가 흘러 들어갈 때 수지온도를 높게 하여 플로마크를 없애기 위한 형식이다.

13) 유로 변경형식

① 성형품의 표면에 플로마크가 발생할 때 사용하는 게이트

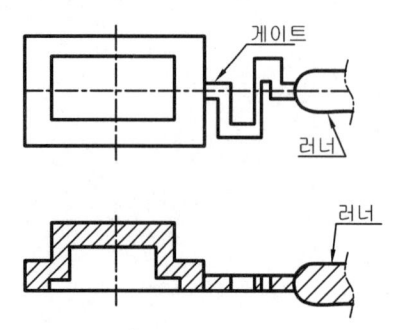

그림 2.3.15 유로변경형식

② 가공이 쉽고 게이트 변경 및 위치설정이 어렵다.
③ 유로변경부의 러너 가공이 힘들고 설정하기가 어렵다.
④ 성형수지가 PC 및 PP인 경우에 주로 사용.
⑤ 유로를 길게 하여 수지가 흘러 들어갈 때 수지 온도를 높게 하여 플로마크를 줄이기 위한방식

2.4 게이트 위치 설정시 유의사항

① 제품에서 살 두께가 두꺼운 곳에 위치하도록 하는 것이 좋다. (그림 2.4.1)

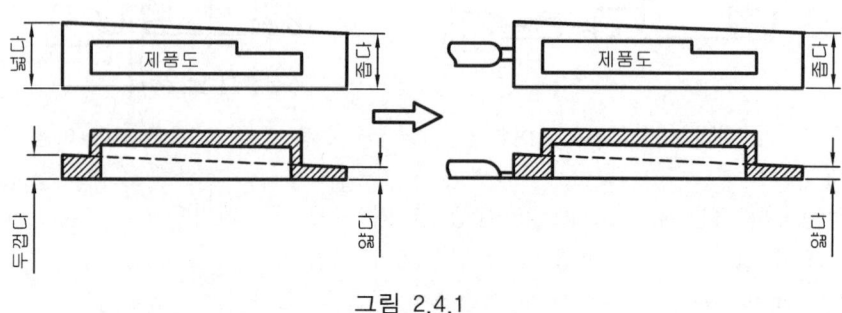

그림 2.4.1

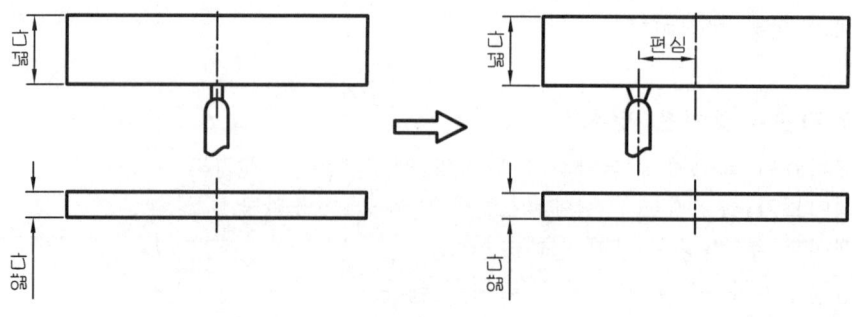

그림 2.4.2

② 넓고 긴 제품에서는 후 변형(휨)대책으로 케이트 위치를 중심에서 편심을 시키는 것이 좋다(도어(Door)류 Window류 등, 변형이 없어야 하는 제품: 팬 게이트(Fan Gate))(그림 2.4.2)

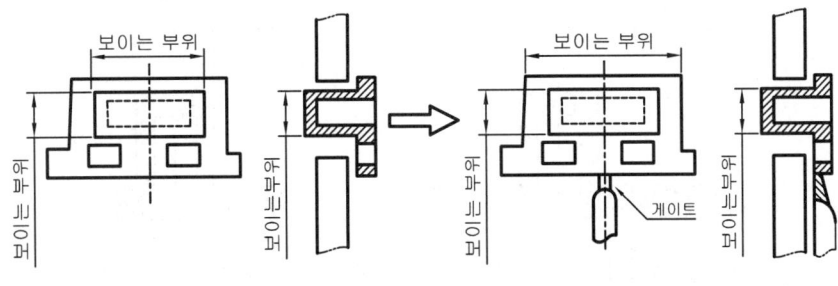

그림 2.4.3

③ 제품상 눈에 잘 보이지 않는 곳에 설치해야하며, 게이트 부 후 가공(절단시) 기능상 지장을 주지 않도록 해야 한다. (그림 2.4.3)
④ 제품상 성형불량(웰드라인 혹은 젯팅현상)을 방지할 수 있는 곳에 설치하도록 한다(구멍주위 및 튀어나와 있는 곳의 주변에 웰드라인이 생기기 쉽다).(그림 2.4.4)

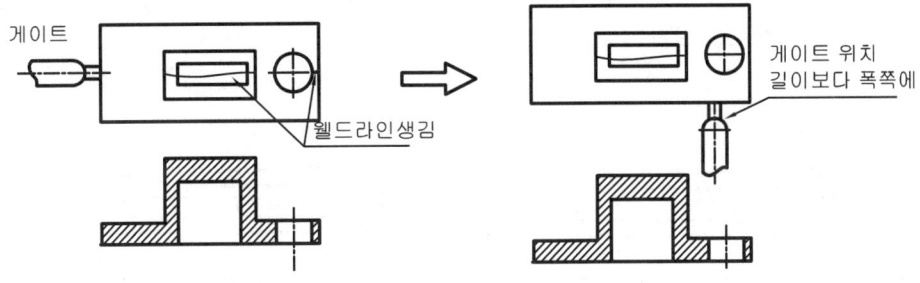

그림 2.4.4

⑤ 게이트 입구부의 수지압력 및 온도로 인하여 편육이 발생할 수 없는 곳에 설치하도록 한다. (그림 2.4.5)

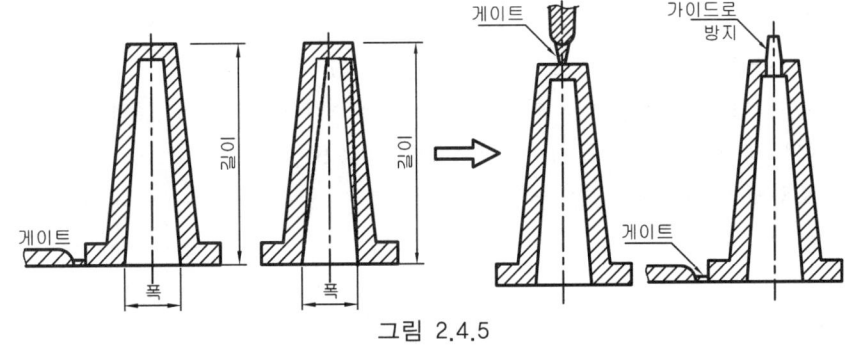

그림 2.4.5

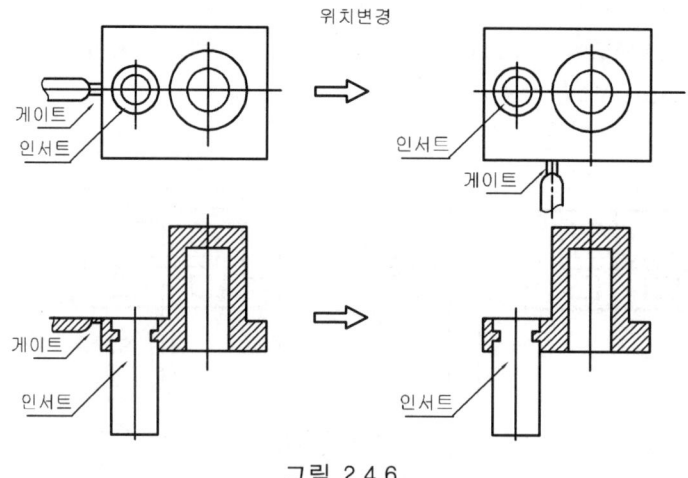

그림 2.4.6

⑥ 인서트 및 기타 장애물을 피할 수 있는 곳에 설치한다(인서트로 인하여 수지의 흐름에 나빠진다).(그림 2.4.6)
⑦ 가스가 모이기 쉬운 곳에 에어빼기를 설치한다(게이트 반대편에 에어빼기를 설치한다).(그림 2.4.7)

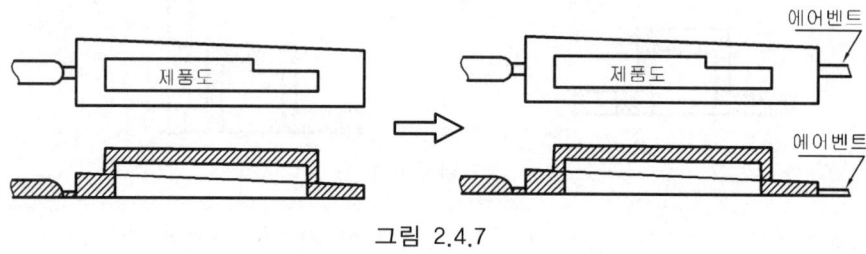

그림 2.4.7

⑧ 큰 힘이나 충격 작용이 없는 부분에 설치한다(Boss 바로 위면 혹은 구멍주위 혹은 습합부위 근처에는 설치하지 않는다).(그림 2.4.8)
⑨ 성형품의 기능상 혹은 디자인상을 고려하여 지장이 없도록 설치한다.
　ⓐ 사이드게이트 경우: 제품 부 컷트(그림 2.4.9)
　ⓑ 핀포인트 경우: 제품 살 두껍게

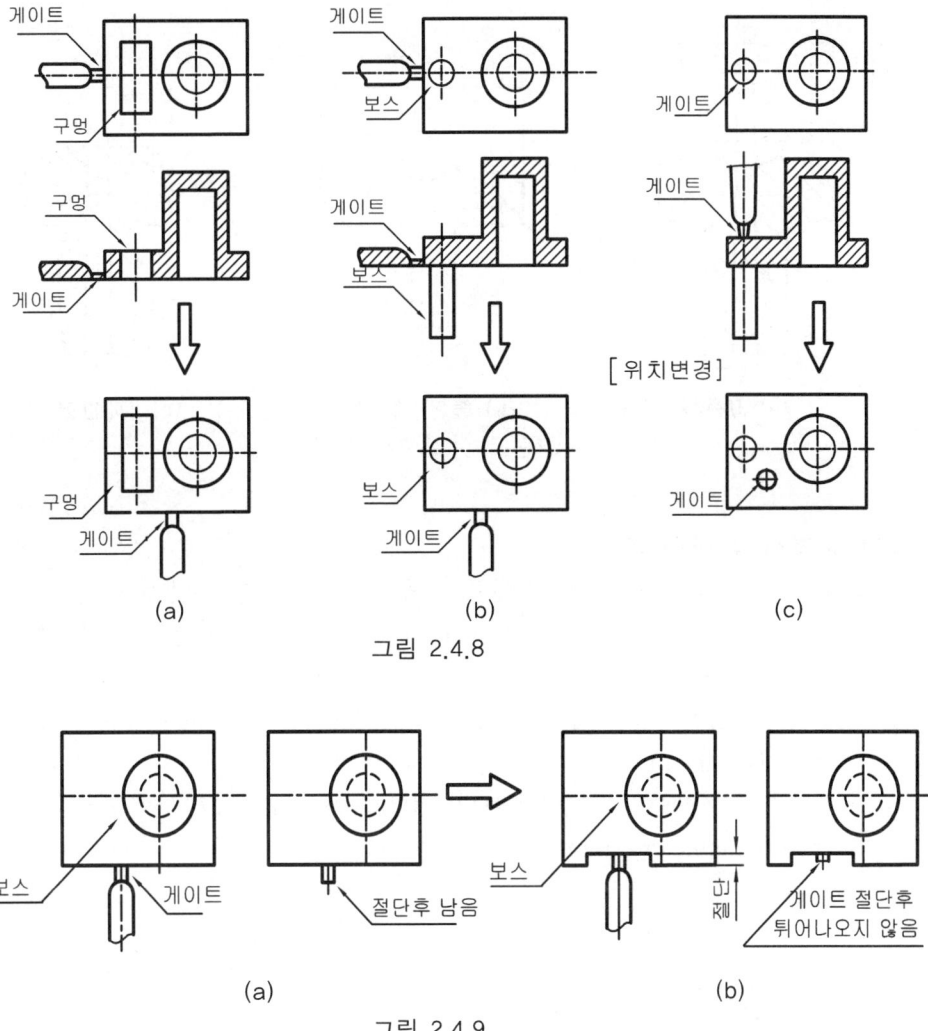

그림 2.4.8

그림 2.4.9

3. 스프루 부시

3.1 스프루 부시

1) 스프루 부시의 역할: 성형기 노즐과 금형의 센타 맞춤 및 노즐에서 러너까지 수지를 원활하게 흐르도록 함

2) 스프루 부시의 형상

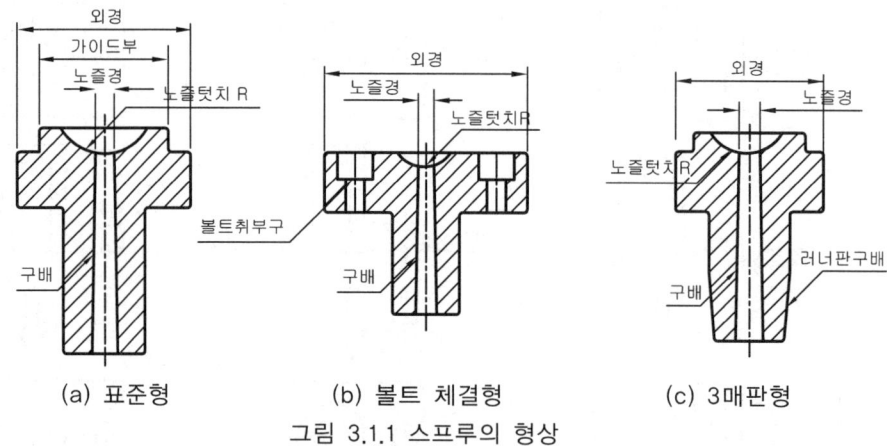

(a) 표준형　　　(b) 볼트 체결형　　　(c) 3매판형

그림 3.1.1 스프루의 형상

3) 설계시 유의사항

① 가이드부 치수는 설계자가 정하고 로케이팅링의 구멍과 맞춤할 것
② 스프루의 외경치수는 설계자가 정하되 하 고정판의 추출 구멍과 같은 치수로 한다. 외경(가이드부)에 로케이팅링 구멍맞춤이 필요하다.
③ 노즐 텃치 R 치수는 사용 성형기 노즐 직경보다 +0.5mm~1.0mm 크게 한다.
  (R = r+0.5mm or 1mm)
④ 노즐경은 사용성형기 노즐직경보다 +0.5mm~1.0mm 크게 한다.
  (D = d+0.5mm or 1mm)

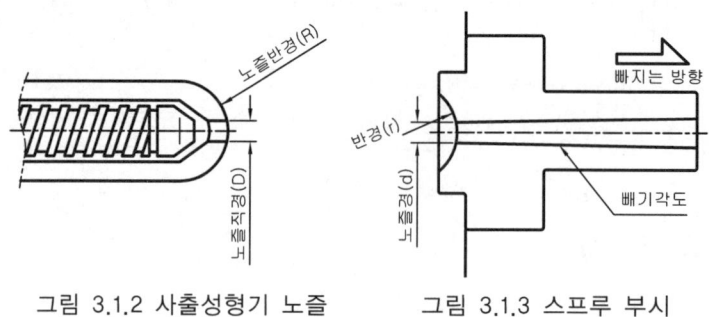

그림 3.1.2 사출성형기 노즐　　　그림 3.1.3 스프루 부시

⑤ 스프루를 빼어내기 위한 구배는 설계자가 결정하되 가능한 크게 러너와 맞닿는 부분이 러너의 크기 정도가 되는 직경이 나오도록 구배를 정한다.
⑥ 3매판 금형의 스프루는 러너판에서 작동을 위하여 구배가 필요하다.
⑦ 3매판 금형의 1캐비티인 경우에는 스프루 끝부에 칼키역할의 언더컷 형상이 필요하다

4) 스프루의 불량현상

성형기 노즐과 스프루 부시 형상	불량현상
1	1. 성형기 노즐반경보다 스프루 부시 입구 반경이 적을 때 ① 성형기 노즐과 스프루 부시 반경차이 만큼 수지가 흘러 들어가서 언더컷 발생 ② 언더컷 발생으로 빠지는 방향으로 추출 불가 ③ 사출압력이 저하되고 수지가 밖으로 새어나옴 ④ 성형기 노즐과 스프루 부시 반경차이 사이로 공기가 들어가서 성형품에 기포가 발생
2	2. 성형기 노즐구멍 직경이 스프루 부시 입구 구멍직경 보다 클 때 ① 성형기 노즐구멍 직경과 스프루 부시 입구 구멍직경차이 만큼 수지의 언더컷이 발생 ② 언더컷 발생으로 빠지는 방향으로 추출 불가 ③ 성형기 노즐직경과 스프루 부시 직경차이가 크면 성형기 실린더 내부의 압력만큼 커진다.

3.2. 스프루 부시와 로케이팅링

1) 표준형: 직삽, 조립된 상태
① 스프루 부시를 누르는 것은 로케이팅링이다.
② 가장 일반적인 형상이다.
③ 2매판 금형에 주로 사용하는 형상임

2) 표준형: 회전방지, 조립된 상태
① 스프루 부시를 누르는 것은 로케이팅링 이다.
② 가장 일반적인 현상임
③ 캐비티가 2개취 이상일 때 러너가 상하 모두 가공될 때

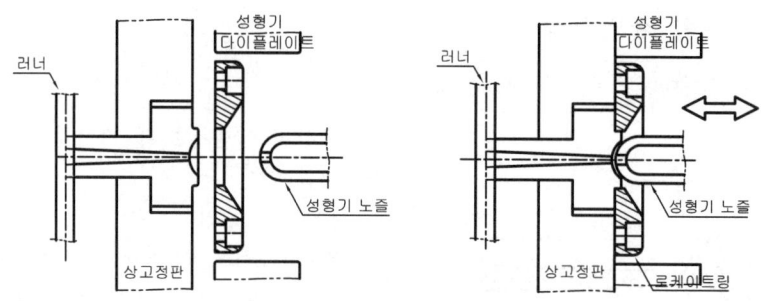

그림 3.2.1 성형기 노즐과 로케이팅링의 관계

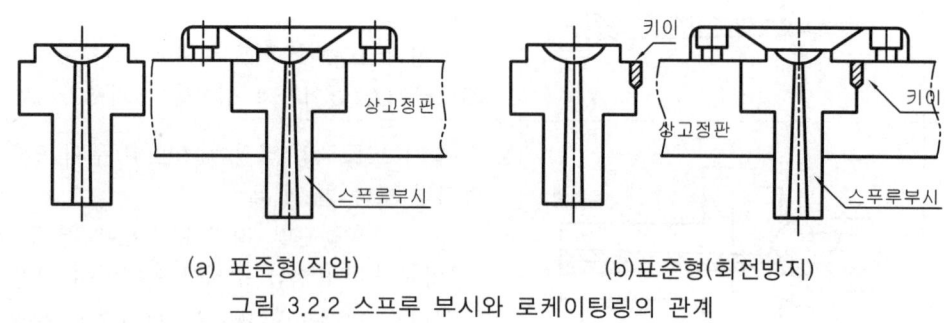

(a) 표준형(직압)　　　　　(b) 표준형(회전방지)

그림 3.2.2 스프루 부시와 로케이팅링의 관계

3) 3매판형: 직압, 조립된 상태

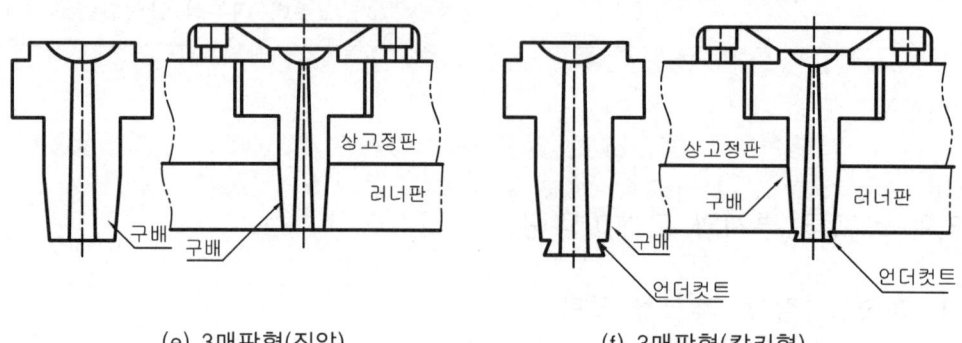

(e) 3매판형(직압)　　　　　(f) 3매판형(칼키형)

그림 3.2.3 스프루 부시와 로케이팅링의 관계

① 스프루 부시를 누르는 것은 로케이팅링
② 3매판의 일반적인 형상임
③ 러너작동구간 구배필요

4) 3매판형: 칼키형, 조립된 상태

① 스프루 부시를 누르는 것은 로케이팅링

② 끝 부위에 언더컷이 꼭 필요
③ 러너작동구간 구배필요
④ 한 개취 3매판 금형에 사용

5) 경사 스프루 부시 사용시 유의사항

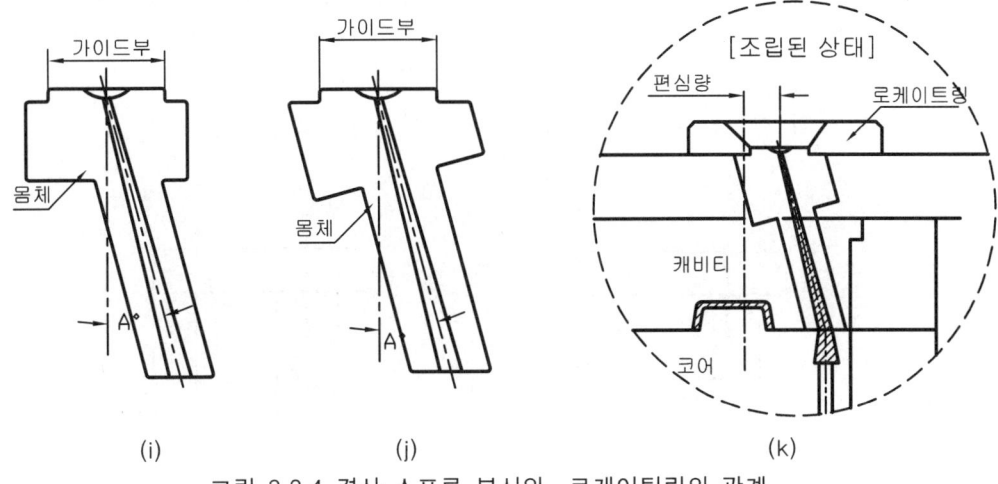

그림 3.2.4 경사 스프루 부시와 로케이팅링의 관계

① 스프루 부시의 경사각도는 사용수지에 따라 다르므로 구배각도에 유의할 것
② 스프루 추출용 칼키핀에 확실한 언더컷 형상을 만들어 스프루가 확실히 추출되도록 할 것
③ 사출성형기 노즐 텃치부의 형상 가공이 어려우므로 주의를 요할 것
④ 스프루 부시가 회전되지 않도록 회전방지를 확실히 할 것
⑤ 사출성형기와 금형의 중심맞춤을 위하여 배치는 세로방향으로 하는 것이 좋다 (다이플레이트의 크기와 밀판의 크기에 유의할 것)
⑥ 스프루 칼키핀의 위치가 스프루의 위치와 다르므로 밀판 위치 가공에 유의할 것
⑦ 스프루 부시 형상에 따라 노즐의 위치가 다를 수 있으므로 설계/제작시 유의할 것

3.3. 스프루로크핀

1) 스프루로크핀:

스프루 하단에 설치하여 스프루로부터 수지를 추출하는 기능과 스프루에서 냉각된 수지의 콜드 슬러그 웰의 역할도 하는 것으로 형판에 가공할 수도 있다.

2) 스프루로크핀 종류

(가) Z형 로크핀

① 스프루를 정확하게 추출할 수 있는 구조
② 투명제품일 경우에 사용한다.
③ 스프루가 낙하되는 방향에 따라 로크핀의 회전방지 설치가 필요하다.
④ 사용 밀핀은 러너치수와 동일한 것으로 하는 것이 좋으나 언더컷 부의 치수에 주의 할 것.
⑤ 슬러그 웰의 길이는 러너 직경의 1.5배 길이로 할 것.

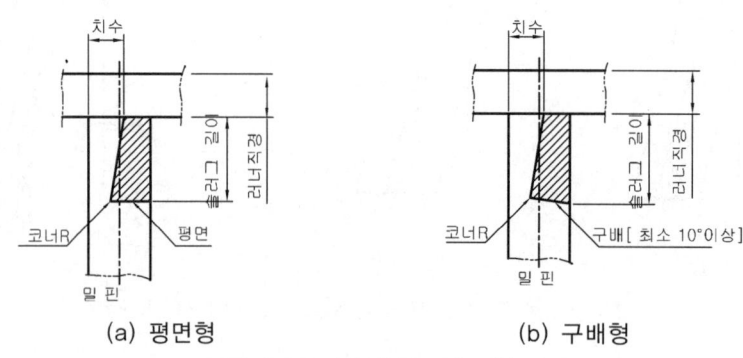

(a) 평면형   (b) 구배형

그림 3.3.1 스프우로크핀 Z형

(나) 역 구배형

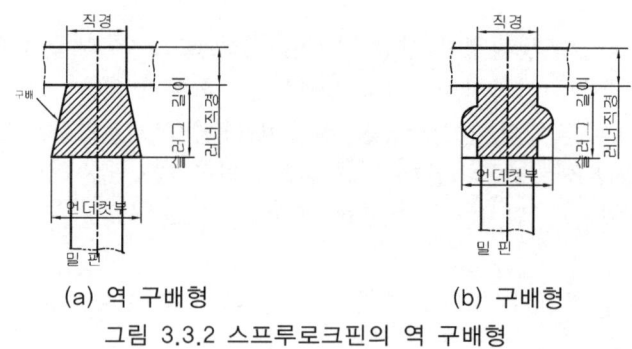

(a) 역 구배형   (b) 구배형

그림 3.3.2 스프루로크핀의 역 구배형

① 언더컷 부를 러너가 지나가는 부품에 가공하는 구조(코어 또는 원판)
② 제품이 투명한 경우에는 절대 사용하지 않는다. (언더컷 부스러기가 캐비티에 유입되어 제품불량 발생)
③ 스프루가 낙하되는 방향과 무관함으로 회전방지 불필요.
④ 사용 밀핀은 러너치수와 동일한 것으로 하는 것이 좋으나 언더컷부의 치수에 주의 할 것.

⑤ 슬러그 웰의 길이는 러너 직경의 1.5배 길이로 할 것.
⑥ 로크핀의 선단부가 평면으로 되어 있어 핀 가공이 쉽다.
⑦ 직경치수는 밀핀 직경보다 0.5mm이상 크게 한다.
⑧ 언더컷 부는 부스러짐이 발생하지 않을 량만큼 치수를 정할 것

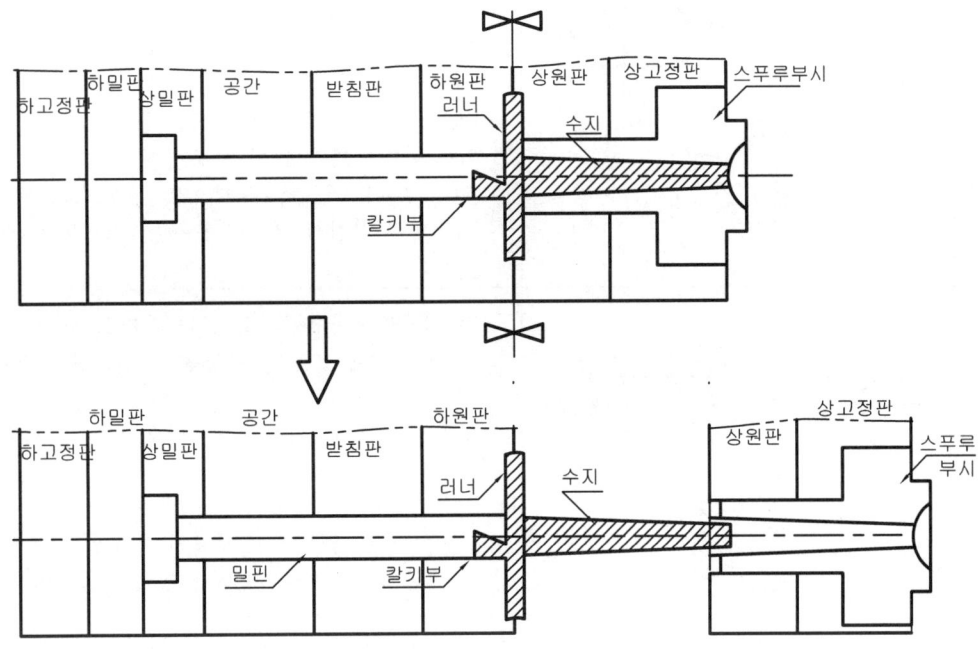

그림 3.3.3 스프루로크핀으로 추출

3) 스프루로크핀의 특징

형상 및 치수	특징
1 젯트[Z]핀형 성형된모양 / 회전방지 / 깊이량 / r	① 길이는 추출시 나올 수 있는 거리로 한다. ② 로크핀 방향은 수지의 추출방향으로 하고 회전방지 처리를 할 것 ③ 투명제품(외관상 이물질이 나오지 않는 제품)에는 필히 사용할 것 ④ R이 표시되는 곳은 필히 R을 줄 것 ⑤ 일반적으로 가장 많이 사용하는 것임 ⑥ 핀(밀핀)에 가공하는 것으로 핀의 하단부에 회전방지(회전시 한 방향에만 조립되게 할 것)
2 형판에 가공하는 형 성형된모양 / 깊이 / 밀핀 / 깊이량	① 길이는 추출시 나올 수 있는 거리로 한다. ② 형판(원판)에 로크핀 형상을 가공하므로 경면사상요망 ③ 투명제품(외관상 이물질이 나오지 않는 제품)에는 사용치 말 것 ④ R이 표시된 곳은 필히 R을 줄 것 ⑤ 일반적으로 가장 많이 사용하는 것임 ⑥ 핀(밀핀)의 상면은 경면사상으로 평면유지요
	① 길이는 추출시 나올 수 있는 거리로 한다. ② 형판(원판)에 록 형상을 가공하므로 경면 사상요망 ③ 투명제품(외관상 이물질이 나오지 않는 제품)에는 사용치 말 것 ④ R가 표시된 곳은 필히 R을 줄 것 ⑤ 일반적으로 가장 많이 사용하는 것임 ⑥ 핀(밀핀)의 상면은 경면사상으로 평면유지요
3 러너록핀형 [핀모양] 칼키량 [성형된모양]	① 길이는 추출시 나올 수 있는 거리로 한다. ② 로크방향은 수지의 추출방향으로 하고 원주면 전체를 밀어준다. ③ 3매판금형 및 스트리퍼 추출금형에서 러너의 흐름에 지장을 주지 않도록 한다. ④ R가 표시된 곳은 필히 R을 줄 것 ⑤ 일반적으로 가장 많이 사용하는 것임 ⑥ 핀(밀핀)에 가공하는 것으로 핀의 상단부 형식은 설계자가 설정하여 설계한다.

4. 로케이팅링

4.1. 로케이팅링의 설계

1) 로케이팅링의 역할: 성형기와 금형의 센타 맞춤과 스프루의 센타 맞춤

2) 로케이팅링의 모양

① 외경치수: 성형기 플레이트 구멍에 맞춤 (공차: -0.2에서 -0.4)
② 스프루가이드 치수: 설계자가 결정 (공차: +0.1에서 +0.2)
③ 높이 치수: 설계자가 결정 (통상 10㎜에서 15㎜로 한다)
④ 각도: 설계자가 결정, 성형기 노즐의 직경이 간섭받지 않은 각도(통상 최소 60°로 한다)

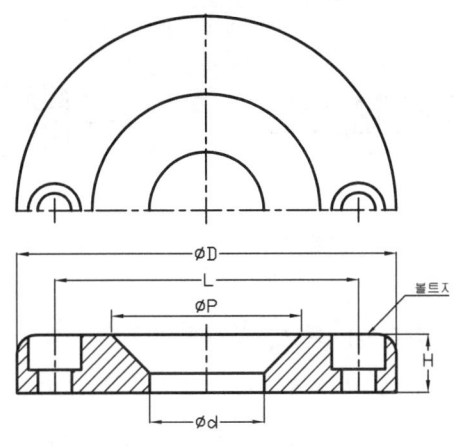

그림 4.1.1 로케이팅링

3) 성형기, 로케이팅링과 스프루 부시의 조립

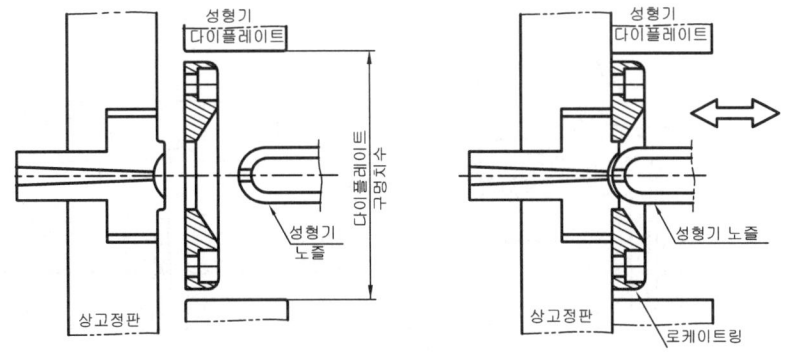

그림 4.1.2 성형기, 로케이팅링과 스프루 부시의 조립

4) 로케이팅링의 설계 및 작도시 유의사항

① 로케이팅링의 외경치수는 사용 성형기의 크기에 따라 변하므로 필히 확인할 것
② 로케이팅링의 외경치수 공차는 사용 성형기 플레이트 구멍치수보다 작아야 한다(통상 -0.2에서 -0.4를 주므로 필히 표시할 것).
③ 로케이팅링의 높이 치수는 사용 성형기 플레이트에서 너무 깊게 잡아주는 것도 좋지 않다(깊이를 크게 할 경우 취부시에 시간이 걸리기 때문이다)
④ 로케이팅링의 스프루 부시 가이드 치수는 설계자가 정한다.
⑤ 스프루 부시를 잡아주는 직경에서의 각도는 성형기 노즐외경에 간섭을 주지 않는 각도(45°~60°)로 정한다.
⑥ 사출성형기 플레이트에 들어가는 쪽에는 C 혹은 R을 주어 잘 들어가게 한다.
⑦ 길이를 연장하여 상고정판을 가공하여 플레이트와 금형을 동시에 잡아주는 방법도 있다.

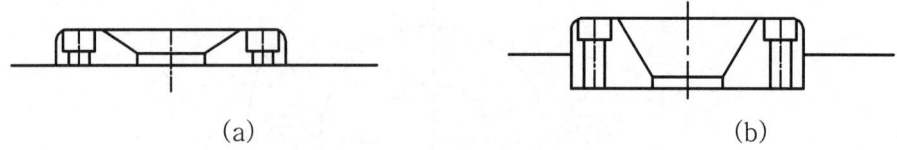

(a)   (b)

그림 4.1.3 로케이팅링 형상

4.2. 로케이팅링 종류와 특징

1) 표준형

① 가장 일반적인 조립상태를 나타낸 것이다
② 스프루 부시 가이드부에서 편심을 방지 한다
③ 로케이팅링이 고정측설치판에 설치된다.
④ 스프루 부시의 몸체와 고정측설치판 사이에 공간이 있어도 무방하다

2) 단부착 표준형

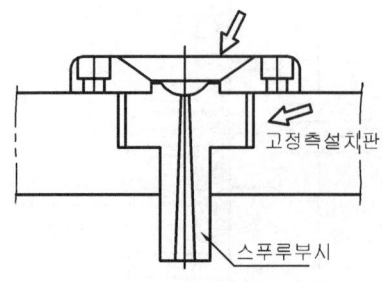 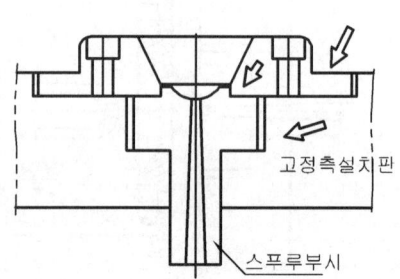

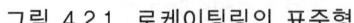

그림 4.2.1 로케이팅링의 표준형   그림 4.2.2 로케이팅링의 단부착 표준형

① 가장 일반적인 조립상태를 나타낸 것으로 고정측설치판에 들어가도록 설치한 형상이다
② 스프루 부시 가이드부에서 편심을 방지 한다
③ 로케이팅링과 고정측설치판 사이에 공간이 있어도 무방하다
④ 로케이팅링을 작은 볼트로 고정측설치판에 체결한 형식이다.

5. 사출성형기

사출성형기는 열가소성 수지를 이용하여 여러 형상의 제품을 성형하는 기계로써 금형의 개폐 및 죔을 하고 수지를 용융해서 고압으로 금형에 충전한다.

5.1 사출성형기의 구성

1) 사출기구
① 호퍼(Hopper): 플라스틱 수지의 공급, 저장하는 용기
② 재료 공급장치(Feeder): 사출에 필요한 재료를 계량하여 실린더로 보내는 장치
③ 가열 실린더(Heating cylinder): 플라스틱 수지를 공급받아 용융 사출하는 부분
④ 노즐(Nozzle): 실린더의 선단에 위치하면서 용융수지의 유로이며 스프루 부시와 밀착된다.
⑤ 사출실린더(Hydraulic injection cylinder): 스크류 및 플랜저를 전진시키고 사출압력과 사출속도를 주는 유압실린더

2) 형체기구
① 다이 플레이트(Mold plate): 금형을 설치하는 플레이트로 고정다이 플레이트와 이동다이 플레이트가 있다.
② 타이 바아(Tie bar): 다이 플레이트를 지지하고 금형 개폐 동작을 가이드 하는 부분
③ 형체 실린더(Clamping cylinder): 이동다이 플레이트에 금형의 개폐 동작을 시켜 형체력을 발생시키는 실린더
④ 밀어내기 장치(Ejector): 형개(型開)공정의 끝에 성형품을 밀어내는 장치

3) 프레임(Frame): 사출기구, 형체기구, 유압구동부 등이 조립되어 있는 기기의 골격 부위

4) 유압 구동부(Hydraulic Power system): 사출기구나 형체기구를 움직이는 유압실린더에 압력유를 공급

5) 전기 제어회로(Electrical Control system): 형체기구의 동작과 가열 실린더 온도를 제어

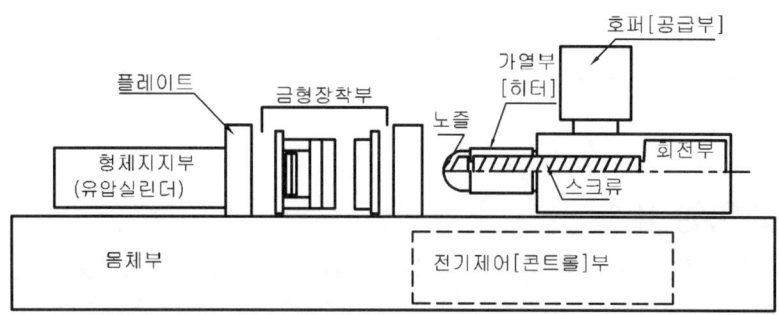

그림 5.1.1. 사출성형의 구성

5.2 사출성형기의 종류

1) 사출기구와 형체력 기구의 배열에 의한 분류(기계의 형태)

형체기구에서는 금형의 개폐방향, 사출기구에서는 플런저 또는 스크류의 운동방향이 수평식, 수직식 및 혼합식으로 분류한다.

(1) 수평식(Horizontal type)
① 성형의 자동화 및 고속화가 쉽다.
② 금형의 부착, 조정이 용이하다.
③ 기계의 높이가 낮으므로 가열 실린더, 노즐, 원료 공급이나 보수가 용이하다.

(2) 수직식(Vertical type)

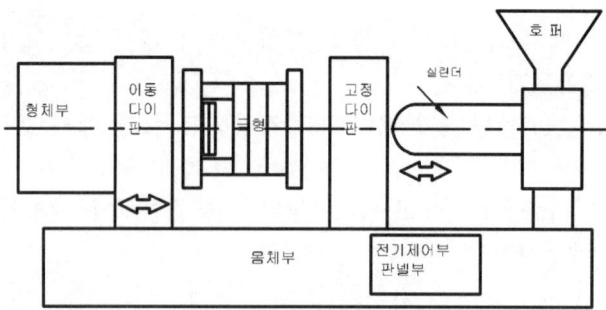

그림 5.2.1 수평식 성형기

① 인서트를 사용할 때 조립한 인서트의 안정성이 좋아 움직이는 일이 적다.
② 금형의 부착 스페이스가 크고, 중력방향으로 작용하므로 큰 금형을 부착해도 안전하다.
③ 2색 성형에 적합하고 설치면적이 적다.

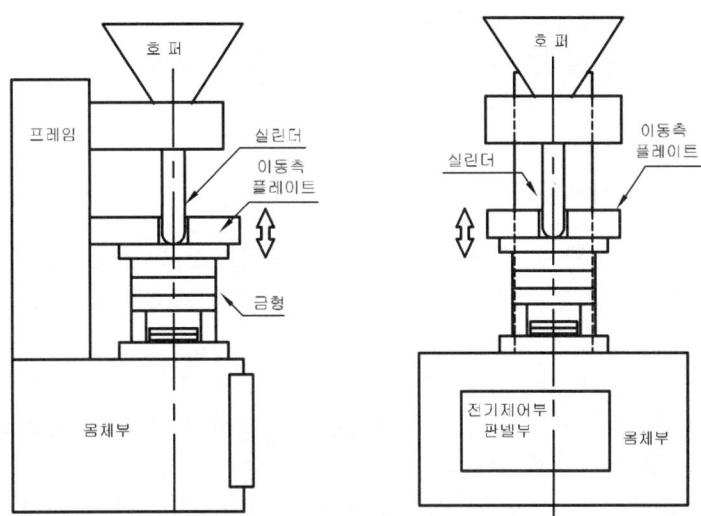

그림 5.2.2 수직식 성형기

(3) 혼합식
① 수지가 들어가는 부분이 분할 면에서 들어감
② 몸체 부는 수평식이며 로케이팅링/스프루가 파팅 면에 설치 됨
③ 금형형식은 일반적인 구조임

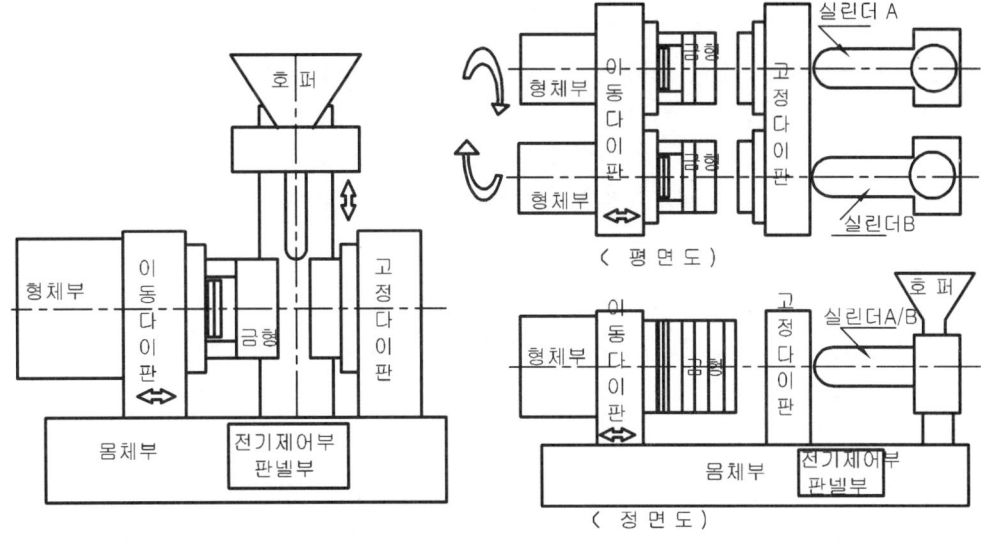

그림 5.2.3 혼합식 성형기   그림 5.2.4 2색(2중) 성형기

(4) 2색(2중) 성형기
① 수평식과 수직식에서 실린더가 이중으로 붙어있는 형식

② 실린더에 다른 색상 투입이 가능하다.
③ 이동 측 다이 플레이트가 성형품 추출 후 180도 회전
④ 금형이 2SET가 필요하다.
⑤ 금형높이가 정확해야 한다.
⑥ 2색 성형품에 사용한다.

2) 수지의 가소화와 사출하는 방식에 의한 분류(사출 방식)

(1) 플런저식: 토피토를 내장한 가열 실린더와 사출 플런저로 구성되며, 비교적 작아 값이 싸고 고속으로 성형된다.

(2) 스크류 인라인식: 스크루에 의해 가소화된 재료를 동일한 스크루의 압출 공정에서 사출하는 형식으로 가소화 능력이 크고 혼용이 양호하며 재료의 체류 장소가 적기 때문에 분해하기 쉬운 재료에 적합하다.

(3) 프리 플러식: 가소화하는 것과 사출하는 것이 각각 다른 실린더 속에서 각각 전용으로 이루어지는 형식

　① 플런저 프리 플러식: 플런저식 예비 가소화 장치와 플런저를 가진 사출 실린더의 조합
　② 스크루 프리 플러식: 스크루 예비 가소화 장치와 플런저를 가진 사출 실린더의 조합

3) 형체방식에 의한 분류

(1) 직압식: 유압 실린더의 램(Ram)에 이동다이 플레이트를 직결하여 유압에 의해 직접 금형을 조이는 형식으로, 형체력은 다음 식에 의해 구한다.

$$F = \frac{\pi}{4} d^2 \times P$$

　　F: 형체력(Ton)　d: 형조임 램 바깥지름(mm)
　　p: 유체의 압력(kg/cm^2)

　① 구조가 간단하여 사용이 용이하다.
　② 형조임력 조절이 간단하고, 보수관리가 용이하다.

(2) 토글식: 유압실린더 그 밖의 동력원으로 발생하는 힘을 토글기구에 의해 확대해서 큰 형체력을 얻는 형식으로 형체력은 다음 식에 의해 구한다.

$$F = \frac{E \times A \times \triangle L \times 10^{-5}}{L}$$

$$A = \frac{n \times \pi \times d^2}{4}$$

　　F: 형체력(Ton),　E: 종탄성 계수,
　　d: 타이 바의 지름(mm),　A: 타이 바의 전단면적
　　△L: 타이 바의 늘어남(mm),
　　L: 타이 바의 길이(mm),　n: 타이 바의 개수

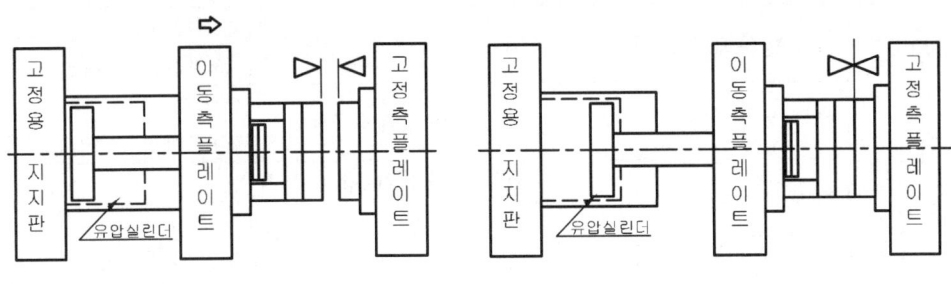

ⓐ 금형이 열린 상태　　　ⓑ 금형이 닫힌 상태

그림 5.2.5 직압식

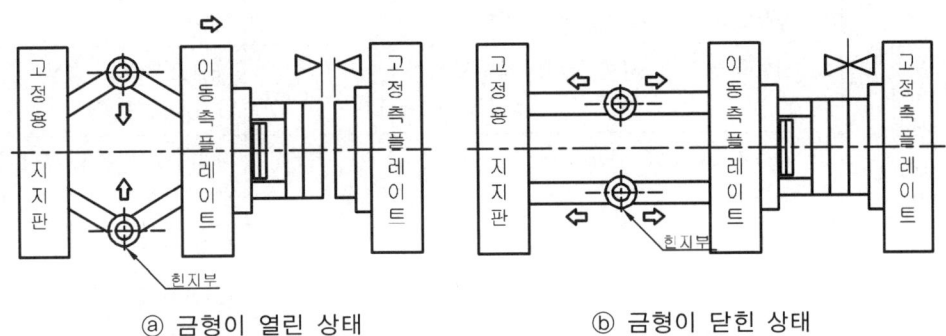

ⓐ 금형이 열린 상태　　　ⓑ 금형이 닫힌 상태

그림 5.2.6 토글식

(3) 직압식과 토글식의 특성 비교

	구 분	비교 내용 항목	직압식	토글식
1	기본사양에 대하여	1) 타이 바 간격	크다	작다
		2) 형판과 스트로우크	크다	작다
		3) 금형-개폐속도	곡선이 사다리꼴과 유사함	곡선이 정현곡선과 유사함
2	금형장착공간과 형체력 정밀도	1) 금형의 조립평행도	정확함	불균일(금형두께에 따라 변함)
		2) 이동형판의 전진낙하	변동없음	크다(토글의 평행도)
		3) 형체력에 의한 변형	작다(형체력이 램에 분산)	크다(양측링크에 힘 집중)
		4) 캐비티수에 따른 금형후퇴	형체방향으로 균일함	불규칙하다
		5) 성형공정 중 형체력 변화	없다	있다(온도변화에 따름)
		6) 형체력 장치의 정밀도 유지	구조가 간단하여 양호함	구조가 복잡하여 불리(마모상태)

4	금형교환의 작업성	1) 금형두께의 조정	쉽다	곤란하다 (조정장치에 의함)
		2) 형체력 설정	쉽다(유압공식에 의해)	어렵다 (타이버형체에여유있음)
		3) 형체력의 연속성	정확하게장착(유압계기로)	부정확(타이바팽창으로)
		4) 조작에 따른 숙련도	숙련도가 낮아도 가능	높은(숙련도요구)
		5) 금형의 교환시간	짧다	길다
		6) 노동력절감과 작업의 자동화	비교적 간단히 가능하다	어렵다(부수작업필요)
5	금형보호와 성형기 보호관계	1) 금형내이물질(감지능력)	높다	낮다
		2) 저압력형체에 의한 금형보호	매우효과적 (1/300~1/500)	약간효과적 (1/10~1/100)
		3) 과충진에 의한 과부하대응력	거의 나타나지 않음	나타남(타이바/링크마모로)
		4) 금형수명 및 정밀도 유지	길고안정	짧고~불안정
6	수리보전	1) 윤활장소와 윤활횟수	적다	많다(강제윤활이 필수)
		2) 윤활류의 소모비용	비교적 적다	비교적 많다
		3) 보전 및 점검할 개소	적다	많다
		4) 소요-보전시간	짧다	상대적으로 많다
		5) 분해/조립-수리시간	길다	상대적으로 많다
		6) 분해수리의 소요경비	저비용으로 거의없다	고비용이며 크다

5.3 사출성형기의 주요 수치

1) 사출용량(Shop capacity), g(oz)

1쇼트의 최대량을 나타내는 값으로 형체력과 함께 사출성형기의 성능을 대표하는 수치이다. 이것을 두 가지의 방법으로 표시한다.

(1) **사출용적**(Shot capacity, Shot volume), cm³

$$V = \frac{\pi}{4} \times D^2 \times S \quad \cdots\cdots\cdots\cdots\cdots\cdots\cdots\cdots (5.3.1)$$

V: 사출용적(cm³), D: 스크류의 지름(cm), S: 스트로우크(cm)

(2) **사출량**(Shot capacity, Shot volume), g(oz)

$$W = V \times \rho \times \eta \quad \cdots\cdots\cdots\cdots\cdots\cdots\cdots\cdots (5.3.2)$$

$$= \frac{\pi}{4} \times D^2 \times S \times \rho \times \eta$$

ρ: 용융수지의 밀도(kg/㎤), V: 사출용적(㎤), W: 사출량(g), (1oz: 28.4g)

2) 가소화 능력(Plastication Capacity), kg/hr

가열 실린더(스크류 실린더)가 매시간 성형 재료를 가소화할 수 잇는 능력으로 사출성형기의 성능을 kg/hr 단위로 표시한다.

3) 사출압력(Injection Purssure), kg/㎠

사출플런저 또는 스크류의 끝면에서 수지에 사용하는 단위 면적당의 힙(압력)과 전체힘의 최대값을 말한다.

$$F = \frac{\pi}{4} D_0^2 \cdot P_0 \cdot 10^{-3} \quad \cdots\cdots (5.3.3)$$

D_0: 실린더의 지름(cm), P_0: 유압(kg/cm²)

$$P_1 = 10^3 \cdot P_2 / \frac{\pi}{4} D^2 = P_0 \cdot \frac{D_0^2}{D^2} \quad \cdots\cdots (5.3.4)$$

D: 플런저 또는 스크류의 지름(cm), P_1: 사출압력(kg/cm²), F: 사출력(ton)

4) 사출률(Injection rate), cm³/sec

노즐에서 사출되는 수지속도를 나타내고 단위시간에 유출하는 최대용적으로 표시한다

$$Q = \frac{\pi}{4} D^2 \cdot v \text{ 또는 } Q = \frac{V}{t} \quad \cdots\cdots (5.3.5)$$

5.3.5 식에서 $V = \frac{\pi}{4} D \cdot S$ 또는 $v = \frac{S}{t}$

D: 플런저 또는 스크류의 지름(cm), v: 사출속도(cm/sec),
Q: 사출률(cm³/sec)   V: 사출량(cm³)

다시 $v = \dfrac{Q_0}{\frac{\pi}{4} D_0^2}$ 을 5.3.5식에 대입하면 다음과 같이 된다

$$Q = Q_0 \frac{D^2}{D_0^2} \quad \cdots\cdots (5.3.6)$$

Q_0: 작동유 유량(cm³/sec), D_0: 유압 실린더의 지름(cm)

5) 스크류회전과 스크류 구동출력, kw, HP

스크류의 구동에는 전동기와 유압 모터의 2가지 방법이 사용된다. 각각 출력의 특성이 다르므로 전자는(kw, HP), 후자는 (kg,m)의 단위로 표시하는 것이 적정하다.

여기서 출력과 토오크와의 관계는

출력(kw)=토크(kg·m)×회전수(rpm)×$\frac{1}{974}$ ············· (5.3.7)

6) 히터의 용량(Heater Capacity), kw

가열 실린더와 노즐에 감기는 히터의 전용량을 표시한다. 실린더 부분의 가열에는 가열과 동시에 소정의 온도까지 상온시키는 것, 성형중에 재료를 용융 보온하는 것의 2가지 목적이 있으며 양자를 모두 만족하도록 히터용량이 정해진다.

7) 호퍼의 용량 (Hopper Capacity), ℓ, kg

플라스틱 재료가 호퍼에 저장될 때 최대 저장량을 나타낸다. 여기서는 용적(ℓ)과 중량(kg)의 두가지 단위가 사용된다.

중량(kg)=용적(ℓ)×비중

8) 형체력(Mold clamping force), ton

금형을 조이는 힘의 최대치를 형체력이라 하며, 성형재료의 충전시 필요한 형체력은

$$F \geq P \times A \times 10^{-3}$$ ···································· (5.3.8)

F: 형제력(ton)   P: 캐비티내의 평균수지압(kg/cm^2)   A: 캐비티의 투영면적(cm^2)

9) 형개방력(Mold opening force), ton

성형후 성형품을 빼낼 때 금형을 열기위해 작용하는 최대의 힘으로 형체력의 1/10~1/15이 보통이다

10) 다이 플레이트 치수(Plate size), mm×mm

수평 및 수직에 있어서 다이 플레이트의 바깥 치수와 타이바의 안쪽 치수로 표시한다. 그림 3.2.8에서 부착 가능한 최대 금형치수는 가로폭 최대H1×V2, 세로길이 최대 H2×V1인 것을 알 수 있다.

11) 다이 플레이트 간극 및 형찜 스트로크(clamping stroke), mm

① 다이 플레이트의 최대, 최소 간극은 형찜 램이 전진했을 때와 후퇴했을 때 고정다이 플레이트와 이동다이 플레이트간의 간극이며, 양치수차는 형찜 스트로크와 같다
② 일반적으로 성형품의 최대깊이는 스트로크의 1/2이하로 한다.

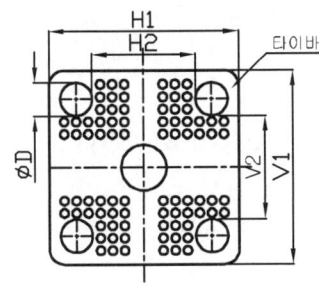 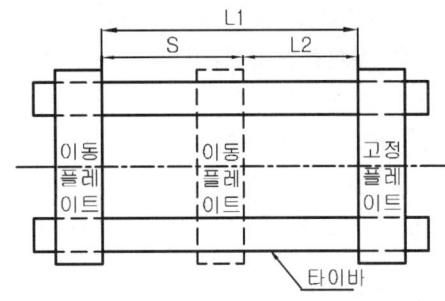

그림 5.3.1 다이 플레이트   그림 5.3.2 다이 플레이트 형찜 스트로크

L1: 최대 다이플레이트의 간격   L2: 최소다이플레이트의 간격 (금형최소높이)
S: 형찜 스트로크   H1,V1: 다이플레이트의 외각 치수   H2, V2: 타이버의 간격

5.4 사출성형기의 성형순서

1) 사출성형기에서의 제품을 생산하기 위한 순서
① 금형 취부(체결)-금형의 중심맞춤
② 성형 싸이클:
   ⓐ 금형닫힘→ ⓑ 사출→ ⓒ 금형냉각→ ⓓ 금형열림→ ⓔ 제품추출

2) 금형체결

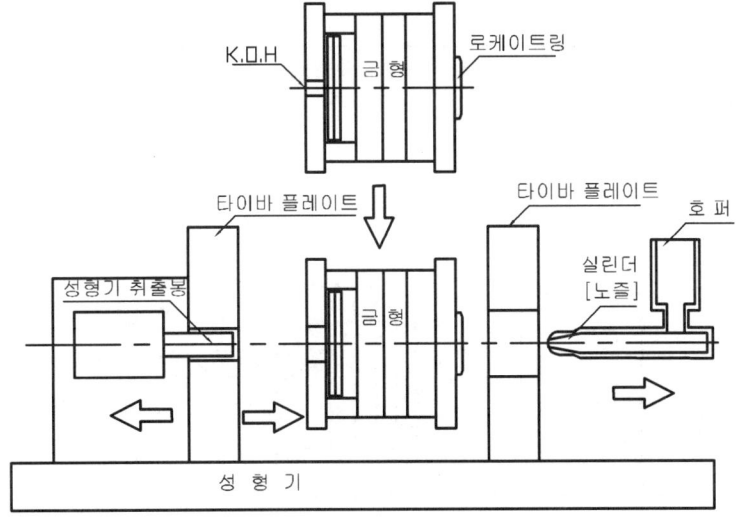

그림 5.4.1 금형체결 순서

① 사출성형기의 이동측 다이 플레이트를 움직여 넓게 벌린다.
② 금형을 아이볼트로 들어 위에서부터 넣는다.
③ 금형의 로케이트링과 실린더 노즐의 중심맞춤을 한다.
④ 사출성형기의 추출봉과 금형의 K.O.H와의 맞춤이 맞는지 확인한다.
⑤ 이동측 다이플레이트를 움직여 금형을 완전히 셋팅 시킨다.
⑥ 상/하 고정판을 다이플레이트에 완전히 클램핑하여 아이볼트를 분리시킨다.

3) 성형싸이클

(1) 금형닫힘: 수지는 계량 상태
▷ 동작상태
　① 이동측 다이플레이트 전진
　② 성형기 추출봉은 후퇴상태분할면은 닿힘
　③ 스크류 회전으로 수지계량
　④ 노즐은 전진(스푸루부의 R과 직경 마주침)
　⑤ 수지는가소화(실린더내에서 가열)

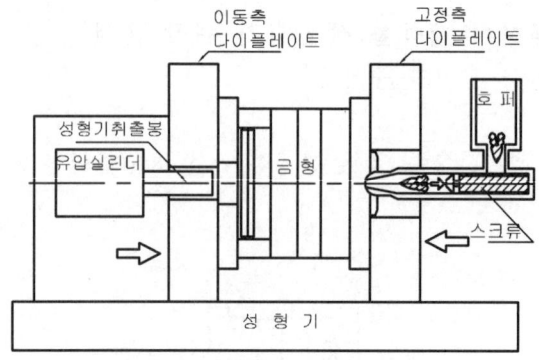

그림 5.4.2 금형체결

(2) 사출성형: 제품(성형품) 형성과정
▷ 동작상태

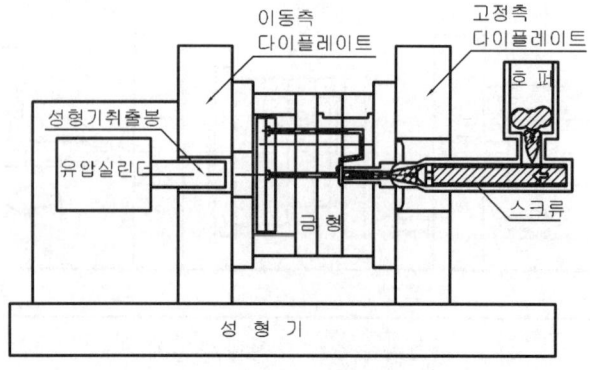

그림 5.4.3 사출성형

① 다이플레이트 정지상태
② 성형기 추출봉은 후퇴상태
③ 분할면은 닿힘(사출압에 열림 주의)
④ 스크류 전진되며 수지가 실린더
　노즐→로케이트→수푸루→러너 →게이트 →제품부에 충진 됨

(3) 금형냉각: 온도조절기구에 의한 수지의 수축/고화
▷ 동작상태

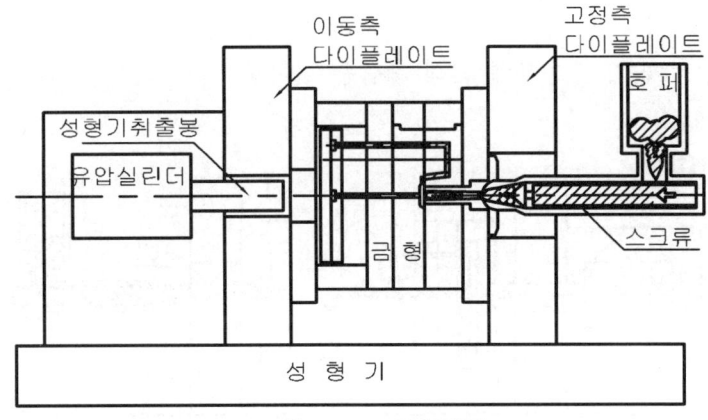

그림 5.4.4 금형냉각

① 다이플레이트 정지상태
② 성형기 추출봉은 후퇴상태
③ 보압 상태유지
④ 온도조절기구에 의해 수지의 고 화/냉각
⑤ 보압에 의해 수축방지

(4) 금형열림: 이동측 다이플레이트에 의해 파팅면 열림
▷ 동작상태

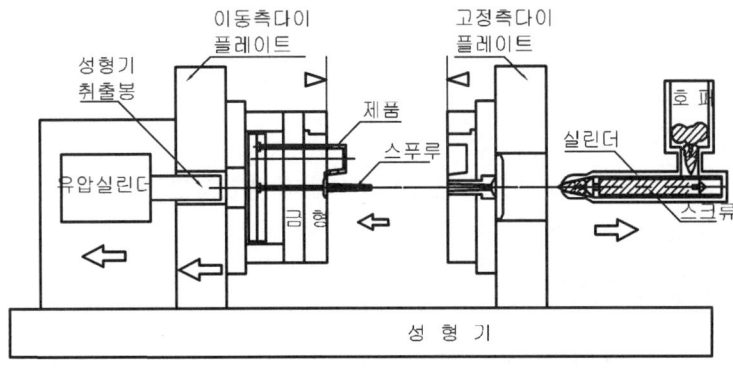

그림 5.4.5 금형열림

① 이동측 다이플레이트가 후퇴하면서 파팅면이 열림
② 성형기 실린더가 후퇴하여 스프루 선단부와 분리되어 스프루의 수지를 차단한다.
③ 성형기 실린더 내부의 스크류도 역회전을 시작하면서 후퇴하기 시작한다.
④ 충진된 제품부의 수지는 이동측으로 달라붙어 있으며, 스프루 역시 스프루 칼키 핀에 의하여 이동측으로 남게된다.
⑤ 이동측 플레이트가 완전히 후퇴하여 정지되면 유압실린더 작동에 의하여 성형기 추출봉이 작동을 시작한다.

(5) 제품추출: 성형기 추출봉에 의해 제품을 밀어냄
▷ 동작상태

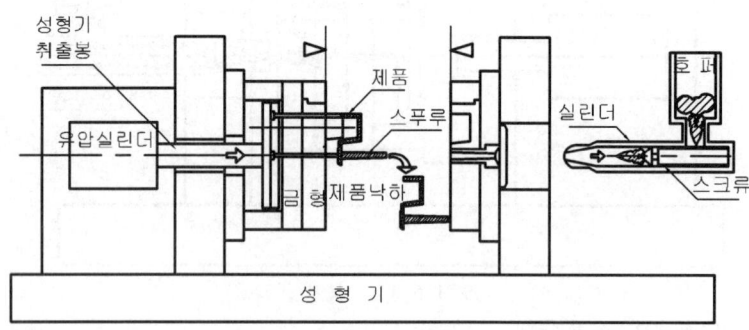

그림 5.4.6 제품추출

① 성형기 추출봉이 전진하면서 상/하 밀판을 밀어주어 밀어내기 핀에 의하여 제품과 스프루가 이동측 코어로부터 분리되면서 제품을 추출한다.
② 제품을 추출시 유압실린더가 전진/후퇴 작동을 1회 혹은 2회 반복하여 제품을 완전히 추출하도록 한 후 완전 후퇴하여 성형기 추출봉을 원위치 시킨다.
③ 실린더 내의 스크류도 역회전하면서 호퍼속의 수지를 실린더 내부로 유입시킨다.
④ 실린더 내부에 유입된 수지는 가열 용융화가 되면서 다음 싸이클에 대비한다.

▷ 이상과 같이 반복하는 것으로 성형품을 계속 생산하면 된다.

5.5 사출성형의 특성

1) 사출성형의 장점

① 다량생산이 가능하다
② 높은 생산성을 가지고 성형할 수 있다
③ 상대적으로 개당 임금 배분비가 낮다
③ 공정을 고도의 자동화로 할 수 있다
④ 부품의 마무리작업이 거의 필요하지 않다
⑤ 여러 다른 표면 상태와 색상 및 다듬질 상태를 얻을 수 있다
⑥ 좋게 장식된 제품을 만들 수 있다
⑧ 여러 형상의 것을 이 방법을 이용하여 가장 경제적으로 생산할 수 있다
⑨ 다른 방법으로는 대량 생산이 거의 불가능한 아주 작은 부품도 생산할 수 있다
⑩ 러너 및 게이트와 같이 이젝트 된 제품 이외의 수지도 다시 재분쇄하여 사용하므로 재료의 손실률을 최소화 할 수 있다
⑪ 같은 제품으로서 수지만 다를 때에는 기계나 금형을 바꾸지 않고 수지만 교환함으로써 다른 재료의 같은 성형품을 생산 할 수 있다
⑫ 정확한 치수정밀도를 유지할 수 있다
⑬ 금속성 또는 비금속성 인서트(insert)를 삽입하여 동시 성형할 수 있다
⑭ 유리, 석면, 운모, 탄소 등과 플라스틱을 혼합하여 성형할 수 있다
⑮ 재질 고유의 장점으로서는 중량에 비하여 높은 강도를 갖고 있으며 내식성, 강도 및 투명도가 좋다

2) 사출성형의 단점과 문제
① 과격한 경쟁으로 이윤의 저하를 때때로 일으킨다
② 경쟁을 위하여 3교대가 자주 필요하다
③ 금형비가 높다
④ 성형기계와 부속장치의 가격이 높다
⑤ 공정관리가 용이하지 않다
⑥ 기계장치가 일정하기 않기 때문에 완제품 생산에 직접적으로 관계없는 관리가 존재 한다
⑦ 숙련도에 예민하게 좌우 된다
⑧ 사출 직후 품질을 규정하기가 어렵다
⑨ 공정에 대한 기초지식이 결여될 경우 문제점이 생긴다
⑩ 수지에 대한 성질을 이해하지 못하면 제품의 품질에 문제가 생긴다.

4장

금형설계기술

1. 금형온도 조절

금형의 온도조절은 성형품의 성형성, 성형능률, 제품품질, 등에서 대단히 중요한 문제이므로, 금형 설계시에 미리 충분히 검토해 둘 필요가 있다

1.1. 온도조절의 필요성

1) 사이클의 단축
일반적으로 금형 온도를 저온으로 유지하고 쇼트 수를 올리는 것이 바람직하나, 성형품의 형상(금형의 구조), 성형재료의 종류에 따라서 성형성 향상을 위해 성형 사이클을 단축시키면서 금형 온도를 충분히 높이지 않으면 안 되는 경우도 있다

2) 성형품의 표면상태 개선
일반적으로 금형 온도가 너무 낮으면 제품의 광택이 나빠지고, 플로마크나 웰드라인이 발생한다.

3) 성형품의 물리적 성질(강도)개선
금형 온도가 낮으면 수지가 빨리 응고되므로 사출 압력을 높게 하여야 한다. 이때 사출 압력에 의해 제품 내부에 응력이 발생한다. 이 응력은 제품이 냉각되어 고화될 때 내부에 남아 일반적으로 잔류응력이 된다.

4) 성형품의 형태와 치수 정밀도 유지
① 제품 두께의 불균일 및 냉각속도 불균일로 인하여 수축이 불균일하게 되면 변형은 피할 수 없게 된다. 즉, 냉각속도에 의한 변형은 온도조절에 의하여 개선이 가능하다.
② 사출압력이 일정한 조건에서 일반적으로 금형 온도가 높을수록 성형수축률이 커지는 경향이 있다. 이는 불량제품이 되기 쉽고, 비틀림이나 휘어짐 등의 변형을 일으키는 원인이 되기도 한다.

1.2 냉각홈 분포와 냉각효과의 관계

성형 싸이클을 단축하기 위해서는 제 여건 중 냉각효과가 좋은 금형구조로 만드는 것이 최우선이 되어야 한다. 냉각효과가 불균일하게 급격히 이루어지면 내부응력, 변형, 크랙이 발생하므로 캐비티 형상, 살 두께에 따라 균일하게 능률적으로 냉각되도록 수로의 크기와 수를 결정하여야 한다.

예로 그림 1.2.1과 같이 냉각수로가 5개와 2개인 경우, 5개 냉각수로 일 때가 냉각온도차가 적은 것으로 바람직하다. 캐비티와 수로 표면간의 온도 구배를 등온선으로 표시한 것으로 (a)와 같이 큰 수로에 59.83℃의 물로 순환하여 캐비티 표면에서

60°~60.05℃의 온도변화 (b)와 같은 작은 수로에 45℃의 물로 순환하여 캐비티 표면에서 53.33℃에서 60℃의 온도변화가 나타난다.

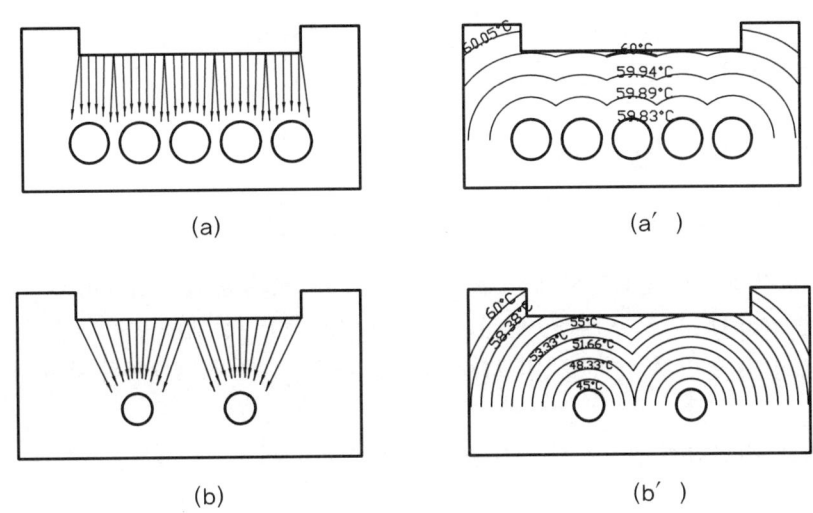

그림 1.2.1 냉각홈 분포와 냉각효과

표 1.2.1 플라스틱 재료의 성형 온도와 금형온도관계

재료명	재료온도 ℃	사출압력 kg/cm²	금형온도 ℃
폴리에틸렌	150~300	600~1500	40~ 60
폴리프로필렌	160~260	800~1200	55~ 65
폴리아미드	200~320	800~1500	80~120
폴리아세탈	180~220	1000~2000	80~110
3불화 염화 에틸렌	250~300	1400~2800	40~150
스티롤	200~300	800~2000	40~ 60
AS	200~260	800~2000	40~ 60
ABS	200~260	800~2000	40~ 60
아크릴	180~250	1000~2000	50~ 70
경질염화비닐	180~210	1000~2500	45~ 60
폴리카아보네이트	280~320	400~2200	90~120
셀룰로오즈아세테이트 셀룰로오즈에세테이트 브치레이트	160~250	600~2000	50~60

1.3. 금형온도 조절의 열적해석

1) 온도조절에 필요한 전열면적

(가) 이동열량(kcal/hr)식

$Q = S_h \times C_p \times (t_1 - t_0) \times W$ ....(1.3.1)

Q: 이동열량(kcal/hr) S_h: 매 시간의 쇼트수 C_p: 성형재료의 비열(kcal/kg℃),
t_1: 용융 수지의 온도(℃) t_0: 성형품을 꺼낼 때의 온도(℃),
W: 1쇼트시 사출용량(kg/1회)

(나) 냉각 홈측의 경모 전열계수식

$H_w = \dfrac{\lambda}{d} \left(\dfrac{d \times u \times \rho}{\mu}\right)^{0.8} \times \left(\dfrac{C_p \times \mu}{\lambda}\right)^{0.3}$ ....(1.3.2)

H_w: 냉각홈측의 경모전열계수(kcal/m²·hr ℃), d: 냉각홈의 지름(mm),
u: 유속(m/sec), λ: 냉매의 연전도율(kcal/m²·hr ℃), ρ: 밀도(kg/m³),
A: 소요 전열면적(m²), μ: 점도(kg/m·sec), ΔT: 금형과 냉매와의 평균 온도차(℃)

(다) 소요 전열면적

$A = \dfrac{Q}{H_W \times \Delta T}$ ....(1.3.3)

ΔT: 금형과 냉매와의 평균온도차(℃)

2) 냉각수의 수량

$W = \dfrac{W_p [C_p(T_1 - T_2) + L]}{K(T_3 - T_4)}$ ....(1.3.4)

W: 통과하는 냉각수량(ℓ/hr), W_P: 시간당 사출용량(cm³/hr),
C_P: 수지의 비열(Kcal/kg℃), L: 수지의 융해잠열,
K: 물의 열전도 효율(캐비티: 0.64, 배판: 0.50),
T_1: 수지의 용융온도(℃), T_2: 금형의 온도(℃),
T_3: 물의 배수 온도(℃), T_4: 물의 급수온도(℃)

3) 금형의 냉각시간

$S = \dfrac{t^2}{2\pi\alpha} \circ \dfrac{\pi}{4} \dfrac{T_2' - T_2}{T_1 - T_2}$ ....(1.3.5)

$\alpha = \dfrac{R}{\rho \times C_P}$ ....(1.3.6)

S: 냉각의 최소시간(sec), t: 성형품의 살 두께(cm), α: 수지의 열방산율
R: 수지의 열전율(cal/cm sec℃), ρ: 수지밀도(g/cm³), Cp: 수지비열(cal/g℃)
T_1: 사출재료의 온도(℃), T_2: 금형온도(℃),
$T_{2'}$: 성형품 꺼내기 온도(℃)(열변형온도)

예) pp성형품 최대 살 두께 t=18mm, 열 변형온도 T_2'=100℃, 금형온도 T_2=25℃, 성형기 실린더의 온도 T_1=240℃일 때 냉각시간을 계산하시오.
단 pp의 R=3.3×10⁻⁴(cal/cm·sec℃), ρ=0.9g/cm³. CP=0.46(cal/g℃)이다

(해설) $\alpha = \dfrac{R}{\rho \times C_P}$ 식에서 $\alpha = \dfrac{3.3 \times 10^{-4}}{0.9 \times 0.46} = 7.97 \times 10^{-4}$

$S = \dfrac{t^2}{2\pi\alpha} \circ \log e \dfrac{\pi}{4} \left(\dfrac{T_2' - T_2}{T_1 - T_2} \right)$ 식에서

$= \dfrac{-0.18^2}{2\pi \times 7.97 \times 10^{-4}} \circ \log e \left[\dfrac{\pi}{4} \left(\dfrac{100-25}{240-25} \right) \right] ≒ 8.4(\sec)$

4) 금형 가열 히터 용량

$$P = \dfrac{WC(t_1 - t_2)}{860 T \eta} \quad \dotfill (1.3.7)$$

P: 소요전력(KW), W: 금형중량(핫러너 블록)(kg),
C: 형재의 비열(鋼의 경우 0.115kcal/kg℃),
t_1: 상승온도(℃), t_2: 대기의 온도(℃), T: 상승희망시간(hr)
η: 효율(T=1시간일 때 0.2~0.3으로 한다)

1.4. 냉각수 회로설계

1) 냉매의 종류
① 물, ② 공기, ③ 기름, ④ 전도체, ⑤ 히터 등

2) 냉각수 회로의 종류

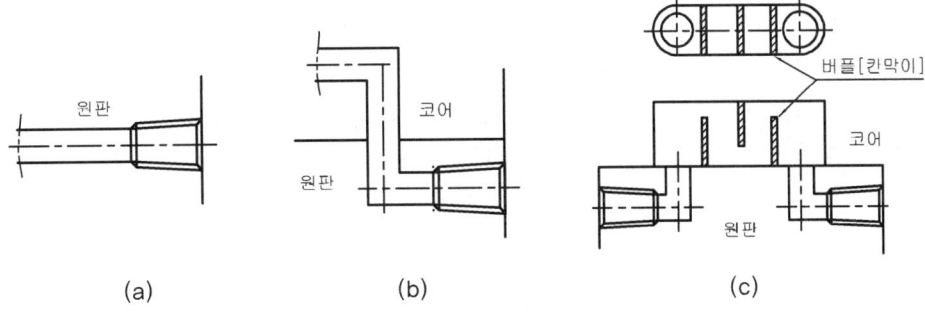

(a) (b) (c)

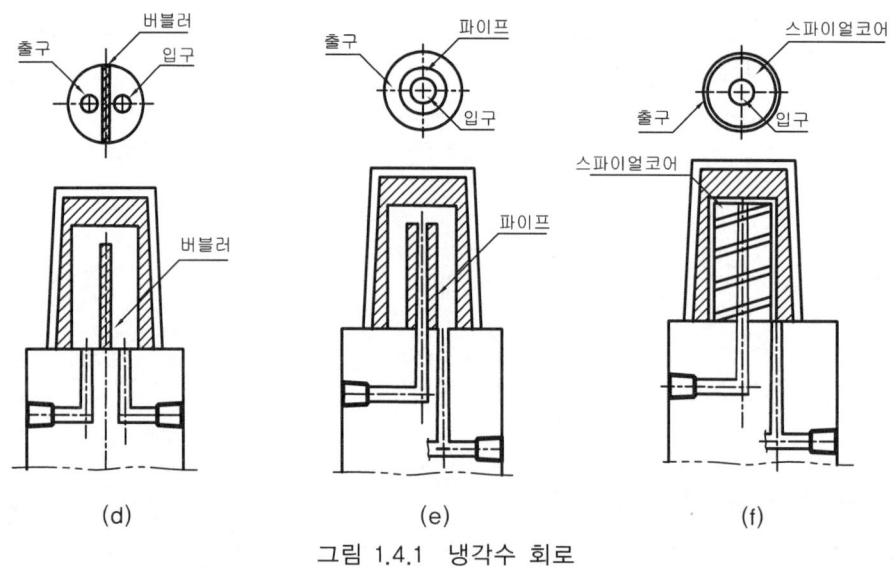

그림 1.4.1 냉각수 회로

① 직선형(그림 1.4.1(a))
② 굴절형(그림1.4.1(b))
③ 버플식(장공형, 대공형) (그림 1.4.1(c,d)
④ 파이프 식(분수형)(그림 1.4.1(e))
⑤ 나선형(그림 1.4.1(f))

3) 냉각수 회로 설계시 유의 사항

① 금형의 레이아웃을 설계할 때는 밀핀, 볼트 등의 배치와 더불어 온도조절용 냉각 구멍의 배치도를 잘 검토해 둔다. 즉, 냉각회로는 밀핀 구멍보다 우선한다.
② 냉각회로는 스프루나 게이트 등 금형 온도가 제일 높은 곳에 냉매가 우선 유입하도록 설계한다.
③ 일반적으로 냉각회로는 제품형상에 따라 설계한다.
④ 구멍을 조절해서 냉각수의 흐름을 난류(亂流)로 하여 냉각효과를 올린다.
⑤ 수축률이 큰 재료는 수축방향에 따라 냉각수로를 설치 성형품의 변형을 방지한다.
⑥ 성형압력 반복 작용으로 캐비티 부가 파손되지 않도록 냉각수 구멍 위치는 성형부에서 최소 10mm이상 떨어지게 한다.
⑦ 직경이 가늘고 긴 코어 핀에서는 물 또는 압축공기를 통과시킨다.
⑧ 드릴 가공하는 경우 드릴 구멍 빗나감을 고려해서 설계한다.

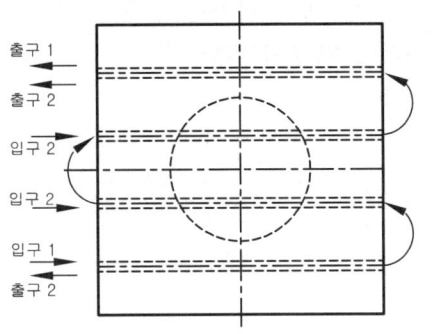 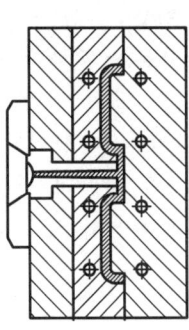

그림 1.4.2 냉각수 회로

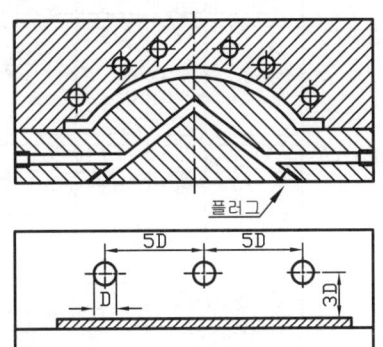 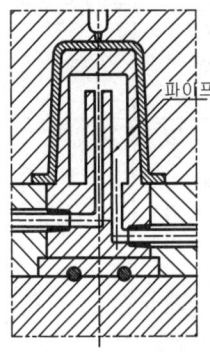

그림 1.4.3 냉각 형성회로 및 구멍간격   그림 1.4.4 코어 냉각회로

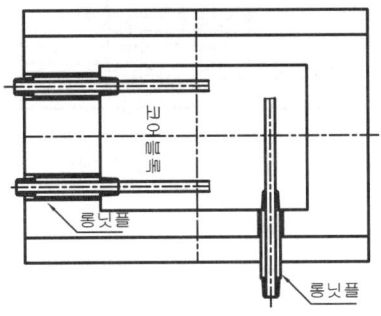 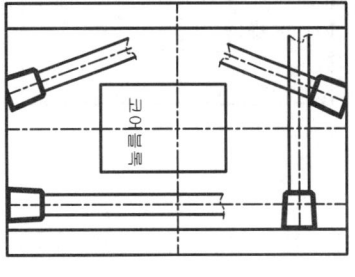

그림 1.4.5 니플과 코어 직접연결   그림 1.4.6 직선회로

4) 냉각수 회로설계의 특징

(가) 직선형(그림 1.4.7)
① 가장 기본이 되는 회로 상태로 금형의 원판 혹은 입자에 직접 직선가공이 가능
② 직경의 크기는 될 수 있는 한 큰 직경으로 가공하는 것이 좋다.
③ 길이가 300mm이하일 경우에는 한 번에 가공이 가능하다.

④ 가동측 형판은 GP와 RP(최소14mm)사이에 들어가는 경우가 많다.
⑤ O-Ring사용이 불필요 하므로 누수의 트러블이 적다.
(나) 직선형의 굴절 냉각회로(그림 1.4.8)
① 일반적으로 입자코어가 넓고 긴 경우에 원판과 입자코어에 각각 직선가공.
② 입자코어와 원판의 결합부에 O-Ring을 사용하여 누수를 방지한다.
③ 제품부(입자코어)와 거리가 가까우므로 온도조절이 쉽다.

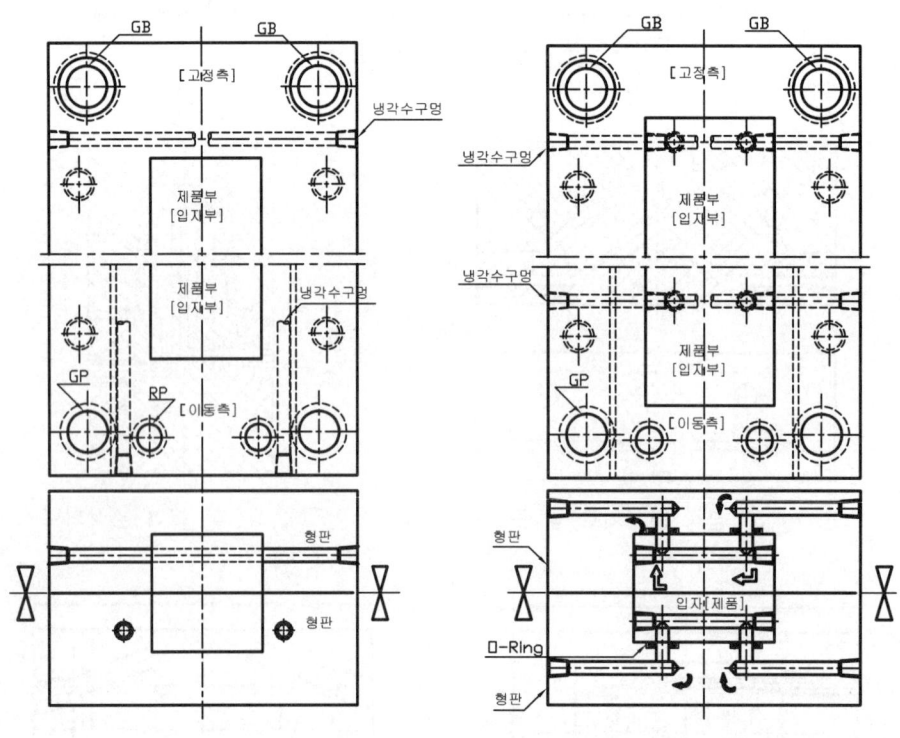

그림 1.4.7 직선형 냉각회로   그림 1.4.8 직선형의 굴절 냉각회로

(다) 직선형의 긴 연결구(장 니플)회로(그림 1.4.9)
① 형판에 구멍을 가공하고 입자코어에 직접 긴 니플을 연결한다.
② 현판의 구멍은 직경은 긴 니플의 직경보다 2mm크게 가공한다.
③ 제품부(입자부)에 직접 냉각 시킬 수 있어 온도조절이 쉽다.
④ O-Ring 불필요 하나 입자부가 내부에 있어서 누수 발생시 수정 대응 시 시간이 걸린다.

(라) 버플식(대공형) (그림 1.4.10)
① 넓고 길이가 긴 제품에 입자코어에 원형으로 홈 가공을 하고 형판에 버플(칸막이)을 설치하여 사용.

② 입자코어와 원판 결합부에 O-Ring을 사용하므로 누수확인이 어렵고 누수발생 시 금형 완전 분해가 필요하다.
③ 제품부(입자코어)와 거리가 가까우므로 온도조절이 쉽다

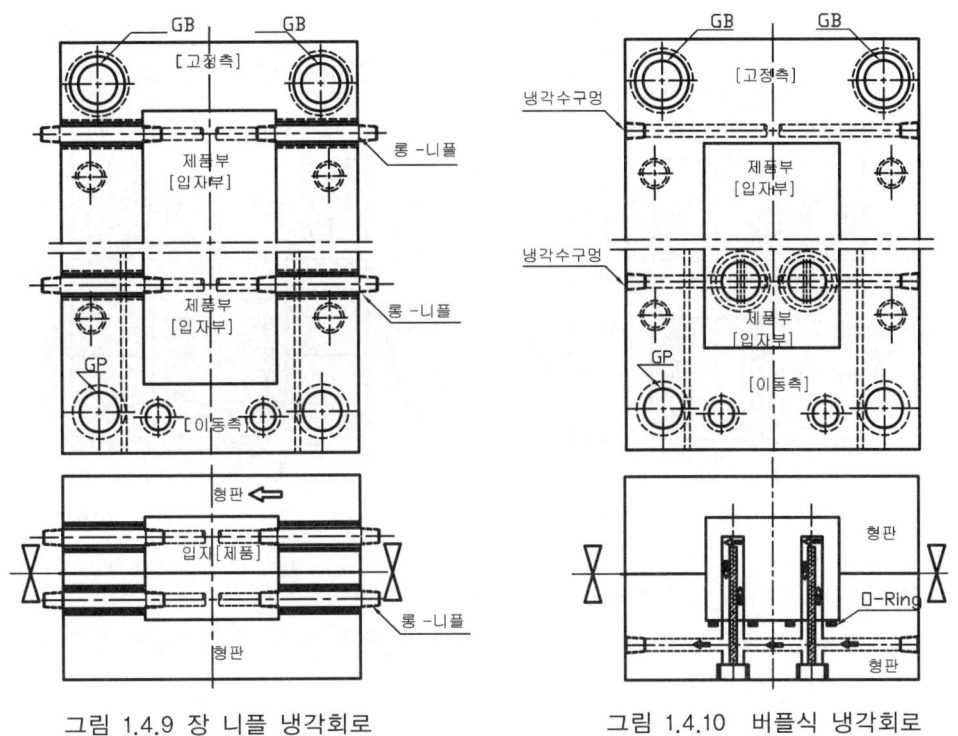

그림 1.4.9 장 니플 냉각회로 　　　 그림 1.4.10 버플식 냉각회로

(마) **파이프식**(분수형, 버블)(그림 1.4.11)
① 입자코어가 넓고 길이가 긴 경우에 입자코어에 원형으로 홈을 가공하고 형판에 버블(파이프)을 설치하여 사용한다.
② 파이프로서 둥근 탱크를 중앙부에 냉각수를 통과 상면에서 분수처럼 뿜어 올려 냉각시킴
③ 입자코어와 원판 결합부에 O-Ring을 사용하므로 누수확인이 어렵고 누수발생 시 금형완전 분해가 필요하다.
④ 제품면적이 넓은 공간에도 설치가 가능하나 직경을 너무 크게 할 수 없다.
⑤ 제품부(입자코어)와 거리가 가까우므로 온도조절이 쉽다
⑥ 냉각수의 입구와 출구가 따로 있어야 함으로 형판의 냉각수 구멍가공이 항상 한조 (2개)이루어 지므로 회로의 설계가 어렵다.

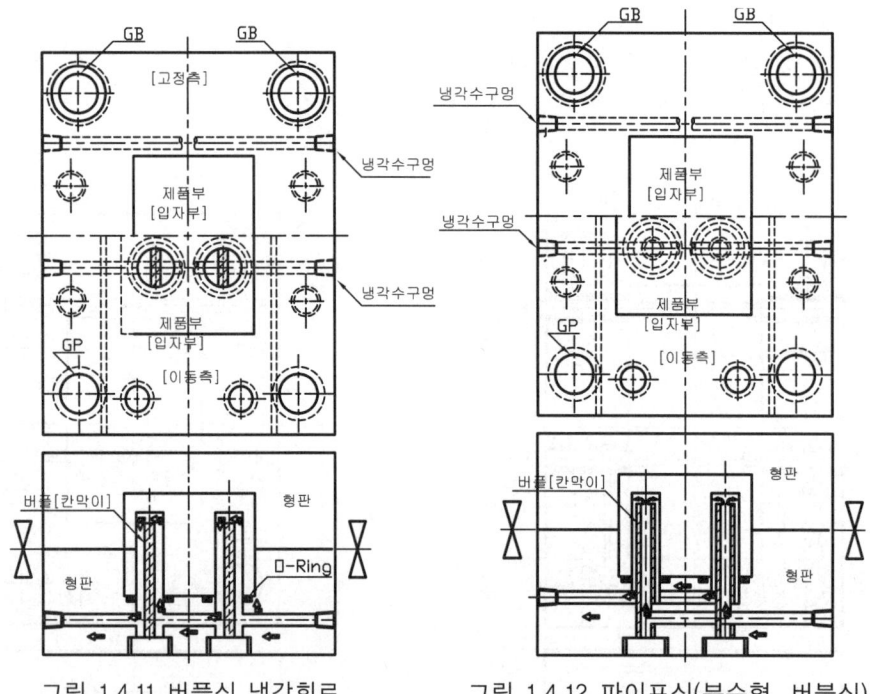

그림 1.4.11 버플식 냉각회로 　　 그림 1.4.12 파이프식(분수형, 버블식)

(바) 전도율이 좋은 전도체사용(그림 1.4.13)
① 입자코어가 좁고 길이가 긴 경우전도체의 외경에 맞게 입자코어에 홈을 가공하고 결합시켜 사용한다.
② 하 코어와 원판결합부에 O-Ring을 사용하므로 누수확인이 어렵고 누수발생시 금형완전 분해가 필요하다.
③ 입자코어의 깊은 거리까지 전도체를 삽입할 수 있으나 전도체의 온도를 전달하므로 끝지점의 온도조절이 어렵다.

(사) 나사형(스파이널)회로(그림 1.4.14)
① 넓고 길이가 긴 입자코어에 나선형으로 홈을 가공하고, 입자코어 중앙부에 냉각수를 통과시켜 외경에서 홈을 따라 내려오면서 냉각시킴
② 선반가공이 쉬우며 제품부(입자코어)의 가까운 거리까지 냉각수가 흘러들어가서 온도조절이 쉽다.
③ 입자코어와 원판 결합부에 O-Ring을 사용하므로 누수확인이 어렵고 누수발생시 금형완전 분해가 필요하나.
④ 냉각수가 회전하면서 흘러가므로 냉각효과가 매우 크나 원형코어 이외는 냉각효과의 편중이 일어나므로 가능한 지양해야 한다.
⑤ 냉각수의 입구와 출구가 따로 있어야 함으로 형판의 냉각수 구멍가공이 항상 한조로 (2개)이루어 지므로 회로의 설계가 어렵다.

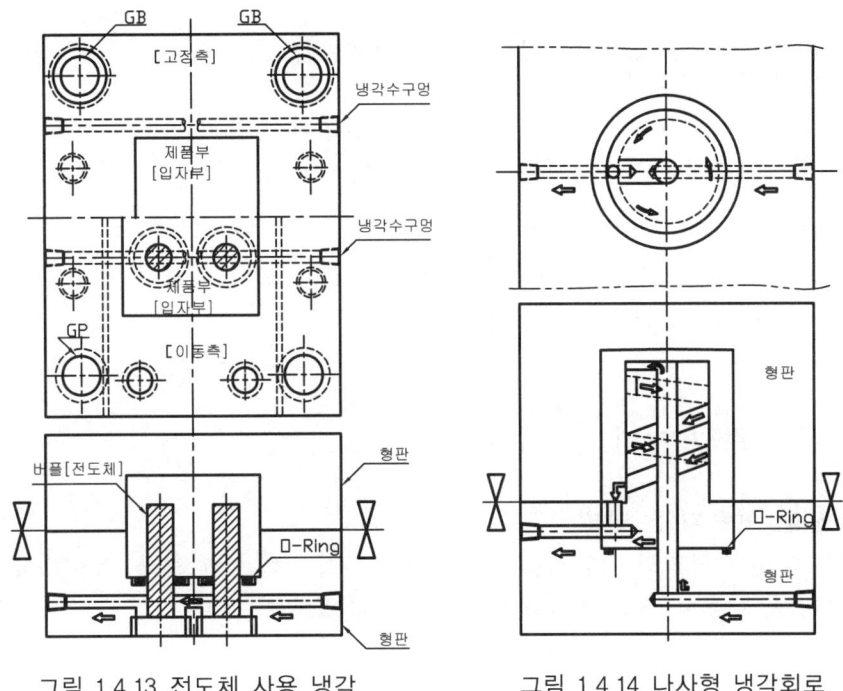

그림 1.4.13 전도체 사용 냉각   그림 1.4.14 나사형 냉각회로

2. 에어벤트(Air Vent)

2.1. 에어벤트(가스 빼기)

① 금형을 이용하여 사출 성형할 때 사출된 용융수지가 러너 시스템과 캐비티부의 공기를 밀어 내면서 충전되어야 한다. 이때 공기가 금형 외부로 빠져 나가도록 만든 통로를 에어벤트라 한다.
② 충전된 용융수지에서 발생하는 휘발성 물질, 수증기 등의 가스도 에어벤트로 빼야 하므로 가스 빼기라고도 한다.

2.2. 벤트 불량시 문제점

1) 태움
캐비티 내에 있는 공기의 빠지는 속도보다 사출 충전되는 속도가 빠르면 공기의 압축으로 급속히 온도가 (단열압축현상)상승하면서 수지의 태움현상(흑색 또는 흑갈색)이 생긴다.

2) 충전불량(short shoot)
폐쇄된 캐비티 내의 공기 저항으로 용융수지의 충전이 저지되어 충전불량의 원인이 된다.

3) 플래시(Flash)
캐비티 내의 가스가 사출된 용융수지에 밀려 금형의 분할면을 벌려 실질적으로 성형부가 커지는 효과가 나타나면서 분할면 사이에서 플래시의 원인이 된다.

4) 기타
가스 빼기 불량으로 기포, 실버, 제팅, 외관 흐림 등의 성형불량과 소형 정밀성형품에서는 치수불량의 원인이 되기도 한다.

2.3. 에어벤트의 방법

1) 밀핀을 이용하는 방법
밀핀과 밀핀 구멍의 틈새를 이용하는 것으로 핀지름 5~10mm에서는 0.02~0.03mm, 이보아 적은 지름에서는 0.01~0.02mm가 좋다.

2) 코어핀을 이용하는 방법
제품 일부에 높은 보스나 리브가 있을 때에는 밀핀을 이용 방법 또는 코어 핀 주의에 틈새를 설치하여 가스 빼기하는 방법도 있다.

3) 파팅 라인(분할면)에 에어벤트를 설치하는 방법
① 벤트 깊이는 0.02~0.03mm 이내로 할 것(단 PP수지는 0.02mm가 넘지 않도록 한다.)
② 길이는 제품 외각에서 최소 5mm이상까지 벤트설치 그 외는 충분한 공간 확보.
③ 사각형의 제품에서는 사면전체에 에어벤트를 설치 (벤트의 피치는 30mm간격)

표 2.3.1 수지별 벤트의 깊이

수지명	벤트 깊이(mm)
A B S	0.01~0.03
폴리아세탈	0.01~0.02
PPO(변성)	0.02~0.03
PPS	0.01~0.03
PBT	0.005~0.015
폴리아미드	0.005~0.015
폴리카보네이트	0.02~0.03

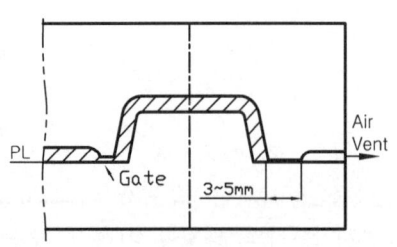

그림 2.3.1 분할면에 에어벤트를 설치

4) 분할형상의 인서트 블록에 의한 방법
물통과 같이 깊은 성형품, 높은 리브의 가스빼기 방법으로 캐비티나 코어를 분할

형상의 인서트로 하여 그 틈새를 이용하는 방법이다.

5) 진공 흡입에 의한 방법
진공 펌프를 이용해서 캐비티어 내의 가스를 빼내는 방법이다.

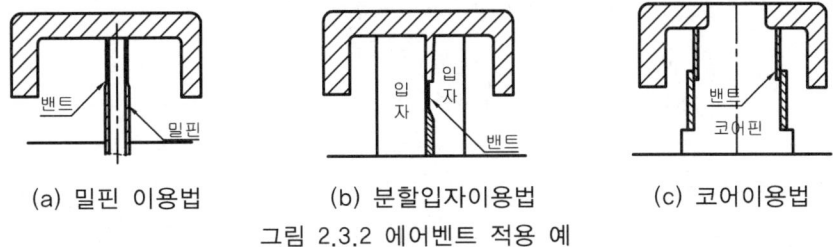

(a) 밀핀 이용법　　　(b) 분할입자이용법　　　(c) 코어이용법

그림 2.3.2 에어벤트 적용 예

3. 금형의 강도

3.1 금형의 강도

금형을 설계할 때에 금형이 성형압력 및 성형기의 형 체력에 견딜 수 있도록 고려해야 한다. 금형 강도 계산을 하는 경우에 우선, 사출된 성형재료가 성형부에 미치는 압력을 추정하는 것이 필요하다. 성형부내의 압력은 성형품 살 두께, 재료의 종류, 성형조건에 의해 다르지만 강도 계산의 경우에는 약간 여유를 주어 500~700kg/cm²로 하는 것이 일반적이다.

강도 계산 때 성형압력에 의한 휨 량을 다음의 값 이하로 억제해야 한다.
① 휨에 의해 플래시가 발생할 우려가 없을 때 ········ 0.1~0.2
② 휨에 의해 플래시가 발생할 우려가 있을 때 ········ 0.05~0.08(PA 이외)
　　　　　　　　　　　　　　　　　　　　　　　　　0.025(PA의 경우)
③ 고급 정밀 금형의 휨 량은 다음의 경험식을 사용한다.
　　휨 량 = 성형품의 평균 살 두께 × 성형수축률

3.2. 직사각형 캐비티의 측벽두께

1) 캐비티 바닥이 실체가 아닌 경우
① 쌍방의 측벽을 양단 고정보로써 계산
② 쌍방의 측변을 양단 단순 지지보로서 계산
③ 사각판으로서 계산

실제로는 측벽의 양단지지 상태는 완전한 고정으로 되지 않고, 단순 지지로도 되지 않고, 사각의 판으로 계산하는 것이 실제에 가깝다고 생각된다.

그러나 ③의 계산은 복잡하고 실용적이 못되고 ②의 계산은 형재의 두께가 크게 되므로 ①의 방법으로 계산하여 어떤 안전계수를 넣어 주는 것이 좋다.

ⓐ 쌍방의 측벽을 양단 고정보로 보고 계산하다.

휨 량 : $\delta = \dfrac{W\ell^3}{384EI}$ 에서 W=p×a×ℓ, $I = \dfrac{bh^3}{12}$ 이므로

$$\delta = \dfrac{12pa\ell^4}{384Ebh^3} \quad \therefore h = \sqrt[3]{\dfrac{12pa\ell^4}{384Eb\delta}}$$

그림 3.2.1에서

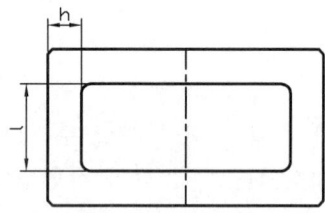
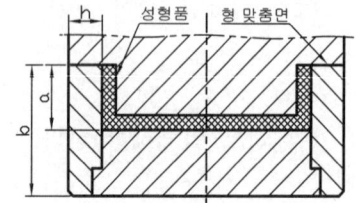

p: 성형압력(kg/㎠)
h: 캐비티 측벽 두께(mm)
ℓ: 캐비이 내측 길이(mm)
a: 성형 압력을 받는 측벽 높이(mm)
b: 캐비티 외측 높이(mm)
δ: 허용 휨량(mm)
E: 영률(강의 경우 2.1×10^6(kg/㎠))
라고 하면 h는 다음 식에 의해 구한다.

$$h = \sqrt[3]{\dfrac{12pa\ell^4}{384Eb\delta}}$$

그림 3.2.1 캐비티 바닥이 일체가 아닌 경우

예1) p=500kg/㎠, ℓ=500mm, a=200mm, b=300mm, δ=0.05mm라고 하면 캐비티 바닥이 일체가 아닌 직사각형 캐비티의 측벽두께 h는 몇 mm로 설계하여야 하는가?

<해설>

$$h = \sqrt[3]{\dfrac{12 \times 500 \times 200 \times 500^4}{384 \times 2.1 \times 10^6 \times 300 \times 0.05}} = 184mm \text{이상}$$

2) 캐비티 바닥이 일체인 경우

그림 3.2.2에서

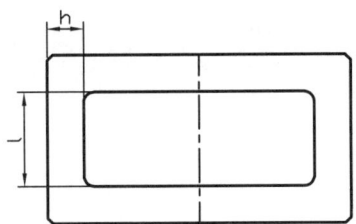

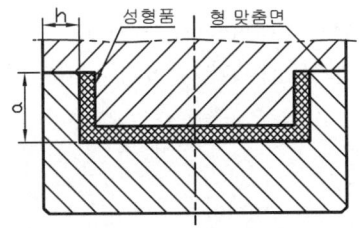

p: 성형압력(kg/cm²),
h: 캐비티 측벽 두께(mm),
ℓ: 캐비티 내측 길이(mm)
a: 성형압력을 받는 측벽 높이(mm),
E: 영률, 강의 경우 $2.1×10^6$(kg/cm²)
δ: 허용 휨량(mm),
C: ℓ/a에 의해서 정해지는 상수
라고 하면 h는 다음 식에 의해 구한다.

$$h = \sqrt[3]{\frac{C \times P \times a^4}{E \times \delta}}$$

그림 3.2.2 캐비티 바닥이 일체인 경우

표 3.2.1 정수 C의 값

ℓ/a	C	ℓ/a	C	ℓ/a	C
1.0	0.044	1.5	0.084	2.0	0.111
1.1	0.053	1.6	0.090	3.0	0.134
1.2	0.062	1.7	0.096	4.0	0.140
1.3	0.070	1.8	0.102	5.0	0.142
1.4	0.078	1.9	0.106		

예2) 그림3.2.2에서 p=500kg/cm², ℓ=500mm, a=500mm, δ=0.05일 때 측벽 두께는?

<해설>   ℓ/a=2.5이므로 표 3.2.1에서 C=0.123로 설정하면,

$$h = \sqrt[3]{\frac{0.123 \times 500 \times 200^4}{2.1 \times 10^6 \times 0.05}} = 97.9mm$$

3.3 원통형 캐비티의 측벽두께

금형을 원통형 캐비티로 한 경우, 성형압력을 받는 응력이 원통 내면에 생긴다. 그림 3.3.1에서

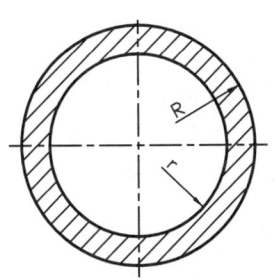

p: 성형압력(kg/cm²),
r: 원통 캐비티 내경의 1/2(mm),
R: 원통 캐비티 외경의 1/2(mm)
E: 영률, 강의 경우 $2.1×10^6$(kg/cm²),
m: 포바송 비(강은 0.25)라고 하면

그림 3.3.1 원통 캐비티의 측벽

원통형 캐비티 두께(R-r)는 다음 식에 의해 구한다.

$$\delta = \frac{rP}{E}\left[\frac{R^2+r^2}{R^2-r^2}\right] + m \text{ 식에서 } R = \sqrt{\frac{r^2\left(\frac{E\delta}{rp} - m + 1\right)}{\frac{E\delta}{rp} - m - 1}}$$

원통형 캐비티 두께(h) = R-r로 계산한다.

예3) 그림 3.3.1에서 캐비티에 작용하는 성형압력을 500kg/㎠, 원형 성형품의 외경은 40mm, 측벽 허용 휨량이 0.05일 때 원통형 캐비티 코어의 측벽 두께는? 단, 강의 종탄성 계수 $E = 2.1 \times 10^6$ kg/㎠

<해설>

$$R = \sqrt{\frac{r^2\left(\frac{E\delta}{rp} - m + 1\right)}{\frac{E\delta}{rp} - m - 1}} \text{ 식에서}$$

$r = \frac{40}{2} = 20$mm, p=50kg/㎠, δ=0.05mm, $E = 2.1 \times 106$kg/㎠, m=0.25이므로

$$R = \sqrt{\frac{20^2\left(\frac{2.1 \times 10^6 \times 0.05}{20 \times 500} - 0.25 + 1\right)}{\frac{2.1 \times 10^6 \times 0.05}{20 \times 500} - 0.25 - 1}} = 22.06mm$$

∴ h = R-r = 22.06-20 = 2.06mm

3.4 코어 받침판의 두께

코어 받침판은 성형압력의 작용에 의하여 휨이 생기며, 이 휨이 크게 되면 살 두께가 변화하거나 플래시가 발생한다. 따라서 이 휨량이 크게 되지 않도록 할 필요가 있다.

1) 서포트 블록이 없는 경우

(양단 단순지지보로 보고 계산)

$\delta = \frac{5WL^3}{384EI}$ 식에서

$W = Pbl$, $I = \frac{1}{12}Bh^3$, $l = L$라 하면

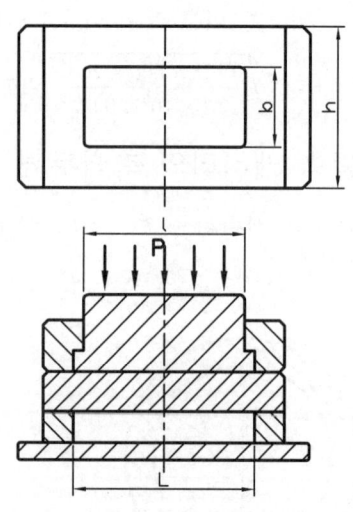

그림 3.4.1 받침판의 두께

$$\delta = \frac{5PbL^4}{32EBh^3} \quad \therefore \quad h = \sqrt[3]{\frac{5pbL^4}{32EB\delta}}$$

h: 받침판의 두께(mm) P: 형내 성형압력(kg/㎠) L: 스페이서의 간격(mm)
ℓ: 성형압력을 받는 길이(mm) b: 성형압력을 받는 폭(mm) B: 금형의 폭(mm)
δ: 코어 형판의 허용 변형량(mm), E: 영계수(강에서 2.1×10^6 kg/㎠)

2) 스페이스 블록 사이에 n개의 서포트(Support)가 있을 때

같은 간격으로 n개의 서포트가 있을 때 받침판 두께 h_n

$$h_n = \sqrt[3]{\frac{5Pb\left(\dfrac{L}{n+1}\right)^4}{32EB\delta}}$$

$$= \sqrt[3]{\frac{1}{(n+1)^4}} \cdot \sqrt[3]{\frac{5pbL^4}{324EB\delta}}$$

$$= \sqrt[3]{\frac{1}{(n+1)^4}} \times h$$

n이 1개일 때는 $h_1 ≒ \dfrac{1}{2.52}h$

n이 2개일 때는 $h_2 ≒ \dfrac{1}{4.33}h$

n이 3개일 때는 $h_3 ≒ \dfrac{1}{6.35}h$

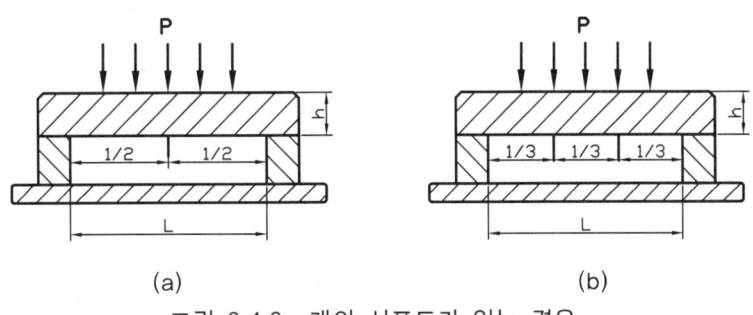

그림 3.4.2 n개의 서포트가 있는 경우

예) 그림3.4.2 (a),(b)에서 성형품의 투영면적의 길이(ℓ)=100mm, 폭(b)=130mm인 성형품을 성형압력(P)=500kg/㎠의 조건에서 성형하고자 할 때 받침판 두께는 얼마로 설계해야 하는가? 단, 형판의 폭(B)=220mm, 스페이스 블록 간격(L)=120mm, 받침판의 허용 변형량(δ)=0.08m, 강의 종탄성 계수(E)=2.1×10^6kg/㎠

<해설>

① 서포트가 없을 경우(ℓ=L이라 하면)

$$h = \sqrt[3]{\frac{5 \times 500 \times 130 \times 120^4}{32 \times 2.1 \times 10^6 \times 220 \times 0.08}} = 38.5mm$$

② 서포트가 중앙에 1개 있을 경우

$$h_1 ≒ \frac{38.5}{2.52} ≒ 15.3mm$$

③ 서포트가 같은 간격으로 2개 있을 경우

$$h_2 ≒ \frac{38.5}{4.33} ≒ 8.9mm$$

3.5. 핀류와 볼트의 강도

1) 핀류의 강도 계산

금형의 트러블 중에서 핀류의 부러짐이 매우 많다. 이것은 지름에 비해서 길이가 길어 긴 쪽에 직각방향으로 강대한 압축 응력이 작용하므로 휨이 발생하고, 구부러짐이 된다. 가는 핀의 길이가 길어져 직경의 2.5배 이상이면 휨이 발생하기 쉽다.

① 외팔보의 선단에 하중W가 걸릴 경우의 휨을 최소로 하기 위한 핀의 지름
그림 3.5.1ⓐ에서

$\delta = \frac{W\ell^3}{3EI}$의 식에서

$D = \sqrt[4]{\frac{64W\ell^3}{3E\delta\pi}}$

δ: 핀의 휨량(mm),
W: 하중(kg),
ℓ: 핀의 노출길이(mm)
D: 핀의 지름(mm)
E: 종탄성 계수(강은 2.1×10^6kg/cm²),
I=단면 2차 모멘트($I = \frac{\pi D^4}{64}$),

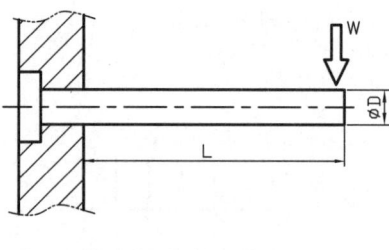

(a)

② 전단응력에 대해 필요한 핀의 지름
그림 3.5.1ⓑ에서

$\tau = \frac{4P}{\pi d^2}$ 의 식에서 $d = \sqrt{\frac{4P}{\pi \tau a}}$

τ: 전단응력(kg/cm²),
d: 핀의 지름(mm),

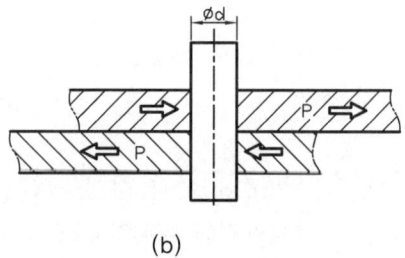

(b)

그림 3.5.1 핀류의 응력

τa: 핀의 재질 허용 전단응력(kg/㎠)

P: 하중·성형압력(kg/㎠)

2) 볼트의 강도 계산

금형의 조립에는 각종 볼트가 사용되고 있다. 일반적으로 볼트는 인장응력을 받고 있다고 생각해도 된다. 이 볼트의 지름을 정하는 계산식은 다음과 같다.

$$d = \sqrt{\frac{4W}{\pi\sigma}}$$

d: 볼트의 지름(mm), W: 하중(kg), σ: 허용응력(kg/㎠)

표 3.5.1 재료의 강약 표 강도 계산의 참고로써 몇 종의 재료와 강약을 표시한다.

	종탄성계수 E kg/㎠	휨탄성계수 G kg/㎠	탄성한도 ∂d kg/㎠	항복점 ∂s kg/㎠	한계강도 : kg/㎠		
					인장 ft	압축 fc	전단 fa
순철 연철성에 평형	2,000,000	770,000	1,300 또는 이상	1,800 2,000	3,300 3,800	=∂s	2,600 3,300
연강	2,100,000	810,000	1,800 또는 이상	1,900 또는 이상	3,400 4,500	=∂s	2,900 3,800
강	2,200,000	850,000	2,500 5,000	2,800 또는 이상	4,500 9,000	연질의 것=∂s 경질의 것≥ft	>4,000
담금질 하지 않은 스프링강	2,200,000	850,000	5,000 또는 이상	-	10,000 또는 이상	-	-
담금질한 스프링강	2,200,000	850,000	7,500 또는 이상	-	17,000 또는 이상	-	-
보통 주철	750,000 1,050,000	270,000 400,000	-	-	1,200 2,400	7,000 8,500	1,300 2,600
특수 주철	2,150,000	830,000	2,000또는 이상	2,100 또는 이상	3,500 7,000	강과 같다	4,000

3) 밀핀(E.P)의 강도계산

표 3.5.2 핀직경과 단면적

d(mm)	A(㎠)	d(mm)	A(㎠)
1	0.008	4	0.01257
1.5	0.0176	5	0.1963
2	0.0314	6	0.2827
2.5	0.049	8	0.5027
3	0.0706	10	0.7854
3.5	0.0962	12	1.1309

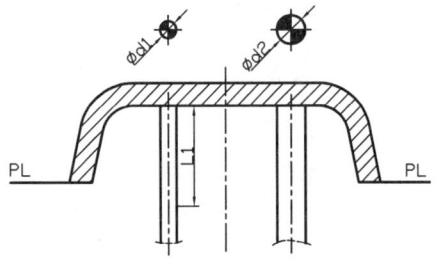

그림 3.5.2 밀핀의 휨발생

$$(A) = \frac{\pi}{4}d^2$$

P(힘)=A(면적)×σ(응력)

① E.P에 작용하는 응력= 형개방력÷{(A_1×n_1) + (A_2×n_2)……}
 ∴ 최소 핀에 작용하는 하중 = A×E.P에 작용하는 응력................(a)
② 최소 핀의 길이가 ℓ일 경우의 한계하중은

$$P_{CR} = n \times \pi^2 \times \left(\frac{EI}{l^2}\right)$$

 P_{CR}: 한계하중, E: 탄성계수(강은 2.1×10^6 kg/㎠),
 I: 단면 2차 모멘트(원형 $I = \frac{\pi d^4}{64}$), ℓ: 길이, n: 고정계수(한쪽지지=2)

위 식에서 P_{CR}를 구하여 (a)치수보다 적게 나오면 휨이 발생됨.
 ∴ $l^2 = n \times \pi^2 \times E \times I \times P_{CR}$ ....(b)

예) 성형품을 밀어내기 위하여 사용한 밀핀의 치수와 개수는ø6×10EA, ø5×20EA, ø3×6EA, ø1.5×4EA이고, 형 개방력이 10Ton일 때 휨이 발생하지 않는 핀 길이는 얼마인가?

<해설>
 E.P에 작용하는 응력= $\frac{형개방력}{(A_1 \times n_1)+(A_2 \times n_2)+\cdots} = \frac{10000}{7.3} ≒ 1370$

 ø1.5E.P에 작용하는 하중= 0.0176×1370=24.11
 (a)식에서 P_{CR}=24.11이 됨
 (b)식에서 ø1.5×150ℓ이라면

$$P_{CR} = 2 \times \pi^2 \times \left(\frac{2.1 \times 10^6 \times \pi \times 0.15^4}{15^2 \times 64}\right) = 4.58$$

이 되어 24.11보다 적으므로 휨이 발생.
적합한 핀의 길이 ℓ≒60mm

4. 가공성을 고려한 금형설계

4.1 가공성을 고려한 금형설계

금형을 제작을 할 때에 제품을 요구하는 데로 금형을 제작할 수 있도록
① 금형설계도면을 작도하는 것, ② 금형제작의 제작오차를 줄여줄 수 있는 금형설계, ③ 생산성이 있는 금형설계, ④ 금형의 보수 및 개조의 시간단축이 가능한 금형설계, ⑤ 저 단가로 금형을 제작할 수 있는 금형설계를 하기 위하여 가공상의 문제를 미리 파악하여 이를 개선하여 설계하는 것.

4.2 가공성을 고려한 금형설계 적용 예

1) 금형설계

	금형설계에 적용시킨 예	개선한 내용
1 원 형 인 서 트 코 어		1. 양측면 가공 ①. 제품이 원형이면 원형으로 입자화 하고 회전방지는 양면으로 하여 180。회전시켜도 방향에 지장이 없을 경우에 사용 ② 삽입되어지는 코어측은 좌/우 상/하 어느 곳이든지 직각되게 가공하여 사용한다.
		2. 1면 가공 ① 제품이 원형이면 원형으로 입자화 하고 회전방지는 한 면만 하고 180。회전시 조립이 불가능 할 때에 사용 ② 삽입되어지는 코어측은 좌/우 상/하 어느 한곳만 가공하므로 가공시에 필히 방향 표시를 확인하여 직각되게 가공하여 사용한다.
2 사 각 인 서 트 코 어		1. 볼트로 체결 ① 체결볼트위치를 X축 치수 Y축 치수를 다르게 하여 사용하는 것이 좋다. 같을 경우에는 180。회전시 조립되어 불량을 야기 시킬 수도 있다.
		2. 날개로 방향 조절 ① 날개의 위치를 한 곳이나 아니면 반대 측이 아닌 두 곳으로 사용하는 것이 좋다. 같을 경우에는 180。회전시 조립되어 불량을 야기 시킬 수도 있다.

2) 가공성을 고려한 금형설계

	설계의 예	금형설계 적용	개선한 내용
1 핀 포 인 트 게 이 트 에 적 용	(러너, 대치수, 소치수, 성형품)	(볼트, 러너, 부시, 성형품)	① 원판과 코어에 각각 가공이 필요하고 빠지는 방향으로 대치수와 소치수로 가공해야 한다. (단차 발생이 있다.) ② 부시를 사용함으로서 선반가공 혹은 하나의 공정에서 처리가능 (단차 무) ③ 부시를 다른 재질[경도가 큰 재질]사용 가능 ④ 별도 가공 및 경면사상도 가능 (시간단축/원가절감)
2 스 톱 바 핀 에 적 용	(상밀판, 다리, 하밀판, 하고정판, 스톱바 핀)	(상밀판, 다리, 하밀판, 스톱바 핀, 하고정판, 볼트)	① 통상 스톱바 핀을 때려 박음 ② 부시를 사용함으로서 가동측 설치판에 탭 가공만으로 가능 ③ 부시만 연마 가능함으로 쉽다 ④ 높이 조정은 부시 교환만으로 가능하다. ⑤ 가동측설치판이 큰 것도 가능하다.
3 도 그 래 그 캠 에 적 용	(볼트, 블록, PL, 슬라이드)	(볼트, 블록, PL, 슬라이드)	① 볼트를 파팅면에서 체결로 고정 측을 분해않고 블록제거 가능 ② 습합으로 분해/조립이 쉽다. ③ 블록의 조립은 금형을 덮기 전에 확인이 가능하다 ④ 대형금형에 많이 사용
4 스 프 루 에 적 용	(성형품A, 러너, 스푸르, 러너, 성형품B)	(성형품A, 보조러너, 러너, 스푸르, 러너, 성형품B)	① 다른 형태의 제품을 동시 성형할 수 있도록 스프루에 보조러너를 가공하여 사용 ② 제품A만 성형코자 할 때에 스프루을 90。회전 시키면 가능하다. ③ 금형을 성형기에 장착 한 상태에서 회전이 가능하다. ④ 색상 혹은 수지가 다를 때도 수지만 교체하면 제품A 혹은 제품B성형가능

	설계의 예	금형설계 적용	개선한 내용
5 슬라이드 스트로크 조정에 적용			① 일반적으로 사용하는 볼트로서 슬라이드 스트로우크 조정 가능 ② 금형이 조립된 상태에서 슬라이드만 분해 조립이 가능 ③ 스트로우크 조정은 볼트의 크기로서 조정이 가능하다.
			① 일반적으로 슬라이드 길이로 스트로우크 조정가능 ② 금형이 조립된 상태에서 외부에 부착한 블록의 분해 조립만으로 슬라이드를 분해 조립이 가능 ③ 스트로우크 조정은 블록의 형태로 조정이 가능하다.
6 러너 크기의 조정에 적용			① 블록을 삽입하여 블록에 러너의 직경이 각각 다르게 가공하여 같은 직경으로 만나게 하면 직경조정이 가능하다 ② 파아팅면에 설치하여 성형시에 볼트를 풀어서 러너의 크기를 조절할 수 있도록 개선한 것 ③ 러너의 크기는 설계시에 설계자가 결정하여 블록 가공을 하면 블록의 수에 따라 여러 가지 조건으로 바꿀 수 있다.

	설계의 예	금형설계 적용	개선한 내용
7 상하의 면맞춤에 적용	(구멍 도면) A구배점 Q치수 B구배점	A구배점 Q치수 구배면 Q치수 직선면 B구배점	① A구배 점을 기준으로 할 때 Q치수가 상측의 치수와 하측의 치수가 구배량만큼 다르게 표현됨 ② 설계치수 검토시에 시간이 걸림 ③ 빼기구배를 주기가 쉽다 ④ 표면으로 덧 살이 생길 염려 있음 ① B구배 점을 기준으로 할 때 Q치수가 상측의 치수와 하측의 치수가 동일 치수로 관리 가능함 ② 설계치수 검토가 용이하다 ③ 빼기구배를 주기가 어렵다 ④ 하측으로 덧 살이 생길 염려 있음
8 베이스입자삽입부각을 R로 적용	입자삽입부 몰드베이스 원판 입자 원판	입자삽입부 원형[구멍] 몰드베이스 원판 R로 입자삽입부 몰드베이스 원판	① 원판의 코너부를 원형으로 가공한다. ② 삽입코어는 각으로 가공 가능 ③ 통상 가장 많이 사용 중임. ④ 구멍부가 에어벤트 역할을 한다. ① 원판의 코너부를 반경으로 원형으로 가공한다. ② 삽입코어는 원형으로 가공한다. ③ 열경화성 수지의 금형에 사용한다. ④ 구멍부가 에어벤트를 할 수 없다.

	설계의 예	금형설계 적용	개선한 내용
9 분할면에 돌출에 적용	(제품부, 돌출부)	(코어, 돌출부, PL, 좌굴 입자화)	① 좌굴로서 돌출부를 입자화한다. ② 파팅면의 가공이 간단하여 중소형금형에서 주로 사용 ③ 분해조립시 해당입자 분해필요 ④ 높이 조정시 날개부 조정필요
	(돌출부, 코어, PL)	(코어, 돌출부, PL, 구멍 가공)	① 볼트로서 돌출부를 입자화 한다. ② 파팅면의 가공이 간단하여 중대형금형에서 주로 사용 ③ 분해조립시 볼트 분해필요 하단 구멍가공시에는 간단함 ④ 높이 조정시 바닥부 조정 필요
		(코어, 돌출부, R부, PL)	① 좌굴로서 돌출부를 입자화한다. ② 파팅면의 가공이 간단하여 소형금형에서 주로 사용 ③ 분해조립시 해당입자 분해필요 ④ 높이 조정시 날개부 및 코어부 가공이 필요
10 핀주위웰드라인	(웰드라인, 핀구멍, 게이트 위치)	(핀구멍, 살붙임)	① 핀 주위에 항상 웰드 발생 ② 깨짐 방지를 위해 살붙임 요구 (가능한 둥근 형식)

	설계의 예	금형설계 적용	개선한 내용
11 조립블럭으로 삽입적용	(몰드베이스 원판, 입자삽입부 / 입자, 원판)	(몰드베이스 원판, 입자삽입부 / 입자, 조립블럭, 원판)	① 원판의 외각을 조립블럭으로 정치수로 가공한다. ② 삽입코어와 원판사이는 조립블럭으로 조정한다. ③ 대형금형[코어가 클때]에 사용 ④ 코어의 삽입이 파팅면에서 가능
	(몰드베이스 원판, 입자삽입부 / 입자, 원판)	(몰드베이스 원판, 입자삽입부 / 구배로, 입자, 원판)	① 원판의 외각을 구배로 가공한다. ② 삽입코어와 원판사이는 와이어 컷트 가공으로 한다. ③ 중소형금형[코어 높이가 작을 때] ④ 코어의 삽입이 하면에서만 가능
12	(쎈타에 리브, 보스, 리브)	(입자A, 리브편심, 보스, 입자B, 리브편심)	① 보스에 리브가 연결되어 보강역할을 하고 리브의 위치가 보스의 센터에 위치할 때 입자로서 가공을 쉽게 하기 위하여 입자 A 혹은 입자 B 중 한곳에만 가공한다. ② 보스에 리브가 연결되어 보강역할을 하고 가공에서 보스의 가공은 중심에서 분할하므로 원주 상 샤프에지가 없어짐

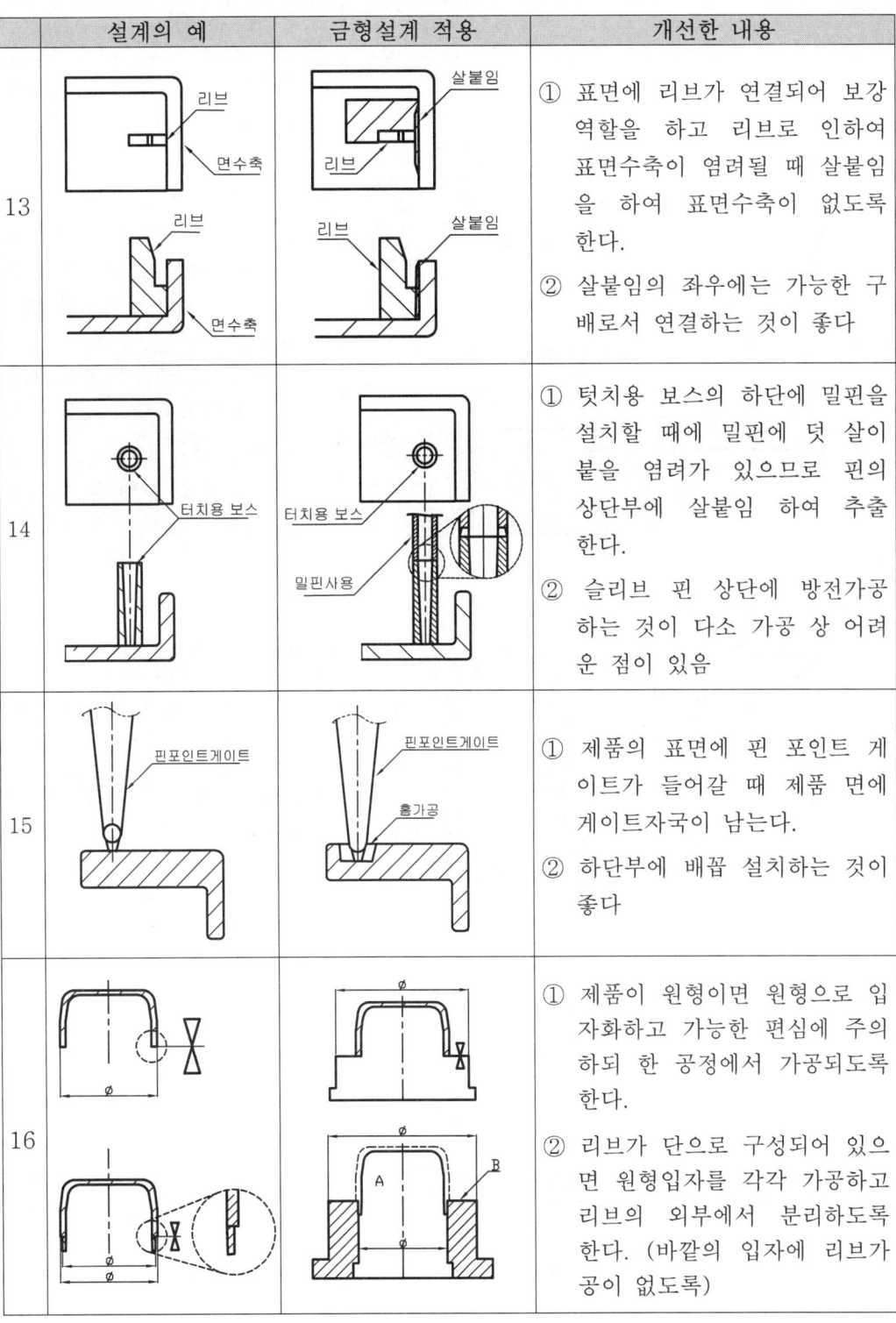

	설계의 예	금형설계 적용	개선한 내용
13			① 표면에 리브가 연결되어 보강 역할을 하고 리브로 인하여 표면수축이 염려될 때 살붙임을 하여 표면수축이 없도록 한다. ② 살붙임의 좌우에는 가능한 구배로서 연결하는 것이 좋다
14			① 텃치용 보스의 하단에 밀핀을 설치할 때에 밀핀에 덧 살이 붙을 염려가 있으므로 핀의 상단부에 살붙임 하여 추출한다. ② 슬리브 핀 상단에 방전가공 하는 것이 다소 가공 상 어려운 점이 있음
15			① 제품의 표면에 핀 포인트 게이트가 들어갈 때 제품 면에 게이트자국이 남는다. ② 하단부에 배꼽 설치하는 것이 좋다
16			① 제품이 원형이면 원형으로 입자화하고 가능한 편심에 주의하되 한 공정에서 가공되도록 한다. ② 리브가 단으로 구성되어 있으면 원형입자를 각각 가공하고 리브의 외부에서 분리하도록 한다. (바깥의 입자에 리브가공이 없도록)

	설계의 예	금형설계 적용	개선한 내용
17		입자화	① 리브의 끝 지점에 R이 있을 경우에 입자화하는 방법으로 주의를 요함 ② 리브가 단으로 구성되어 있고 바깥부위가 상대 물에 조립될 때 리브의 내부에서 분리하도록 한다. (바깥의 입자에 리브가공)
		R 입자화	① 리브의 끝 지점에 R이 없을 경우에 입자화하는 방법 ② 리브가 단으로 구성되어 있으면 내부에 상대 물이 조립될 때에 리브의 외부에서 분리하도록 한다. (바깥의 입자에 리브가공이 없도록 한다)
18	Ø 소수점	Ø 정수 Ø 정수	① 보스의 하단 부(선단부)가 소수점으로 되어 있을 때는 가능한 구매 값이 정수가 되도록 한다. ② 슬리브 핀 사용 시에 외관직경과 내경직경 모두 직경이 구매품을 사용할 수 있도록 하는 것이 좋다
19	수축 염려	Ø 형상 Ø 오목부 핀셋설치로 살빼기	① 위치를 잡아주는 보스 혹은 받침 역할을 하는 십자리브 등이 있을 경우 표면에 수축이 발생할 우려를 표면에 핀 혹은 오목형상으로 개선한다. ② 핀을 세워 살 빼기를 한다. ③ 십자리브를 둥근기둥 모양으로 개선하여 표면에 살 빼기를 한다.

	설계의 예	금형설계 적용	개선한 내용
20			① 입자의 분할선/면은 C 끝지점 혹은 R 끝 지점으로 입자화 한다. ② 입자화 하지 않을 경우에는 메인코어에 그대로 살려서 가공한다. 이때에는 반대 측을 입자화 하는 것이 좋다
			① 입자의 분할선/면은 C 끝지점 혹은 R 끝 지점으로 입자화 한다. ② 입자화하지 않을 경우에는 메인코어에 그대로 살려서 가공한다. 이때에는 반대 측을 입자화 하는 것이 좋다 ③ 중간에서 맞춤할 때에는 입자부에 여유[갭]을 주는 것이 좋다. (바리 또는 편심을 방지)
21			① 삼각형의 산 형식 혹은 로렛트에서 입자화 하고자 할 때에 끝 지점이 샤프 에지가 되면 가공 상 힘듬. (살붙임으로 유도 할 것) ② 입자부의 끝 지점을 둔각 혹은 평면으로 하여 가공한다. ③ 산 혹은 로렛트부는 가능한 입자코어로 하는 것이 좋다
22			① 파팅면에 두께가 빠지는 부분 혹은 면이 각이 이루어져 있을 경우에 기능에 지장이 없는 범위 내에서 수평 혹은 수직되는 형상으로 개선하는 것이 좋다

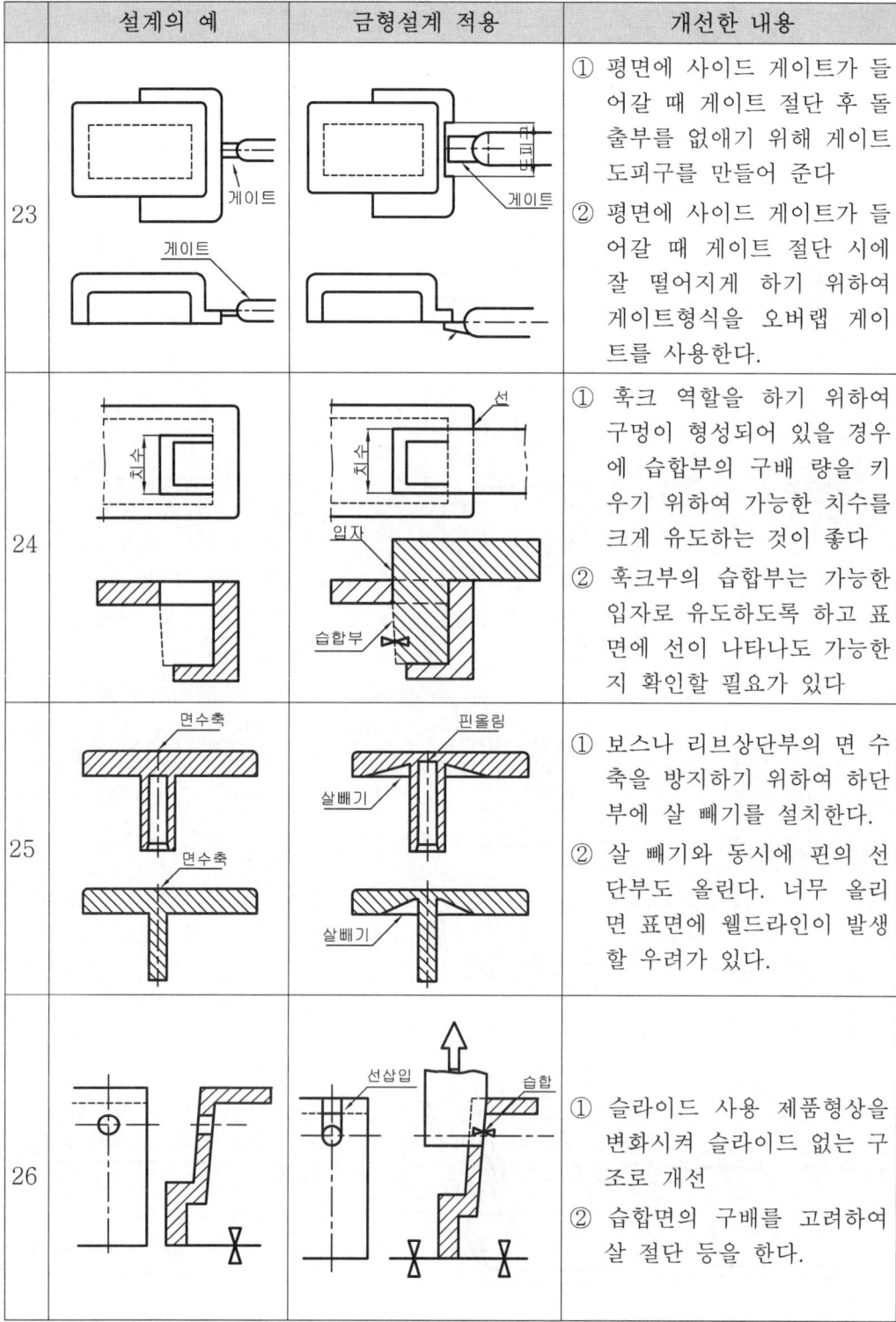

	설계의 예	금형설계 적용	개선한 내용
23			① 평면에 사이드 게이트가 들어갈 때 게이트 절단 후 돌출부를 없애기 위해 게이트 도피구를 만들어 준다 ② 평면에 사이드 게이트가 들어갈 때 게이트 절단 시에 잘 떨어지게 하기 위하여 게이트형식을 오버랩 게이트를 사용한다.
24			① 훅크 역할을 하기 위하여 구멍이 형성되어 있을 경우에 습합부의 구배 량을 키우기 위하여 가능한 치수를 크게 유도하는 것이 좋다 ② 훅크부의 습합부는 가능한 입자로 유도하도록 하고 표면에 선이 나타나도 가능한지 확인할 필요가 있다
25			① 보스나 리브상단부의 면 수축을 방지하기 위하여 하단부에 살 빼기를 설치한다. ② 살 빼기와 동시에 핀의 선단부도 올린다. 너무 올리면 표면에 웰드라인이 발생할 우려가 있다.
26			① 슬라이드 사용 제품형상을 변화시켜 슬라이드 없는 구조로 개선 ② 습합면의 구배를 고려하여 살 절단 등을 한다.

	설계의 예	금형설계 적용	개선한 내용
27	리브 언더컷리브	구멍 구멍내는 입자	① 내부에 언더컷의 리브가 있어 변형밀핀 혹은 내측 슬라이드구조를 상측에 구멍을 내어 슬라이드 없는 구조로 개선한다.
28	샤프 에지	면 캇트 둔각화	① 제품부가 엣지(edge)가 되어 있어 미 성형 혹은 충전부족이 일어날 수 있는 부분을 둔각화, R 및 평면화로 형성한다.
29	예각 부	공구 반경 예각부를 가능한 크게 유도	① 각진 부위에 예각으로 되어 있어 공구의 반경이 너무 작을 경우에 기능상 보강하여 반경을 크게 유도한다.
30		덧살 게이트 게이트 배꼽	① 버튼이 여러 개가 붙어 있고 게이트가 핀포인트형 일 경우 덧 살을 붙여 게이트를 넣도록 한다. ② 게이트를 후 가공 하지 않도록 제품면에 오목으로 유도한다. ③ 게이트 부위에 살을 보강하여 압력 등을 낮추기 위해 하단부에 배꼽(살붙임)을 유도한다.

	설계의 예	금형설계 적용	개선한 내용
31	오목부위	튀어나옴	① 손잡이(핸들)등에서 가공상 마스터 가공 혹은 들어간 부위 가공이 어려울 경우에 튀어 나오게 하여 같은 역할을 할 수 있게 개선한다.
32	PL	PL 슬라이드 살 커트	① 슬라이드 구조형식은 하단부의 살을 절단하여 슬라이드가 간단한 구조로 개선한 형상 ② 슬라이드 구조에서 핀 작동만으로 개선한 형상
33 둥근기둥모양	게이트 위치 / 게이트 위치	살붙임 / 살붙침 살붙임	① 게이트 흐름방향에 살 붙임으로 조정 가능 ② 게이트의 두께를 조정으로 수정이 용이함 ③ 상면이 빠르게 흐르도록 살 두께를 절단하여 조정이 가능하나 수정이 어렵다.(처음 살은 얇게 가공)

5. 성형품 밀어내기

성형품의 밀어내기 방법은 성품의 형상이나 재료에 따라 좌우되나 일반적으로 성형품의 분할, 마찰 등의 문제점이 없고, 정확한 이형, 고장이 적고 또한 고장 발생시에 보수가 간단하여야 한다.

보통 성형품으로 금형의 가동측 코어에 부착되도록 설계하고, 핀, 슬리브, 스트리퍼 플레이트, 에어 등의 단독 또는 병용해서 성형품을 밀어낸다.

5.1. 원형 밀핀

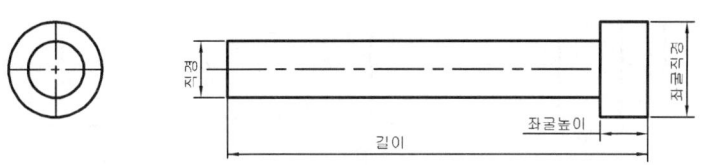

그림 5.1.1 원형밀핀

1) 원형 밀핀의 특징

① 가공이 쉽고 정밀도가 필요한 경우 열처리, 다듬질 연삭 등이 다른 핀에 비하여 간단하고, 성형품의 임의 장소에 배치할 수 있기 때문에 가장 많이 사용한다.
② 구멍의 가공의 끝손질 및 고정밀도를 얻기가 쉬우며, 취동저항이 가장 적어 금형의 수명이 길고 교환성이 좋으며 파손 시에 보수가 쉽다.
③ 돌출 접촉면적이 적어 성형품의 일부분에 돌출응력이 집중하므로 컵, 상자 등에서 발구배가 적고, 이형저항이 큰 성형품에 사용하면 파고들거나 백화, 크랙, 변형 등이 생기기 쉽다.
④ 에어, 가스빼기가 나쁜 곳에 설치하여 에어벤트(air vent)를 대용한다.
⑤ 게이트 및 게이트의 직선 방향의 밑 부분에는 핀을 설치하지 않는다.

2) 원형밀핀 설계시 유의사항

① 핀의 배치는 성형품 이형저항의 밸런스를 고려하고 보스, 리브 부근에는 다른 부분보다 많이 배치한다.

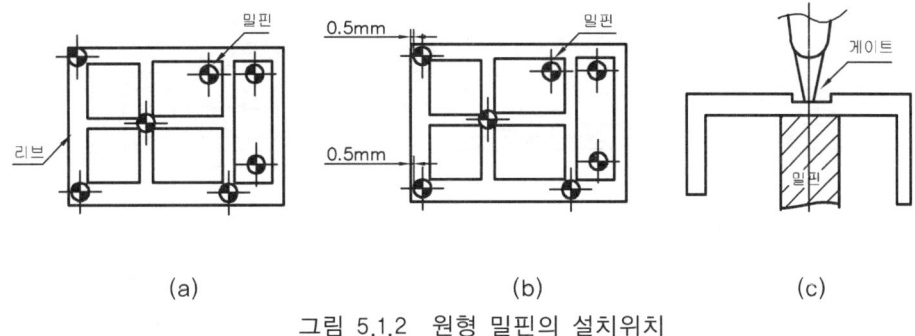

그림 5.1.2 원형 밀핀의 설치위치

② 핀의 크기는 가능한 큰 것으로 설정하고 핀과 분할부품 거리는 최소 0.5mm이상의 간격을 둔다.
③ 이젝터 핀과 구멍의 끼워 맞춤은 H7정도이며, 끼워 맞춤길이(X)=(1.5~2)d 정도로 한다.
④ 3.0mm이하의 핀을 사용하는 경우에는 단 부착 밀핀을 사용한다.
⑤ 이젝터 핀과 이젝터 플레이트 핀 구멍은 슬라이드 위트로 한다. 즉 이젝터 플레이트에 대해 핀은 부동(浮動)되어야 한다.

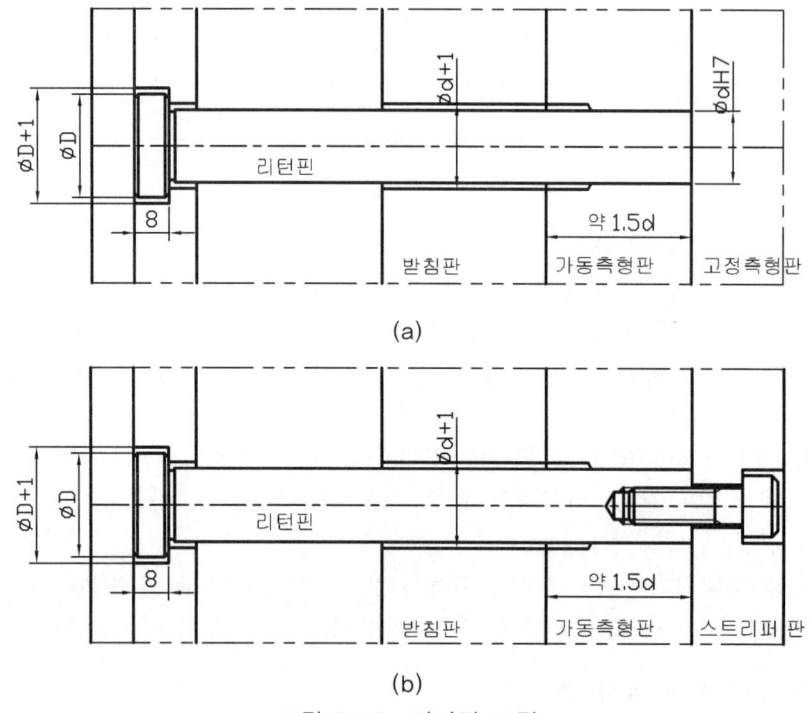

그림 5.1.3 리턴핀 조립

5.2 각형 밀핀

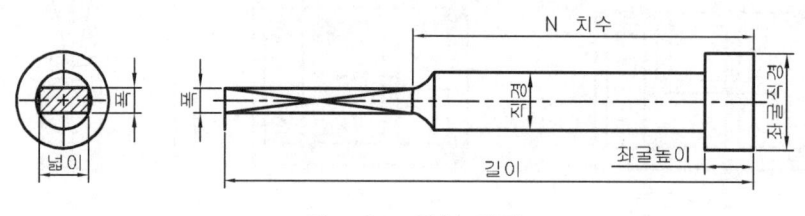

그림 5.2.1 각형 밀핀

1) 각형 밀핀의 특징

① 가공은 통상 원형 밀핀에서 가공하고 경도가 필요한 경우 열처리, 다듬질, 연삭하여 사용한다.
② 구멍가공이 사각가공으로 어려우므로 와이어컷, 방전가공 등 특수가공이 필요하다
③ 돌출면적이 매우 적어 돌출응력이 집중되고 슬라이딩 저항이 원형 밀핀에 비하여 많아 부러지거나 파손되기 쉬우므로 되도록 사용하지 않는 것이 좋다
④ 에어, 가스빼기가 나쁜 곳에 설치하여 에어벤트를 대용한다.

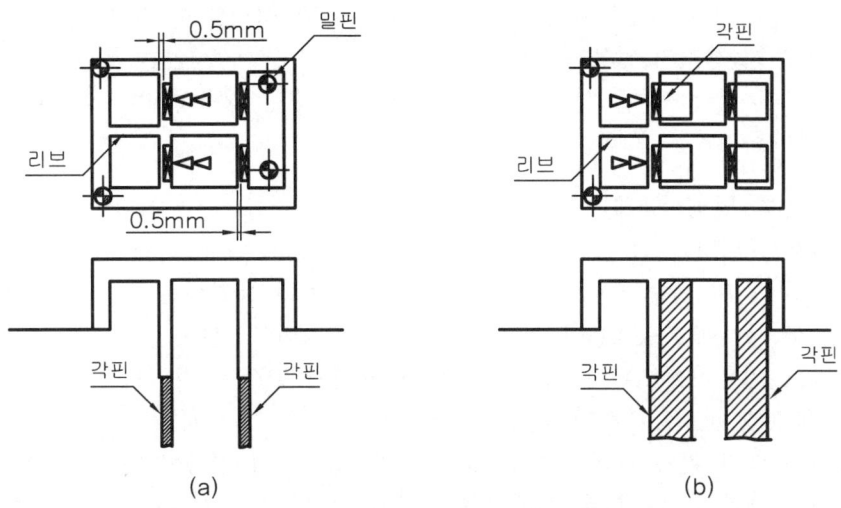

그림 5.2.2 각형 밀핀의 설치위치

2) 각형 밀핀 설계시 유의사항

① 각형 핀의 배치는 성형품의 이형밸런스를 고려하여 리브하단에 배치한다.(그림 5.2.2.a)
② 핀의 크기는 가능한 큰 것으로 설정하고 각형 핀과 분할부품 거리는 최소 0.5mm이상의 간격을 둔다.(그림 5.2.2.a)
③ 좁고 길이가 긴 리브하단에는 사각부분을 크게 하여 리브이외의 부분도 동시에 밀어 주도록 한다.
④ 핀의 직경이 3.0mm이하의 핀을 사용하는 경우에는 단 부착 밀핀을 사용한다.
⑤ 사각형 밀핀의 경우 원형부의 서로 간섭이 없도록 피치에 주의를 요한다.

5.3 슬리브 밀핀

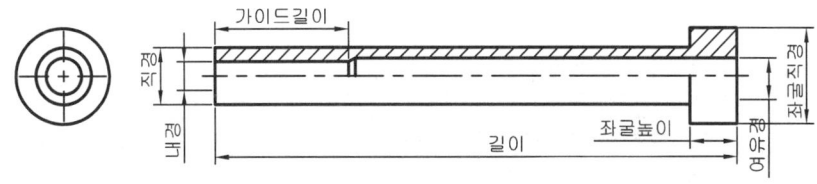

그림 5.3.1 이젝터 슬리브의 형상

1) 슬리브 밀핀의 특징

① 밀핀 으로는 돌출면적이 부족한 원통모양 또는 보스 등의 밀어내기에 사용하는 파이프형의 이젝터 핀

② 슬리브의 원통형 단면이 균일하게 접촉되므로 성형품의 밀어내기가 정확하며 균열 등이 생기지 않는다.
③ 원통부의 바닥 면에 가스 등으로 미 성형이 생길 경우 에어, 가스빼기의 역할을 한다.

2) 슬리브 밀핀 설계시 유의 사항
① 슬리브의 내경과 외경의 차이가 편측 당 0.75mm 이상이 바람직하다.
② 열처리 경도는 H_RC50정도로 하고 최소한 열처리의 길이는 슬리브가 제일 많이 전진한 길이에 7~8mm여유를 가질 수 있는 길이로 한다.
③ 슬리브 핀은 코어 핀이 내측에 끼워져 윤활제 없이 슬라이딩하므로 치수 정도는 ØDH7, ØDh7로 하면 바람직하다
④ 슬리브 내경 핀과 관계에서 단 부착 혹은 입구부의 형상에 따라 덧 살 혹은 미 성형이 생기기 쉬우므로 높이치수 설정에 주의를 요한다.
⑤ 슬리브 내경 핀은 항상 고정되어 있어야 하므로 가동측설치판에 체결시킨다.

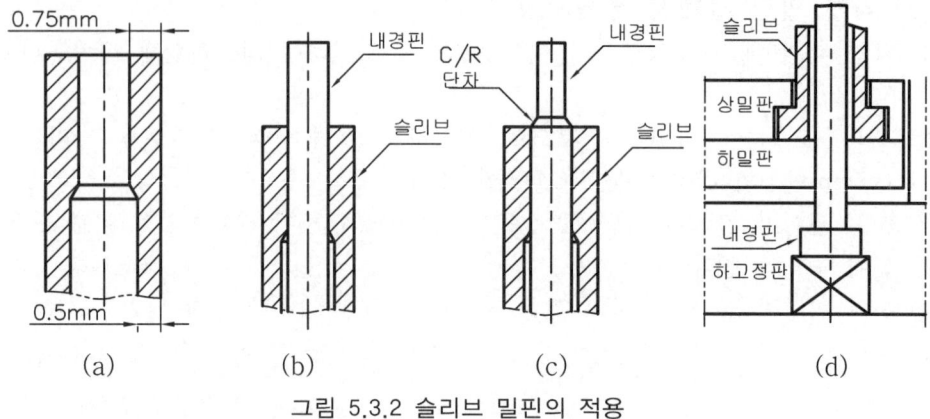

그림 5.3.2 슬리브 밀핀의 적용

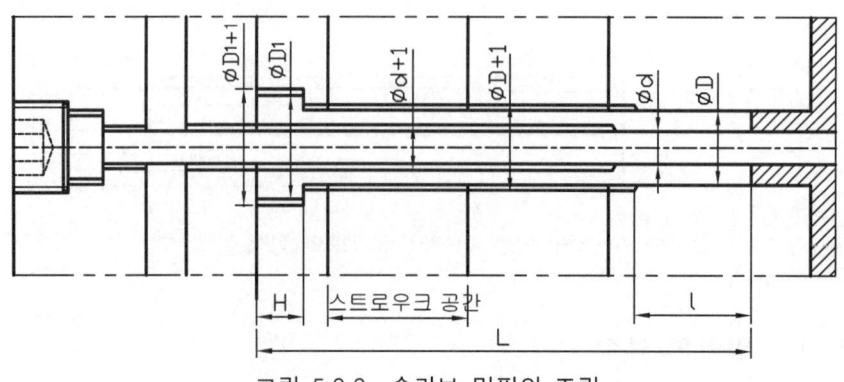

그림 5.3.3 슬리브 밀핀의 조립

3) 밀핀 및 슬리브 밀핀 적용 예

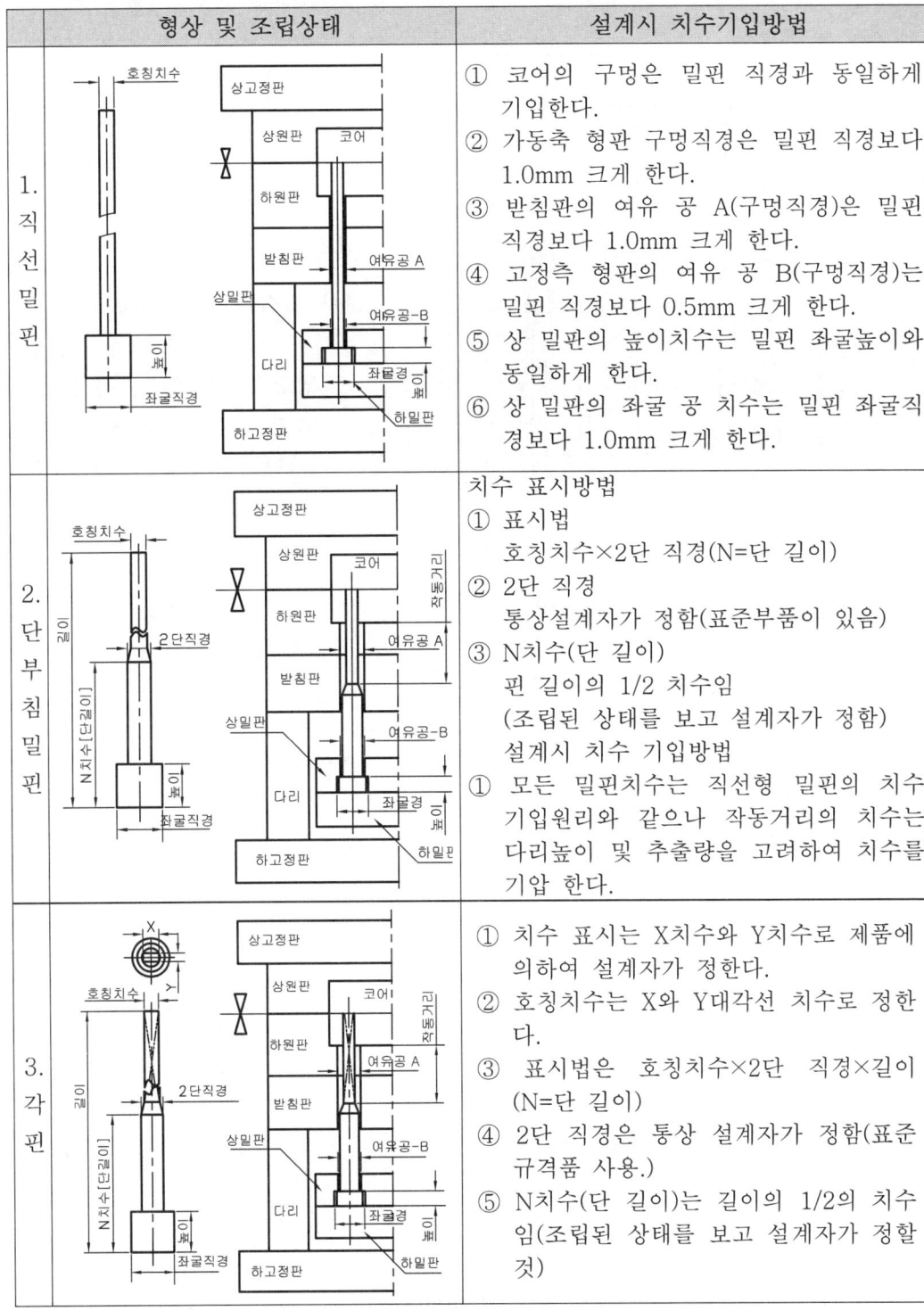

형상 및 조립상태	설계시 치수기입방법
1. 직선밀핀	① 코어의 구멍은 밀핀 직경과 동일하게 기입한다. ② 가동측 형판 구멍직경은 밀핀 직경보다 1.0mm 크게 한다. ③ 받침판의 여유 공 A(구멍직경)은 밀핀 직경보다 1.0mm 크게 한다. ④ 고정측 형판의 여유 공 B(구멍직경)는 밀핀 직경보다 0.5mm 크게 한다. ⑤ 상 밀판의 높이치수는 밀핀 좌굴높이와 동일하게 한다. ⑥ 상 밀판의 좌굴 공 치수는 밀핀 좌굴직경보다 1.0mm 크게 한다.
2. 단부침밀핀	치수 표시방법 ① 표시법 호칭치수×2단 직경(N=단 길이) ② 2단 직경 통상설계자가 정함(표준부품이 있음) ③ N치수(단 길이) 핀 길이의 1/2 치수임 (조립된 상태를 보고 설계자가 정함) 설계시 치수 기입방법 ① 모든 밀핀치수는 직선형 밀핀의 치수 기입원리와 같으나 작동거리의 치수는 다리높이 및 추출량을 고려하여 치수를 기입 한다.
3. 각핀	① 치수 표시는 X치수와 Y치수로 제품에 의하여 설계자가 정한다. ② 호칭치수는 X와 Y대각선 치수로 정한다. ③ 표시법은 호칭치수×2단 직경×길이 (N=단 길이) ④ 2단 직경은 통상 설계자가 정함(표준 규격품 사용.) ⑤ N치수(단 길이)는 길이의 1/2의 치수임(조립된 상태를 보고 설계자가 정할 것)

형상 및 조립상태	설계시 치수기입방법
4. 단부침슬리브밀핀	① 모든 밀핀 치수는 직선형 밀핀의 치수 기입원리와 같으나 작동거리의 치수는 다리높이 및 추출량을 고려하여 치수를 기입한다. ② 2단 슬리브 핀을 사용하는 경우에는 코어 속핀도 동시에 2단 밀핀을 사용하는 것이 좋다. 속핀의 작동거리 치수는 2단 슬리브 내측 단 길이 치수를 기입할 것.

5.4. 스트리퍼 플레이트 이젝터

1) 스트리퍼 플레이트(판) 특징

① 성형품의 전 둘레를 파팅라인에 두고 균일하게 밀어내므로 살 두께가 얇거나 성형품 깊이가 큰 경우 또는 측벽 저항이 큰 경우에 사용한다.
② 밀어내는 면적이 가장 넓으므로 성형품이 크랙, 백화현상이 없고 변형이 적으며, 밀어내는 자국이 거의 남지 않으므로 투명 성형품에서 특히 중요시 된다
③ 코어 외측과 스트리퍼 플레이트 내측의 긁힘 방지를 위해 코어와 스트리퍼 플레이트의 틈새는 0.2mm의 여유와 3~10°의 구배맞춤이 필요로 한다.

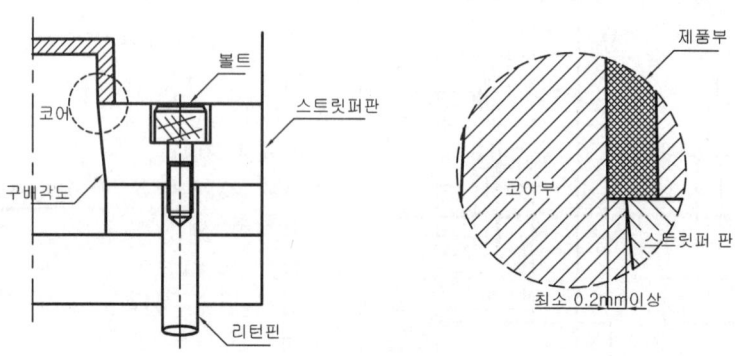

그림 5.4.1 스트리퍼 플레이트

④ 스프루을 빼내기 위해 로크 핀과 러너 로크 핀을 설치한다.
⑤ 스트리퍼 플레이트 작동을 리턴 핀으로 할 경우에는 리턴 핀 선단부에 볼트로 체결한다.

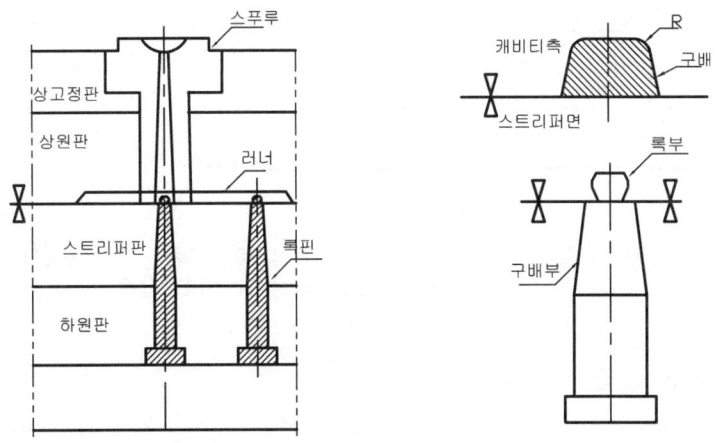

그림 5.4.2 스트리퍼 플레이트와 록핀

2) 스트리퍼 플레이트 작동방법

① 일반적으로 이젝터 플레이트에 리턴핀을 조립시키고 스트리퍼 플레이트를 작동 시킨다.
② 인장 타이로드에 의하여 당긴다.
③ 체인이나 링크에 의하여 당긴다.
④ 스프링에 의해 작동시킬 때에는 스톱장치를 설치한다.
⑤ 공유압 실린더에 의해 밀어내기
⑥ 성형기의 이젝터 봉에 의하여 직접 스트리퍼 플레이트를 작동 시킨다

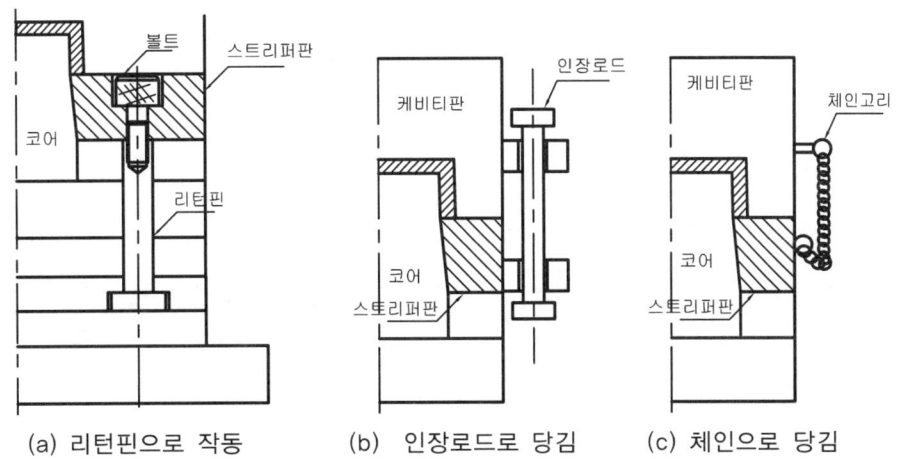

(a) 리턴핀으로 작동   (b) 인장로드로 당김   (c) 체인으로 당김

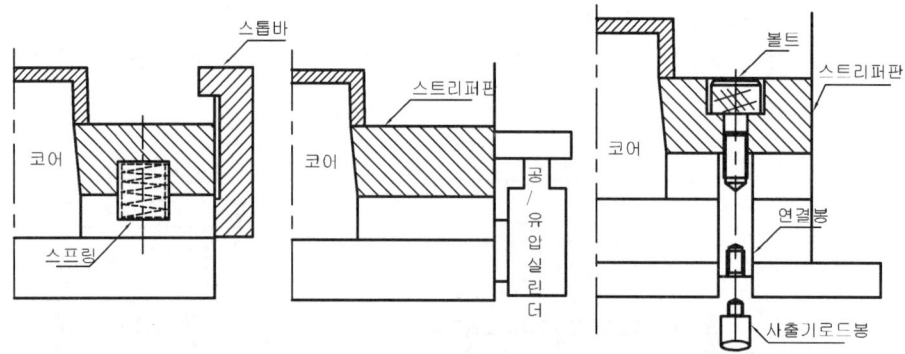

(d) 스프링으로 작동   (e) 공유압 실린더로 작동   (f) 이젝터 봉으로 작동
그림 5.4.3 스트리퍼 플레이트 작동

3) 부분 블럭 이젝터

① 성형품이 측벽두께가 얇고 성형품 깊이가 깊어 측벽에 원형 핀으로 밀어내기 어려운 제품인 경우 스트리퍼 플레이트 대용으로 측벽부분의 분할 면을 균일하게 밀어낼 필요가 있을 때 사용한다.
② 코어와 블록 작동 시 긁힘 방지를 위해 코어와 블록 간격을 0.2mm의 여유와 3~10°의 구배맞춤을 한다.
③ 블록과 연결봉은 회전방지를 하여야 한다.
④ 블록의 분해 조립시 분할 면에서 플래시가 발생하지 않도록 쇄기를 설치한다.

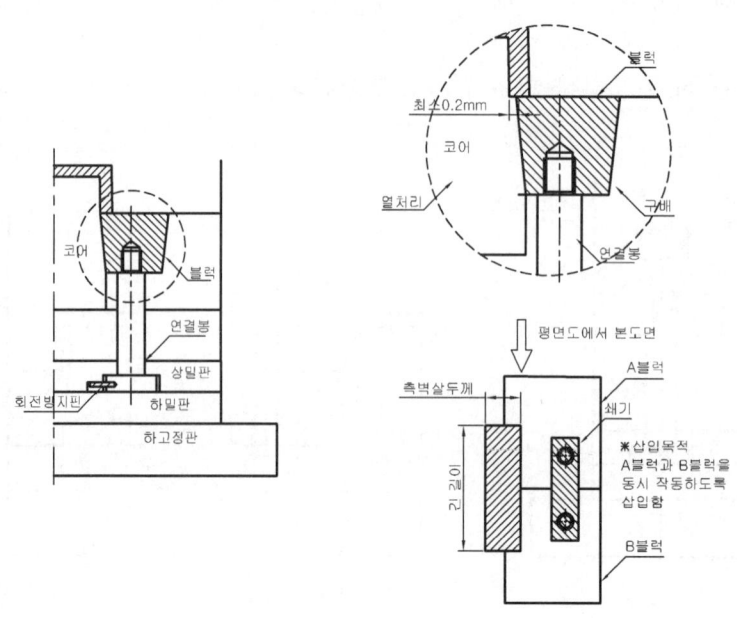

그림 5.4.4 부분 블럭 이젝터

5.5. 공기압 이젝터

① 두께가 얇거나 깊은 제품 또는 투영면적이 큰 성형품을 공기압으로 밀어내는 방법
② 균일한 공기압이 성형품 밑 부분에 고르게 작용하므로 변형이 잘 발생하지 않는다.
③ 성형품과 코어 사이에서 발생하는 진공을 해결할 수 있다
④ 에어의 도피 회로가 있으면 이젝터 힘은 크게 감소한다.
⑤ 공기 압축기(air compressor)의 공기압력은 $5 \sim 6 kg/cm^2$정도가 기준으로 작업성이 좋다
⑥ 작동부에 들어가는 스프링의 압축 장력은 공급하는 공기압에 작동되도록 설계한다.
⑦ 공기압에 작동되어 제품을 밀어주는 부위는 가능한 큰 면적으로 밀어 줄 수 있도록 한다.

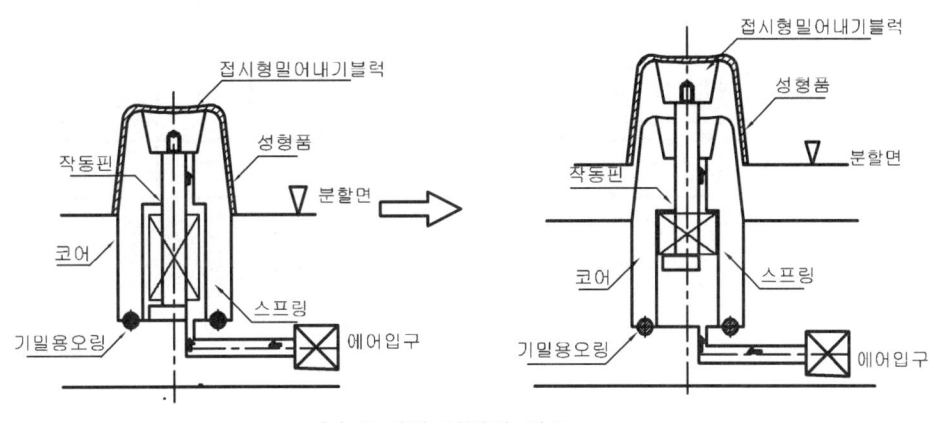

(a) 공기압 이젝터 작동

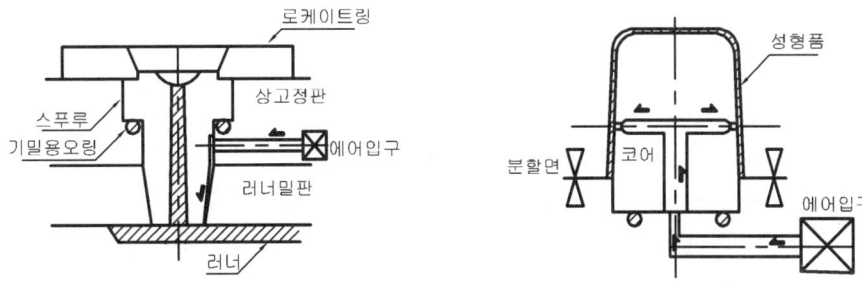

(c) 스프루 부시에 적용 예   (d) 원통에 적용 예

그림 5.5.1 공기압 이젝터

5.6. 2단 밀어내기

스트리퍼 플레이트를 써서 성형품을 밀어낼 경우 스트리퍼 플레이트의 안쪽에 성형품의 조각부가 있으면 밀어낸 후에도 그 부분이 스트리퍼 플레이트에 부착한 상태로 있으므로 자동적으로 이형 시키기 위해서는 다른 이젝터 기구가 필요하다. 즉, 밀어내는 시간의 격차를 두어 작동시키는 것을 보통 2단 이젝터 방법이라 한다.

1) 2단 작동 개시형

이젝터 기구의 작동 시작 시간을 2중으로 작동시키는 방법으로 주 이젝터 기구가 작동하고 조금 후에 보조 이젝터 기구가 움직이게 하는 것이 보통이다

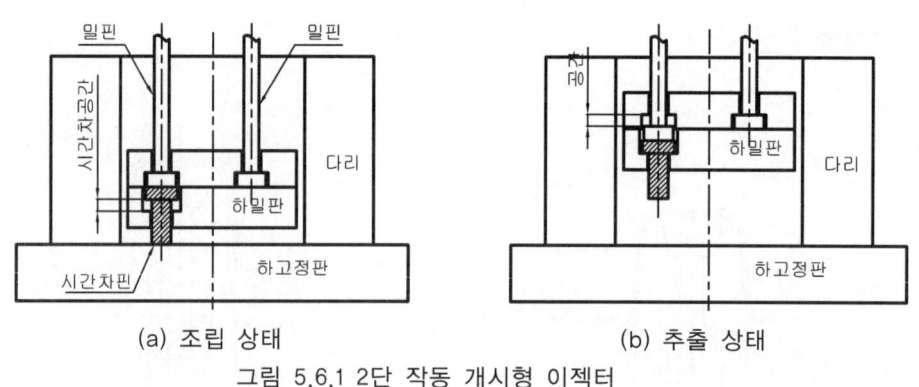

(a) 조립 상태　　　　　　　　　(b) 추출 상태
그림 5.6.1 2단 작동 개시형 이젝터

2) 2단 작동 정지형

밀어내는 기구는 동시에 작동 개시하여 진행하다가 하나가 먼저 정지하고 다른 것은 계속 전진하여 성형품을 금형으로부터 밀어낸다.

(가) 로킹블록과 슬라이드 코어에 의한 2단 작동정지(그림 5.6.2)
① 금형이 열린 후 추출 봉 작동(블록핀과 밀판이 작동되어 밀판과 블록이 제품을 동시에 밀어올림)
② 1차 추출 하고자 하는 제품을 밀판에 의하여 추출
③ 밀판에 있는 슬라이드와 밭침 봉에서 밀판을 계속 밀어 올리면 로킹블록에 의하여 슬라이드가 수평으로 이동되어 슬라이드 구멍으로 밭침 봉이 빠져 나옴으로 밀핀은 정지됨.
④ 이때에 블록추출은 계속되어 제품을 밀어낸다.

제4장_금형설계기술   163

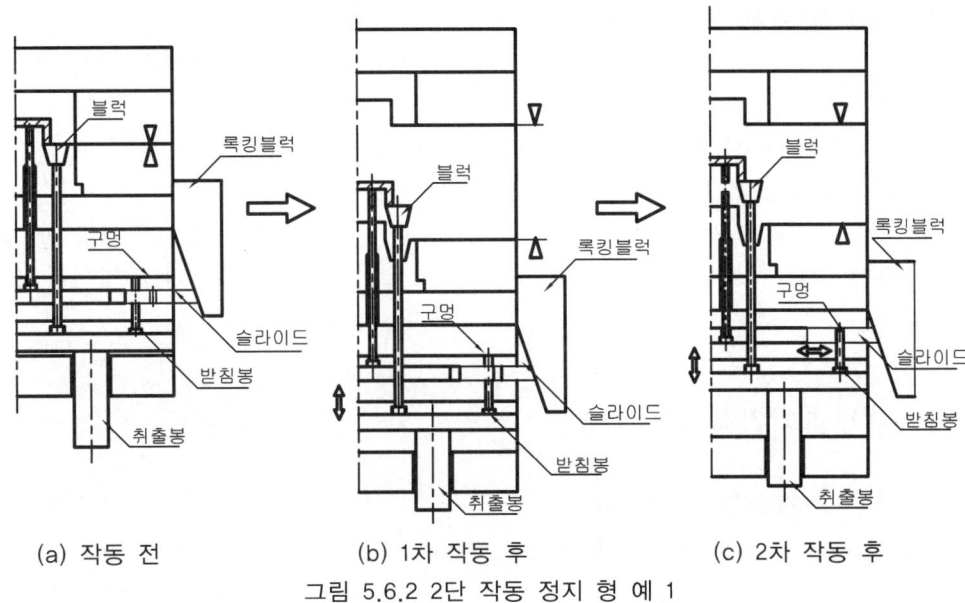

(a) 작동 전　　　　(b) 1차 작동 후　　　　(c) 2차 작동 후

그림 5.6.2 2단 작동 정지 형 예 1

(나) 힌지블록과 슬라이드 코어에 의한 2단 작동정지(그림 5.6.3)

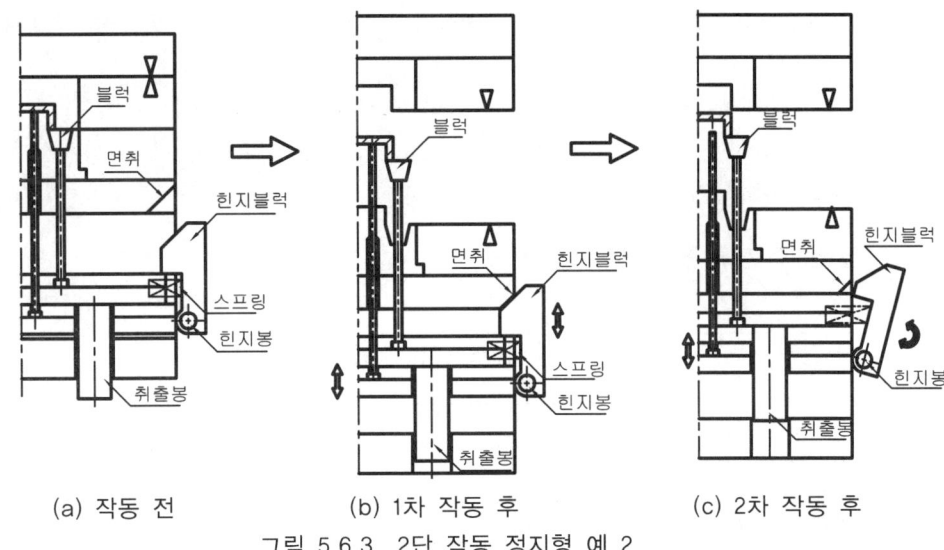

(a) 작동 전　　　　(b) 1차 작동 후　　　　(c) 2차 작동 후

그림 5.6.3 2단 작동 정지형 예 2

① 금형이 열린 후 추출 봉 작동(블록 핀과 밀판이 작동되어 밀판과 블록이 제품을 동시에 밀어올림)
② 1차 추출 하고자 하는 제품을 밀판에 의하여 추출
③ 밀판에 있는 슬라이드와 밭침봉에서 밀판을 계속 밀어 올리면 힌지블록이 밭침판 경사면과 스프링으로 하측 밀판은 정지하게 된다.
④ 이때에 블록추출은 계속되어 제품을 밀어낸다.

3) 사용시 주의 사항
① 시간차의 공간은 추출 시에 다른 밀핀보다 몇 mm 여유를 줄 것인가를 결정한 후에 정할 것
② 시간차 핀의 날개 치수는 사용 밀핀의 날개 치수보다 같거나 클 것
③ 시간차의 핀은 가능한 한 밀핀을 사용하는 것이 좋다
④ 작동시에 수직 작동을 위하여 하 밀판 구멍에 여유 공간을 최대한 작게 할 것
⑤ 조립된 상태에서 밀핀의 상단면 사출압력을 받을 때 시간차 핀의 길이에 유의할 것

5.7 밀판 조기귀환 금형구조

1) 밀판 조기귀환 금형구조
밀핀 혹은 경사핀을 보호하기 위하여 밀판을 먼저 후퇴시키는 금형 구조로
① 일반적인 방법으로 리턴핀에 스프링을 넣어서 제품 추출 후 후퇴시키는 방법
② 리턴핀 상단에 핀과 스프링을 넣어서 리턴핀 상단을 밀어 후퇴시키는 방법
③ 리턴핀 하단에 우레탄을 넣어 리턴핀 상단을 먼저 닿게 하여 후퇴시키는 방법
④ 사출성형기의 추출 봉과 밀판을 연결하여 성형기 추출 봉 후퇴시 강제로 당겨서 후퇴시키는 방법
⑤ 하 고정판과 밀판을 스프링으로 연결하여 강제로 후퇴시키는 방법
⑥ 조기리턴장치를 별도로 부착하는 방법(고정측에서 바(bar)를 부착하여 밀판을 강제로 후퇴시키는 방법)

2) 밀판 조기귀환 금형구조 적용 예

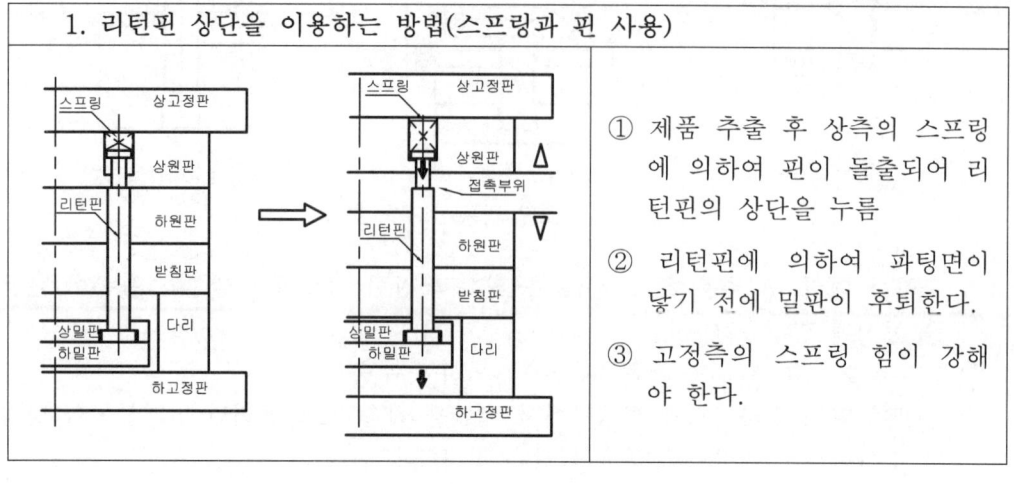

2. 리턴핀 하단에 우레탄을 이용하는 법

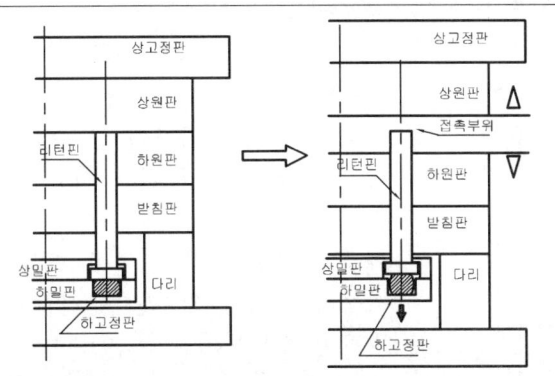

① 제품 추출후 상측의 우레탄에 의하여 리턴핀이 돌출되어 파팅면에 의하여 닿음
② 리턴핀에 의하여 밑판이 파팅면이 닿기 전에 밀판에 의하여 후퇴한다.
③ 고정측의 우레탄 힘이 약하게 되면 교환할 필요가 있음

3. 사출성형기 추출봉으로 강제 후퇴시키는 법

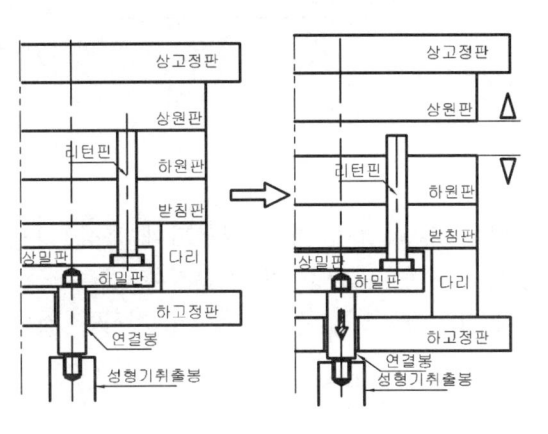

① 밀판과 사출성형기의 추출봉과 연결봉으로 연결
② 제품을 추출할 때까지 사출기 추출봉이 정지되어 있어야 한다.
③ 제품을 추출한 후 즉시 사출기 추출봉을 후퇴시키면 밀판이 후퇴된다.
④ 통상 리턴핀이 기능을 발휘하지 않아도 무방하다.
⑤ 사출성형기 추출봉과의 연결은 평행도 문제로 복수로 연결한다.

4. 밀판과 고정판사이 스프링 사용법

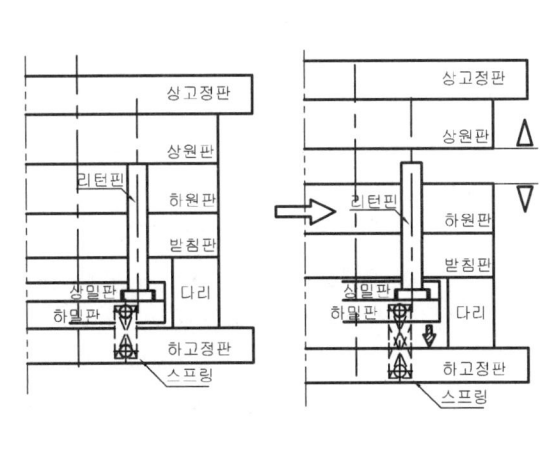

① 밀판과 하 고정판 사이를 스프링으로 연결한 것임
② 제품을 추출할 때까지 사출기 추출봉이 정지되어 있어야 한다.
③ 제품을 추출한 후 즉시 사출기 추출봉을 후퇴시키면 스프링의해 밀판이 후퇴된다.
④ 통상 리턴핀이 기능을 발휘하지 않아도 무방하다
⑤ 스프링의 인장력에 주의를 요하고 추출 길이가 긴 제품에는 불가능하다

5. 조귀리턴장치를 이용하는 방법(별도의 지그 사용)	
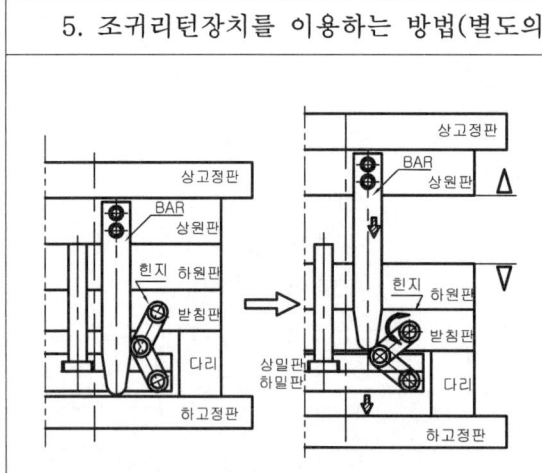	① 바아에 의하여 힌지부로 밀판을 밀어낸 것임 ② 주로 슬라이드 하단에 밀핀이 들어간 구조에 가장 많이 사용하는 것임 ③ 제품을 추출한 후 금형이 닫히기 시작하면 바아 와 힌지에 의하여 밀판이 후퇴된다. ④ 힌지의 작동이 잘될 수 있도록 부시 및 기타 장치를 하여야 한다.

5.8. 성형품 밀어내기 금형구조

1) 성형품 밀어내기

① 성형품 밀어내기방법은 성형품의 형상 및 재료에 따라 결정되나 통상 분할면의 위치와 마찰 등에 문제점이 없으면 이형이 쉬운 곳과 고장이 없는 곳에 설치하며, 만약 고장 발생시에는 수리 보수가 쉬운 금형구조로 설계하는 것이 바람직하다
② 성형품은 항상 금형의 가동측 코어에 부착되도록 설계한다.
③ 밀어내기 방법은
    ㉠ 수동(손으로 추출), ㉡ 밀핀, ㉢ 플레이트로, ㉣ 에어, ㉤ ㉡㉢㉣ 병용방법.

2) 밀어내기 금형구조

방법	금형설계 적용 예	특징
1. 손으로 강제 밀어내기	(작동전) (작동후) 손으로	① 가장 원시적인 금형구조로 판 2개(상/하 원판)로 구성 ② 금형 열린 후 손으로 추출 ③ 보통 주조금형 등에 사용 ④ 소량 생산의 제품에 사용

제4장_금형설계기술   167

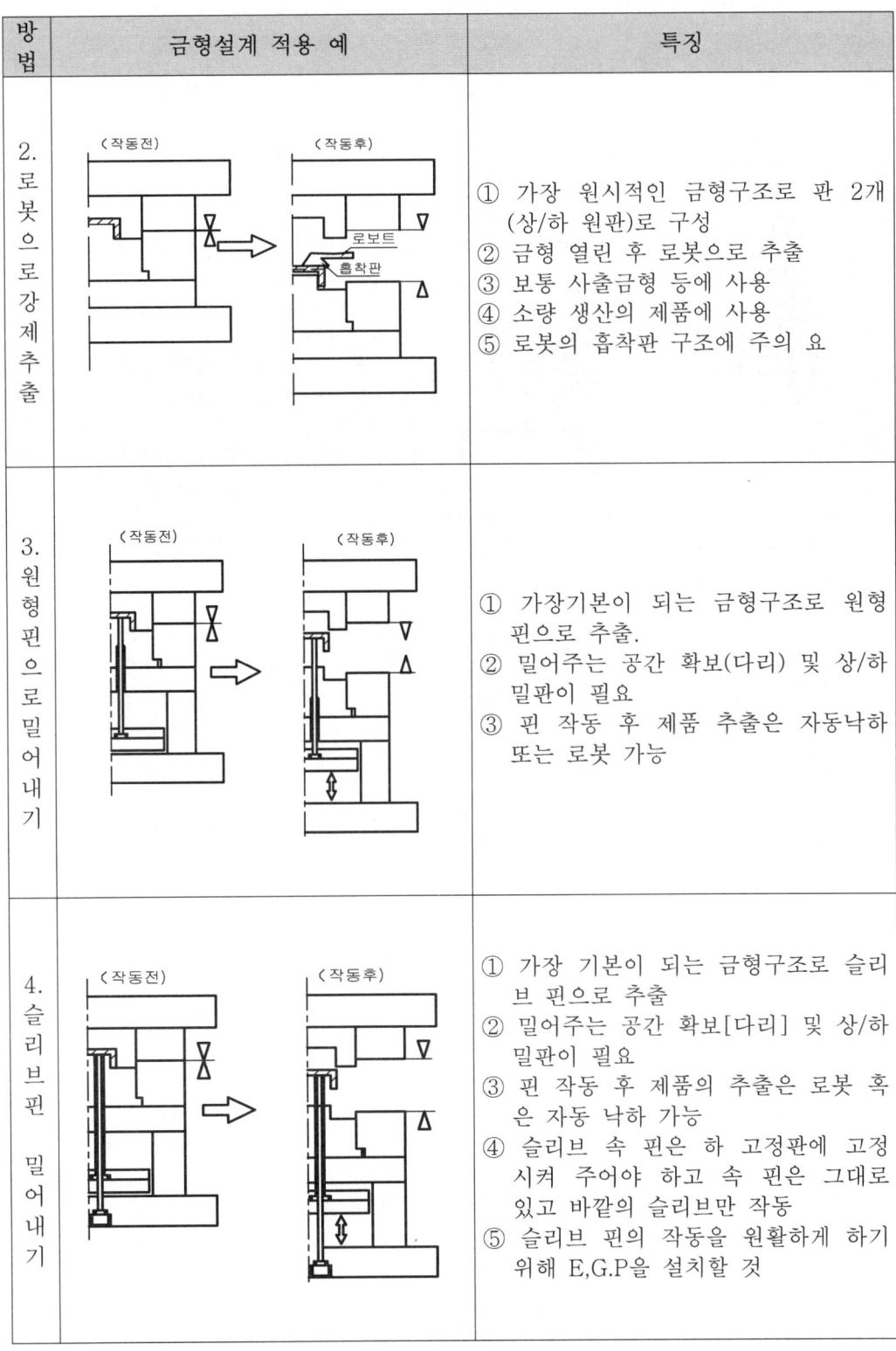

방법	금형설계 적용 예	특징
2. 로봇으로 강제추출	(작동전) (작동후) 로보트 흡착판	① 가장 원시적인 금형구조로 판 2개 (상/하 원판)로 구성 ② 금형 열린 후 로봇으로 추출 ③ 보통 사출금형 등에 사용 ④ 소량 생산의 제품에 사용 ⑤ 로봇의 흡착판 구조에 주의 요
3. 원형핀으로 밀어내기	(작동전) (작동후)	① 가장기본이 되는 금형구조로 원형핀으로 추출. ② 밀어주는 공간 확보(다리) 및 상/하 밀판이 필요 ③ 핀 작동 후 제품 추출은 자동낙하 또는 로봇 가능
4. 슬리브핀 밀어내기	(작동전) (작동후)	① 가장 기본이 되는 금형구조로 슬리브 핀으로 추출 ② 밀어주는 공간 확보[다리] 및 상/하 밀판이 필요 ③ 핀 작동 후 제품의 추출은 로봇 혹은 자동 낙하 가능 ④ 슬리브 속 핀은 하 고정판에 고정시켜 주어야 하고 속 핀은 그대로 있고 바깥의 슬리브만 작동 ⑤ 슬리브 핀의 작동을 원활하게 하기 위해 E,G.P을 설치할 것

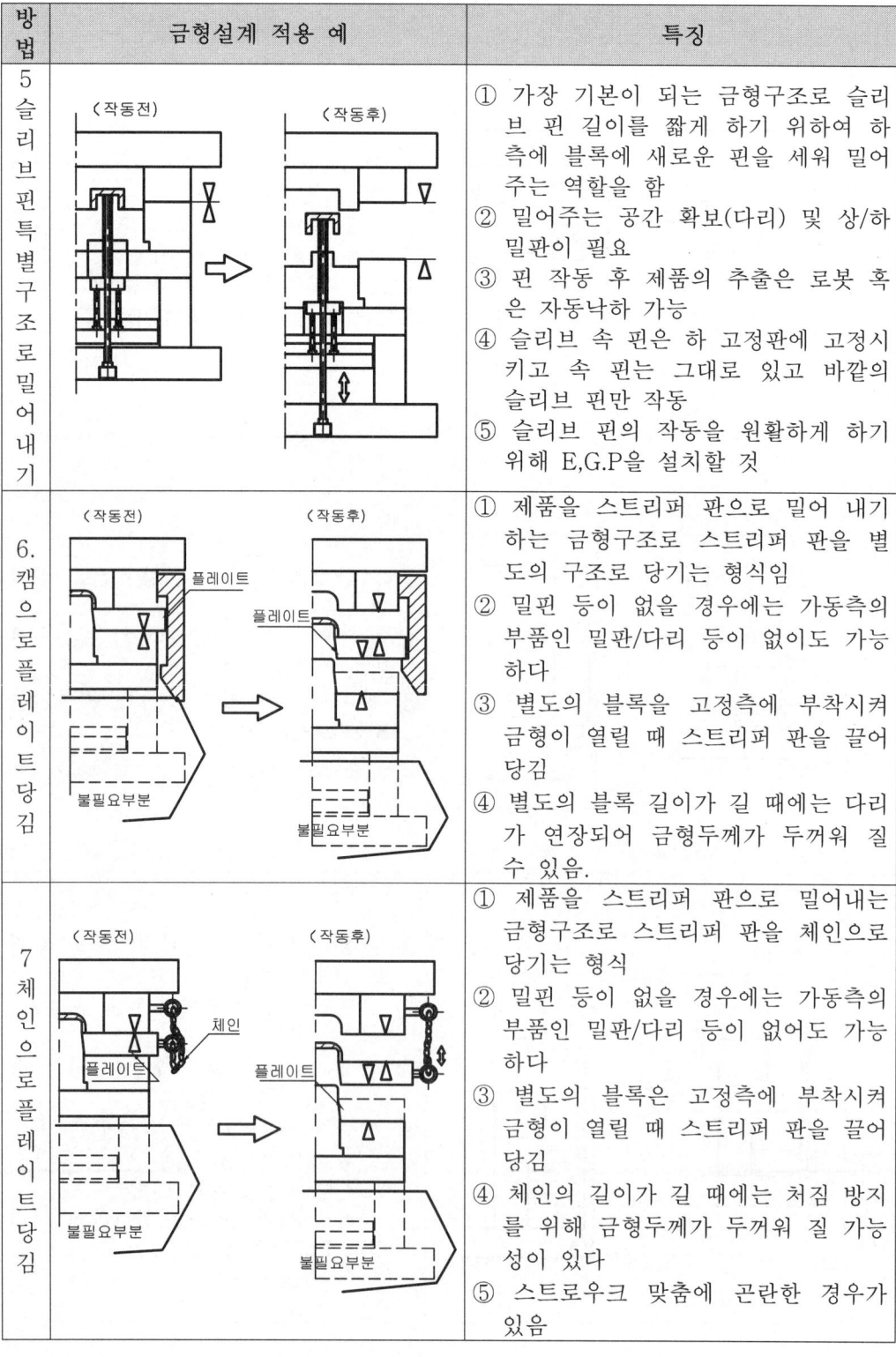

방법	금형설계 적용 예	특징
5. 슬리브 핀 특별구조로 밀어내기	(작동전) (작동후)	① 가장 기본이 되는 금형구조로 슬리브 핀 길이를 짧게 하기 위하여 하측에 블록에 새로운 핀을 세워 밀어주는 역할을 함 ② 밀어주는 공간 확보(다리) 및 상/하 밀판이 필요 ③ 핀 작동 후 제품의 추출은 로봇 혹은 자동낙하 가능 ④ 슬리브 속 핀은 하 고정판에 고정시키고 속 핀는 그대로 있고 바깥의 슬리브 핀만 작동 ⑤ 슬리브 핀의 작동을 원활하게 하기 위해 E,G,P을 설치할 것
6. 캠으로 플레이트 당김	(작동전) (작동후) 플레이트 불필요부분	① 제품을 스트리퍼 판으로 밀어 내기 하는 금형구조로 스트리퍼 판을 별도의 구조로 당기는 형식임 ② 밀핀 등이 없을 경우에는 가동측의 부품인 밀판/다리 등이 없이도 가능하다 ③ 별도의 블록을 고정측에 부착시켜 금형이 열릴 때 스트리퍼 판을 끌어당김 ④ 별도의 블록 길이가 길 때에는 다리가 연장되어 금형두께가 두꺼워 질 수 있음.
7. 체인으로 플레이트 당김	(작동전) (작동후) 체인 플레이트 불필요부분	① 제품을 스트리퍼 판으로 밀어내는 금형구조로 스트리퍼 판을 체인으로 당기는 형식 ② 밀핀 등이 없을 경우에는 가동측의 부품인 밀판/다리 등이 없어도 가능하다 ③ 별도의 블록은 고정측에 부착시켜 금형이 열릴 때 스트리퍼 판을 끌어당김 ④ 체인의 길이가 길 때에는 처짐 방지를 위해 금형두께가 두꺼워 질 가능성이 있다 ⑤ 스트로우크 맞춤에 곤란한 경우가 있음

3) 2차 밀어내기 금형구조

1. 스트리퍼와 스프링으로 밀어내는 구조

금형설계적용예

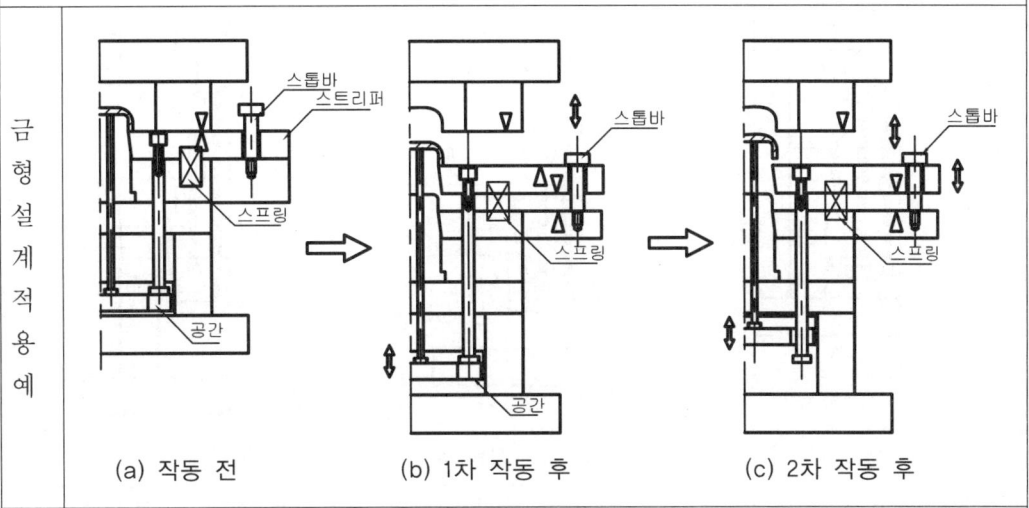

(a) 작동 전　　　　(b) 1차 작동 후　　　　(c) 2차 작동 후

특징
① 금형이 열림과 동시에 스프링에 의하여 1차 스트리퍼 작동 후 리턴핀에 의하여 밀판 이동시 2차 작동 (1차에 추출하고자 하는 제품의 내용을 추출)
② 우측의 스톱핀에 의해 스트리퍼가 정지하나 밀판을 계속 진행시키면 밀핀에 의해 제품 추출

2. 스트리퍼 플레이트(판)가 캠 블록으로 밀어내는 구조

금형설계적용예

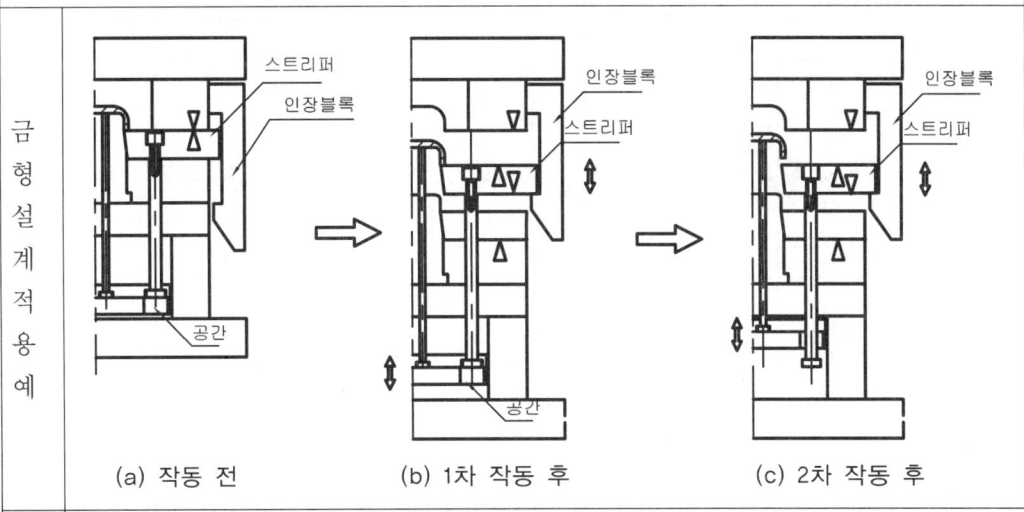

(a) 작동 전　　　　(b) 1차 작동 후　　　　(c) 2차 작동 후

특징
① 금형이 열림과 동시에 별도 캠에 의하여 스트리퍼 1차 작동 후 리턴핀에 의하여 밀판 이동시 2차 작동 (1차에 추출하고자 하는 제품의 내용을 추출)
② 우측의 스톱핀에 의해 스트리퍼가 정지하나 밀판을 계속 진행시키면 밀판에 의해 제품 추출

	3. 밀판에 슬라이드를 설치하는 구조
금형설계적용예	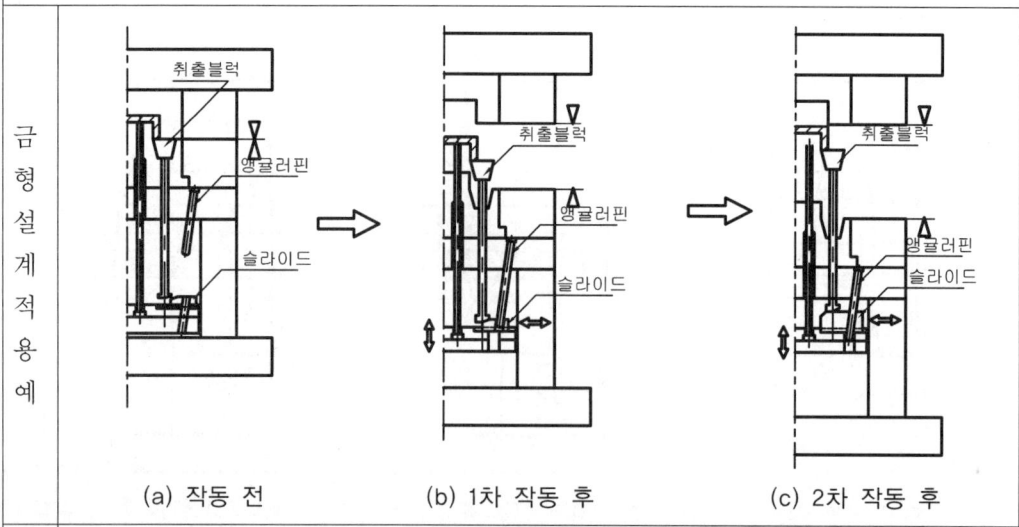 (a) 작동 전　　　(b) 1차 작동 후　　　(c) 2차 작동 후
특징	① 금형이 열린 후 추출 봉에 의해 밀판과 블록이 동시에 제품을 밀어올림 (1차 추출하고자 하는 제품의 내용을 밀판에 의하여 추출)] ② 밀판에 있는 슬라이드와 앵귤러에 의거 의해 밀판을 계속 진행시키면 블록에 의해 제품 추출
	4. 스트리퍼 판과 별도 블록으로 하는 구조
금형설계적용예	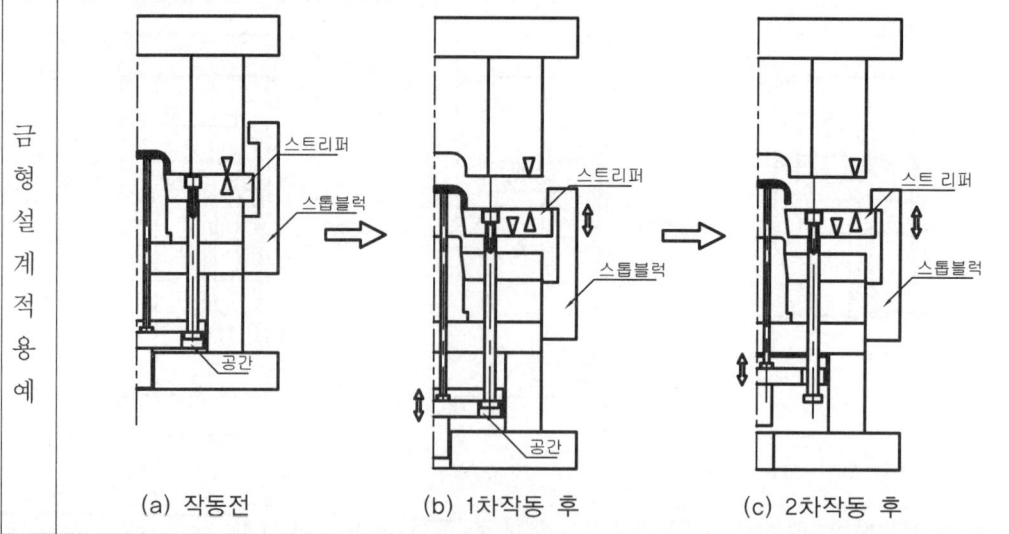 (a) 작동전　　　(b) 1차작동 후　　　(c) 2차작동 후
특징	① 금형이 열린 후 추출 봉 작동에 의해 스트리퍼 판과 밀판 이동시 제품을 동시에 밀어올림 (1차 추출하고자 하는 제품을 스트리퍼 판에 의하여 추출) ② 스트리퍼 판은 별도 블록에 의하여 정지되나, 밀판을 계속 밀면 밀판에 있는 리턴핀을 하단으로 빠져나오고 밀핀에 의거 제품이 추출 됨.

6. 언더컷의 처리

6.1. 언더컷

사출 성형기의 금형 개폐는 상하, 좌우 어느 쪽이든지 한 방향으로 운동하는 것이 표준형식이다. 따라서 금형 개폐의 축 방향에 대해서 뽑아낼 수 있는 성형품이 아니면 성형할 수 없다. 그러나 성형품에는 측면의 구멍이나 핸들, 나사 등 여러 가지 형상으로 형 열림 방향과는 다른 방향으로 뽑아낼 수 있는 종류의 제품도 성형할 수 있는 금형이 요구되는 경우가 많다.

이와 같이 형 열림 방향으로 뽑아낼 수 없는 부분을 언더컷이라 하며 이부분에 대응하는 금형의 부품을 이동시켜서 금형에서 성형품을 뽑아낼 수 있도록 하는 것을 언더컷 부분의 처리라 한다.

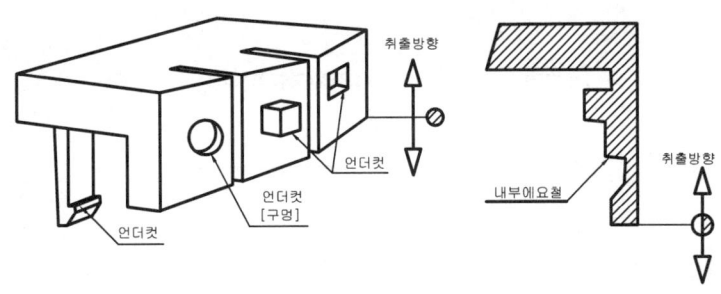

그림 6.1.1 언더컷 형상

1) 언더컷 부분의 처리(제품의 구조나 형상에 따라서)
① 언더컷 부분을 슬라이드 코어 구조로 한다.
② 내부의 중공, 외부에 턱이 있는 원통 형상의 제품은 분할형 구조로 한다.
③ 나사부가 있는 제품은 나사 회전장치를 설치한다.

2) 언더컷 부분이 있는 금형의 문제점
① 금형 구조가 복잡해지므로 금형 가격이 비싸다.
② 금형 부품의 긁힘, 마모 및 절손 등 금형 사고의 발생 우려가 많다.
③ 슬라이드 코어, 분할형에 의한 파팅 라인의 흔적이 남아 외관을 손상시키는 일이 있다.

6.2 언더컷 부분 설계 변경한 예

제품에 언더컷 부분이 있더라도 약간의 설계변경에 의하여 이를 피하는 경우

(1) 측면에 구멍이 있는 언더컷 제품을 설계 변경에 의해 언더컷 부분을 피하는 예

그림 6.2.1(b')에서 형개폐 방향 Y-Y1과 금형의 빼기 구배선의 교정을 b로 하고, a점을 빼기 구배선상에 있도록 하면 코어측과 캐비티측이 a-b선상에서 접촉되므로 측벽구멍 øD는 언더컷이 되지 않는다.

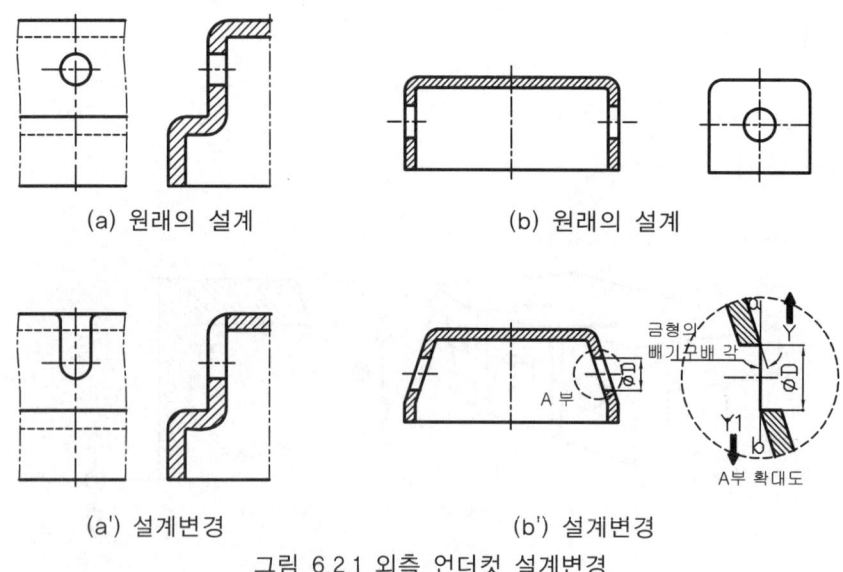

그림 6.2.1 외측 언더컷 설계변경

(2) 내측 언더컷이 있는 상자형 제품을 설계변경에 의해 언더컷 부분을 피하는 예

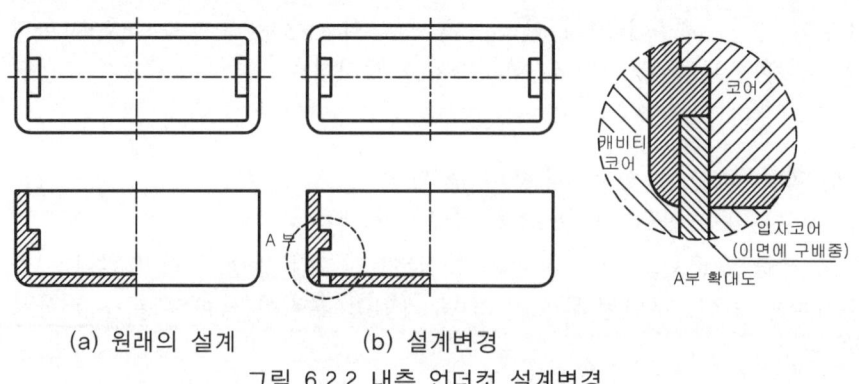

그림 6.2.2 내측 언더컷 설계변경

그림 6.2.2에서 돌기부 단면형상과 같은 입자코어를 삽입할 수 있는 구멍 설계 변경으로 언더컷을 피한다.

6.3. 언더컷 처리방법

1) 강제로 밀어내기

(가) 스트리퍼 플레이트를 사용하는 방법

스트리퍼 플레이트에 의해 강제로 이형 시킨다. 그림 6.3.1과 같이 내부에 언더컷 부분이 있는 원형 캡의 성형품에 폴리에틸렌, 폴리프로필렌, 연질 염화비닐과 같은 재료를 사용하므로 두께치수가 적절하고 이형시에 외측으로 확산할 수 있는 것이면 강제 밀어내기가 가능하다.

(나) 스트리퍼 플레이트 사용예

그림 6.3.1 (a)인 경우 연질의 재료일 때는 스트리퍼 플레이트로 밀어내면 그림(b)와 같이 제품이 외측으로 확산되면서 이형 된다. 그러나 그림(c) 와 같이 제품 면 끝이 둥글고, 스트리퍼 플레이트 내측이 파져 있는 경우에는 플레이트가 전진해도 제품 단면이 외측으로 확산되지 않으므로 강제 밀어내기가 불가능하다.

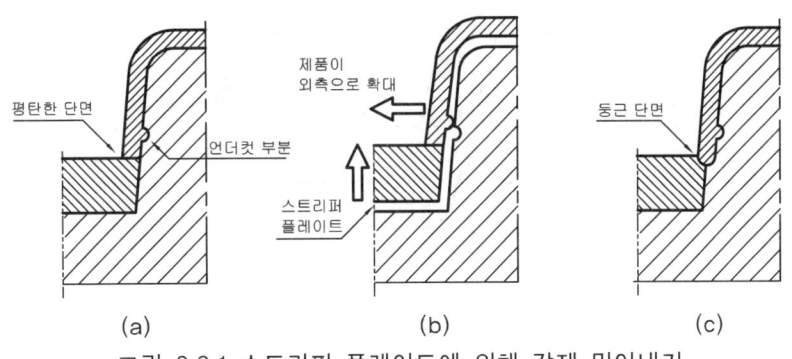

그림 6.3.1 스트리퍼 플레이트에 의해 강제 밀어내기

(다) 강제 밀어내기 할 때 언더컷 허용량

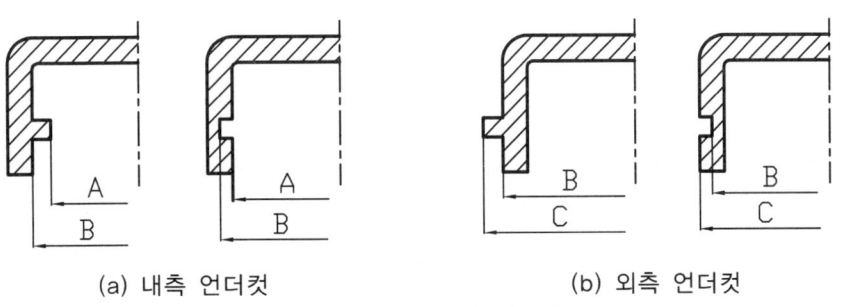

그림 6.3.2 언더컷 허용량

(a) 내측 언더컷이 있을 때   언더컷 허용량(%) $= \dfrac{B-A}{A} \times 100$

(b) 외측 언더컷이 있을 때   언더컷 허용량(%) $= \dfrac{C-B}{C} \times 100$

표 6.3.1 수지별 언더컷 허용량

수지명	ABS	POM	PA	PMMA	LDPE	HDPE	PP	PS,AS
허용량(%)	8	5	9	4	21	6	5	2

2) 슬라이드 코어에 의한 언더컷 처리방법
(가) 앵귤러 핀에 의한 작동

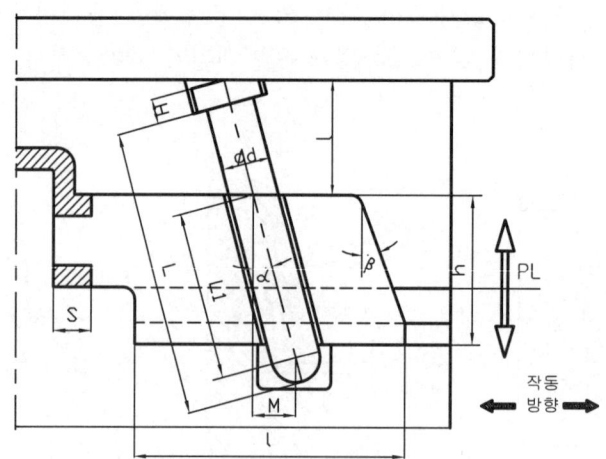

그림 6.3.3 슬라이드 코어구조

① 그림 6.3.3은 앵귤러핀에 의한 슬라이드 코어를 작동시키는 일반적인 구조 방법이다. 슬라이드 코어는 앵귤러핀에 의하여 코어 부를 진행하고 완전히 작용하며 형 체력에 의해 로킹블록 경사면이 슬라이드 코어 후면을 강하게 밀어서 형 합하고 형 내압(캐비티부의 수지압력)에 견디면서 그대로 유지한다.
② 금형이 열릴 때에는 로킹면이 떨어짐과 동시에 앵귤러핀에 의해 슬라이드 코어가 후퇴한다.
③ 앵귤러핀을 사용한 슬라이드 코어 구조의 각부의 치수 관계로 앵귤러핀의 경사각(α)이 클수록 슬라이드 코어의 운동량(M)은 증가하는 것에 비례하여 핀이 가하는 힘이 커져야 하므로 절손이나 마모의 원인이 되므로 α의 최대 각은 25°이하로 하며, 로킹면의 경사각(β)=α+2°로 한다.
④ β<α 경우에는 앵귤러핀이나 로킹블록이 파손된다.

⑤ 앵귤러핀의 길이(L):

$$L = \frac{\ell}{\cos\alpha} + \frac{M}{\sin\alpha} + \frac{d}{2} - H$$

앵귤러핀의 각도(α),   β > α+2°,   α < 25°.

⑥ 슬라이드코어의 운동량(M) 및 앵귤러핀 습동부의 길이(L)

$$M = (L1\sin\alpha) - \frac{c}{\cos\alpha}$$

$$L_1 = (\frac{M}{\sin\alpha}) + \frac{2c}{\sin 2\alpha}$$

M: 슬라이드코어의 운동량(mm), L: 앵귤러핀의 작용 길이(mm),
α: 앵귤러핀의 경사각,   C: 틈새(mm)

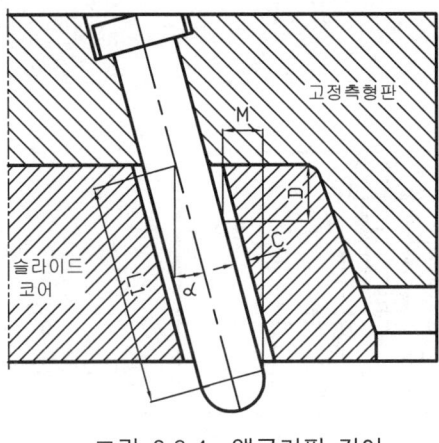

그림 6.3.4 앵귤러핀 길이

⑦ 그림6.3.5와 같이 슬라이드 코어의 높이(h)는 습동면 길이(l)보다 작게 (l/h=2이상)하는 것이 바람직하다.

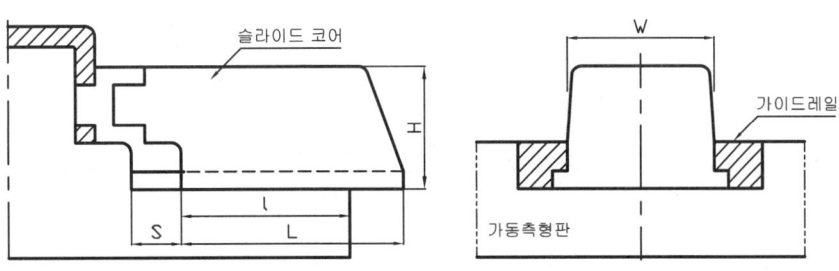

그림 6.3.5 슬라이드 코어 가이드레일

⑧ 슬라이드 코어의 안내 홈이 직접 가공하는 방법과 그림 6.3.5와 같이 보조판(가이드레일)을 삽입하는 경우가 있다. 보조판을 삽입하는 경우에는 가공이나 열처리 또는 파손시의 교환이 용이하다.
⑨ 그림 6.3.5에서 슬라이드 코어의 습동길이 (L)는 폭(W)의 1.5배 정도로 하며, 코어 후퇴 시 안내 홈에 코어 습동부의 약 2/3정도가 걸려 있도록 한다.

(나) 도그레그 캠에 의한 작동
① 그림 6.3.6은 도그레그 캠에 의하여 슬라이드 코어가 작동되어 언더컷 부분을 처리한다.
② α는 25°이하로 하며, β=α+2°정도로 한다.
③ 슬라이드 코어 운동량과 도그레그 캠의 치수 관계는 다음과 같이 한다.

$$M = L_a \tan\alpha - C$$
$$L_a = \frac{M+C}{\tan\alpha}$$

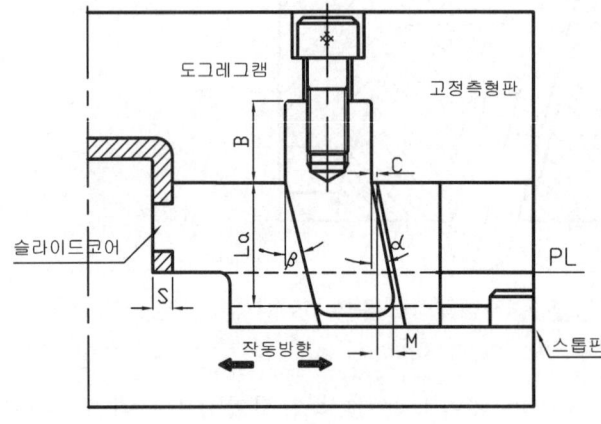

M: 슬라이드코어의 운동량 (mm)
La: 캠의 경사부 길이(mm)
B: 캠의 직선부 길이(mm)
α: 캠의 경사각(°)
β: 캠 록킹면의 경사각(°)
C: 틈새(mm)

그림 6.3.6 도그레그 캠

(다) 경사 캠 플레이트에 의한 작동
① 그림 6.3.7은 고정측형판에 캠 플레이트를 설치하고 홈을 습동하는 핀과 슬라이드 코어를 연결 작동시키므로 언더컷 부분을 처리한다.
② α는 25°이하
③ 코어 운동량과 앵귤러 캠의 치수

$$M = L_a \tan\alpha - C \qquad L_a = \frac{M+C}{\tan\alpha}$$
$$D = L_s + \frac{c}{\tan\alpha} + r\left(\frac{1}{\tan\alpha} - \frac{1}{\sin\alpha}\right)$$

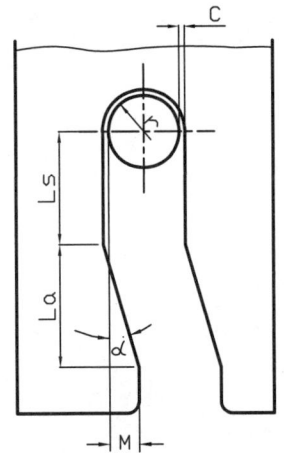

M: 슬라이드 코어의 운동량(mm)
L_a: 캠 트랙의 경사부 길이(mm)
L_S: 캠 트랙의 직선부 길이(mm)
α: 캠 트랙의 경사각(°)
D: 지연 량(mm)
C: 틈 새(mm)
r: 핀의 반지름(mm)

그림 6.3.7 경사 캠 플레이트

(라) 경사 슬라이드 핀(코어)에 의한 작동

그림 6.3.8은 제품 내측에 있는 언더컷 부분을 경사 핀(코어)으로 제품을 밀어내므로 경사에 의하여 언더컷 부분이 떨어진다.

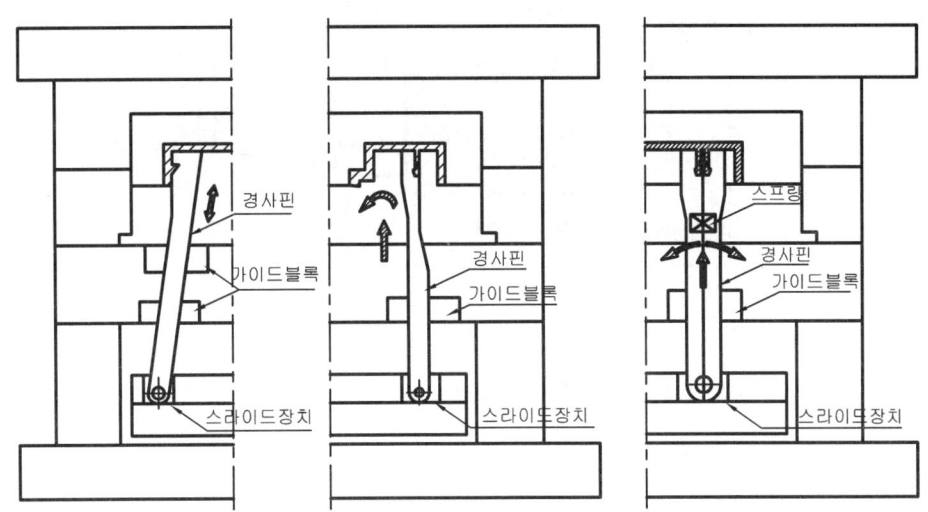

그림 6.3.8 경사 슬라이드 핀

(마) 스프링에 의한 작동

그림 6.3.9와 같이 스프링에 의하여 슬라이드코어를 작동시키며 결합 시에는 금형 체결력에 의하여 로킹블록으로 슬라이드 코어를 결합시킨다.

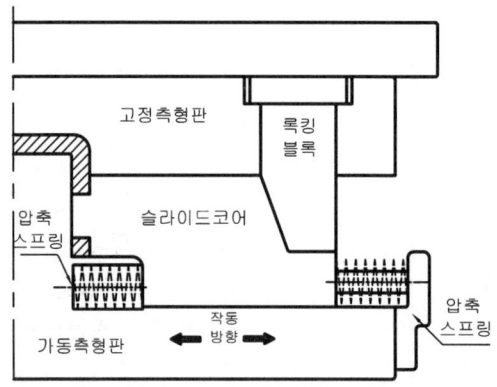

그림 6.3.9 스프링과 로킹블록

(바) 유압(공기압) 실린더에 의한 작동

유압(공기압)실린더의 작용력에 의하여 슬라이드코어를 작동시켜 언더컷 부분을 처리한다.

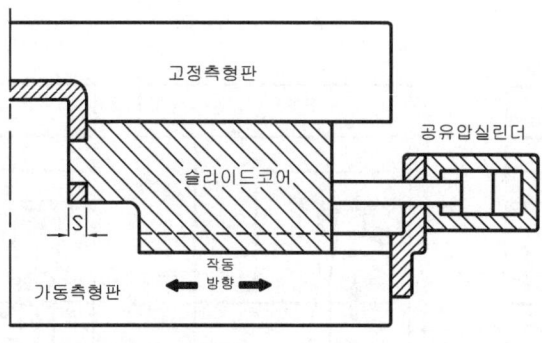

그림 6.3.10 공유압에 의한 작동

① 슬라이드 코어(블록)에 작용하는 성형압력을 모두 실린더 힘으로 받아내야 한다.
② 성형기의 사이클에 관계없이 전 후진이 가능하다. 또는 사출 성형기의 동작과 정기적으로 연동시키어 작동시킬 수 있다
③ 슬라이드 코어의 스크로우크를 길게 할 수 있다.
④ 금형 본체의 구조가 간단하며 고장도 적다. 단 코스트는 그때그때의 경우에 따라 다르다.
⑤ 금형을 성형기에 장치하거나, 제거할 때 유압배관이나 제어장치의 제거도 필요하므로 교환시간이 많이 소용된다.
⑥ 슬라이드 작동용 유압(공기압)의 공급원이 필요하다.

⑦ 유압 실린더의 작용력 계산
　　F=A×P
　　F: 슬라이드 코어 작용 힘(kg)　　P: 캐비티 부에 작용하는 수지압력(kg/㎠)
　　A: 수지압이 걸리는 투영면적(㎠)
⑧ 캐비티 부에 작용하는 용융수지 압력은 일반적으로 평균 350~500kg/㎠정도가 표준이 된다. 그러나 정밀 공업제품 및 성형재료에 따라 1,000kg/㎠이 되는 일도 있다.

(사) 슬라이드 코어 설계시 유의사항
① 슬라이드 코어의 경사핀 삽입부에 R을 준다.
② 슬라이드 코어와 경사핀 중 한쪽에 0.5~1mm의 간격을 준다.
　㉠ 금형이 형개할 때 슬라이드 부의 파손을 방지.
　㉡ 로킹블록이 슬라이드 코어위치 설정을 용이하게 하기 위함
　㉢ 수지압이 슬라이드 코어에 작용할 때 경사핀에 걸리지 않도록 함
　㉣ 경사핀의 위치 및 각도와 구멍오차 발생시 영향이 미치지 않도록 한다.
③ 로킹블록 경사각 ≥경사핀 각도 + 2°~5°(단 경사핀 각도<25°)
④ 대형 슬라이드 코어에서는 복수 경사핀이 필요하다.
⑤ 슬라이드 코어 작동부 홈은 가공이 용이하도록 안내판을 붙이는 것이 바람직하다. 작동부의 경도는 HRC50~55열처리 되어야 한다.
⑥ 작동량이 길고 원판이 크지 않을 때는 슬라이드 안내판을 길게 한다.
⑦ 플래시 발생 방지를 위하여 날개부 길이≥슬라이드 폭의 1.5배하며 잡아당길 경우에는 날개부 길이의 2/3이상이 안내되어야 한다.
⑧ 금형 열림에 의해 슬라이드 코어의 위치가 벗어나지 않도록 스프링, 스톱 핀 등을 사용하여 금형 파손을 방지한다.
⑨ 앵귤러핀에 의해 슬라이드 코어를 이동시키는 경우, 슬라이드 코어가 성형 압력에 의해 후퇴하는 것을 방지하는 구조를 고려해야 한다. (로킹블록 설치)
⑩ 밀핀과 슬라이드 코어가 간섭을 발생 할 때는 링크, 바아, 스프링 등을 사용하여 이젝터 플레이트의 조속 귀환 기구를 설치한다.

6.4 언더컷 처리 금형구조

1) 외측 언더컷 처리 금형적용 예

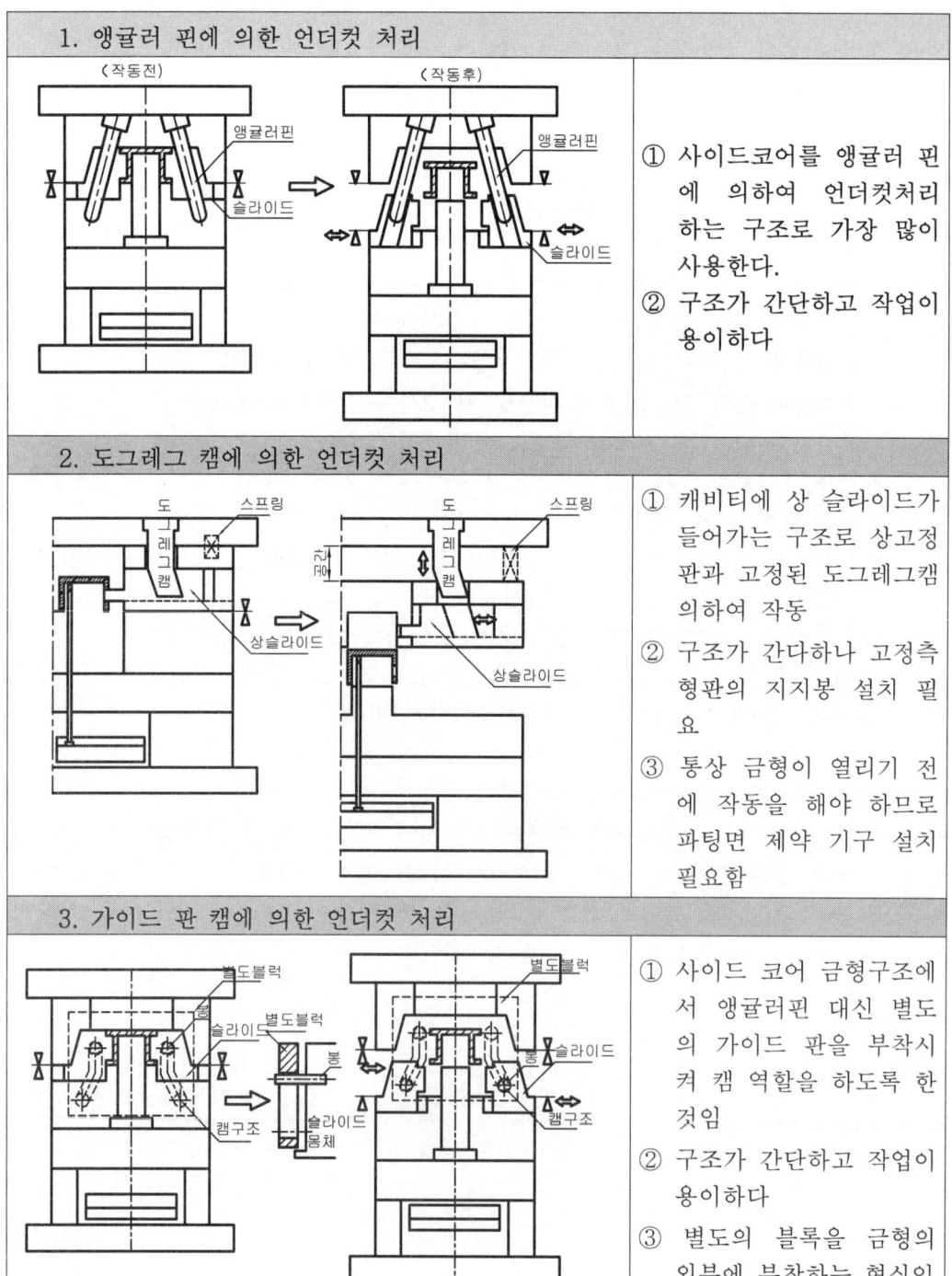

4. 경사핀에 의한 언더컷 처리

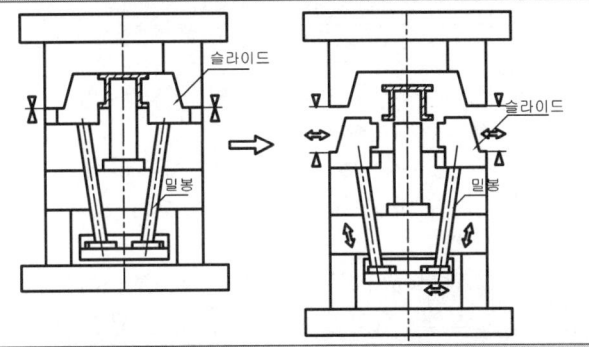

① 슬라이드 코어 형식으로 슬라이드 작동핀을 경사핀 구조로 사용하는 방법
② 밀판을 밀어줄 때에 슬라이드하면서 사이드 코어를 좌우로 밀어줌
③ 하측 밀어주는 핀의 강도에 유의

5. 경사핀에 의한 언더컷 처리

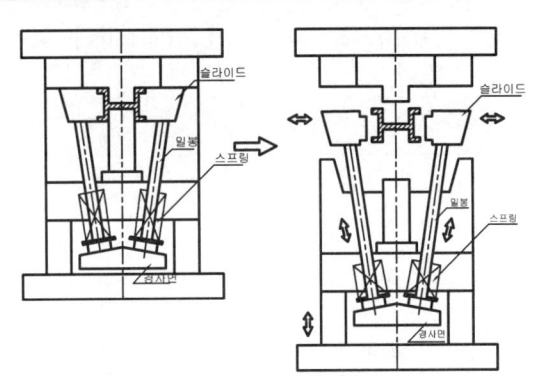

① 슬라이드 코어 형식으로 슬라이드 작동핀을 경사핀 구조로 사용하는 방법
② 밀판을 밀어줄 때에 슬라이드하면서 슬라이드 코어를 좌우로 밀어줌
③ 하측판을 경사로 밀어주며, 경사핀 리턴은 스프링에 의하여 작동 시킨다.

6. 도그레그 캠 언더컷 처리를 스트리퍼 판 밀어내기

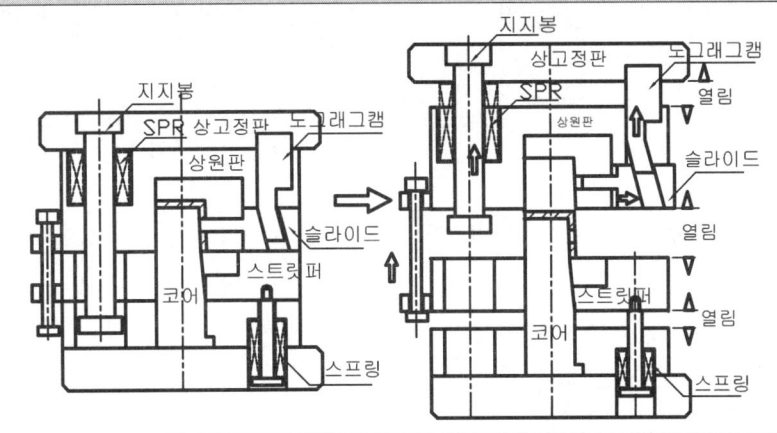

① 고정측설치판과 고정측형판에 볼트 대신 지지봉 사용(상고정판 작동은 스프링에 의함)
② 항상 스프링이 먼저 작동하여 고정측형판의 도그래그캠으로 슬라이드 작동시킴
③ 스프링 작동시 슬라이드 작동(언더컷부 해제)
④ 이동측의 스프링으로 인하여 파아팅면이 열림
⑤ 제품 추출은 인장봉에 의하여 스트리퍼 판을 당김으로 추출

2) 내측 언더컷 처리 금형적용 예

1. 작동면이 캐비티면과 일치

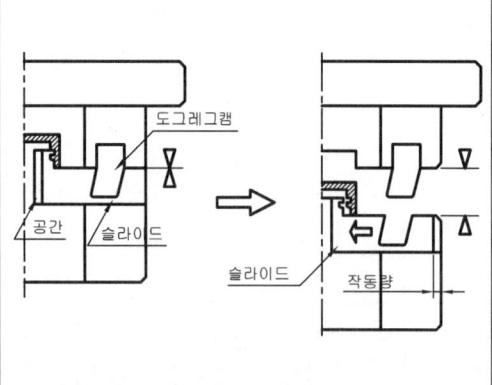

① 일반적인 슬라이드 코어 작동 형식과 동일한 구조임
② 도그레그캠의 구조를 사용하여 금형이 열림과 동시에 슬라이드코어가 내측으로 작동
③ 언더컷의 부위가 작동 후 추출되는 방향으로 간섭을 받지 않도록 위쪽 부위에 주의를 요한다.
④ 작동 후의 위치 결정은 스프링 혹은 슬라이드 코어의 삽입 방향 따라 다를 수 있다

2. 언더컷이 캐비티면 보다 하단에 있을 경우

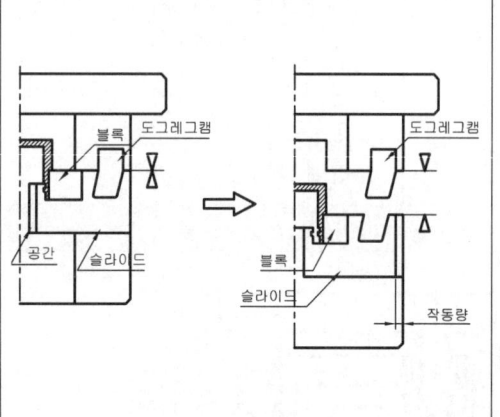

① 일반적인 슬라이드 코어 작동형식과 동일한 구조임 (사이드 코어가 파아팅 하단에 있어 그 공간부 만큼 터널가공 또는 별도의 블록을 조립할 수 있도록 한다).
② 도그레그캠의 구조를 사용하여 금형이 열림과 동시에 슬라이드 코어가 내측으로 작동
③ 언더컷의 부위가 작동 후 추출되는 방향으로 간섭을 받지 않도록 위쪽 부위에 주의를 요한다.
④ 작동 후의 위치결정은 스프링 혹은 슬라이드 코어의 삽입방향에 따라 다를 수 있다

3. 언더컷이 내부 안쪽 중앙에 위치할 경우

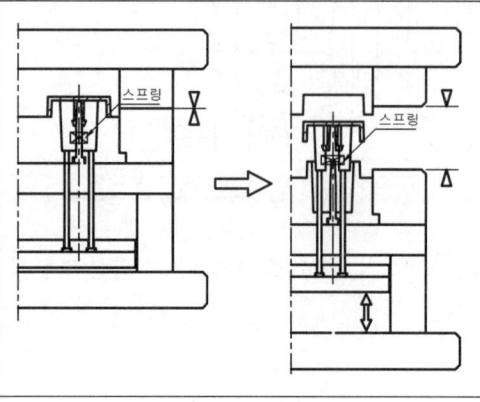

① 일반적인 경사편 작동형식과 동일한 구조임(언더컷이 내부에 있으므로 작동은 스프링을 넣어 밀핀으로 밀면 벌어짐)
② 조립에 다소 무리가 따를 수 있으며 하단의 밀핀 설치방법은 나사로 한다.
③ 언더컷의 부위가 추출되는 방향으로 치우칠 우려가 있으므로 보조리브 등이 필요할 때가 있다
④ 리턴핀에 스프링을 넣지 않는 것이 바람직하

6.5 플라스틱 기어

1) 기어형상

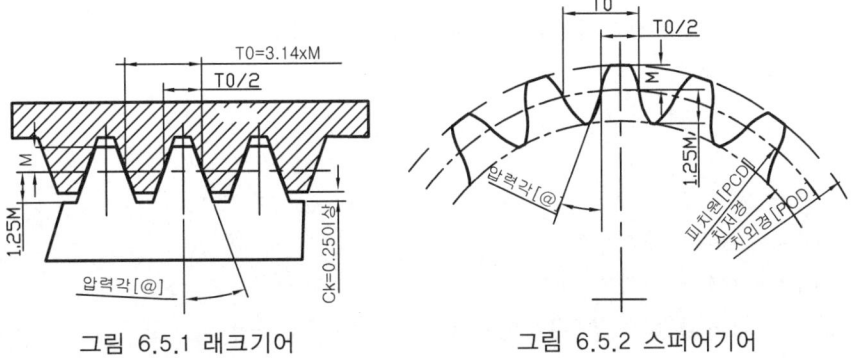

그림 6.5.1 래크기어   그림 6.5.2 스퍼어기어

① 원피치(TO)=원주율에 피치원을 곱한 것을 잇수로 나눈 것
　　　　　　=(π×피치원지름/잇수)
② 묘듈(M)=기어의 크기를 말함　　　　　M=기준피치/π(원주율))
③ 피치원(PCD)=상대기어와 맞물리는 직경　　PCD= 잇수(Z)×묘듈(M)
④ 치외경=이끝원 직경　　　　　　　　이끝원직경=PCD+ 2×묘듈(M)
⑤ 치저경=이뿌리원 직경　　　　　　　치저경=PCD-2.5×묘듈(M)
⑥ 압력각(@)=피치원에서 상대기어와 맞물리는 접전각도 (통상: 20도 /14.5도)
⑦ 치형곡선=이의 모양을 이루는 곡선 (통상: 인볼류트 곡선/사이크로이드 곡선)
⑧ 잇수(Z): 기어의 잇수
⑨ 여유량(CK): 통상 0.25 이상을 준다.
⑩ 전위량(X): 피치원을 이동하여 치외경 혹은 치저경을 바꾸어 놓은 것
　　(+ 전위와 -전위)

2) 기어측정

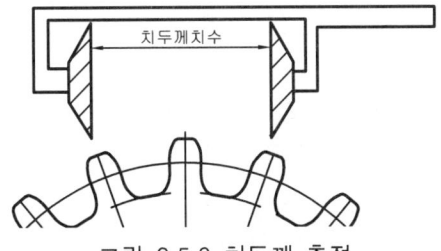

그림 6.5.3 치두께 측정

(1) 기어 측정방법
　① 가미아이 테스트기계 이용방법　② 치두께 측정법　③ 핀봉치수 측정법
(2) 기어정밀도[급수]의 결정 방법

① KS규격   ② 일본규격[J.G.M.A]등 으로
    ⓐ 치형면의 조도 ⓑ 편심량 ⓒ 동심도 등으로 판별하여 0급에서 9급까지 판정
(3) 치두께 측정법
일반적인 성형품 기어 및 전극기어/보통기어의 측정에 사용하고 있는 방법으로 기어측정을 버니어 캘리퍼스로서 길이 치수로 판단이 가능함
(4) 용어(약어)
① 측정한 이 두께 치수: Sm
② 측정할 이의 수: Zm
③ 측정할 기어의 모듈: M
④ 주어진 기어의 잇수: Z
⑤ 주어진 기어의 압력각: @도
⑥ 주어진 기어의 치외경은 계산은 (외경측정= PCD+ 2× 모듈(M))
(5) 계산식
  Sm=M×Cos@{π×(Zm-0.5)+ Z×inv@}에서 계산하면
① 압력각 20도일 경우: Sm=M×{0.014006×Z+ 2.95213×Zm-1.47606}
② 압력각 14.5도일 경우: Sm=M×{0.005368×Z+ 3.04152×Zm-1.52076}
[단 $Z_m = [\frac{압력각@ \times 잇수(Z)}{180}]$ +0.5로 계산하여 소수점은 반올림하여 정수함]

※ 계산 적용 예
  모듈(M)=3.0 , 잇수(Z)=40개 , 압력각(@)=20도 일 때 기어의 피치원직경 /치외경 /치저경 /치 두께 치수를 계산하면
① 피치원 직경(PCD) =잇수(Z)×모듈(M)이므로 =40×3 =120.0
② 치 외경(O.D) =PCD+ 2×모듈(M)이므로 120+ 2×3 =126
③ 치 저경(I.D) =PCD-2.5×모듈(M)이므로120-2.5×3 =112.5
④ 이두께 측정
    ⓐ 측정할 잇수를 구하면
      Zm={(압력각 20×잇수 40개) /180} + 0.5= 4.94444[5개 측정]
    ⓑ 5개를 측정하여 치수를 계산하면
      Sm=3×{0.014006×40개 + 2.95213×5-1.47606}=41.53449
  즉, 주어진 기어를 가지고 임의의 잇수를 5개 측정하여 치수가 41.53449가 나오면 이 기어는 맞는 다고 판단하면 된다. 단 기어급수는 판단하지 못한다.

(6) 핀 직경으로 하는 측정
같은 직경의 핀[봉]을 사용하는 방법으로 기어 금형의 코어 측정 혹은 와이어 가공코어에 사용한다. 잇수가 ⓐ 짝수와 ⓑ 홀수 일 때가 다르므로 주의를 요함

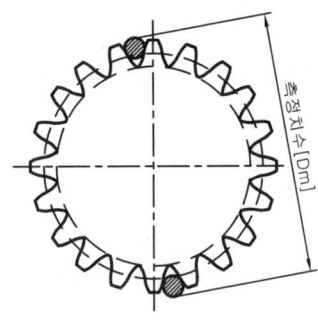
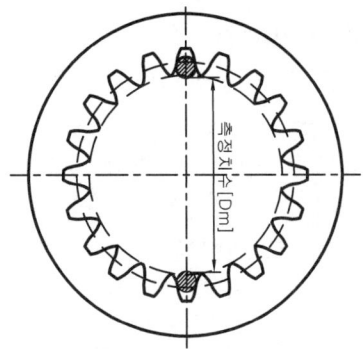

그림 6.5.4 외측 기어 측정   그림 6.5.5 내측 기어 측정

(가) 외측기어 측정
 ① 잇수가 짝수일 경우
$$D_m = \frac{\text{잇수}(Z) \times \text{모듈}(M) \times Cos@°}{CosB°} + \text{사용핀직경}(dp)$$

 ② 잇수가 홀수일 경우
$$D_m = \frac{\text{잇수}(Z) \times \text{모듈}(M) \times Cos@°}{CosB°} \times Cos\frac{90°}{Z} + \text{사용핀직경}(dp)$$

 참고적으로 $invB° = \frac{\text{사용핀직경}(dp)}{\text{잇수}(Z) \times \text{모듈}(M) \times Cos@°} - \frac{\pi}{2 \times \text{잇수}(Z)} + inv@°$

(나) 내측기어 측정=금형코어 측정
 ① 잇수가 짝수인 경우
$$B_m = \frac{\text{잇수}(Z) \times \text{모듈}(M) \times Cos@°}{CosB°} - \text{사용핀직경}(dp)$$

 ② 잇수가 홀수인 경우
$$B_m = \frac{\text{잇수}(Z) \times \text{모듈}(M) \times Cos@°}{CosB°} \times Cos\frac{90°}{Z} - \text{사용핀직경}(dp)$$

 참고적으로 $invB° = (\frac{\pi}{2 \times \text{잇수}(Z)} + inv@°) - \frac{\text{사용핀직경}(dp)}{\text{잇수}(Z) \times \text{모듈}(M) \times Cos@°}$

표 6.5.1 핀의 직경

① 외측기어 측정의 경우						② 내측기어 측정의 경우=금형코어				
M=0.2	0.346	M=0.5	0.864	M=2	3.456	M=0.2	0.288	M=0.5	0.72	M=2	2.88
M=0.3	0.518	M=1	1.728	M=2.5	4.320	M=0.3	0.432	M=1	1.44	M=2.5	3.6
M=0.4	0.691	M=1.5	2.592	M=3	5.184	M=0.4	0.576	M=1.5	2.16	M=3	4.32

* 핀의 직경은 모듈에 의해 정해진다. 각각 모듈(M)=1을 기준으로 함

3) 기어 금형설계

기어를 사출 성형 금형으로 제작하고자 할 때 금형 설계 요령을 서술함

(1) 게이트 수
   ① 통상 1점 게이트가 가장 좋고 위치는 중심에 위치하는 것이 좋다. 게이트 수가 많을 수록 기어의 치형이 변화를 가져올 수 있다
   ② 일반적으로 기어류에는 중심부에 연결 축 구멍 혹은 보스 등이 있으므로 1점 게이트로 하기가 곤란하여 게이트 수는 3점 게이트로 하는 것이 많다

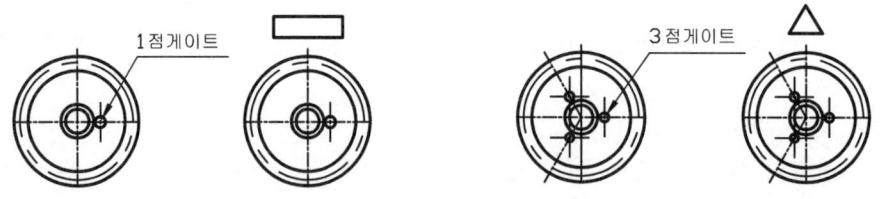

(a) 1점 게이트　　　　　　　　(b) 3점 게이트

그림 6.5.6 기어의 게이트 위치

(2) 수축률 계산
   ① 성형수지에 따라 수축률이 다르므로 기어의 치형에도 수축률을 적용시킨다.
(3) 치형가공
   ① 치형가공을 와이어컷 기계(Wire Cut)
      묘듈이 와이어선의 반경보다 큰 경우 사용. 근래에는 묘듈이 0.3까지 가능(와이어 선이 0.05mm)
   ② 치형을 전극으로 가공하여 방전가공(E.D.M)
      보유하고 있는 호브에 따라 사용 가능함(전극의 치형 가공시 압력각을 변화시켜 가공 요)
(4) 평치차[스퍼어기어] 금형설계

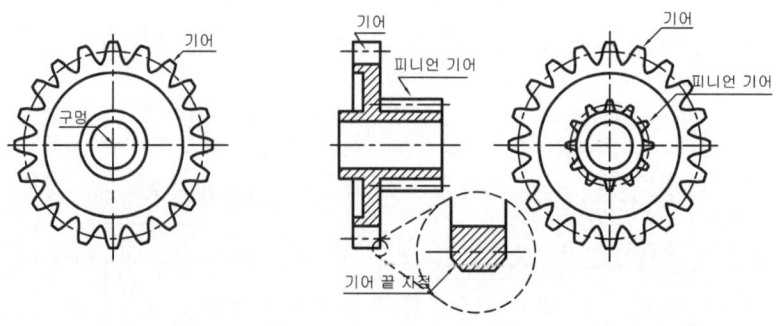

그림 6.5.7 피니언기어 없는 형　　　그림 6.5.8 피니언기어 있는 형

① 기어형상:
   ⓐ 피니언기어 없는 형, ⓑ 피니언기어 있는 형, ⓒ 기어 끝면에 Cut 혹은 R

    이 있는 형이 있다.
(5) 캐비티코어의 형상
(가) 몸통과 일체형: 기어가 형성되는 부와 코어가 붙어있는 형태
  ① 동시가공이 가능하므로 동심도 및 원통도의 정밀도는 높다
  ② 와이어 컷 가공시에 선의 위치 결정이 멀어 구배가 일어날 수가 있음
  ③ 선반가공 시 깊이가 깊은 경우에는 바닥면의 조도가 나빠질 수가 있다

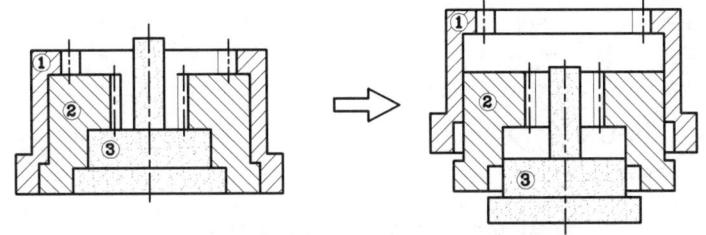

그림 6.5.9 캐비티코어 일체형

(나) 몸통과 분리형: 기어가 형성되는 부와 코어가 분리되어 있는 형태

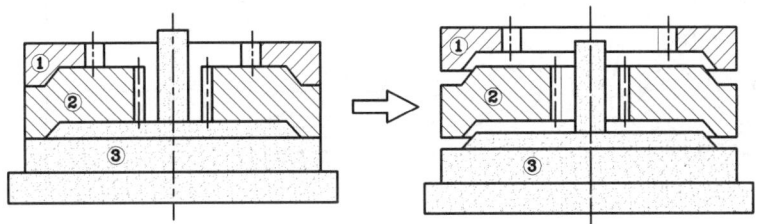

그림 6.5.10 캐비티코어 분리형

  ① 동시가공이 아니므로 동심도 및 원통도의 정밀도는 낮다
  ② 와이어컷 가공 가공시에 선의 위치결정이 가까우므로 정밀도가 높다
  ③ 기어면 가공시 깊이가 낮은 경우에는 바닥면의 조도가 좋아질 수가 있다
(6) 와이어 컷트 기계로 가공할 때 유의점
  ① 와이어선의 직경에 비교하여 묘듈을 조사하고 기어 끝부의 R을 파악하여 판단할 것
  ② 와이어 선의 시작 구멍 가공정밀도에 주의 기울려야 한다.
  ③ 기어표면의 조도와 정밀도를 높이기 위하여 와이어 회전회수를 최소 3회 이상으로 가공할 것
  ④ 기어의 가공에서 시작되는 지점은 항상 치저경부위에서 시작될 수 있도록 할 것
(7) 전극으로 방전가공 할 때 유의점: R 혹은 C일 때는 꼭 전극 가공이 필요함
  ① 전극은 호브로서 가공하고 전극에서 방전 시작 부는 황삭으로 작게 하여 방전 할 것.
  ② 가공할 기어부와 방전가공 여유 량은 가능한 작게 남길 것(최대 3mm)

③ 전극을 여러 캐비티에 사용하고자 할 때 기어의 가공길이를 연장하여 가능한 하나의 전극으로 가공이 가능하도록 할 것
④ 치형 끝 지점에 R은 C가 있을 때는 전극에 가공한 후에 치형을 가공할 것

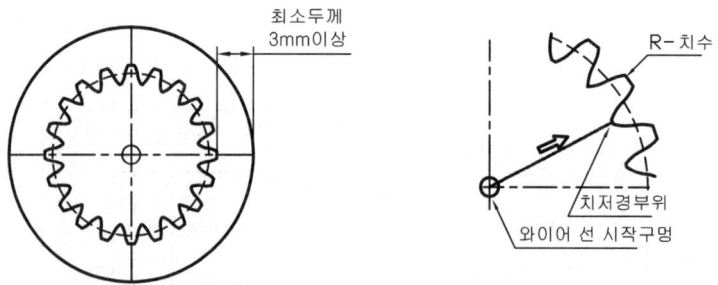

그림 6.5.11 와이어 가공시 캐비티코어 형상

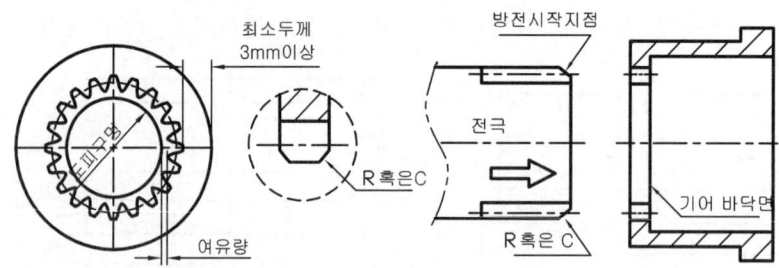

그림 6.5.12 방전 가공시 캐비티 코어 형상

⑤ 헤리컬기어 가공 예
  ⓐ 방전가공시에 전극을 회전시키는 방법과 피공작물[캐비티코어]를 회전시키는 방법이 있다.
  ⓑ 방전시 방전조건에 유의하고 과도한 부하가 걸리지 않도록 할 것
  ⓒ 방전시 회전방향과 해제시의 회전방향이 반대이므로 주의를 요하고 제품도면에서의 회전방향에 유의할 것

4) 기어 금형설계에 필요 사항
(1) 게이트 형식 및 위치
  ① 가능한 중심에 위치할 수 있도록 할 것[핀 포인트 게이트형식]
  ② 1점 게이트가 불가능할 시 3점 게이트로 유도할 것
    [3점 게이트는(정삼각형의 원형)측정시의 판단 유보관계임]
(2) 기어의 모듈
  ① 와이어 선 직경보다 작으면 전극으로 유도[끝 지점의 R/C치수도 체크할 것]
  ② 모듈이 소수점일 경우(예: 2.3 혹은 2.4)에는 와이어 컷트 가공시에는 가능

하나 전극 가공시는 가공용 호브 체크가 필요
③ 묘듈에는 수축률을 곱하지 않는다.
(3) 기어의 치형
① 인볼류트 치형일 경우에는 별무리가 없음
② 사이클로이드 곡선일 경우에는 특수의 호브 및 DB확인 필요
③ 세미 사이클로이드 곡선일 경우에도 특수 호브 및 DB확인 필요
(4) 기어의 전위량
① 전위량이 표시되어 있지 않은 경우는 전위량 0임
② 전위량이 표시된 경우[+전위/-전위]피치원을 전위량 만큼 이동시켜서 가공할 것
③ 치 외경치수와 치저경의 치수확인을 꼭 할 것
(5) 기어의 압력각
① 20° 혹은 14.5°가 보통사용 되고 있음
② 표시가 없을 경우에는 통상 20°로 파악할 것
③ 전극 가공시에 20°을 -->14.5°로 가공하고, 14.5°을--->9.5°로 가공한다.
(6) 기어의 잇수
① 짝수 혹은 홀수에 따라 기어의 측정이 다르므로 확인이 필요함
② 치 외경이 주어질 경우에 꼭 피치원 계산을 하여 볼 것*
③ 피치원과 치 외경사이의 계산식에 의거하여 산출]
(7) 기어의 정밀도
① 급수가 WDJWLF 때(예: KS6급 /JIGMA 5급/JIS5급)
② 급수결정 참고 표를 보고 표면조도/편심량/원주 피치량 등을 파악할 것]
(8) 수축률 적용
① 기어의 두께에 따라 수축률이 다르므로 기준을 2mm로 하여 두꺼워지면 크게 주고 얇아지면 작게 적용할 것
② 묘듈에는 수축률을 적용하지 말 것
(9) 제품 밀어내기
① 축이 들어가는 중심의 구멍부는 빼기구배를 주지 못하므로 스리브 핀으로 밀어 내도록 할 것

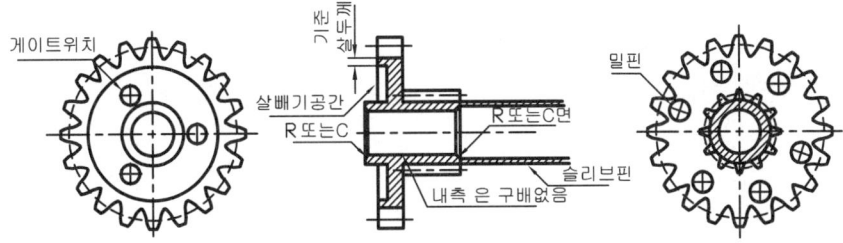

그림6.5.13 슬리브 핀 밀어내기

(10) 제품형상 체크
   ① 중심의 shaft삽입부는 항상 R혹은 C가 있으므로 파팅면 설정 시 단차를 가능한 작게 할 것
   ② 기어의 치형 부는 가능한 두께를 얇게 하기 위하여 살빼기 부를 설치하도록 할 것.

5장

사출금형의 부품

1. 사출용 금형의 가이드 부품

1.1 사출용 금형의 가이드핀(KS B 4152)

1) 사출용 금형의 가이드핀 형상 및 치수

(1) 종류: 종류는 A형 및 B형이 있다.
(2) 재질: KS D 3751의 STC 3~5, KS D 3753의 STS 2~3, KS D 3525의 STB 2
(3) 모양: 그림 1.1.1, 1.1.2
(4) 치수: 표 1.1.1, 1.1.2, 및 표준길이는 표 1.1.3과 같다.

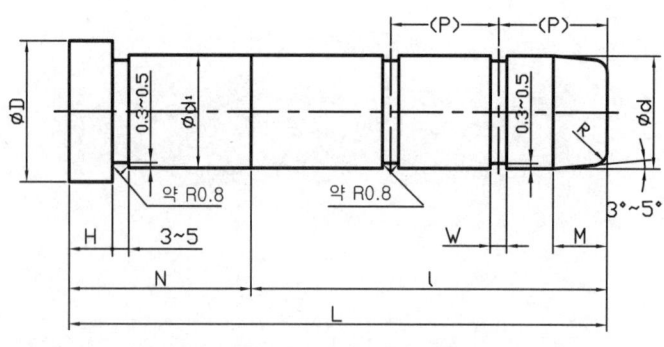

그림 1.1.1 가이드핀 A형

표 1.1.1 가이드핀 A형 치수

호칭치수	d		d_1		D	H	M	R	W	※P (참고)
	치수	치수차(기호)	치수	치수차(기호)						
10	10	-0.013 -0.022 (f7)	10	+0.015 +0.006 (m6)	13	5		2		16
12	12	-0.016 -0.027 (f7)	12	+0.018 +0.007 (m6)	17	6			3	
16	16		16		20		8			
20	20	-0.020 -0.033 (f7)	20	+0.021 +0.008 (m6)	25		10	2.5		20
25	25		25		30		12			25
30	30		30		35	8	15	3		30
35	35	-0.025 -0.041 (f6)	35	+0.025 +0.009 (m6)	40		15			30
40	40		40		45	10	20	4	4	40
50	50		50		56	12	25	5		50
60	60	-0.040 -0.055 (f6)	60		66	15	25	5		50

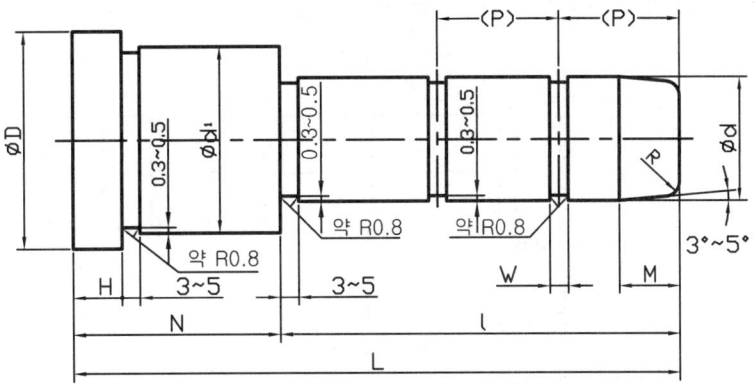

그림 1.1.2 가이드핀 B형

표 1.1.2 가이드핀 B형 치수

호칭치수	d		d_1		D	H	M	R	W	※P (참고)
	치수	치수차(기호)	치수	치수차(기호)						
16	16	$-0.016 \atop -0.034$ (f7)	26	$+0.012 \atop +0.001$ (k6)	30	8	8	2.5	3	16
20	20	$-0.020 \atop -0.041$ (f7)	30	$+0.015 \atop +0.002$ (k6)	35	8	10	2.5		20
25	25	$-0.020 \atop -0.041$ (f7)	35	$+0.018 \atop +0.002$ (k6)	40	8	13	2.5		25
30	30	$-0.040 \atop -0.061$ (e7)	42	$+0.027 \atop +0.002$ (k7)	47	10	15	3		30
35	35	$-0.050 \atop -0.075$ (e7)	48	$+0.027 \atop +0.002$ (k7)	54	10	15	3		30
40	40	$-0.050 \atop -0.075$ (e7)	55	$+0.041 \atop +0.011$ (m7)	61	12	20	4	4	40
50	50	$-0.050 \atop -0.075$ (e7)	70	$+0.041 \atop +0.011$ (m7)	76	15	25	5		50
60	60	$-0.060 \atop -0.090$ (e7)	80	$+0.041 \atop +0.011$ (m7)	86	15	25	5		50

표 1.1.3 가이드핀의 표준길이

호칭치수 (ød)	L									
	60	70	80	100	120	140	160	180	200	220	250
	N										
20	22	22	22	32	32						
25			32	32	32	32					
30				37	37	37	37				
35					47	47	47				
40						57	57	57			
50								77	77	77	
60									87	87	117

2) 사출용 금형의 가이드핀 적용 예

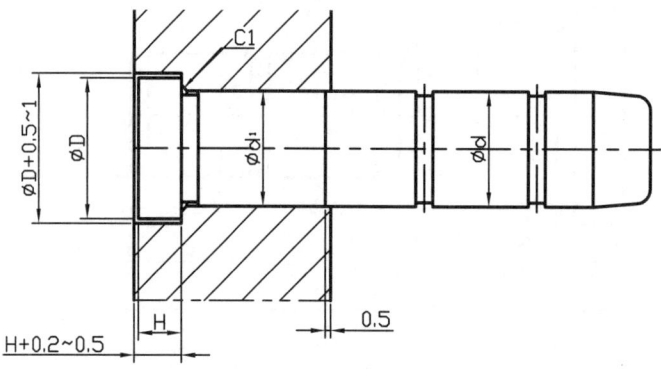

그림 1.1.3 가이드핀 A형 적용 예

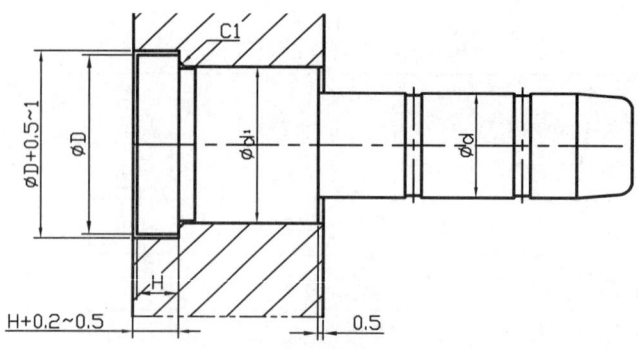

그림 1.1.4 가이드핀 B형 적용 예

표 1.1.4 가이드핀 적용 제 치수

호칭 치수 d	A 형				B 형			
	d_1 (구멍)				d_1 (구멍)			
	치수	치수차(H7)	D	H	치수	치수차(H7)	D	H
16	16	+0.018 / 0	20	6	26	+0.012 / 0	30	8
20	20	+0.021 / 0	25	6	30	+0.012 / 0	35	8
25	25	+0.021 / 0	30	8	35	+0.025 / 0	40	8
30	30	+0.025 / 0	35	8	42	+0.025 / 0	47	10
40	40	+0.025 / 0	45	10	55	+0.030 / 0	61	12
50	50	+0.025 / 0	56	12	70	+0.030 / 0	76	15
60	60	+0.030 / 0	66	15	80	+0.030 / 0	86	15

1.2 사출용 금형의 가이드 부시(KS B 4155)

1) 사출용 금형의 가이드 부시 형상 및 치수
(1) 종류: A형 및 B형이 있다.
(2) 재질: KS D 3751의 STC 3~5, KS D 3753의 STS 2~3, KS D 3525의 STB 2
(3) 모양: 그림 1.2.1~2와 같다
(4) 치수: 표 1.2.1~2와 같다.

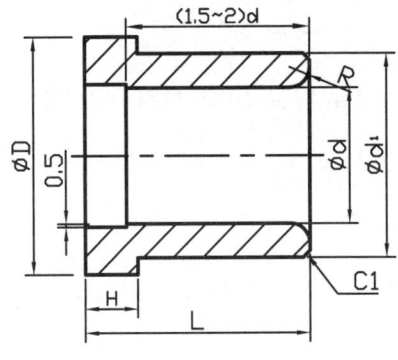

그림 1.2.1 가이드 부시 A형

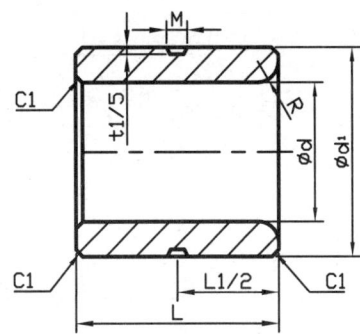

그림 1.2.2 가이드 부시 B형

표 1.2.1 가이드 부시의 제 치수

호칭 치수	d		d_1		D	H	R
	치수	치수차(기호)	치수	치수차(기호)			
16	16	$^{+0.018}_{0}$ (H7)	25	$^{+0.012}_{+0.001}$ (k6)	30	8	3
20	20	$^{+0.021}_{0}$ (H7)	30	$^{+0.015}_{+0.002}$ (k6)	35	8	3
25	25	$^{+0.021}_{0}$ (H7)	35	$^{+0.018}_{+0.002}$ (k6)	40	8	3
30	30	$^{+0.021}_{0}$ (H7)	42	$^{+0.027}_{+0.002}$ (k7)	47	10	3
35	35	$^{+0.025}_{0}$ (H7)	48	$^{+0.027}_{+0.002}$ (k7)	54	10	4
40	40	$^{+0.025}_{0}$ (H7)	55	$^{+0.041}_{+0.011}$ (m7)	61	10	4
50	50	$^{+0.025}_{0}$ (H7)	70	$^{+0.041}_{+0.011}$ (m7)	76	12	4
60	60	$^{+0.030}_{0}$ (H7)	80	$^{+0.041}_{+0.011}$ (m7)	86	12	4

2) 사출용 금형의 가이드부시 적용 예

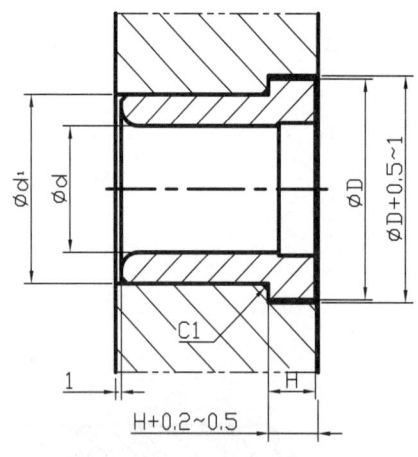

그림 1.2.3 가이드 부시 A형적용

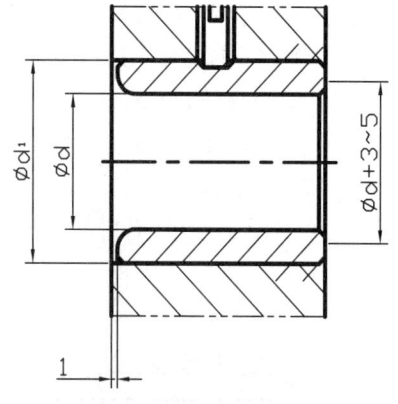

그림 1.2.4 가이드 부시 B형적용

표 1.2.2 가이드 부시의 적용 치수

호칭치수	d	d_1구멍 치수	d_1구멍 치수차(H7)	D	H
16	16	25	$^{+0.021}_{0}$	30	8
20	20	30	$^{+0.021}_{0}$	35	8
25	25	35	$^{+0.025}_{0}$	40	8
30	30	42	$^{+0.025}_{0}$	47	10
35	35	48	$^{+0.025}_{0}$	54	10
40	40	55	$^{+0.030}_{0}$	61	10
50	50	70	$^{+0.030}_{0}$	76	12
60	60	80	$^{+0.030}_{0}$	86	12

1.3 사출용 금형의 서포트핀

1) 사출용 금형의 서포트핀의 형상 및 치수

(1) 재질: KS D 3751의 STC 3~5, KS D 3753의 STS 2~3, KS D 3525의 STB 2
(2) 모양: 그림 1.3.1과 같다
(3) 치수: 표 1.3.1과 같다

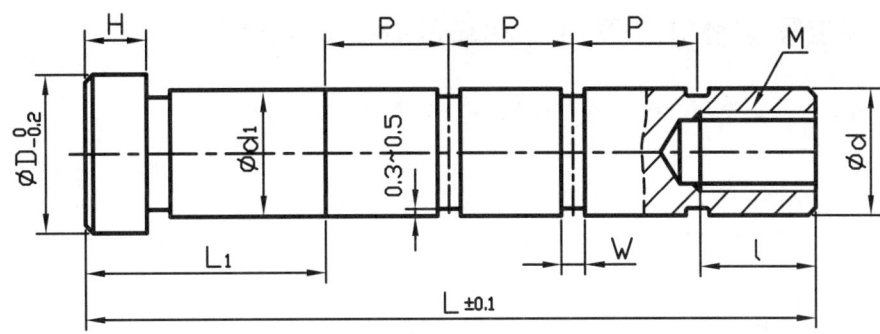

그림 1.3.1 서포트핀

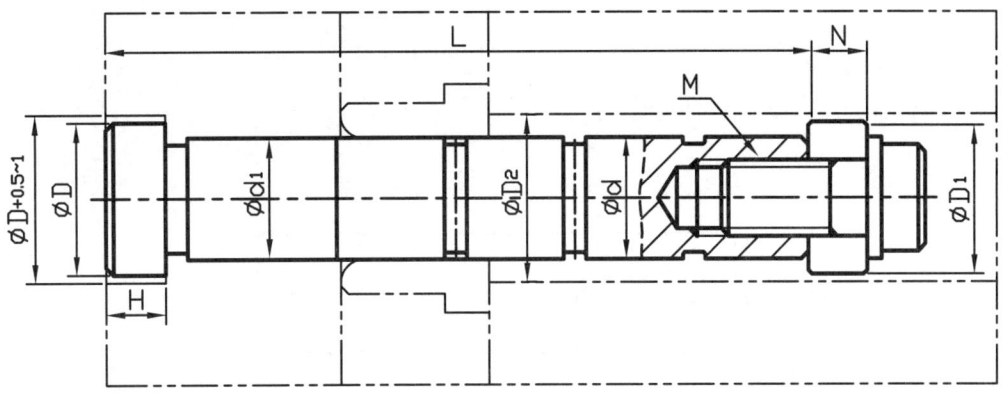

그림 1.3.2 서포트핀의 적용 예

표 1.3.1 서포트핀의 적용 치수

호칭 치수	d		d_1		D	H	D_1	M	N	l	D_2
	치수	허용차	치수	허용차							
12	12	-0.016 / -0.027	12	+0.018 / +0.007	17	6	18	6	8	12	20
16	16		16		20	8	20	10	8	20	22
20	20	-0.020 / -0.033	20	+0.021 / +0.008	25	10	26	12	10	25	28
25	25		25		30	12	31	14	12	30	33
30	30		30		35	14	38	16	12	35	40
35	35	-0.025 / -0.041	35	+0.025 / +0.009	40	16	43	16	14	35	45
40	40		40		45	18	48	16	14	35	50
45	45		45		52	20	54	20	15	46	56
50	50		50		58	22	60	20	15	46	62

1.4 사출용 금형의 이젝터 가이드핀 (KS B 4160)

1) 사출용 금형의 이젝터 가이드핀의 형상 및 치수

(1) 종류: A형, B형, C형 및 D형의 4종으로 한다.
(2) 재질: KS D 3751의 STC 3~5, KS D 3753의 STS 2~3, KS D 3525의 STB 2~3으로 한다.
(3) 모양: 그림 1.4.1~4와 같다
(4) 치수: 표 1.4.1~5와 같다.
(5) 제품의 호칭 방법: 규격 번호 또는 규격 명칭, 종류 및 호칭 치수×L에 따른다.

보기) KS B 4166, A형 10×50

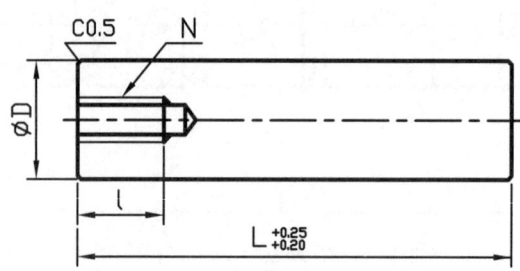

그림 1.4.1 이젝터 가이드핀 A형

표 1.4.1 이젝터 가이드핀 A형의 치수

호칭치수 (D)	D		N	l
	치수	허용차(g6)	나사의 호칭	
10	10	−0.005 −0.014	M 5	12
12	12	−0.006 −0.017	M 6	
16	16			
20	20	−0.007 −0.020	M 8	16
25	25		M 10	20
30	30			
40	40	−0.009 −0.025		
50	50			

표 1.4.2 이젝터 가이드핀의 길이 치수

L \ D	50	60	70	80	90	100	110	120	130	140	150	160	170	180	190	200	210	220
10	○	○	○	○	○	○												
12	○	○	○	○	○	○	○	○										
16	○	○	○	○	○	○	○	○										
20	○	○	○	○	○	○	○	○	○	○	○							
25	○	○	○	○	○	○	○	○	○	○	○							
30	○	○	○	○	○	○	○	○	○	○	○	○	○	○	○	○	○	○
40				○	○	○	○	○	○	○	○	○	○	○	○	○	○	○
50					○	○	○	○	○	○	○	○	○	○	○	○	○	○

* 비고: 표 중 ○표의 것은 D와 L의 권장하는 치수의 조합을 표시한다.

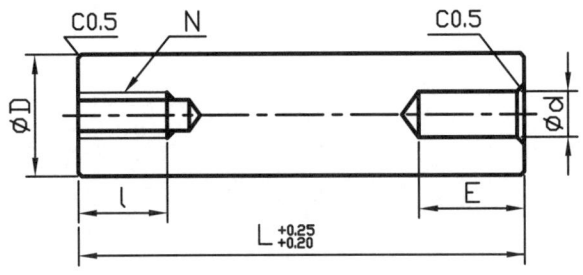

그림 1.4.2 이젝터 가이드 핀 B형

표 1.4.3 이젝터 가이드핀 B형의 치수

호칭 치수 (D)	D		d		E	N 나사의 호칭	l
	치 수	허용차(g6)	치 수	허용차(H7)			
10	10	-0.005 / -0.014	5	+0.012 / 0	10	M 5	12
12	12	-0.006 / -0.017	6		15	M 6	12
16	16				15	M 6	
20	20	-0.007 / -0.020	8	+0.015 / 0		M 8	16
25	25						
30	30		10		20	M 10	20
70	40	-0.009 / -0.025					
50	50						

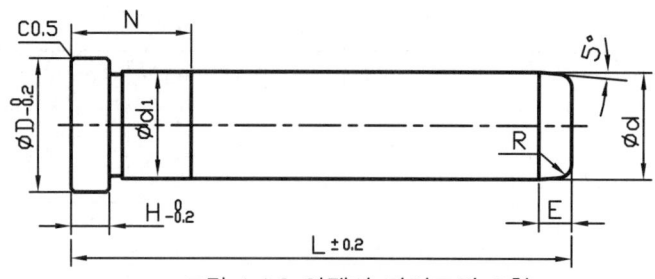

그림 1.4.3 이젝터 가이드핀 C형

표 1.4.4 이젝터 가이드핀 C형의 치수

호칭치수 (d)	d		d_1		D	H	E	N	R
	치수	허용차(g6)	치수	허용차(m6)					
10	10	-0.005 -0.014	10	+0.015 +0.006	13	5	5	19	1
12	12	-0.006 -0.017	12	+0.018 +0.007	17				
16	16		16		20	6			2.5
20	20	-0.007 -0.020	20	+0.021 +0.008	25				
25	25		25		30	8	8	29	
30	30		30		35				3
40	40	-0.009 -0.025	40	+0.025 +0.009	45	10	10	39	4
50	50		50		56	12	12		5

* 비고: 허용차의 기호는 KS B 0401에 따른다.

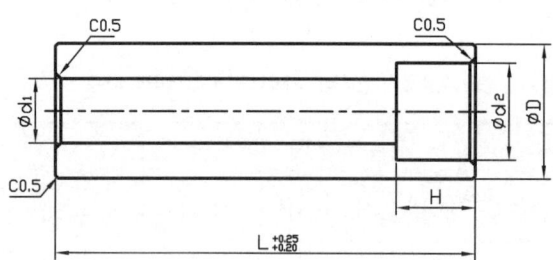

그림 1.4.4 이젝터 가이드핀 D형

표 1.4.5 이젝터 가이드핀 D형의 치수

호칭치수 (D)	D		d_1	d_2	H
	치수	허용차(g6)			
25	25	-0.007 -0.020	12	18	15
30	30				
40	40	-0.009 -0.025	14	20	20
50	50				

2) 사출용 금형의 이젝터 가이드핀 적용 예

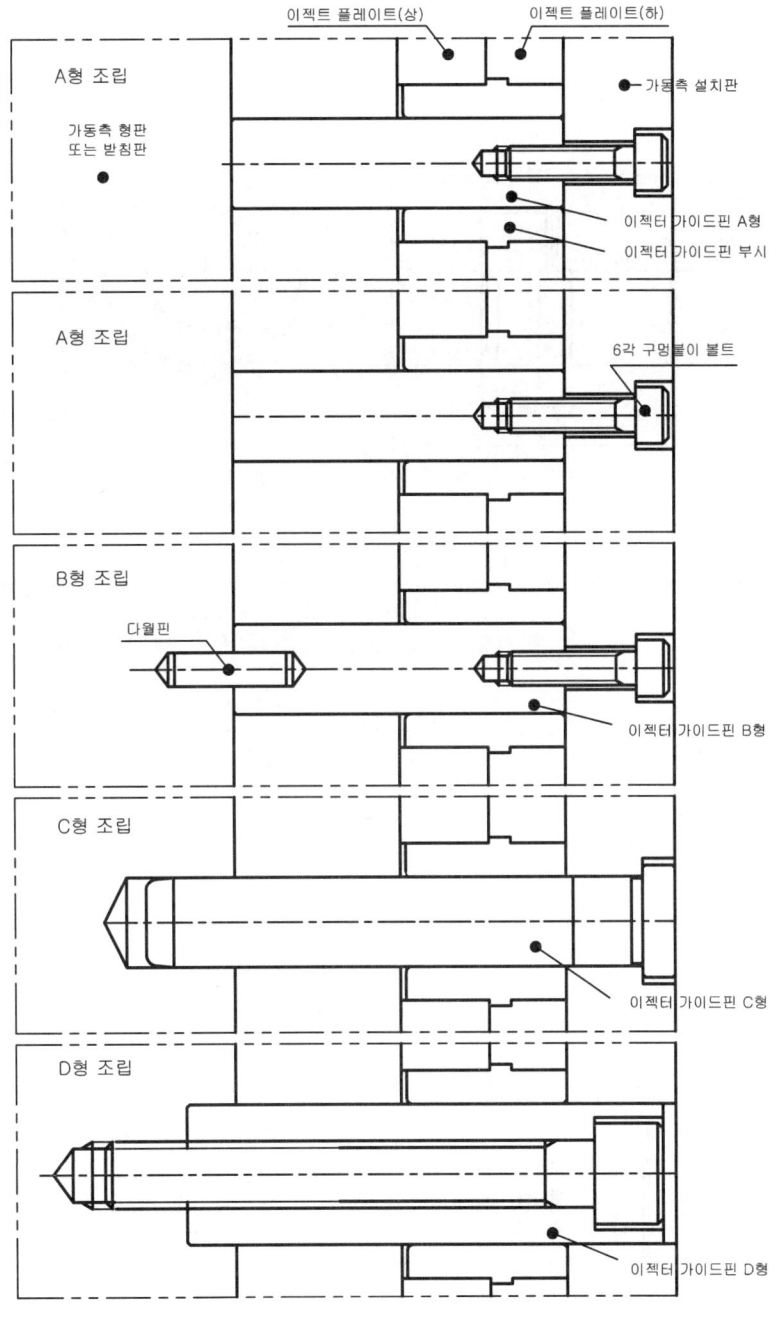

그림 1.4.5 이젝터 가이드핀 및 부시 적용 예

1.5 사출용 금형의 이젝터 가이드 부시

1) 사출용 금형의 이젝터 가이드핀의 형상 및 치수
(1) 재질: KS D 3751의 STC 3~5, KS D 3753의 STS 2~3, KS D 3525의 STB 2~3으로 한다.
(2) 모양 및 치수 : 그림 1.5.1~2, 표 1.5.1~2와 같다.

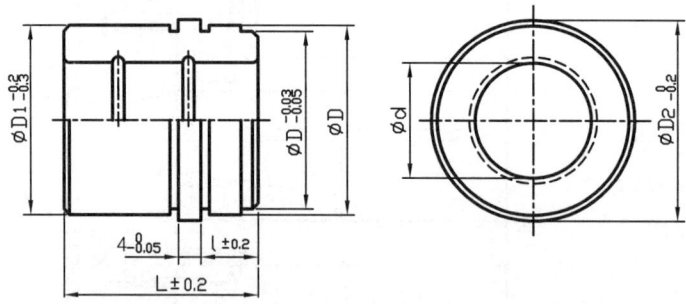

그림 1.5.1 이젝터 가이드 부시 플레인 형

표 1.5.1 이젝터 가이드 부시 플레인 형의 치수 단위: mm

호칭 규격	d		D		D_1	D_2
	치수	허용차	치수	허용차		
10	10	+0.014 +0.005	16	0 -0.011	16	20
12	12	+0.017 +0.006	18		18	22
16	16		25	0 -0.013	25	30
20	20	+0.020 +0.007	30		30	35
25	25		35	0 -0.016	35	40
30	30		40		40	45
40	40	+0.025 +0.009	50		50	55
50	50		60	0 -0.019	60	66

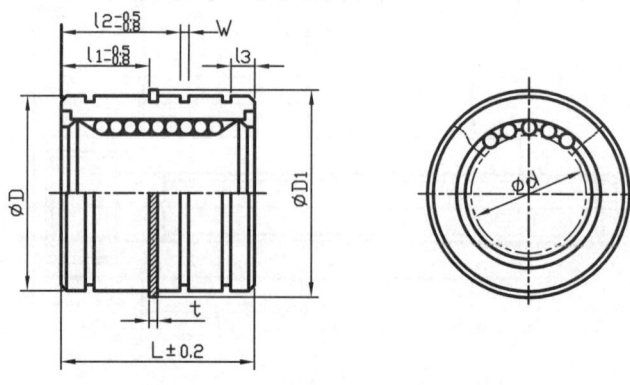

그림 1.5.2 이젝터 가이드 부시 볼형

표 1.5.2 이젝터 가이드 부시 볼형의 치수 단위: mm

호칭 규격	d		D		D1	L	l_1	l_2	l_3	t	W
	치수	허용차	치수	허용차							
10	10	0 -0.009	19	0 -0.013	23.6	29	13	-	3.5	1.2	1.3
12	12		21		26.0	30	13	-	3.5		
16	16		28		34.2	37	15	20	5.25	1.5	1.6
20	20	0 -0.010	32	0 -0.016	38.3	42	20	25	5.75		
25	25		40		47.2	59	20	25	9	1.75	1.85

L 열의 허용차: 0 -0.2 (10~20), 0 -0.3 (25)

1.6 사출용 금형의 가이드레일

1) 사출용 금형의 가이드레일의 형상 및 치수
(1) 재질: KS D 3751의 STC 3~5, KS D 3753의 STS 2~3, KS D 3525의 STB 2~3으로 한다.
(2) 모양 및 치수 : 그림 1.6.1~4, 표 1.6.1~4 와 같다

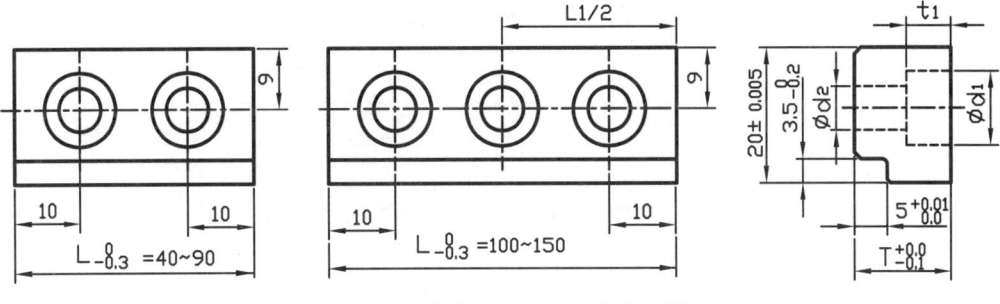

그림 1.6.1 가이드부 5mm 가이드레일

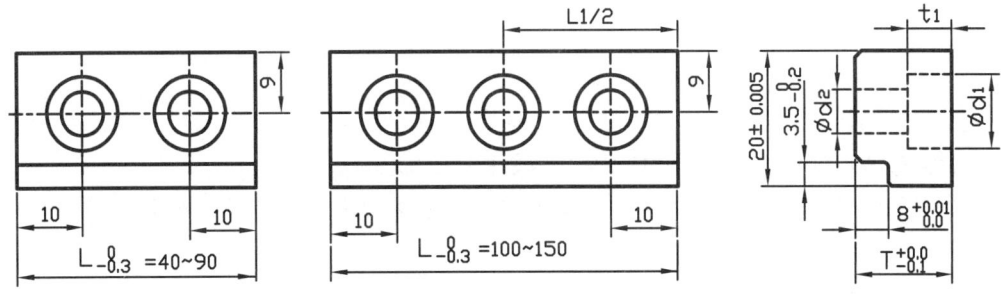

그림 1.6.2 가이드부 8mm 가이드레일

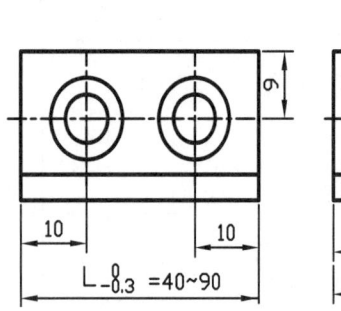 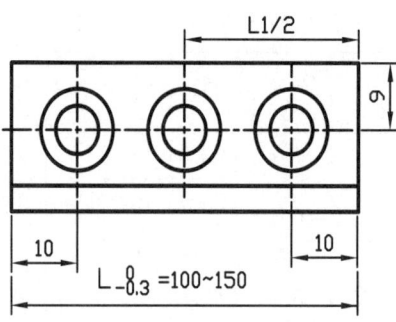 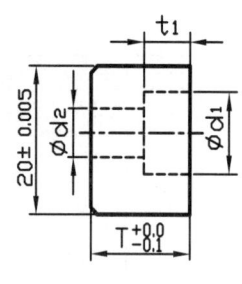

그림 1.6.3 가이드부 무 가이드레일

표 1.6.1 가이드레일의 치수   단 위: mm

d_1	d_2	t_1	T	L
11	6.5	7	15	40~150
			20	(5단위)
14	9	9	25	

2. 사출용 금형의 조립부품

2.1. 사출용 금형의 로케이팅링 (KS B 4156)

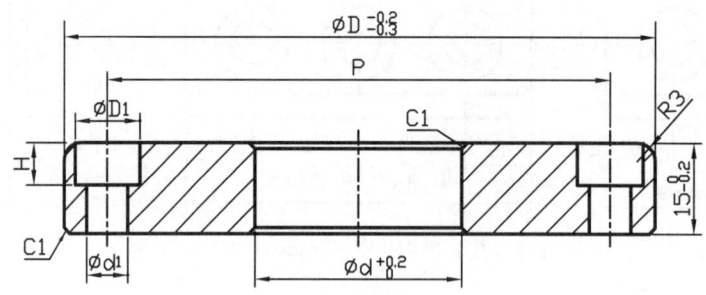

그림 2.1.1 사출용 금형의 로케이팅링 A형

(1) 종류: 로케이팅링의 종류는 A, B형으로 구분한다.
(2) 재료: KS D3752의 S45C 또는 이것과 동등 이상의 성능을 가진 것으로 한다.
(3) 모양 및 치수: 그림 2.1.1~2와 표 2.1.1~2에 따른다.
(4) 호칭방법: 규격 번호 또는 규격의 명칭, 종류 또는 그 기호, 재료 기호 및 치수에 따른다.
　　보기 : KS B4156 A S45C 60×35
　　　　　사출용 금형의 로케이팅 링　A형 S45C60×35

표 2.1.1 로케이팅링 A형 치수

호칭 치수 (D)	D	d	p	볼트 및 구멍			H
				M	d_1	D_1	
60	60	35	48	5	5.5	9.5	5.4
100	100	70	85	6	6.6	11	6.5
120	120	90	105	6	6.6	11	6.5
150	150	110	130	8	9	14	8.6

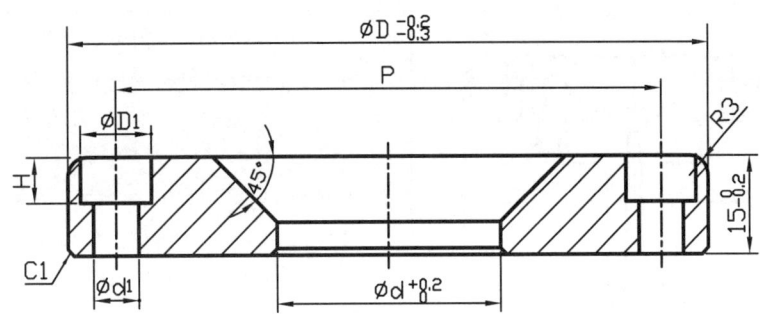

그림 2.1.2 사출용 금형의 로케이팅링 B형

표 2.1.2 로케이팅링 B형 치수

호칭 치수 (D)	D	d	p	볼트 및 구멍			H
				M	d_1	D_1	
100	100	35	85	6	6.6	11	6.5
100	100	50	85	6	6.6	11	6.5
120	120	35	85	6	6.6	11	6.5
120	120	50	85	6	6.6	11	6.5
150	150	35	100	8	9	14	8.6
150	150	50	100	8	9	14	8.6

(5) 로케이팅링 적용 예

번호	그 림	적 요
1 표준형	(고정측 설치판, 스프루부시)	① 가장 일반적인 조립방법 ② 스프루 부시의 외경에 의하여 편심을 방지한다. ③ 로케이팅링 이 고정측설치판 평면에 설치한다. ④ 스프루 부시 상측 외경과 고정측설치판 사이에 공간이 있어도 무방하다.
2 단부착형	(고정측 설치판, 스프루부시)	① 가장 일반적인 조립방법으로 로케이팅링 이 고정측설치판에 들어가도록 설치한다. ② 스프루 부시의 외경에 의하여 편심을 방지한다. ③ 스프루 부시 상측 외경과 고정측 설치판 사이에 공간이 있어도 무방하다. ④ 로케이팅링의 작은 직경에 볼트로 체결한 형식.
3 단부착형	(고정측 설치판, 스프루부시)	① 가장 일반적인 조립방법으로 로케이팅링 이 고정측설치판에 들어가도록 설치한다. ② 스프루부시의 외경에 의하여 편심을 방지한다. ③ 스프루 부시 상측 외경과 고정측설치판 사이에 공간이 있어도 무방하다. ④ 로케이팅링 의 큰 직경에 볼트로 체결한 형식.
4 단부착직선형	큰직경, 작은 직경, 링, 고정측 설치판, 스프루부시	① 가장 일반적인 조립방법으로 로케이팅링 이 고정측설치판에 들어가도록 설치한다. ② 스프루 부시의 외경에 의하여 편심을 방지하기 위해 길이를 길게 할 것 ③ 스프루 부시 상측 외경과 고정측설치판 사이에 공간이 있어도 무방하다. ④ 로케이팅링의 큰 직경과 작은 직경에 볼트로 체결한 형식.

번호	그 림	적 요
5 겸 용 형	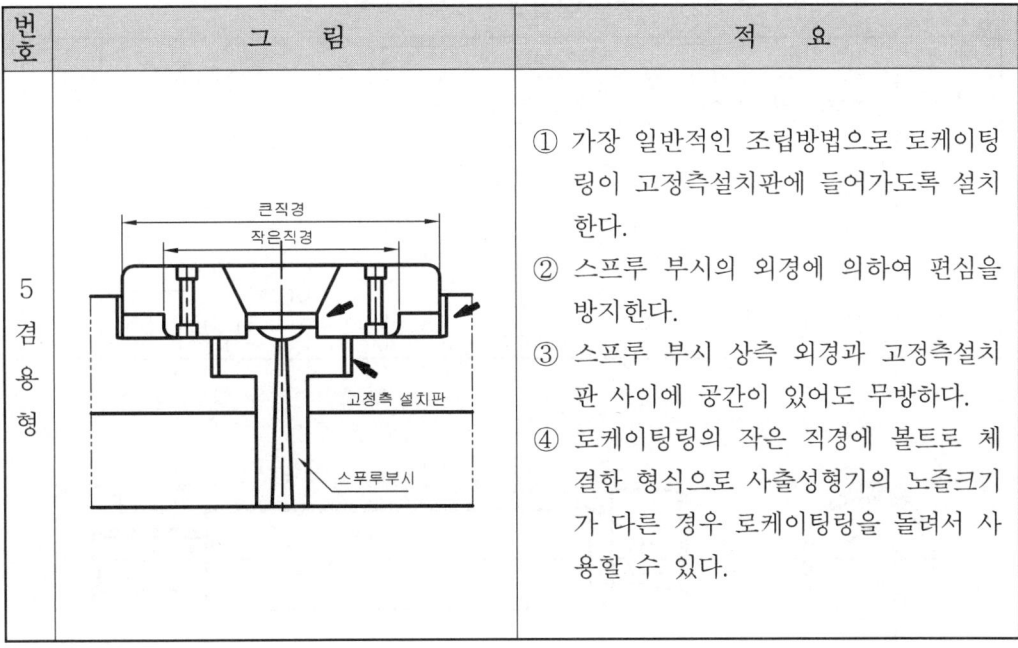	① 가장 일반적인 조립방법으로 로케이팅 링이 고정측설치판에 들어가도록 설치한다. ② 스프루 부시의 외경에 의하여 편심을 방지한다. ③ 스프루 부시 상측 외경과 고정측설치판 사이에 공간이 있어도 무방하다. ④ 로케이팅링의 작은 직경에 볼트로 체결한 형식으로 사출성형기의 노즐크기가 다른 경우 로케이팅링을 돌려서 사용할 수 있다.

2.2 사출용 금형의 플러볼트

(1) 종류: 플러볼트의 종류는 A, C형으로 구분한다.
(2) 재료: KS D 3752의 SM25C~SM45 또는 이것과 동등 이상의 성능을 가진 것으로 한다.
(3) 모양: 그림 2.2.1~3과 같다
(4) 치수: 표 2.2.1~4에 따른다.
(5) 호칭방법: 명칭 및 호칭치수×1
    보기 플러볼트 A형 16×123

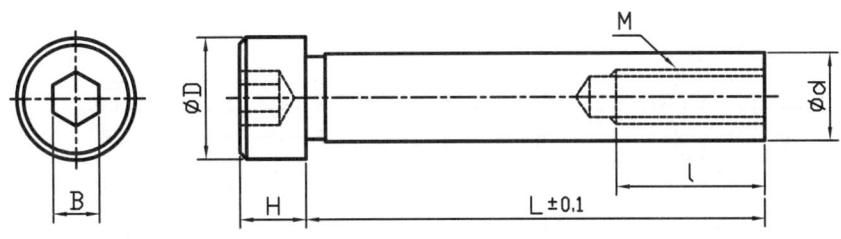

그림 2.2.1 사출용 금형의 플러볼트 A형

표 2.2.1 사출용 금형의 플러볼트 A형의 치수

호칭치수	d		D		H		M	l	B
	치수	허용공차	치수	허용공차	치수	허용공차			
10	10	0 -0.15	16	0 -0.043	8	0 -0.36	M 6	12	6
13	13		18		10		M 8	23	8
16	16		24	0 -0.52	14	0 -0.43	M 10	25	10
20	20	0 -0.20	28				M 12	30	14
25	25		33	0 -0.62	18		M 16	35	17

A형 플러볼트

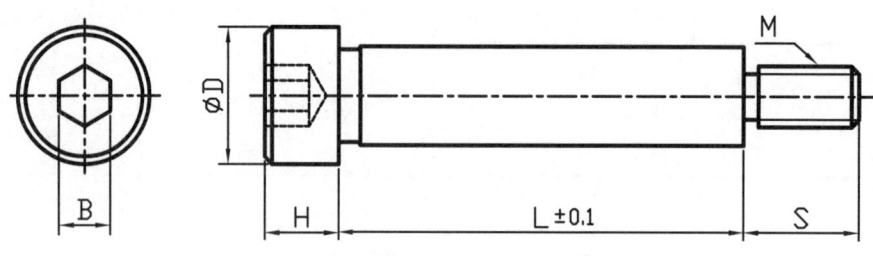

그림 2.2.2 사출용 금형의 플러볼트 B형

표 2.2.2 사출용 금형의 플러볼트 B형의 치수

호칭치수	d		D		H		M	S	B
	치수	허용공차	치수	허용공차	치수	허용공차			
10	10	0 -0.15	16	0 -0.043	8	0 -0.36	M 8	13	6
13	13		18		10		M 10	14	8
16	16		24	0 -0.52	14	0 -0.43	M 12	18	10
20	20	0 -0.20	28				M 16	24	14
25	25		33	0 -0.62	18		M 20	28	17

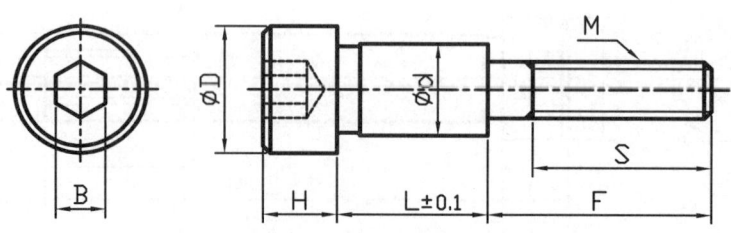

그림 2.2.3 사출용 금형의 플러볼트 C형

표 2.2.3 사출용 금형의 플러볼트 C형의 길이

호칭치수	10			13			16				20				25	
L	16	16	21	14	19	24	15	20	30	30	20	30	30	35	31	41
F	22	27	27	30	35	40	35	40	45	50	45	50	55	55	60	65

표 2.2.4 사출용 금형의 플러볼트 C형의 치수

호칭치수	d		D		H		M	S	B
	치수	허용공차	치수	허용공차	치수	허용공차			
10	10	0 -0.15	16	0 -0.043	8	0 -0.36	M 6	18	6
13	13		18		10		M 8	24	8
16	16		24	0 -0.52	14	0 -0.43	M 10	26	10
20	20	0 -0.20	28				M 12	30	14
25	25		33	0 -0.62	18		M 16	38	17

2.3 사출용 금형의 스톱핀(KS B 4161)

(1) 재료: KS D3752의 S25C~S45 또는 동등 이상의 성능을 가진 것으로 한다.
(2) 모양 및 치수: 그림 2.3.1~2와 표 2.3.1~2에 따른다.
(3) 호칭방법: 명칭 및 호칭치수, 보기: 스톱핀 ø8

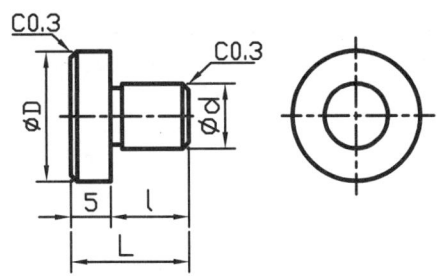

그림 2.3.1 사출용 금형의 스톱핀 A형

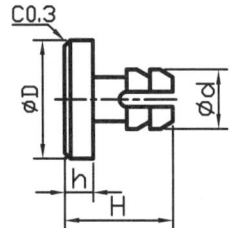

그림 2.3.2 사출용 금형의 스톱핀 B형

표 2.3.1 사출용 금형의 스톱핀 A형의 치수

호칭치수	d		D	l	L
	치수	허용공차			
8	8	+0.024 +0.015	16	11	16
10	10		19	14	19

표 2.3.2 사출용 금형의 스톱핀 B형의 치수

호칭치수	d	D	h	H
8	8	16	3	11
		25		

2.4. 사출용 금형의 스톱볼트

(1) 재료: KS D 3752의 SM25C~SM45C 또는 이것과 동등 이상의 성능을 가진 것으로 한다.
(2) 모양 및 치수: 그림 2.4.1과 표 2.4.1에 따른다.
(3) 호칭방법: 명칭 및 호칭치수×l, 보기: 스톱볼트 16×123

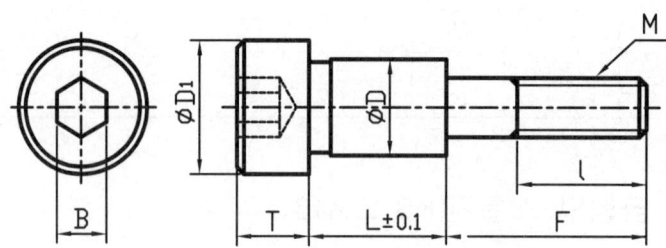

그림 2.4.1 사출용 금형의 스톱볼트

표 2.4.1 사출용 금형의 스톱볼트의 치수

호칭치수	D	D_1	T	B	M×l	F
10	10	16	8	6	M 6×18	25
						30
13	13	18	10	8	M 8×24	30
						35
						40
16	16	24	12	10	M 10×26	35
						40
						45
20	20	28	14	14	M 12×30	45
						50
						55
25	25	33	17	17	M 16×38	60
						65

2.5. 사출용 금형의 테이퍼로크핀(KS B 4171)

(1) 재료: KS D 3753(합금 공구 강재)에 규정하는 STS 3 또는 이것과 동등 이상의 성능을 갖는 것으로 한다.
(2) 모양 및 치수: 그림 2.5.1~2와 표 2.5.1~2에 따른다.
(3) 호칭방법: 명칭 및 호칭치수
    보기: KS B 4171 25, 사출용 금형의 테이퍼로크핀 25

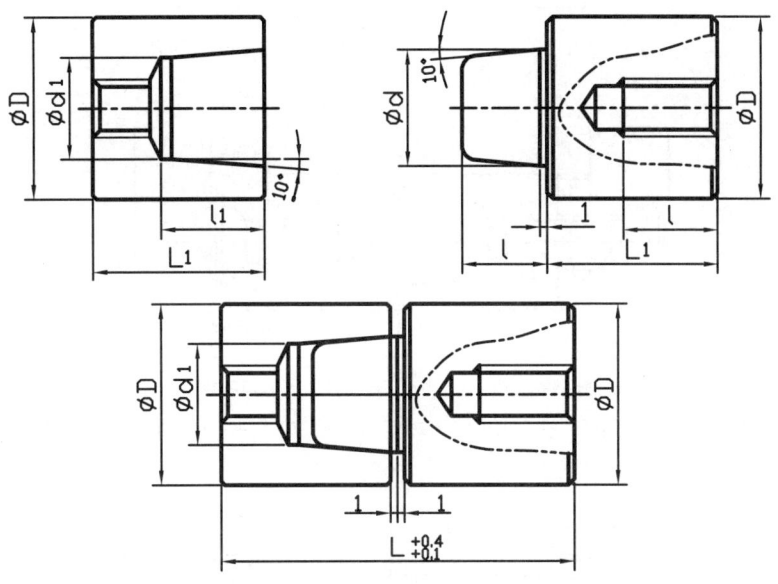

그림 2.5.1 사출용 금형의 테이퍼로크핀

표 2.5.1 사출용 금형의 테이퍼로크핀의 치수

호칭치수 (D)	D 치수	D 허용차(K6)	d	d_1	l_1	l_2	N 나사의 호칭	l_3	L_1	L
12	12	+0.012 +0.001	7	5	8	6	M 4	11	14	30
16	16		10	8		7	M 5			
20	20	+0.015 +0.002	12	9	13	10	M 6	12	19	40
25	25		16	12		11		15	24	50
30	30		20	15	20	15	M 8		29	60
35	35	+0.018 +0.002	22	16	22	17		18	34	70
40	40		25	19	25	19			39	80
50	50		32	25	30	21	M 10	20	49	100

* 비고: 허용차의 기호는 KS B 0401(치수 공차 및 끼워 맞춤)에 따른다.

(4) 사출용 금형의 테이퍼로크핀 사용 예

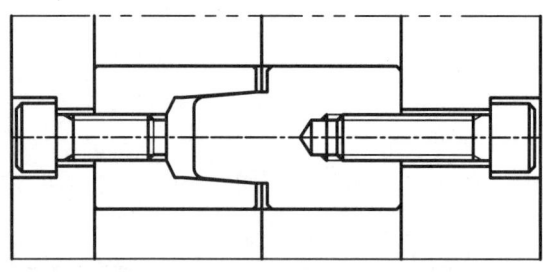

그림 2.5.2 사출용 금형의 테이퍼로크핀을 조정

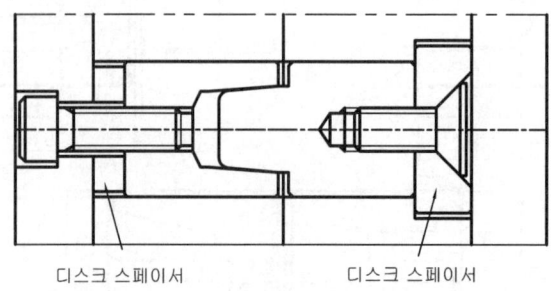

그림 2.5.3 사출용 금형의 테이퍼로크핀을 디스크 스페이서로 조정

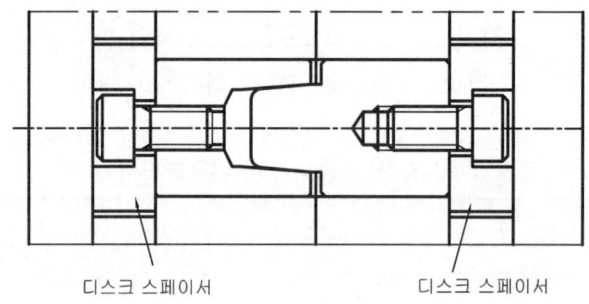

그림 2.5.4 사출용 금형의 테이퍼로크핀을 디스크 스페이서로 조정

2.6. 사출용 금형의 볼버튼 및 플런저

(1) 재료: KS D 3753(합금 공구 강재)에 규정하는 STS3 또는 이것과 동등 이상의 성능을 갖는 것으로 한다.
(2) 모양 및 치수: 그림 2.6.1~2와 표 2.6.1~2에 따른다.

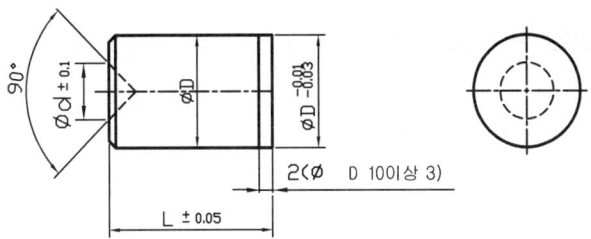

그림 2.6.1 사출용 금형의 볼 버튼

표 2.6.1 사출용 금형의 볼 버튼의 치수

호칭치수	D 치수	허용차	L	d
6	6	+0.006 +0.001	8	2
8	8	+0.007 +0.001	10	3
10	10		12	4
12	12	+0.009 +0.001	14	5
16	16		18	8

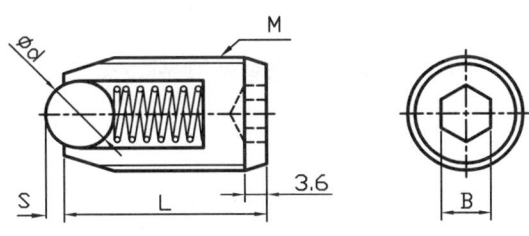

그림 2.6.2 사출용 금형의 볼플런저

표 2.6.2 사출용 금형의 볼플런저의 치수

M×pich	d	S	L	B	load(kgf) min.	load(kgf) max.
M 6×1.0	3.0	0.8	16	3	0.5	1.5
M 8×1.25	4.0	1.0	18	4	0.7	2.0
M10×1.5	5.0	1.2	19	5	0.9	2.5
M12×1.75	7.0	1.8	23	6	1.0	3.0
M16×2.0	9.5	2.5	28	8	1.6	5.0

2.7. 사출용 금형의 맞춤핀

(1) 재료: KS D 3753(합금 공구 강재)에 규정하는 STS 3 또는 이것과 동등 이상의 성능을 갖는 것으로 한다.
(2) 모양 및 치수: 그림 2.7.1~2와 표2.7.1에 따른다.

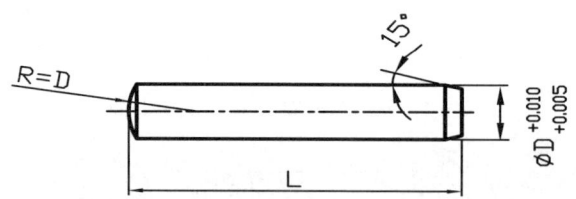

그림 2.7.1 사출용 금형의 스트레이트 형 맞춤핀

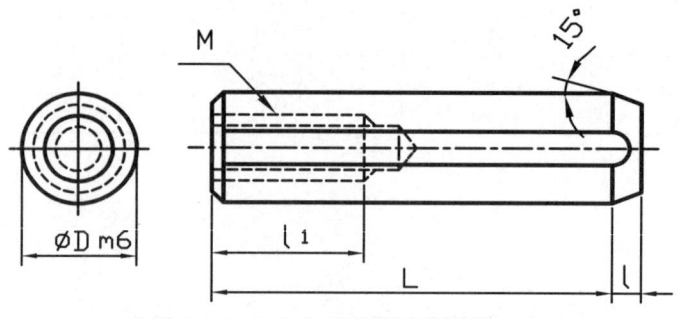

그림 2.7.2 사출용 금형의 탭홀형 맞춤핀

표 2.7.1 탭홀형 맞춤핀의 치수

M × pich	l1	l	D	허용공차	L
M 4×0.7	8	2.0	6	+0.012 +0.004	20, 30, 40
M 5×0.8			8	+0.015 +0.006	20, 30, 40, 50, 60
M 6×1.0	10	2.5	10		30, 40, 50, 60
			(12)	+0.018 +0.007	40, 50, 60, 70
M 8×1.25	15		13		40, 50, 60, 70
			16		50, 60, 70, 80
M10×1.5	18	3.0	20	+0.021 +0.008	70, 80

2.8. 사출용 금형의 로킹블록

(1) 재료: KS D 3753(합금 공구 강재)에 규정하는 STS 3 또는 이것과 동등 이상의 성능을 갖는 것으로 한다.
(2) 모양 및 치수: 그림 2.8.1~2와 표 2.8.1~2에 따른다.

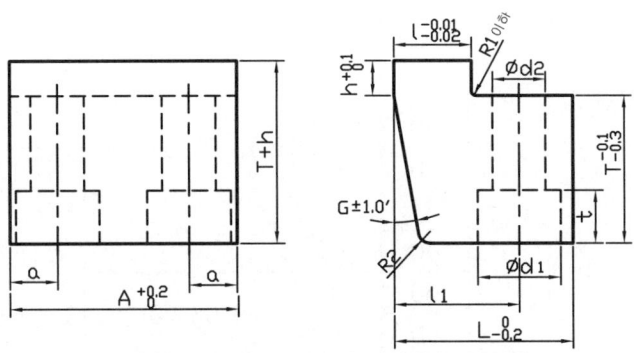

그림 2.8.1 사출용 금형의 플랜저형 로킹블록

표 2.8.1 플랜저형 로킹블록의 치수

a	h	l	l1	d1	d2	t	L	T	A
7	6	10	17	11	6.5	7	25	15	28 33 38 48
								20	
8		13	21	14	9	9	30	20	33 38 48 58 68
								25	78
								30	
10	8	15	24	17	11	11	35	25	38 48 58 68 78
								30	
								35	48 58 68 78
								40	

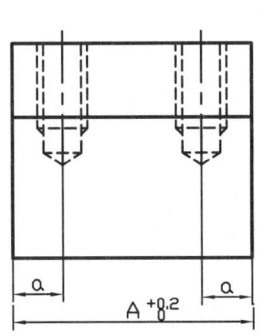 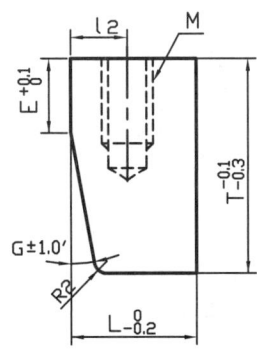

그림 2.8.2 사출용 금형의 인서트형 로킹블록

표 2.8.2 인서트형 로킹블록의 치수

a	12	M	L	T	A	E	G( )
7	7	M 6	15	25	28 33 38 48	10~15	5~33
				30			5~33
				35	28 33 38 48 58	10~20	5~33
				40			5~33
8	9	M 8	20	30	33 38 48 58		5~33
				35			5~33
				40	33 38 48 58 68 78		5~30
				50		12~30	5~24
10	12	M10	25	35	38 48 58 68 78	12~20	5~33
				40			5~33
				50	48 58 68 78		5~30
				60		12~30	5~24

2.9. 사출용 금형의 금형 열림방지편

(1) 재료: KS D 3752의 S25C~S45 또는 이것과 동등 이상의 성능을 가진 것으로 한다.
(2) 모양 및 치수: 그림 2.9.1과 같다

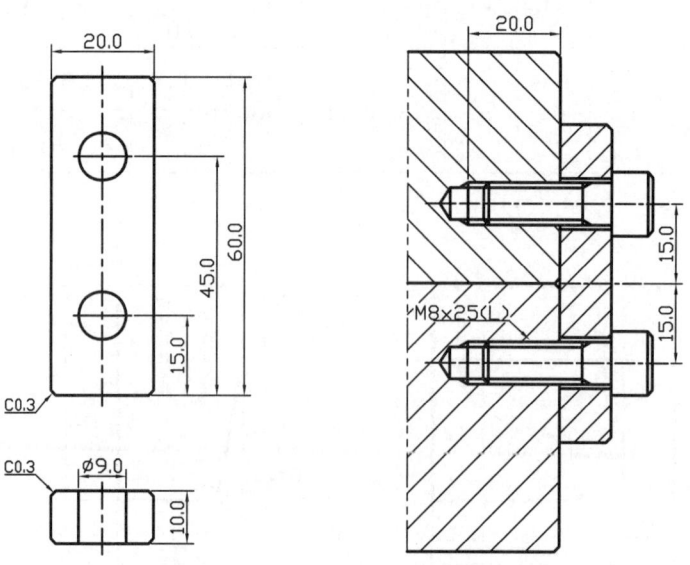

그림 2.9.1 사출용 금형의 금형 열림방지편 및 사용 예

2.10. 사출용 금형의 삼단고리

(1) 재료: KS D 3753(합금 공구 강재)에 규정하는 STS 3 이상의 성능을 갖는 것으로 한다.

(2) 모양 및 치수: 그림 2.10.1~3과 표 2.10.1~3에 따른다.

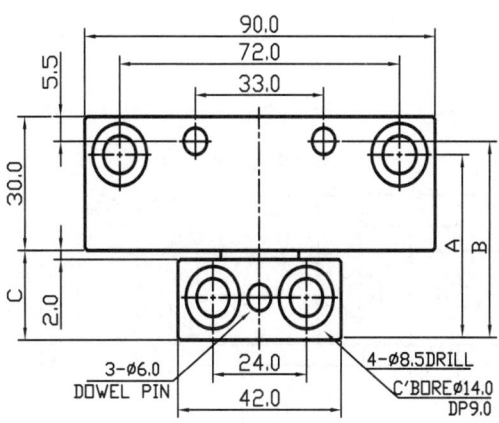

그림 2.10.1 사출용 금형의 삼단고리 90형

표 2.10.1 삼단고리 90형 치수 (허용인장응력:150~280kg)

90형	A	B	C
90A	32.0	35.0	18.0
90B	62.0	65.0	48.0
90C	82.0	85.0	68.0
90D	102.0	105.0	88.0

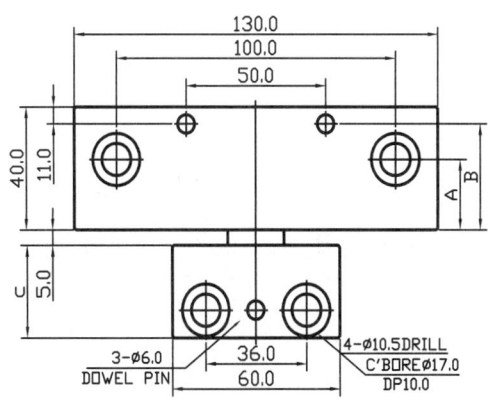

그림 2.10.2 사출용 금형의 삼단고리 130형

표 2.10.2 삼단고리 130형 치수   (허용인장응력:150~280kg)

130형	A	B	C
130A	49.0	55.0	20.0
130B	99.0	100.0	90.0
130C	149.0	150.0	140.0

(3) 삼단고리 사용치수 예

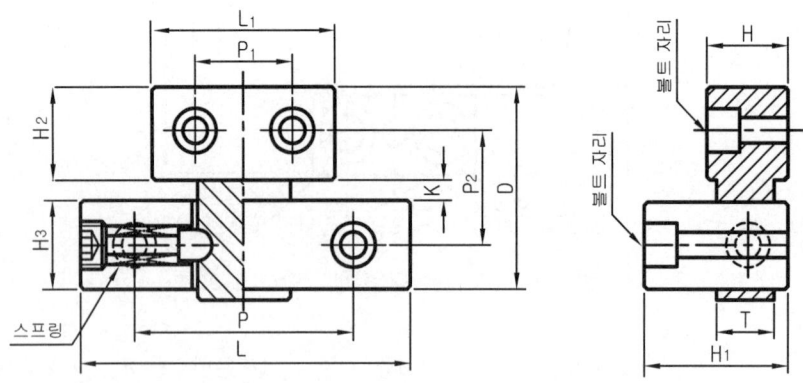

그림 2.10.3 사출용 금형의 삼단고리 130형

표 2.10.2 사출용 금형의 삼단고리 치수

번호	L	L_1	H	H_1	H_2	H_3	D	P	P_1	P_2	K	T	M
2	73	50	19	27	20	25	48.5	52	33	26	3.5	9.5	M8
2A	73	50	19	27	20	25	87.5	52	33	65	3.5	9.5	M8
3	103	65	25	34	24	30	58	76	42	31	4.0	13	M10

(4) 삼단고리 적용 예
 ① 삼단고리 규격선정은 고정측형판의 중량을 고려하여 선정한다.
 ② 로크의 가이드 면은 분할면에 대하여 작동방향과 항상 직각 일 것
 ③ 로킹력은 스프링 힘에 의하므로 사용에 맞는 스프링을 선정한다.
 ④ 고정측형판에 작동코어(상측 사이드코어) 사용시에는 필히 삼단고리를 사용한다.
 ⑤ 금형에 대칭 혹은 밸런스가 맞게 설치하며 규격에 맞는 볼트 사용

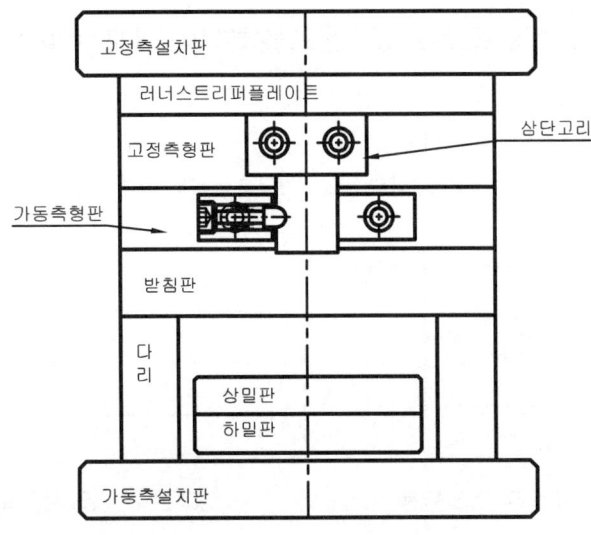

그림 2.10.4 삼단고리 적용 예

2.11. 사출용 금형의 스톱링

(1) 재료: KS D3752의 S25C~S45 또는 이것과 동등 이상의 성능을 가진 것으로 한다.
(2) 모양 및 치수: 그림 2.11.1과 표 2.11.1에 따른다.

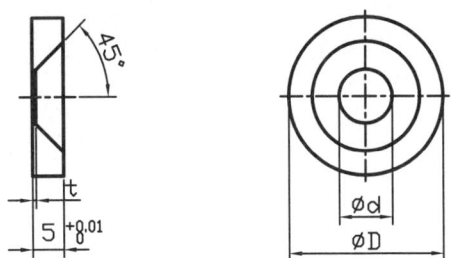

그림 2.11.1 사출용 금형의 스톱 링

표 2.11.1 사출용 금형의 스톱 링 치수

t	d	D
3.0	5.5	16
3.5	6.5	20
4.4	8.5	25

2.12. 사출용 금형의 스트로크 엔드블록 및 서포트필러

(1) 재료: KS D 3753(합금 공구 강재)에 규정하는 STS3 또는 이것과 동등 이상의 성능을 갖는 것으로 한다.
(2) 모양 및 치수: 그림 2.12.1~2와 표 2.12.1~2에 따른다.

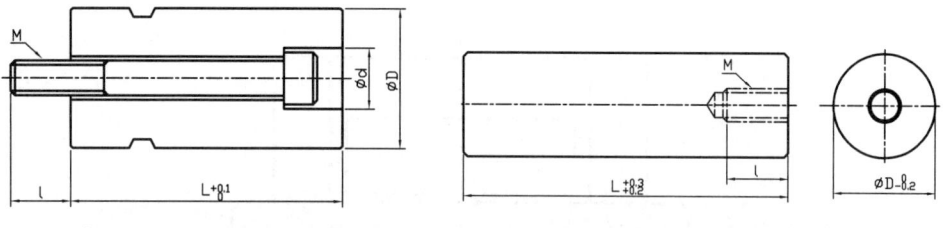

그림 2.12.1 스트로크 엔드블록   그림 2.12.2 서포트필러

표 2.12.1 사출용 금형의 스트로크 엔드블록의 치수

d1	l	D	L	M
14	14	25	25.0~ 80.0	M 8 × 30
			80.1~100.0	M 8 × 45
			100.1~120.0	M 8 × 65
		32	25.0~ 80.0	M 8 × 30
			80.1~100.0	M 8 × 45
			100.1~120.0	M 8 × 65
17	17	38	25.0~ 80.0	M10 × 30
			80.1~100.0	M10 × 50
			100.1~120.0	M10 × 70
20	20	50	30.0~ 80.0	M12 × 30
			80.1~100.0	M12 × 50
			100.1~120.0	M12 × 70
		60	30.0~ 80.0	M12 × 30
			80.1~100.0	M12 × 50
			100.1~120.0	M12 × 70
			120.1~150.0	M12 ×100

표 2.12.2 사출용 금형의 서포트필러의 치수

Tap		D	L
M×pich	l		
M×1.0	12	20	50 60 70 80 100
M×1.25	16	25	50 60 70 80 100 120
		32	60 70 80 100 120 130 140 150 160 170 180 190 200
		40	70 80 100 120 130 140 150 160 170 180 190 200
		50	80 100 120 130 140 150 160 170 180 190 200

2.13. 사출용 금형의 테이퍼 블록세트

(1) 재료: KS D 3753(합금 공구 강재)에 규정하는 STS3 또는 이것과 동등 이상의 성능을 갖는 것으로 한다.
(2) 모양 및 치수: 그림 2.13.1과 표 2.13.1에 따른다.

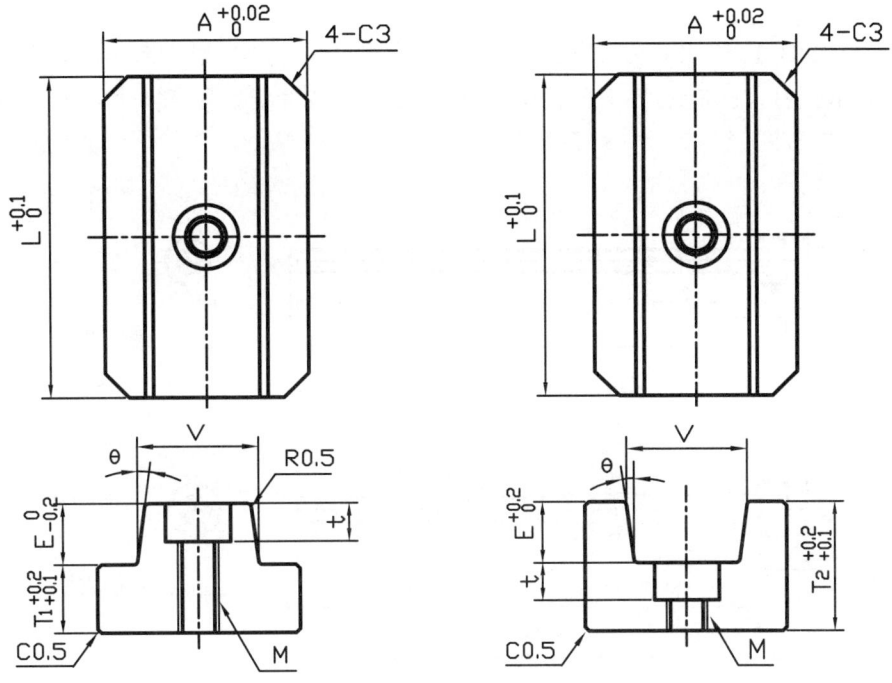

그림 2.13.1 사출용 금형의 테이퍼 블록세트

표 2.13.1 사출용 금형의 테이퍼 블록세트의 치수

V	E	T_1	T_2	M	bolt	t	A	L	θ
15	8	9	17	5	M4	5	25	25 30 40	1
20	10	11	22	8	M6	7	35	40 50	3
25	15	14	29				45	50	5

3. 사출용 금형의 DEMOLDING 부품

3.1 사출용 금형의 이젝터핀 (KS B 4153)

(1) 재료: KS D 3753의 STS 21, SKD 61 및 KS D 3522의 SKH 51, 또는 사용상 동등 이상의 성능을 가진 것으로 한다.
(2) 모양 및 치수: 그림 3.1.1~3과 표 3.1.1~3에 따른다.
(3) 호칭방법: 규격번호 또는 규격의 명칭, 종류 또는 그 기호, 재료기호 및 치수에 따른다.
보기 : KS B 4153 ISO 6751 2×100 : (사출금형용 이젝터핀 ISO 6751 2×100)
　　　　KS B 4165 STD 61 1.5×3×150×60 : (사출금형용 턱붙이 둥근 이젝터핀 STD 61 1.5×3×150×60)

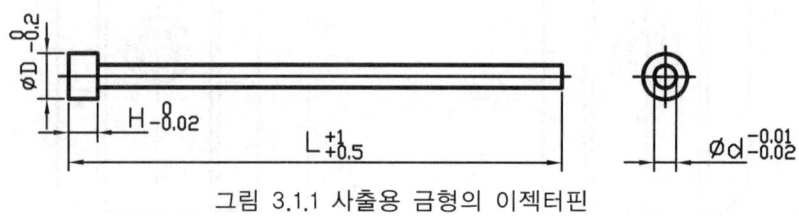

그림 3.1.1 사출용 금형의 이젝터핀

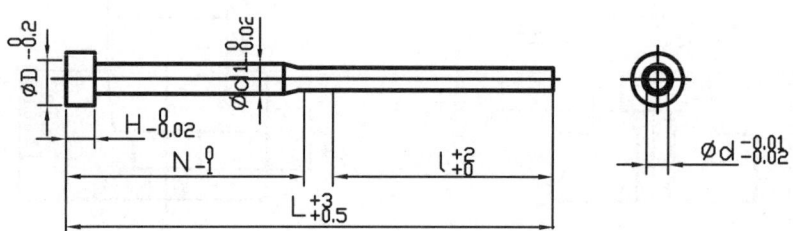

그림 3.1.2 사출용 금형의 턱붙이 둥근 이젝터핀

표 3.1.1 사출용 금형의 이젝터핀 치수

	호칭치수	1.0	1.2	1.4	1.6	1.8	2.0	2.2	2.4	2.5	2.8	3.0	3.5	4.0	5.0	6.0	8.0	10	12
d	치수	1.0	1.2	1.4	1.6	1.8	2.0	2.2	2.4	2.5	2.8	3.0	3.5	4.0	5.0	6.0	8.0	10	12
	허용차	\-0.01 \-0.02											\-0.02 \-0.03						
	D	3	3	3	4	4	4	5	5	5	6	6	7	7	8	9	11	14	16
	H	4																	
L	100	○	○	○	○	○	○	○	○	○	○	○	○	○	○	○	○	○	○
	150	○	○	○	○	○	○	○	○	○	○	○	○	○	○	○	○	○	○
	200				○	○	○	○	○	○	○	○	○	○	○	○	○	○	○
	250						○				○								
	300														○	○	○	○	○

표 3.1.2 사출용 금형의 턱붙이 둥근 이젝터핀

호칭 치수 (d×d₁)	d	d₁	D	L	100	125	150	200	250	300
				N	40	50	60	70	100	150
				호칭치수 \ l	40	60	70	100	100	100
0.8×2	0.8	2.0	5	0.8×2	○	○	○			
0.8×2.5		2.5	6	0.8×2.5	○	○	○			
1×2	1.0	2.0	5	1×2	○	○	○			
1×2.5		2.5	6	1×2.5	○	○	○			
1.2×2	1.2	2.0	5	1.2×2	○	○	○			
1.2×2.5		2.5	6	1.2×2.5	○	○	○			
1.5×2	1.5	2.0	5	1.5×2	○	○	○			
1.5×2.5		2.5		1.5×2.5		○	○	○		
1.5×3		3.0		1.5×3		○	○	○		
1.8×2.5	1.8	2.5	6	1.8×2.5		○	○	○		
1.8×3		3.0		1.8×3		○	○	○	○	
2×3	2.0	3.0		2×3			○	○	○	
2.5×3	2.5			2.5×3			○	○	○	
3×4	3.0	4.0	8	3×4				○	○	○

보기 : KS B 4173 STS 21 1.2×5×125×60 : (사출금형용 턱붙이 평 이젝터핀 STS 21 1.2×5×125×60)

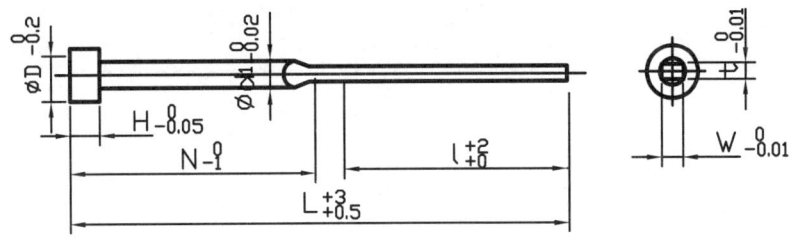

그림 3.1.3 사출용 금형의 턱붙이 평 이젝터핀

3.2 사출용 금형의 앵귤러핀 (KS B 4162)

(1) 종류: A형, B형 및 C형의 3종류로 한다.
(2) 재료: KS D 3751의 STC 3~STC 5 , KS D 3753의 STS 2로 한다.
(3) 모양 및 치수: 그림 3.2.1~3과 표 3.2.1~3에 따른다.
(4) 호칭방법: 규격번호 또는 규격의 명칭, 종류, 기호, 재료 및 치수에 따른다.

보기 : KS B 4162 A형 20×100×30, 사출용 금형의 앵귤러핀 A형 20×100×30

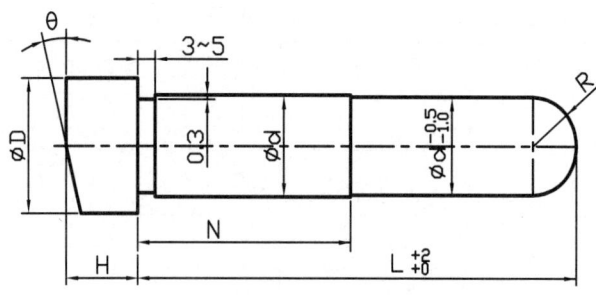

그림 3.2.1 사출용 금형의 앵귤러핀 A형

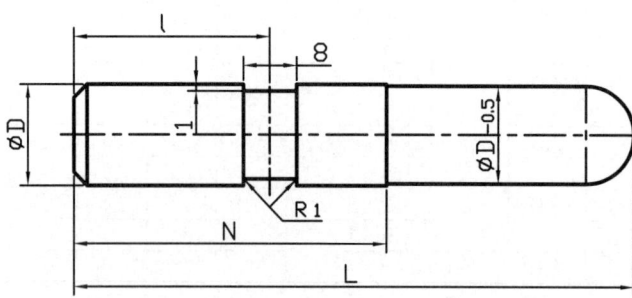

그림 3.2.2 사출용 금형의 앵귤러핀 B형

표 3.2.1 사출용 금형의 앵귤러핀 A형 치수

호칭 치수	d 치수	허용차(k6)	D	H
12	12	+0.012 +0.001	17	10
15	15		20	12
20	20	+0.015 +0.002	25	15
25	25		30	15
30	30		35	20
35	35	+0.018 +0.002	40	20
40	40		45	25

표 3.2.2 사출용 금형의 앵귤러핀 B형 치수

호칭 치수	D 치수	허용차(k6)	H
10	10	0 -0.02	15
15	15		20
20	20		25
25	25		30
30	30		35
35	35		45

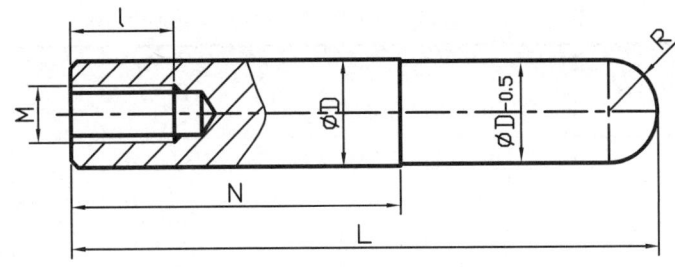

그림 3.2.3 사출용 금형의 앵귤러핀 C형

표 3.2.3 사출용 금형의 앵귤러핀 C형 치수

호칭 치수	D		M×l
	치수	허용차(k6)	
10	10		M 6× 12
15	15		M 8× 15
20	20	0	M10× 18
25	25	-0.02	M10× 18
30	30		M12× 22
35	35		M12× 22

(5) 사출용 금형의 앵귤러핀 사용 예

① 앵귤러핀의 경사각은 25° 이하를 원칙으로 한다.

② 스토퍼 닿는 면의 각은 b° = a° + 2° 를 원칙으로 한다.

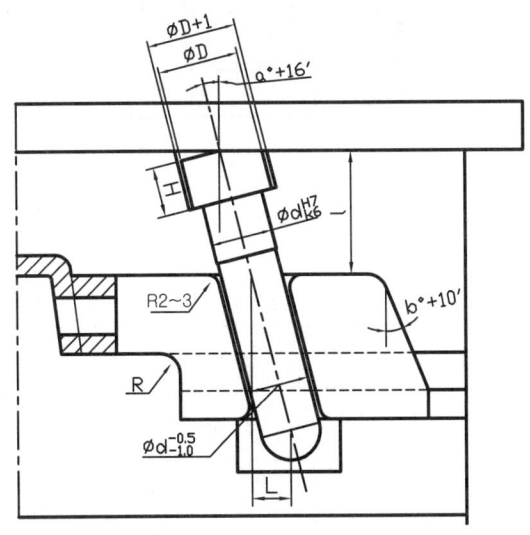

그림 3.2.4 사출용 금형의 앵귤러핀 사용 예

표 3.2.4 사출용 금형의 앵귤러핀 적용치수 예

호칭 치수	d		D	H
	기준 치수	허용차(H7)		
12	12	+0.018 0	17	10
15	15		20	12
20	20	+0.021 0	25	15
25	25		30	15
30	30		35	20
35	35	+0.025 0	40	20
40	40		45	25

(6) 앵귤러 핀 길이 계산식

$$M = \frac{l}{Cos a} + \frac{L}{Sin a} + \frac{d}{2} - H$$

3.3 사출용 금형의 이젝터 로드

(1) 재료: KS D3752의 S25C~S45 또는 이것과 동등 이상의 성능을 가진 것으로 한다.
(2) 모양 및 치수: 그림 3.3.1 및 표 3.3.1과 같다

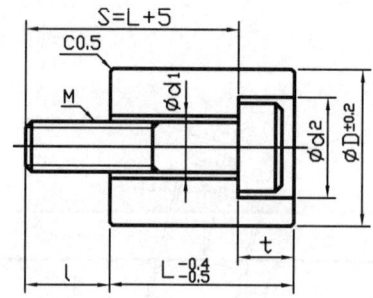

그림 3.3.1 사출용 금형의 이젝터 로드

표 3.3.1 사출용 금형의 이젝터 로드의 치수

ØD	d	d2	t	선택기호		M	L
				A	B		
20	7	11	8.6	7	12	M 6	20 25 30 35 40
25	9	14	11	9	14	M 8	20 25 30 35 40
32							20 25 30 35 40 50
40	12	17	13.5	11	16	M10	25 30 35 40 50
50							30 35 40 50 60

(3) 사용 예

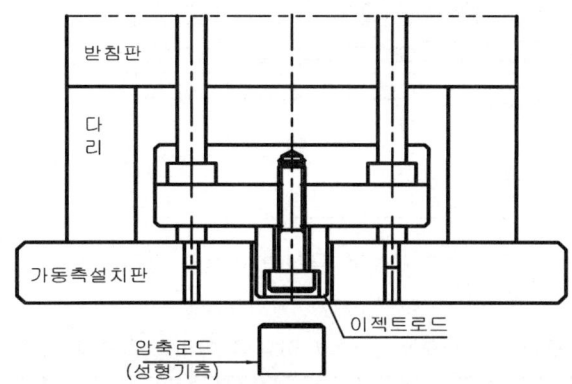

그림 3.3.2 사출용 금형의 이젝터 로드 적용 예

3.4 사출용 금형의 이젝터 슬리브 (KS B 4159)

(1) 재료: KS D 3753의 STS 21, STD 61, KS D 3522의 SKH51, KS D 3756 또는 이것과 동등 이상의 성능을 갖는 것으로 한다.
(2) 모양 및 치수: 그림 3.4.1~3과 표 3.4.1~2에 따른다.
(3) 호칭방법: 규격번호 또는 규격의 명칭, 종류 또는 그 기호, 재료기호 및 치수에 따른다.
보기: KSB4168, SAlCrMo1 5×8×200, 사출용 금형의 이젝터 슬리브 5×8×200

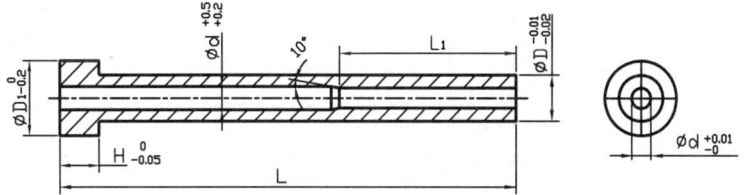

그림 3.4.1 사출용 금형의 이젝터 슬리브 A형

표 3.4.1 사출용 금형의 이젝터 슬리브 A형의 치수

D	4.0				5.0					6.0						7.0					
d	1.5	1.8	2.0	2.5	1.5	1.8	2.0	2.5	3.0	1.8	2.0	2.5	3.0	3.5	4.0	2.0	2.5	3.0	3.5	4.0	4.5
D1	8				9					10						11					
H	6																				
L=100						○	○	○	○	○	○	○	○	○	○	○	○	○	○	○	○
L=120						○	○	○	○	○	○	○	○	○	○	○	○	○	○	○	○
L=140							○	○	○	○	○	○	○	○	○	○	○	○	○	○	○
L=160							○	○	○		○	○	○	○	○	○	○	○	○	○	○
L=180								○	○			○	○	○	○		○	○	○	○	○
L=200								○	○			○	○	○	○		○	○	○	○	○
L=250									○				○	○	○				○	○	○

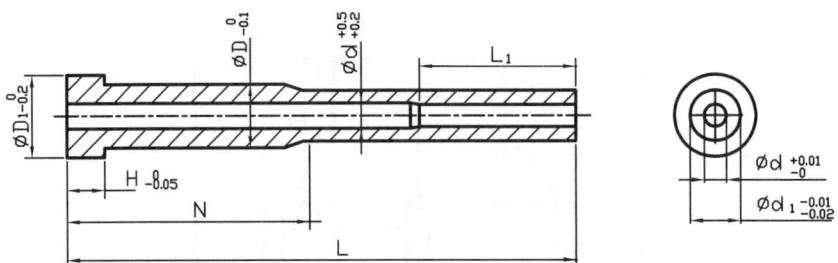

그림 3.4.2 사출용 금형의 이젝터 슬리브 B형

표 3.4.2 사출용 금형의 이젝터 슬리브 B형의 치수

d	d_1	D	D_1	H
3.5	7	10	15	
4	7	10	15	
	8	10	15	
4.5	8	10	15	
5	8	10	15	8
	9	12	17	
6	9	12	17	
	10	12	17	
8	12	15	20	

(4) 사용 예

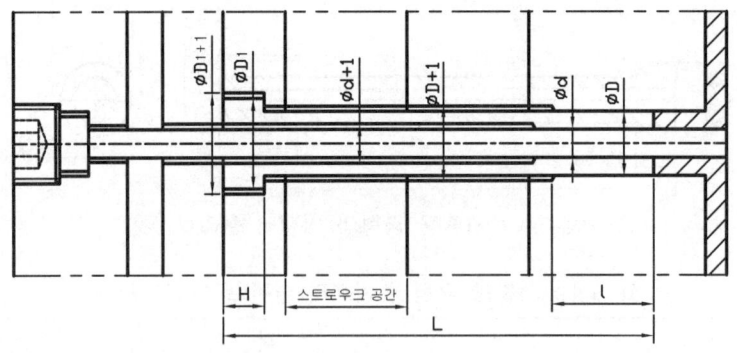

그림 3.4.3 사출용 금형의 이젝터 슬리브 사용 예

3.5 사출용 금형의 리턴핀 (KS B 4154)

(1) 재료: KS D 3752의 SM50C, SM55C KS D 3751의 STC3~STC5 혹은 KS D 3753의 STC3 또는 이들과 동등 이상의 성능을 가진 것으로 한다.
(2) 모양 및 치수: 그림 3.5.1~3과 표 3.5.1~2에 따른다.

(3) 호칭방법: 규격 번호 또는 규격의 명칭, 종류 또는 그 기호, 재료기호 및 치수에 따른다.

보기: KS B 4154 S50C 25×150, 플라스틱용 금형의 리턴핀 S50C 25×150

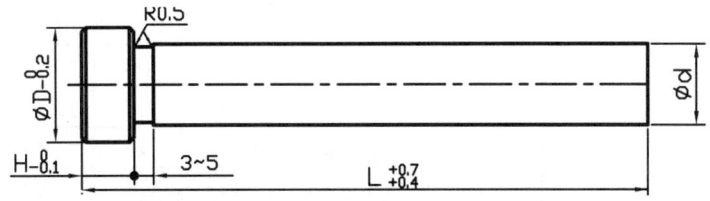

그림 3.5.1 사출용 금형의 리턴핀

표 3.5.1 사출용 금형의 리턴핀의 치수

호칭 치수 (d)	d		D	H
	치 수	허용 차(e7)		
12	12	-0.032 -0.050	17	8
15	15	-0.032 -0.050	20	8
20	20	-0.040 -0.061	25	8
25	25	-0.040 -0.061	30	8
30	30	-0.040 -0.061	35	8
35	35	-0.050 -0.075	40	8
40	40	-0.050 -0.075	45	8

(4) 사출용 금형의 리턴핀 적용 예

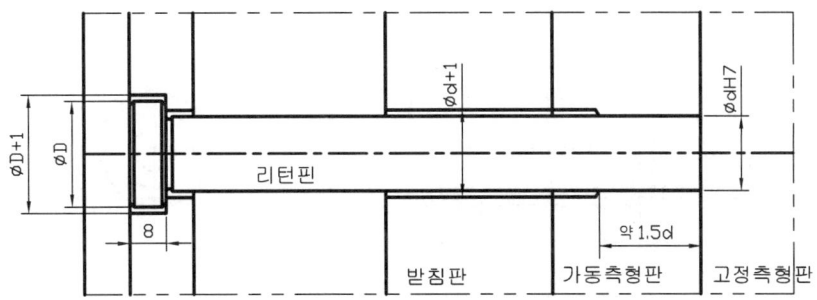

그림 3.5.2 사출금형용 리턴핀 적용

표 3.5.2 사출용 금형의 리턴핀의 치수

호칭 치수 (d)	d(구멍)		d+1	D+1	약 1.5d	리턴핀적용 볼트 호칭
	치 수	허 용 차(H7)				
12	12	$^{+0.018}_{0}$	13	18	18	M 6
15	15	$^{+0.018}_{0}$	16	21	23	M 8
20	20	$^{+0.021}_{0}$	21	26	30	M 10
25	25	$^{+0.021}_{0}$	26	31	38	M 12
30	30	$^{+0.021}_{0}$	31	36	45	M 15
35	35	$^{+0.025}_{0}$	36	41	53	M 18
40	40	$^{+0.025}_{0}$	41	46	60	M 20

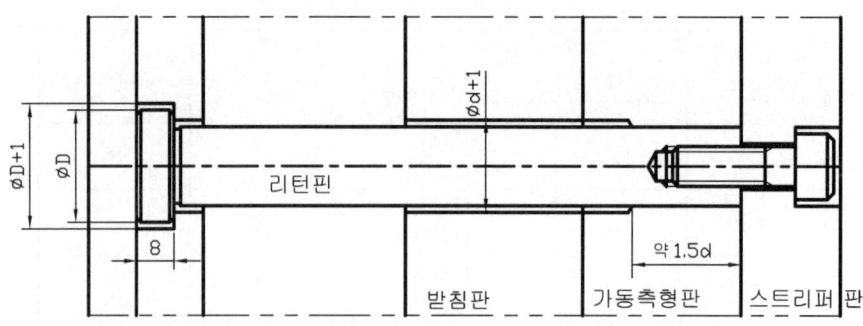

그림 3.5.3 리턴핀 응용 스트리퍼 플레이트 낙하방지 예

3.6 사출용 금형의 러너 이젝터 셋트

(1) 재료: KS D 3752의 SM50C, SM55C KS D 3751의 STC3~STC5 혹은 KS D 3753의 STC3 또는 이들과 동등 이상의 성능을 가진 것으로 한다.
(2) 모양 및 치수: 그림 3.6.1~2과 표 3.6.1~2에 따른다.

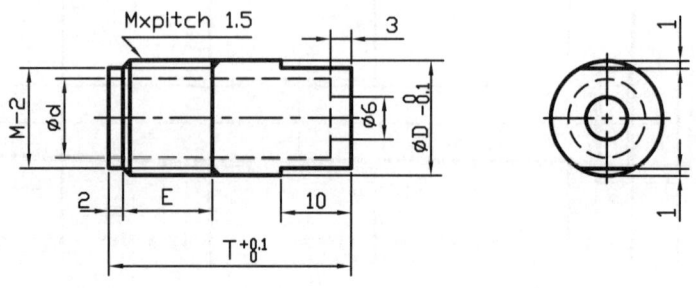

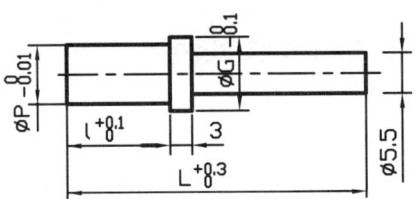 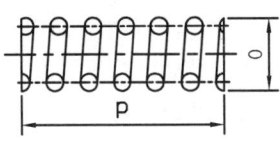

그림 3.6.1 사출용 금형의 러너 이젝터 셋트

표 3.6.1 사출용 금형의 러너 이젝터 셋트의 치수

HOUSING					PIN				SPRING
D	M	d	E	F	G	H	K	L	O×P
14	M14	9	10	26	8	6	10 / 15	지시 치수	LR 8×25
16	M16	11	12	35	10	8	23 / 28		LR 8×30
18	M18	13	12	35	12	10	33 / 38		LR 8×30

(3) 사출용 금형의 러너 이젝터 셋트 적용 예

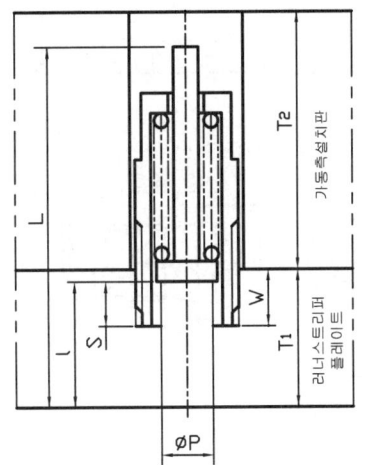

표 3.6.2 러너 이젝터 셋트 적용치수

T_1	P	l	W	S
15	6	10	10	5
20	6	15		
25	8	23	12	10
30	8	28		
35	10	33		
40	10	38		

그림 3.6.2 러너 이젝터 셋트 적용예 1

3.7 사출용 금형의 러너로크핀

(1) 종류 : A형, B형 및 C형의 3종류로 한다.
(2) 재료 : KS D 3751의 STC 3~STC 5 , KS D 3753의 STS 2 및 KS D

3525의 STB 2로 한다.
(3) 모양 및 치수: 그림 3.7.1~3과 표 3.7.1~3에 따른다.
(4) 호칭방법: 명칭, 형식 및 호칭치수 ×L
보기 : 러너로크핀 A형 8×40

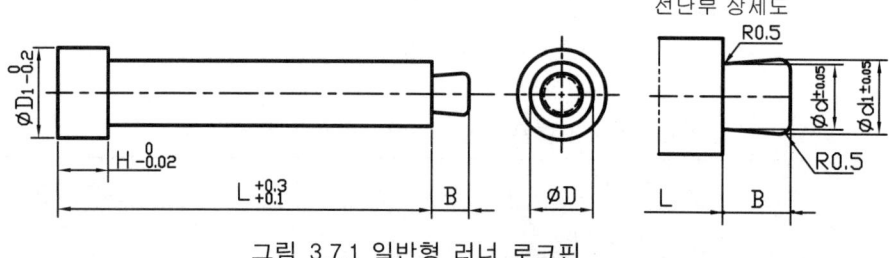

그림 3.7.1 일반형 러너 로크핀

표 3.7.1 일반형 러너로크핀 치수

D		d	d_1	D_1	B	H
치수	허용차					
4	-0.010 -0.022	2.3	2.8	6	2.5	4
5		2.8	3.3	7	3	
6		3.0	3.8	8		6
8	-0.013 -0.028	4.0	4.8	10	4	8
10		4.8	6.0	13	5	

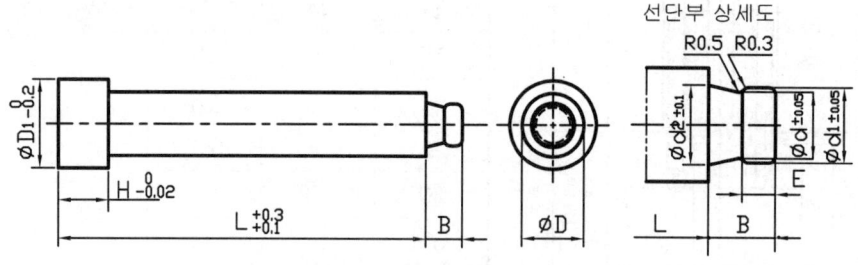

그림 3.7.2 하드형 러너로크핀

표 3.7.2 하드형 러너로크핀

D		d	d_1	d_2	D_1	B	H
치수	허용차						
4	-0.010 -0.022	2.3	2.8	2.5	6	2.5	4
5		2.8	3.3	3.0	7	3	
6		3.0	3.8	4.0	8		6
8	-0.013 -0.028	4.0	4.8	5.0	10	4	8
10		4.8	6.0	6.2	13	5	

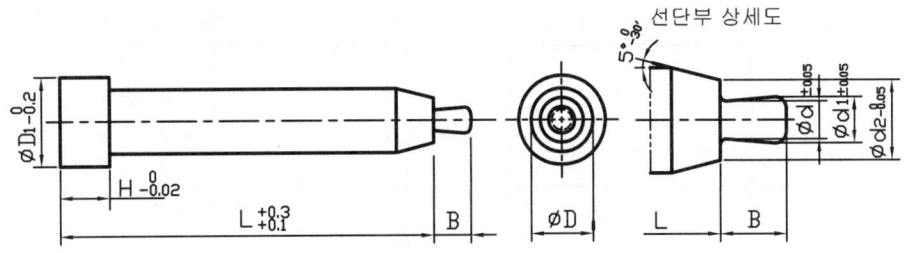

그림 3.7.3 테이퍼형 러너로크핀

표 3.7.3 테이퍼형 러너로크핀 치수

D		d	d_1	d_2	D_1	B	H
치수	허용차						
4	-0.010 -0.022	1.3	1.8	3.0	6	2.5	4
5		1.6	2.1	3.5	7	3	
6		1.9	2.4	4.0	8		6
8	-0.013 -0.028	3.5	4.0	6.0	10	4	8

3.8. 사출용 금형의 슬라이드 코어, 대기판 및 홀더

(1) 재료: KS D 3752의 SM50C, SM55C KS D 3751의 STC 3~STC 5 혹은 KS D 3753의 STC 3 또는 이들과 동등 이상의 성능을 가진 것으로 한다.

(2) 모양 및 치수: 그림 3.8.1~8과 표 3.8.1~7에 따른다.

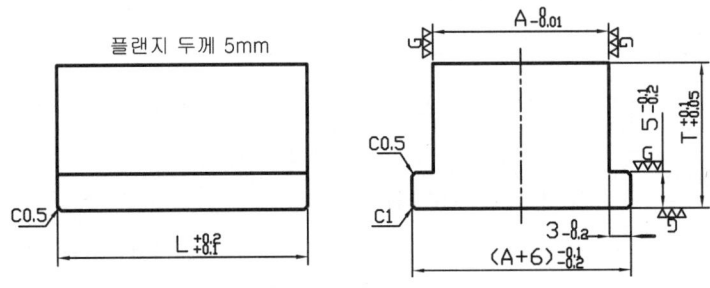

그림 3.8.1 슬라이드코어 5mm형

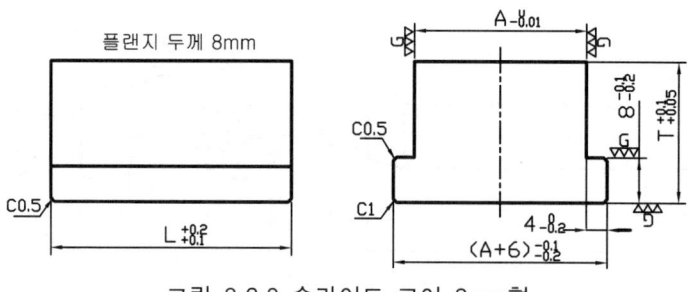

그림 3.8.2 슬라이드 코어 8mm형

표 3.8.1 슬라이드 코어 5mm형 치수

A	T	L
15	15~30 (5단위)	10~40 (5단위)
20	15~40 (5단위)	10~60 (5단위)
25		
30	20~50 (5단위)	10~80 (5단위)
35		
40	20~60 (5단위)	10~100 (5단위)
50		
60	25~60 (5단위)	10~120 (5단위)
70		
80	30~60 (5단위)	
100		

표 3.8.2 슬라이드 코어 8mm형 치수

A	T	L
30	20~50 (5단위)	20~80 (5단위)
35		
40	20~60 (5단위)	20~100 (5단위)
50		
60	25~60 (5단위)	30~120 (5단위)
70		
80	30~60 (5단위)	
100		

(3) 사출용 금형의 슬라이드 코어 취동부 적용 예

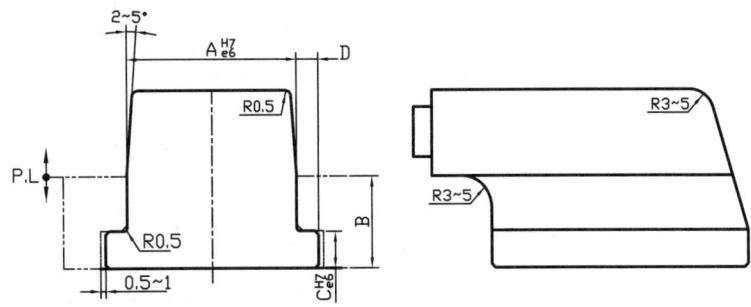

그림 3.8.3 슬라이드 코어 취동부 적용 예

표 3.8.3 슬라이드 코어 취동부 적용 치수

B	30이하	30~40	40~50	50~65	65~100	100~160
C	9	10	12	15	20	25
D	6	8	10	10	12	15

표 3.8.4 슬라이드코어 취동부 치수공차

A, C	10이하	10~18	18~30	30~50	50~80	80~120	120~180	180~250	250~315	315~400	400~500
치수차 (e6)	-0.025 -0.034	-0.032 -0.043	-0.040 -0.053	-0.050 -0.066	-0.060 -0.079	-0.072 -0.094	-0.085 -0.110	-0.100 -0.129	-0.110 -0.142	-0.125 -0.161	-0.135 -0.175

(4) 사출용 금형의 슬라이드 코어 대기판 적용 예

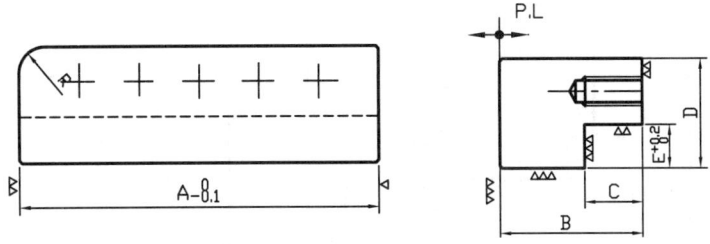

그림 3.8.4 사출금형의 슬라이드 코어 대기판

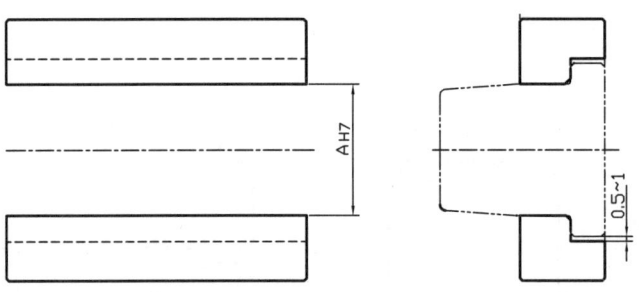

그림 3.8.5 사출용 금형의 슬라이드 코어 대기판 사용 예

표 3.8.5 사출용 금형의 슬라이드 코어 대기판의 치수 공차

B, C, D치수	10이하	10~18	18~30	30~50	50~80	80~120	120~180
B, D 치수차	-0.005 -0.020	-0.006 -0.024	-0.007 -0.028	-0.009 -0.034	-0.010 -0.040	-0.012 -0.047	-0.014 -0.054
C 치수차	+0.015 0	+0.018 0	+0.021 0	+0.025 0	+0.030 0	+0.035 0	+0.040 0

A: 슬라이드 코어   B: 슬라이드 홀더   C: 슬라이드 코어 대기판

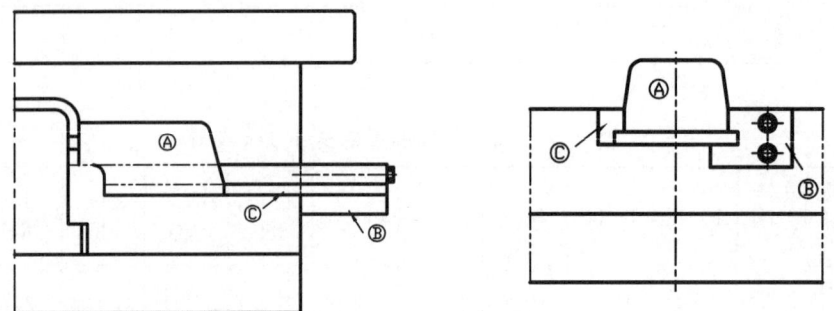

그림 3.8.6 사출용 금형의 슬라이드 코어 대기판 사용 예

* 사용용도: 대기판은 어미형에 끼워넣어 볼트로 조여 슬라이드 코어 취동면에서 작동시킴.

(5) 사출용 금형의 슬라이드 코어 홀더 적용 예

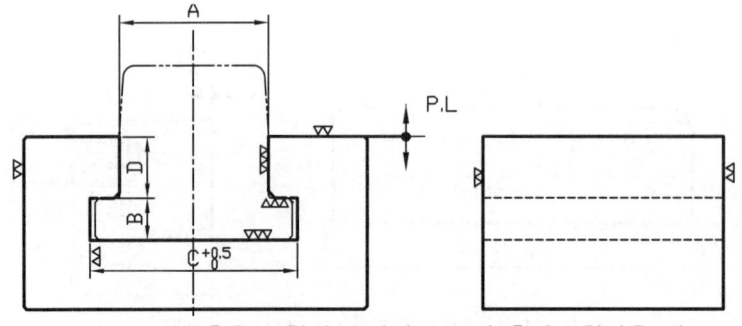

그림 3.8.7 사출용 금형의 슬라이드 코어 홀더 A형사용 예

표 3.8.6 사출용 금형의 슬라이드 코어 홀더 A형 치수공차

A, B 치수	10이하	10~18	18~30	30~50	50~80	80~120	120~180	180~250
치수차 (H9)	+0.036 0	+0.043 0	+0.052 0	+0.062 0	+0.074 0	+0.087 0	+0.100 0	+0.115 0

* 사용용도: 본 A형 홀더는 일체형으로 슬라이드 코어 폭이 작은 경우에 쓰인다.

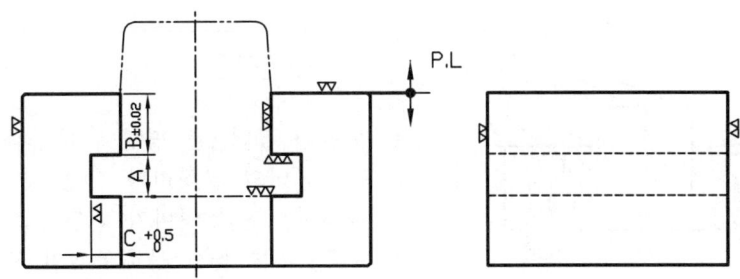

그림 3.8.8 사출용 금형의 슬라이드 코어 홀더 B형 사용 예

표 3.8.7 사출용 금형의 슬라이드 코어 홀더 B형 치수공차

A 치수	10이하	10~18	18~30	30~50
치 수 차 (H7)	+0.015 0	+0.018 0	+0.021 0	+0.025 0

* 사용용도: 본 B형 홀더는 분할된 보조홀더이다.(메이 플레이트에 볼트로 고정)

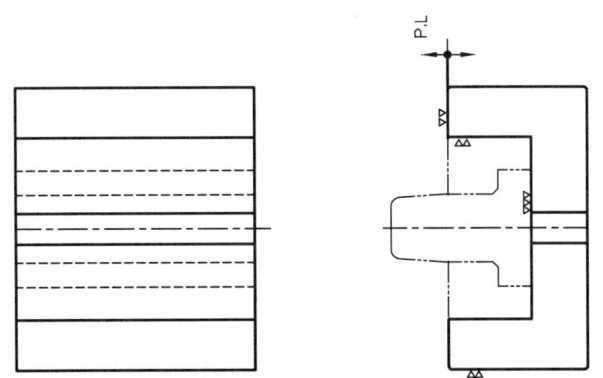

그림 3.8.9 플라스틱용 금형의 슬라이드 코어 홀더 C형 사용 예

* 사용용도: 본 C형 홀더는 대기판을 붙이는 슬라이드를 주체로 한 보조의 홀더이다.

(6) 슬라이드 코어 홀더 적용 예

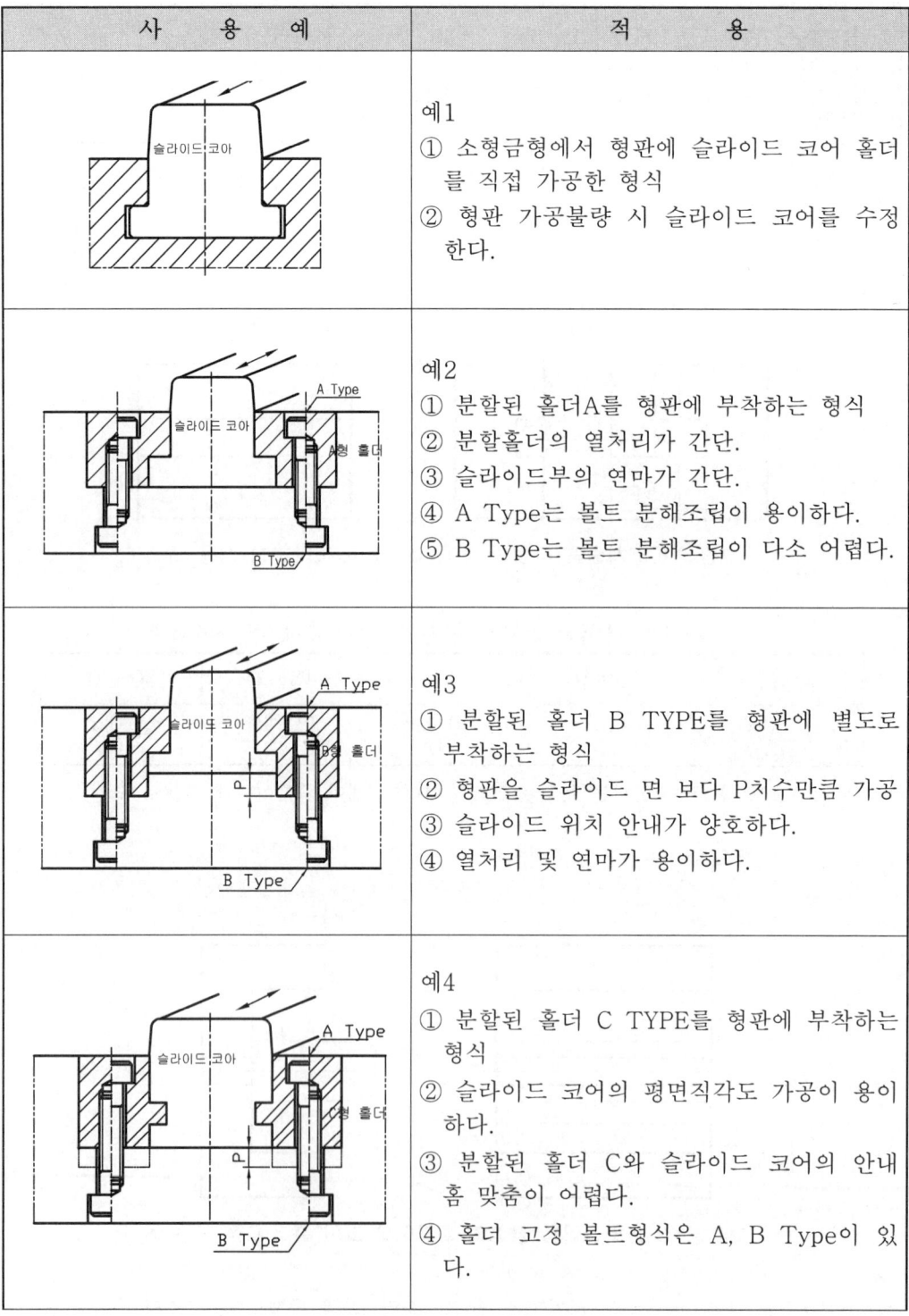

사 용 예	적 용
	예1 ① 소형금형에서 형판에 슬라이드 코어 홀더를 직접 가공한 형식 ② 형판 가공불량 시 슬라이드 코어를 수정한다.
	예2 ① 분할된 홀더A를 형판에 부착하는 형식 ② 분할홀더의 열처리가 간단. ③ 슬라이드부의 연마가 간단. ④ A Type는 볼트 분해조립이 용이하다. ⑤ B Type는 볼트 분해조립이 다소 어렵다.
	예3 ① 분할된 홀더 B TYPE를 형판에 별도로 부착하는 형식 ② 형판을 슬라이드 면 보다 P치수만큼 가공 ③ 슬라이드 위치 안내가 양호하다. ④ 열처리 및 연마가 용이하다.
	예4 ① 분할된 홀더 C TYPE를 형판에 부착하는 형식 ② 슬라이드 코어의 평면직각도 가공이 용이하다. ③ 분할된 홀더 C와 슬라이드 코어의 안내홈 맞춤이 어렵다. ④ 홀더 고정 볼트형식은 A, B Type이 있다.

사 용 예	적 용
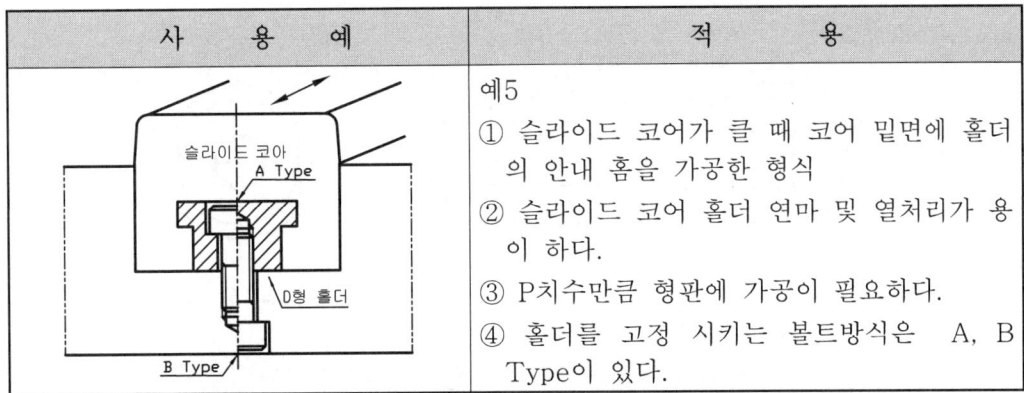	예5 ① 슬라이드 코어가 클 때 코어 밑면에 홀더의 안내 홈을 가공한 형식 ② 슬라이드 코어 홀더 연마 및 열처리가 용이 하다. ③ P치수만큼 형판에 가공이 필요하다. ④ 홀더를 고정 시키는 볼트방식은 A, B Type이 있다.

3.9 사출용 금형의 스프루로크부시

(1) 재료: KS D 3752의 SM 50C, SM 55C KS D 3751의 STC3~STC5 혹은 KS D 3753의 STC3 또는 이들과 동등 이상의 성능을 가진 것으로 한다.
(2) 모양 및 치수: 그림 3.9.1~3과 표 3.9.1~2를 적용한다.

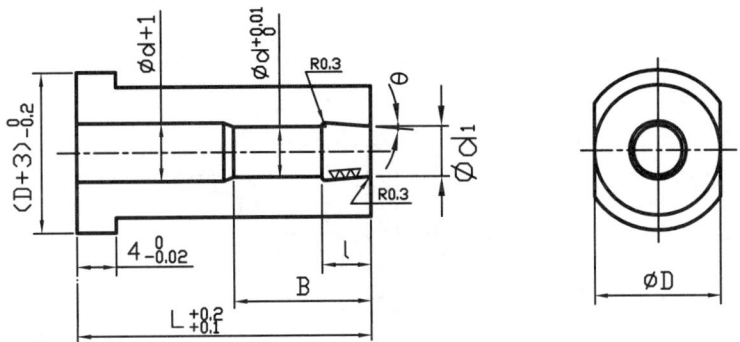

그림 3.9.1 사출용 금형의 헤드형 스프루로크부시

표 3.9.1 사출용 금형의 헤드형 스프루로크부시 치수

d	d_1	B	D	l	L	θ
3	3.5	12	8	3.0~7.0	20 25 30 35 40 50	1
4	4.6	13	10	3.0~8.0		2
5	5.8	14	13	3.0~9.0		3
6	6.8	18		3.0~10.0		4
8	9	20	16	3.0~12.0	25 30 35 40 50	5

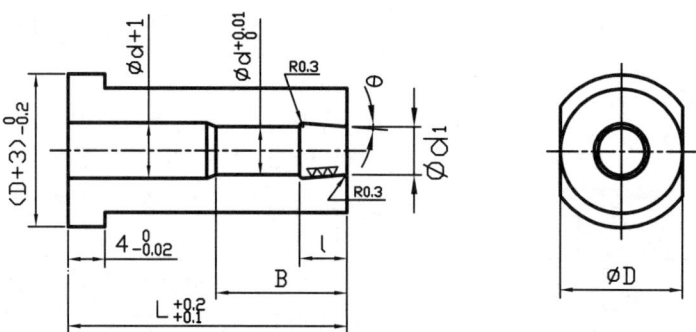

그림 3.9.2 사출용 금형의 스트레이트형 로크부시

표 3.9.2 사출용 금형의 스트레이트형 로크부시 치수

d	d_1	B	M	D	l	L	θ
3	3.5	12	8	13	3.0~ 7.0	25	1 2 3 4 5
4	4.6	13	10		3.0~ 8.0		
5	5.8	14	12	16	3.0~ 9.0	30	
6	6.8	18	12		3.0~10.0	35	
8	9	20	16	20	3.0~12.0	40	

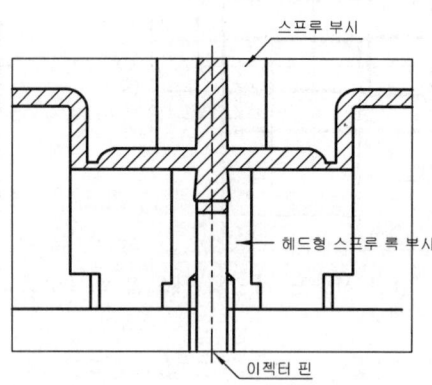

그림 3.9.3 사출용 금형의 스트레이트형 로크부시 사용 예

3.10 사출용 금형의 인장링크

(1) 재료: KS D 3752의 SM 50C, SM 55C KS D 3751의 STC 3~STC 5 혹은 KS D 3753의 STC 3 또는 이들과 동등 이상의 성능을 가진 것으로 한다.

(2) 모양 및 치수: 그림 3.10.1~2와 표 3.10.1~2을 적용한다.

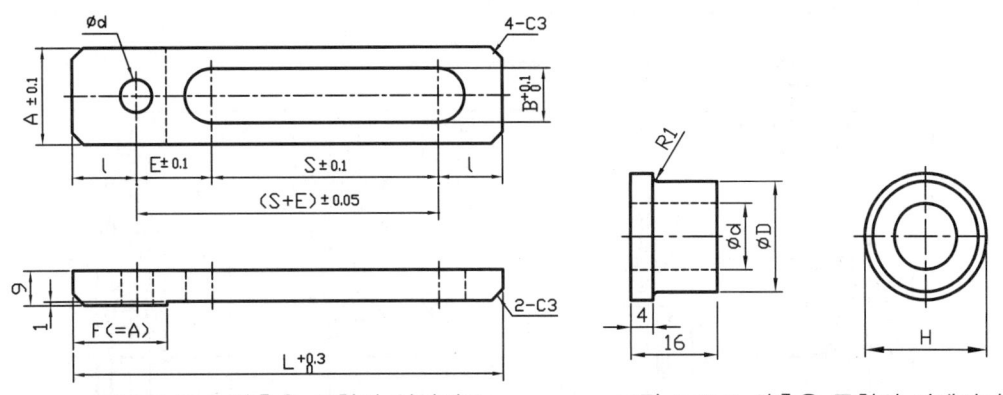

그림 3.10.1 사출용 금형의 인장링크   그림 3.10.2 사출용 금형의 리테이너

표 3.10.1 사출용 금형의 인장링크 치수

A	B	E	l	L	d	S
19	11	16	14.5	S+45	6.5	50~170
25	14	20	17	S+54	8.5	50~200
32	17	30	18.5	S+67	10.5	100~200
38	21	30	20.5	S+71	12.5	100~200

표 3.10.2 사출용 금형의 리테이너

D	d	H	사용볼트(M×l)
13	9	16	M 8 × 30 l
16	11	19	M 10 × 30 l
20	13	23	M 12 × 35 l

(3) 사출용 금형의 인장링크 및 리테이너 적용 예
 ① 인장링크의 습동부는 1mm의 여유부가 있어 플레이트에 접촉하지 않고 형을 열고 닫을 수 있다.
 ② 가공측형판에 사용하는 볼트 및 인장링크 파손을 방지하기 위해 볼트용 리테이너를 사용한다.

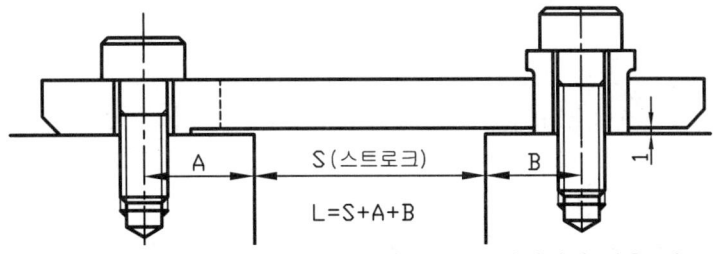

그림 3.10.3 사출용 금형의 인장링크 및 리테이너 사용 예

(4) 사출용 금형의 서포트핀과 인장링크의 사용 예

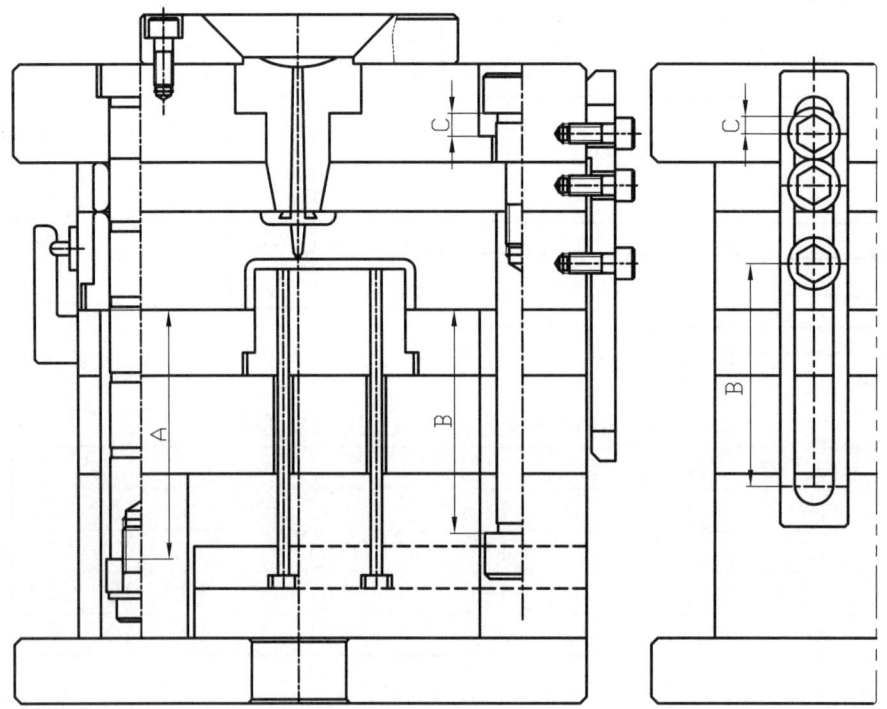

그림 3.10.4 사출용 금형의 서포트핀과 인장링크의 사용 예

① 서포트핀 길이와 인장링크 길이의 관계
ⓐ 작동길이는 A+1=B+C 또는 A=B+C와 같이 2가지가 있다.
ⓑ 인장링크 이외에 체인은 사용하나 일반적으로 사용하지 않음.

4. 사출용 금형의 스프루 부시 및 냉각시스템 부품

4.1 사출용 금형의 스프루 부시 (KS B 4157)

(1) 재료: KS D 3752의 SM 45C, KS D 3753의 STD61 또는 이것과 동등 이상의 성능을 가진 것으로 한다.
(2) 모양 및 치수: 그림 4.1.1~3과 표 4.1.1~3에 따른다.
(3) 호칭방법: 규격번호 또는 규격의 명칭, 종류 또는 그 기호, 재료기호 및 치수에 따른다.
보기 : KS B 4157 A형 STD 61 16×60×2
　　　　사출용 금형의 스프루 부시 A형 STD61 16×60×2

제5장_사출금형의 부품   243

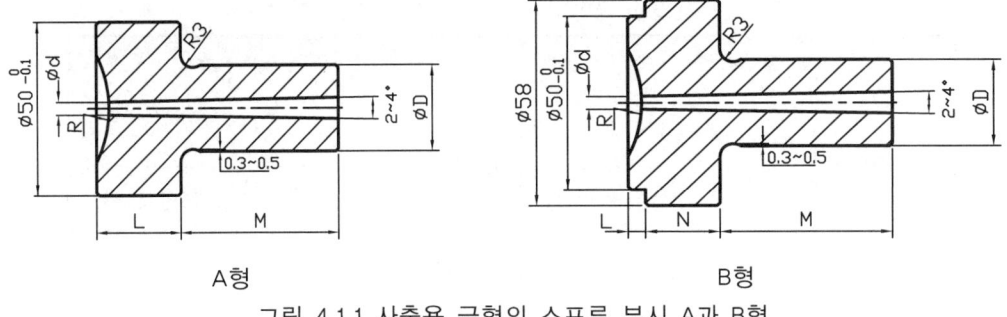

A형   B형

그림 4.1.1 사출용 금형의 스프루 부시 A과 B형

표 4.1.1 사출용 금형의 스프루 부시 A 및 B형 치수

스프루 부시 A형			스프루 부시 B형		
호칭치수	D		호칭치수	D	
	치수	허용공차		치수	허용공차
			16	16	+0.013 -0.008
20	20	+0.013 -0.008	20	20	+0.013 -0.008
25	25	+0.013 -0.008	25	25	+0.013 -0.008
35	35	+0.015 -0.010	35	35	+0.015 -0.010

* 비고 : L. M 및 R는 사용자가 지정한다.

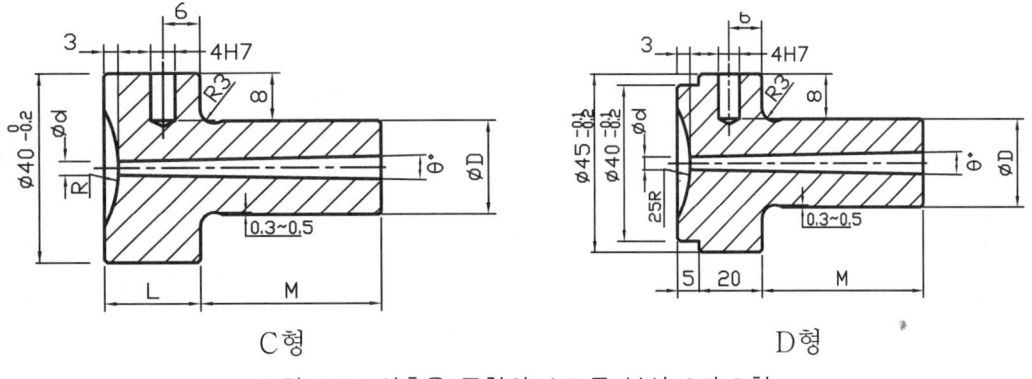

C형   D형

그림 4.1.2 사출용 금형의 스프루 부시 C과 D형

표 4.1.2 사출용 금형의 스프루 부시 C 및 D형 치수

스프루 부시 C형			스프루 부시 D형		
호칭치수	D		호칭치수	D	
	치수	허용공차		치수	허용공차
16	16	+0.012 / −0.001	16	16	−0.02 / −0.03
20	20	+0.015 / −0.002	20	20	−0.02 / −0.03
25	25	+0.015 / −0.002	25	25	−0.02 / −0.03

* 비고: L, M, D 및 R은 사용자가 지정한다.

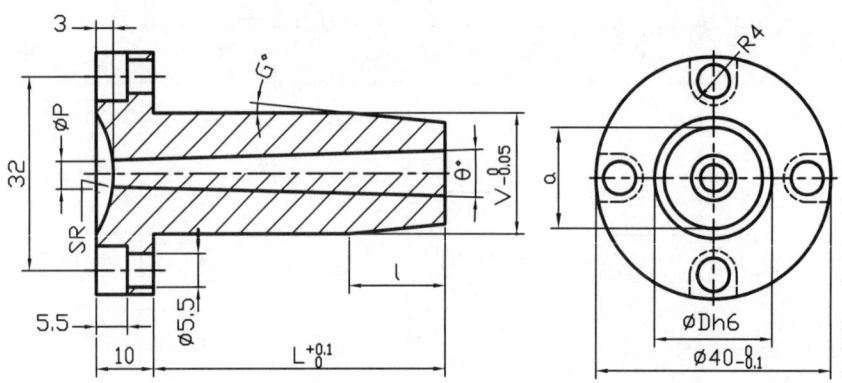

그림 4.1.3 사출용 금형의 테이퍼형 스프루 부시

표 4.1.3 사출용 금형의 테이퍼형 스프루 부시 치수

D (mm)	h6	L (mm)	SR (mm)	P (mm)	θ (°)	V	G (°)
10	0 / −0.009		11	2.5	1		
13	0 / −0.011		16	3.5	2		
16		0~100.0	20	4.5	3	D>V>a+5	1~10
20	0 / −0.013		21	5	5		
25			23	8			

(4) 사출용 금형의 스프루 부시 적용 예

그 림	적 요
1	**A형** ① 스프루 부시 A형으로 일반적으로 사용하는 예 ② 스프루 부시 후퇴방지용 장치가 필요. ② 고정측형판의 스프루 부시 구멍가공이 필요
2	**B형** ① 스프루 부시 B형으로 스프루 부시 후퇴를 방지하기 위해 로케이팅링이 눌러주는 예. ② 고정측형판의 스프루 부시 구멍가공 치수공차는 H_7을 적용한다. ③ 일반적인 로케이팅링 사용 가
3	**핀 포인트 형** ① 3매 방식에 사용하는 핀포인트 일반형 ② 로케이팅링이 스프루 부시를 눌러 줌 ③ 러너 스트리퍼 플레이트와 스프루 부시의 취동부 구배는 $\theta°=5°~15°$를 원칙으로 한다.
4	**핀포인트 스프루 부시 체결용** ① 스프루 부시에 볼트 고정 구멍가공. ② 고정측 설치판에 탭 가공 ③ 일반적인 로케이팅링 사용 가

(5) 사출 성형기의 노즐 r와 스프루 부시 R의 관계

	그 림	적 요
1		① 성형기 노즐 선단부 r에 대하여 스프루 부시 입구부 R는 r ≤ R 이며 ② 일반적으로 R= r [1+(0~0.1)]
2		① 스프루 부시 입구부 구멍직경 øD와 성형기 노즐 구멍직경 ød와는 반드시 ød∠øD로 할 것 ② 일반적으로 D=d+(0.5~1.0)로 한다.
3		① 성형기 노즐 선단부 r에 대하여 스프루 부시 입구부 R가 작은 경우에는 노즐 선단부와 스프루 입구부가 밀착되지 못하고 공간이 있어 이곳에 수지가 고이고 고화 되여 빼내기 불량이 된다. r≥R이면 빼내기 불량 ② 성형기 노즐 구멍직경 ød가 스프루 부시 구멍직경 øD 보다 큰 경우에는 스프루의 빼내기 불량원인이 된다. ød≥øD이면 빼내기 불량

4.2 사출용 금형의 냉각장치 연결구 (KS B 4163)

(1) 재료: KS D 5101의 동 및 동합금, KS D 3752의 S20C~S30C로 한다.
(2) 모양 및 치수: 그림 4.2.1~5와 표 4.2.1~4에 따른다.
(3) 호칭방법: 규격번호 또는 규격의 명칭, 종류 또는 그 기호, 재료 기호 및 치수에 따른다.

보기 : KS B 4163 니플 A PT1/8-1
　　　사출용 금형의 냉각장치 연결구 니플 A형 PT1/8-A

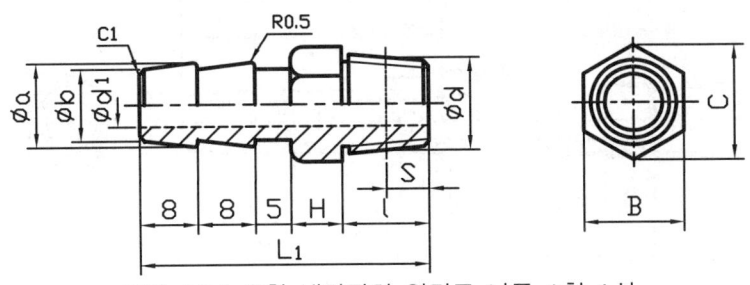

그림 4.2.1 금형 냉각장치 연결구 니플 A형 A식

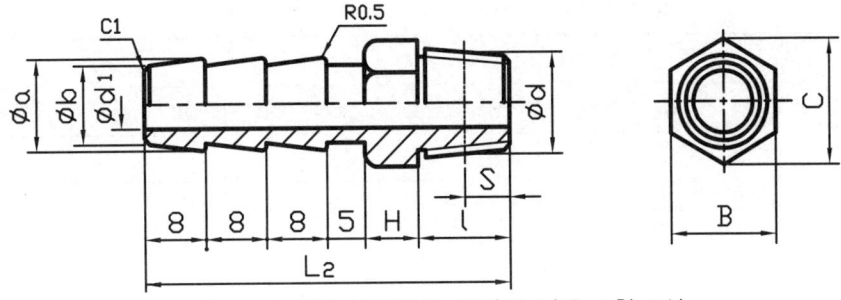

그림 4.2.2 금형 냉각장치 연결구 니플 A형 B식

표 4.2.1 금형 냉각장치 연결구 니플 A형 치수

호칭 치수	d	d_1	a	b	S	l	H	L_1	L_2	B	C
PT1/8-A	9.728	6	12	10	3.97	10	7	38	-	14	16.2
PT1/8-B	9.728	6	12	10	3.97	10	7	-	46	14	16.2
PT1/4-A	13.157	8	12	10	6.01	12	7	40	-	14	16.2
PT1/4-B	13.157	8	12	10	6.01	12	7	-	48	14	16.2
PT3/8	16.662	10	15	13	6.35	14	10	-	53	17	19.6
PT1/2	30.955	14	19	17	8.16	16	10	-	55	21	24.2

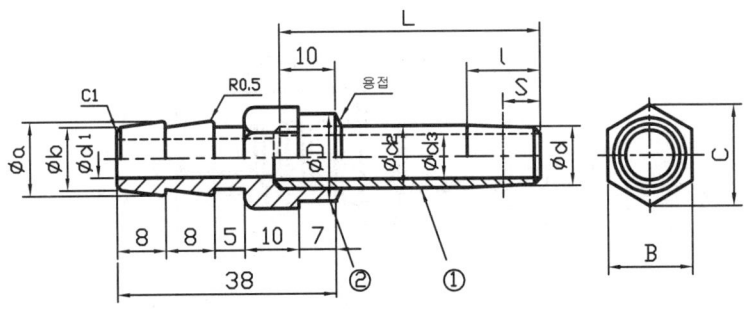

그림 4.2.3 금형 냉각장치 연결구 니플 B형 A식

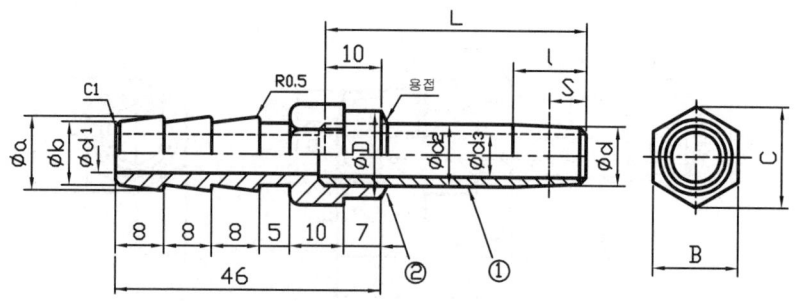

그림 4.2.4 금형 냉각장치 연결구 니플 B형 B식

표 4.2.2 금형 냉각장치 연결구 니플 B형 치수

호칭 치수	①					②					
	d	d_2	d_3	S	l	a	b	d_1	D	B	C
PT1/8-A	9.728	10.5	6.5	3.97	10	12	10	6	16	17	19.6
PT1/8-B	9.728	10.5	6.5	3.97	10	12	10	6	16	17	19.6
PT1/4-A	13.157	13.8	9.2	6.01	12	12	10	6	20	21	24.2
PT1/4-B	13.157	13.8	9.2	6.01	12	12	10	6	20	21	24.2
PT3/8	16.662	17.3	12.7	6.35	14	15	13	10	22	23	26.6
PT1/2	20.955	21.7	16.1	8.16	16	19	17	14	25	26	30.0

* 비고: 1. L은 사용자 측에서 정한다. 2. 부품 ①과 ②는 용접으로 잇는다.
3. 나사는 KS B 0222에 규정하는 관용 테이퍼 나사를 적용한다.

표 4.2.3 금형 냉각장치 연결구 니플 B형 치수

나사크기	냉각수 구멍	적용금형
PT1/8	ø6	소형금형(1Ton이하)
PT1/4	ø8	중형금형(1~2Ton)
PT3/8	ø10~ø12	중형, 대형금형(2~4Ton)

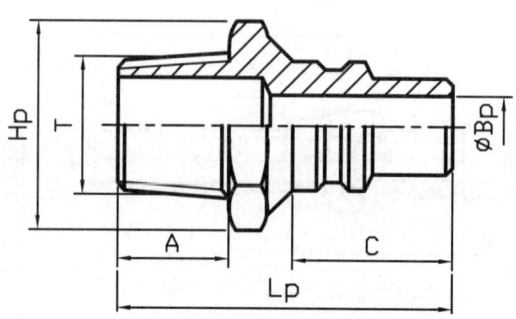

그림 4.2.5 금형 냉각장치 연결구용 커플링

표 4.2.4 금형 냉각장치 연결구용 커플링 치수

호칭	Lp	C	Hp	A	T	Bp
20PM	41	20	6각 14×16.2	13	1/4×19PT	7.5
30PM	42	20	6각 19×21.9	14	3/8×19PT	7.5
40PM	46	20	6각 23×26.6	16	1/2×14PT	7.5
400PM	50	23	6각 23×26.6	16	1/2×14PT	13
600PM	55	23	6각 32×37	18	3/4×14PT	13

(4) 사출용 금형의 냉각장치 연결구 적용 예

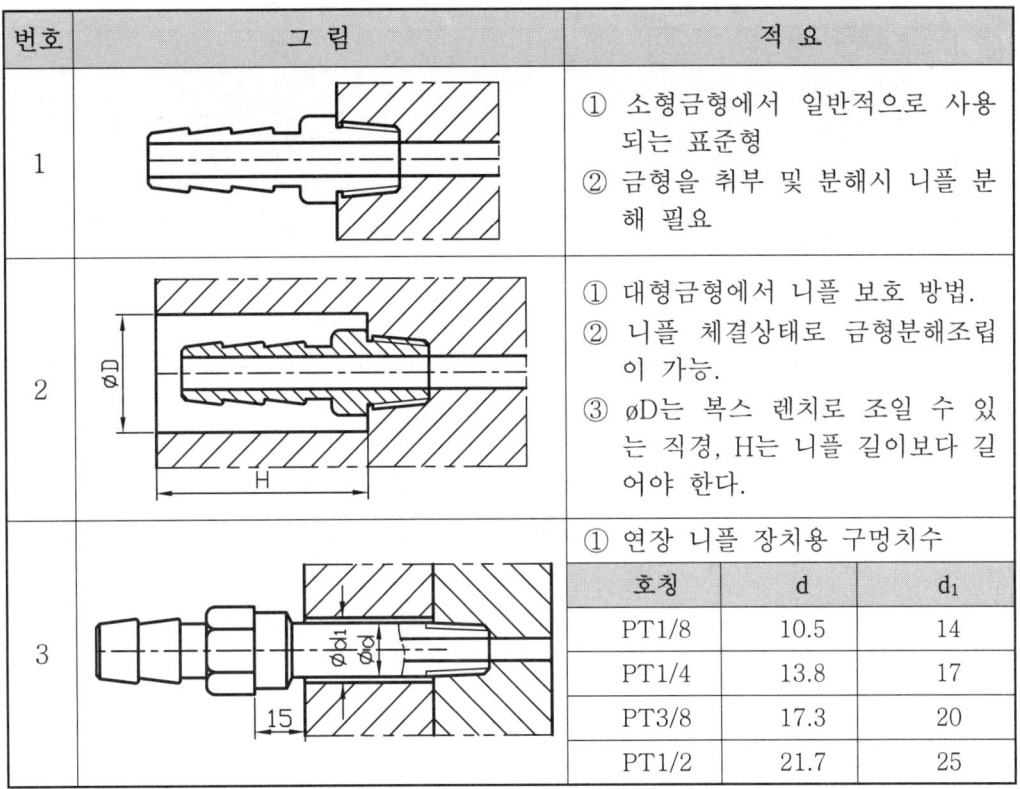

번호	그림	적요
1		① 소형금형에서 일반적으로 사용되는 표준형 ② 금형을 취부 및 분해시 니플 분해 필요
2		① 대형금형에서 니플 보호 방법. ② 니플 체결상태로 금형분해조립이 가능. ③ øD는 복스 렌치로 조일 수 있는 직경, H는 니플 길이보다 길어야 한다.
3		① 연장 니플 장치용 구멍치수 | 호칭 | d | d_1 | |---|---|---| | PT1/8 | 10.5 | 14 | | PT1/4 | 13.8 | 17 | | PT3/8 | 17.3 | 20 | | PT1/2 | 21.7 | 25 |

4.3 사출용 금형의 플러그

(1) 재료: KS D 5101의 동 및 동합금, KS D 3752의 S20C~S30C로 한다.
(2) 모양 및 치수: 그림 4.3.1~4와 표 4.3.1~3에 따른다.
(3) 호칭방법: 규격번호는 명칭, 종류 또는 기호, 재료기호 및 치수에 따른다.
보기 : KS B 4163 플러그 PT1/8, 사출용 금형의 냉각장치 연결구 플러그 PT1/8-A

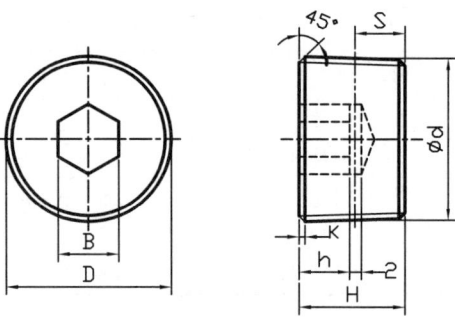

그림 4.3.1. 금형 냉각장치 연결구용 플러그

표 4.3.1 금형 냉각장치 연결구용 플러그 치수

호칭치수	d	H	h	B	C	S	K
PT1/8	9.728	10	3	5 $^{+0.1}_{+0.03}$	5.7	3.97	1.0
PT1/4	13.157	12	4	5 $^{+0.1}_{+0.03}$	7	6.01	1.0
PT3/8	16.662	14	6	5 $^{+0.15}_{+0.04}$	9.4	6.35	1.0
PT1/2	20.995	16	7	5 $^{+0.16}_{+0.05}$	14	8.16	1.5
PT3/4	22.911	16	7	5 $^{+0.16}_{+0.05}$	16.3	9.53	1.5
PT 1	26.441	16	7	5 $^{+0.16}_{+0.05}$	16.3	10.39	2.0

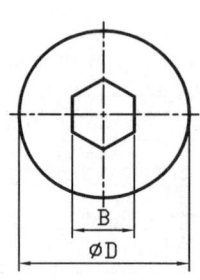 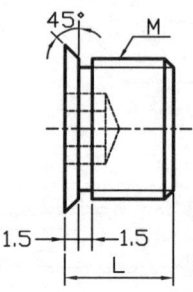

그림 4.3.2 금형 냉각장치 연결구용 와샤 부착형 플러그

표 4.3.2 금형 냉각장치 연결구용 와샤 부착형 플러그 치수

D	B	L	M × pich
13	5	12	M 10×1.5
15	6	12	M 12×1.5
17	6	12	M 14×1.5
19	8	12	M 16×1.5
21	10	12	M 18×1.5
23	10	15	M 20×1.5
25	12	15	M 22×1.5
27	14	15	M 24×1.5

(4) 금형의 냉각장치의 니플 및 플러그 연결구멍

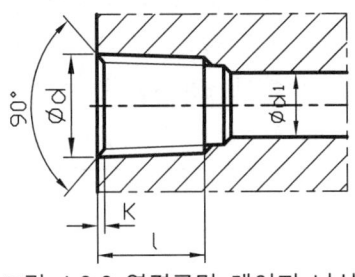

그림 4.3.3 연결구멍 테이퍼 나사   그림 4.3.4 연결구멍 평행 나사

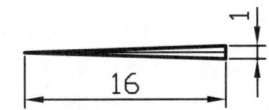

그림 4.3.5 테이퍼 나사의 테이퍼 량

표 4.3.3 금형의 냉각장치의 니플 및 플러그 연결구멍 치수

호칭치수		d		d_1	l (최소)	k (약)
테이퍼나사	평행나사	바깥지름	안지름			
PT1/8	PS1/8	9.728	8.566	8	10	1
PT1/4	PS1/4	13.157	11.445	10	12	1
PT3/8	PS3/8	16.662	14.950	12	14	1
PT1/2	PS1/2	20.955	18.631	19	19	1.5

(5) 금형의 냉각장치의 플러그 적용 예

번호	그림	적요
1		① 표준형 테이퍼나사를 사용한 것으로 일반적으로 쓰인다.
2		① 플러그 머리부에 일자 홈을 가공한 테이퍼나사를 사용한 것으로 드라이버로 조이기 때문에 조이기 힘이 다소 약하다.

번호	그림	적요
3		① 플러그 머리부에 와셔 부착형 플러그 테이퍼나사를 사용한 것으로 와셔에 의하여 일정길이 이상은 체결되지 않음.

4.4 O-링 (KS B 2805발췌)

(1) 재료: 합성고무, 천연고무 또는 합성수지로 균일성을 갖는 것이어야 한다.
(2) 모양 및 치수: 그림 4.4.1과 표 4.4.1~3에 따른다.
(3) 호칭방법: 규격번호 또는 규격명칭, 재료별 종류 및 호칭번호에 따른다.
보기 : KS B 2805-2종 G 80, O링 2종 G 80.
(4) 운동용, 고정용, 플랜지용 O-링의 모양 및 치수

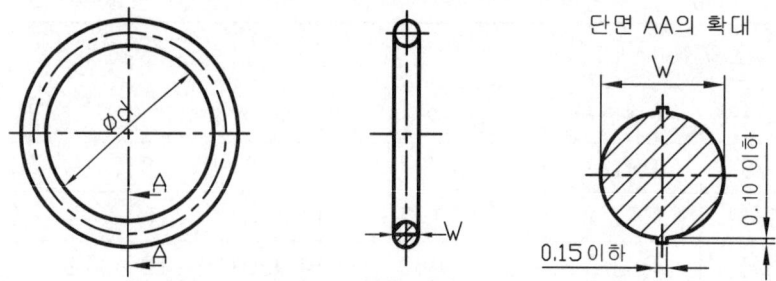

그림 4.4.1 운동, 고정, 플랜지용 O-링의 모양

표 4.4.1 운동용 O-링의 치수

호칭번호	W 기준치수	W 허용차	d 기준치수	d 허용차	홈부의 치수(참고) 축지름	홈부의 치수(참고) 구멍지름
P 8	1.9	±0.07	7.8	±0.12	8	11
P10	1.9		9.8		10	13
P12	2.4		11.8		12	16
P14	2.4		13.8		14	18
P15	2.4		14.8		15	19
P16	2.4		15.8		16	20
P18	2.4		17.8		18	22
P20			19.8		20	24
P21			20.8		21	25
P24	3.5	±0.10	23.7	±0.15	24	30
P26	3.5		25.7		26	32
P28	3.5		27.7		28	34
P32	3.5		31.7		32	38
P38	3.5		37.7		38	44

표 4.4.2 고정용 O-링의 치수

호칭번호	W		d		홈부의 치수(참고)	
	기준치수	허용차	기준치수	허용차	축지름	구멍지름
G 25	3.1	±0.10	24.4	±0.15	25	30
G 30			29.4		30	35
G 35			34.4		35	40
G 40			39.4	±0.25	40	45
G 45			44.4		45	50
G 50			49.4		50	55
G 55			54.4		55	60
G 60			59.4		60	65
G 65			64.4		65	70
G 70			69.4		70	75
G 80			79.4	±0.4	80	85
G 90			89.4		90	95
G100			99.4		100	105
G110			109.4		110	115

4.5 O-링용 백압링 (KS B 2809발취)

(1) 재료: 불화 에틸렌 수지
(2) 모양 및 치수: 그림 4.5.1과 표 4.5.1~3에 따른다.
(3) 호칭방법: 규격번호 또는 명칭, 종류기호 및 링의 호칭번호에 따른다.
보기 : KS B 2809 T1 P20, O링용 백압링 LP25

표 4.5.1 링의 종류는 재료 및 모양에 따른다

종류기호	재 료 별	모 양 변
T1	4 불화 에틸렌 수지	스파이럴
T2	4 불화 에틸렌 수지	바이어 컷
T3	4 불화 에틸렌 수지	앤드레스
L	피 혁	앤드레스

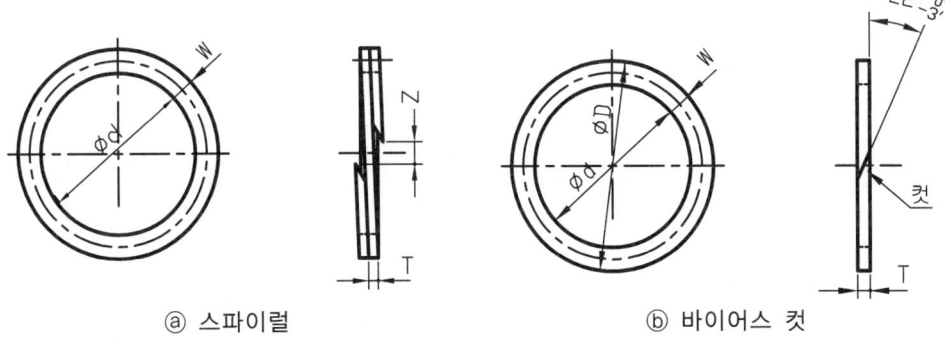

ⓐ 스파이럴   ⓑ 바이어스 컷

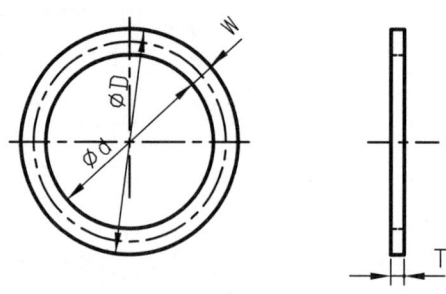

ⓒ 엔드레스
그림 4.5.1 4불화 에틸렌 수지제 백압링

표 4.5.2 불화 에틸렌 수지제 링 재료의 특성

항 목	수 치
비 중	2.14~2.20
인장강도(kgf/mm²)	1.5이상
연 신 율(%)	100이상
경 도	50이상
치수안전성(%)	±0.5이하

표 4.5.3 피혁제 링 재료의 특성

항 목	수 치
인장강도(kgf/mm²)	2.0이상
연 신 율(%)	60이하
은회분(%)	3.0~6.0
지방분(%)	5~15
크롬 함유량(Cr_2O_3로서)(%)	3~5.5
pH	3.2~5.5
액중 가열 수축온도(℃)	115이상
열수 시험 변화율(%)	13이하
열유 시험 변화율(%)	5이하

4.6 O-링의 홈

(1) 운동용 O-링의 홈치수

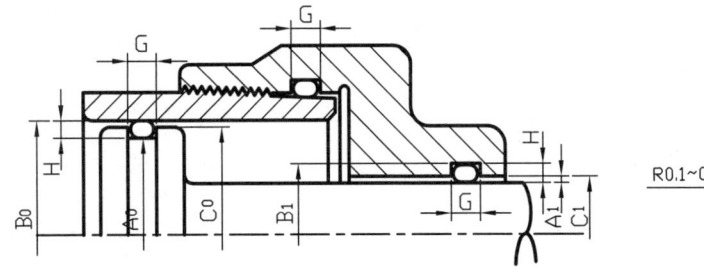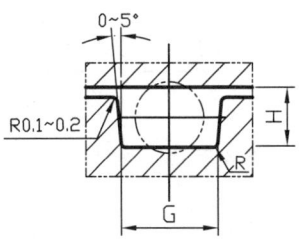

그림 4.6.1 운동용 O-링의 홈치수

표 4.6.1 운동용 O-링의 홈 폭치수

O-링 호칭번호	홈 폭 G $^{+0.25}_{0}$			R최대
	백압링 없음	백압링 1개	백압링 2개	
P 3~ P 10	2.5	3.9	5.4	0.4
P 10~ P 22	3.2	4.4	6.0	0.4
P 22A~P 50	4.7	6.0	7.8	0.7
P 50A~P150	7.5	9.0	11.5	0.8
P150A~P300	11.0	13.0	17.0	0.8

표 4.6.2 운동용 O-링의 홈치수

호칭번호	A_0 및 A_1	B_0 및 B_1	호칭번호	A_0 및 A_1	B_0 및 B_1	호칭번호	A_0 및 A_1	B_0 및 B_1
P 3	3	6	P20	20	24	P 65	65	75
P 4	4	7	P22	22	26	P 70	70	80
P 5	5	8	P24	24	30	P 75	75	85
P 6	6	9	P26	26	32	P 80	80	90
P 7	7	10	P28	28	34	P 90	90	100
P 8	8	11	P30	30	36	P100	100	110
P 9	9	12	P35	35	41	P110	110	120
P10	10	13	P40	40	46	P120	120	130
P12	12	16	P45	45	51	P130	130	140
P14	14	18	P50	50	56	P150	150	160
P16	16	20	P55	55	65	P200	200	215
P18	18	22	P60	60	70	P300	300	315

표 4.6.3 운동용 O-링의 홈지름 치수차

압력(kg/cm²)	B_0, C_1	C_0, A_1	B_1	A_0
~50이하		e8		
50 ~100이하	H8	e8	H7	h9
100~150이하		e7		

(2) 고정용 O-링의 홈치수

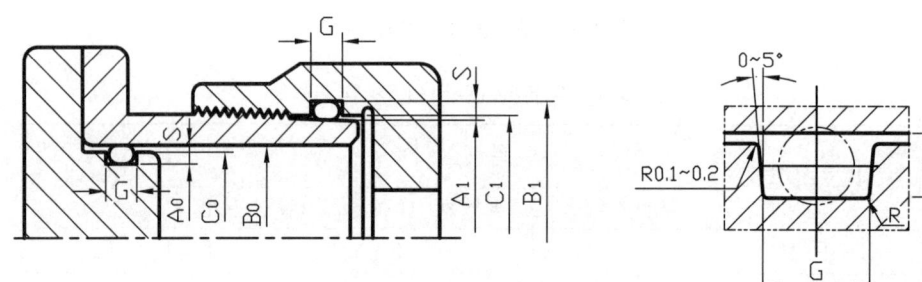

그림 4.6.2 고정용 O-링의 홈치수

표 4.6.4 고정용 O-링의 홈치수

호칭번호	바깥지름		안 지 름		호칭번호	바깥지름		안 지 름	
	A_0(h9)	B_0(H9)	A_1(e9)	B_1(H10)		A_0(h9)	B_0(H9)	A_1(e9)	B_1(H10)
G 25	25.2	30	25	29.8	G110	110.2	115	110	114.7
G 30	30.2	35	30	34.8	G120	120.2	125	120	124.7
G 35	35.2	40	35	39.8	G130	130.2	135	130	134.7
G 40	40.2	45	40	44.8	G140	140.2	145	140	144.7
G 45	45.2	50	45	49.8	G150	150.2	160	150	159.4
G 50	50.2	55	50	54.7	G160	160.2	170	160	169.4
G 55	55.2	60	55	58.7	G170	170.2	180	170	179.4
G 60	60.2	65	60	64.7	G180	180.2	190	180	189.4
G 65	65.2	70	65	69.7	G190	190.2	200	190	199.4
G 70	70.2	75	70	74.7	G200	200.2	210	200	209.4
G 75	75.2	80	75	79.7	G220	220.2	230	220	229.4
G 80	80.2	85	80	84.7	G240	240.2	250	240	249.4
G 85	85.2	90	85	89.7	G260	260.2	270	260	269.4
G 90	90.2	95	90	94.7	G280	280.2	290	280	289.4
G 95	95.2	100	95	99.7	G300	300.2	310	300	309.4
G100	100.2	105	100	104.7					

표 4.6.5 고정용 O-링의 홈 폭치수

O-링호칭번호	홈폭 G $^{+0.25}_{0}$	S±0.05	R
G 25 ~ G 45	4.1	2.4	0.5
G 50 ~ G145	4.1	2.4	0.7
G150 ~ G300	7.1	4.6	0.8
P 3 ~ P 10	2.6	1.4	0.4
P 10 ~ P 22	3.2	1.8	0.4
P22A ~ P 50	4.7	2.7	0.7
P50A ~ P150	7.5	4.6	0.8
P150 ~ P300	11.0	6.9	0.8

(3) O-링 홈 및 냉각수 구멍치수 사용 예

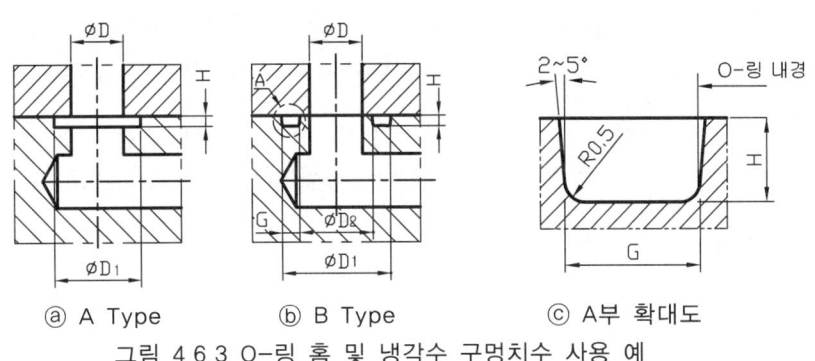

ⓐ A Type　　ⓑ B Type　　ⓒ A부 확대도

그림 4.6.3 O-링 홈 및 냉각수 구멍치수 사용 예

표 4.6.6 A형 O-링 홈 가공치수

O-링의 치수			금형 O-링 홈 가공치수		
호칭치수	W(O-링 폭)	ød(O-링 내경)	D	D_1	H
P 8	1.9±0.07	7.8±0.12	6	11.5	1.5
P 10	1.9±0.07	9.8±0.12	8	13.5	1.5
P 12	2.4±0.07	11.8±0.12	10	16.5	1.9
P 14	2.4±0.07	13.8±0.12	12	18.5	1.9

표 4.6.7 B형 O-링 홈 가공치수

O-링의 치수			금형 O-링 홈 가공치수				
호칭치수	W(O-링 폭)	ød(O-링 내경)	D	D_1	D_2	G	H
P 12	2.4±0.07	11.8±0.12	8	16.5	10.9	2.8	1.9
P 15	2.4±0.07	14.8±0.12	10	19.5	13.9	2.8	1.9
P 16	2.4±0.07	15.8±0.12	12	20.5	14.9	2.8	1.9
P 18	2.4±0.07	17.8±0.12	14	22.5	16.9	2.8	1.9
P 20	2.4±0.07	19.8±0.15	15	24.5	18.9	2.8	1.9
P 21	2.4±0.07	20.8±0.15	16	25.5	19.9	2.8	1.9
P 24	3.5±0.10	23.7±0.15	18	30.5	21.5	4.5	2.8
P 26	3.5±0.10	25.7±0.15	20	32.5	23.5	4.5	2.8
P 28	3.5±0.10	27.7±0.15	22	34.5	25.5	4.5	2.8
P 32	3.5±0.10	31.7±0.15	25	38.5	29.5	4.5	2.8
P 38	3.5±0.10	37.7±0.15	30	44.5	35.5	4.5	2.8

(4) O-링의 적용 예

번호	그 림	적 요
1		① 고정용 O-링의 규정에 준한 적용 예로써 일반적으로 사용된다. ② O-링 홈 위치를 냉각수 구멍이 있는 평판에 가공한 예
2		① 고정용 O-링의 규정에 준한 적용 예로써 일반적으로 사용된다. ② O-링 홈 위치를 냉각수 구멍이 없는 평판에 가공한 예
3		① 플랜지 고정용 O-링의 규정에 준하여 적용 예 ② O-링 홈 위치를 안지름 밀봉의 방법을 사용한 예

5. 사출용 금형의 기계적인 부품

5.1. 접시머리 작은 나사 (KS B 1022 B 발취)

(1) 모양 및 치수: 그림 5.1.1과 표 5.1.1~2에 따른다.
(2) 호칭방법: 규격번호, 종류, 나사의 호칭(d)×호칭길이(l), 재료 및 지정사항에 따른다.
   보기: KS B 1022 납작 작은 나사 1종 M2×8(5) MSWR10(침탄) 표면처리
         정밀기기용 접시머리 작은 나사 3종 M1.2×3 -6h STS 304 산화철피막

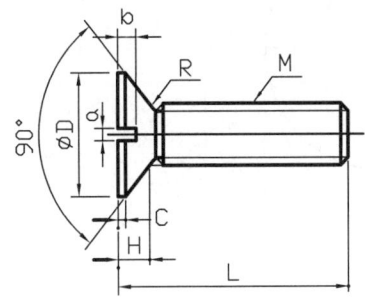
그림 5.1.1 접시머리 작은 나사 그림

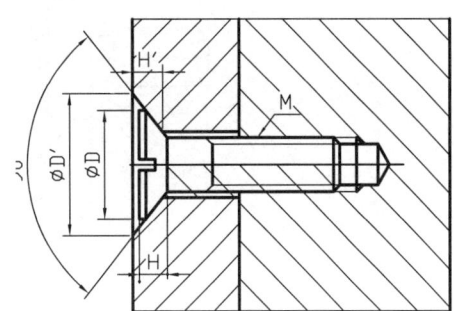
5.1.2 접시머리 작은 나사 적용 예

표 5.1.1 접시머리 작은 나사 치수

호칭(ød)	피치(P)	øD	H	C	a	b	R	L
M1	0.25	2	0.6	0.1	0.32	0.25	0.1	4~10
M1.2	0.25	2.4	0.7	0.1	0.32	0.3	0.12	4~12
M1.6	0.35	3.2	0.95	0.15	0.4	0.35	0.16	5~16
M2	0.4	4	1.2	0.2	0.6	0.5	0.2	6~20
M2.5	0.45	5	1.45	0.2	0.8	0.6	0.25	6~30
M3	0.5	6	1.75	0.25	0.8	0.7	0.3	6~40
M4	0.7	8	2.3	0.3	1	0.9	0.4	8~50
M5	0.8	10	2.8	0.3	1.2	1.1	0.5	10~50
M6	1	12	3.4	0.4	1.2	1.4	0.6	12~60
M8	1.25	16	4.4	0.4	1.6	1.8	0.8	14~60

5.2 아이볼트 (KS B 1033 발췌)

(1) 재료: SB 41 또는 SM 45C로 한다.
(2) 모양 및 치수: 그림 5.2.1과 표 5.2.1에 따른다.
(3) 호칭방법: 규격번호 및 규격명칭, 나사의 호칭 및 지정사항에 따른다.
보기 : KS B 1033 M 16, 아이볼트 M 12 MFZnⅡ-C

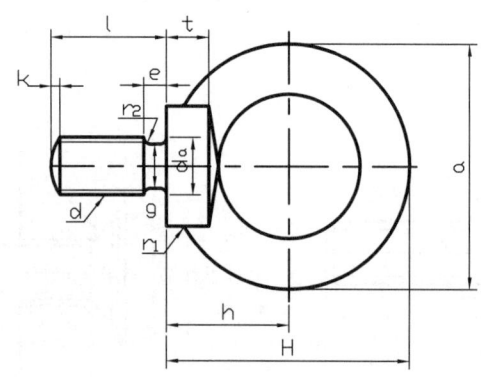

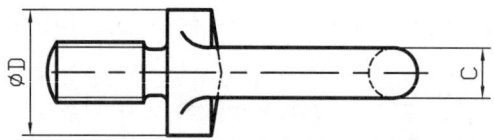

그림 5.2.1 아이볼트

표 5.2.1 아이볼트 치수

호칭 (d)	a	b	c	D	t	h	H (참고)	l	e	g (최소)	r₂ (최소)	da	r₁ (약)	k (약)	하중 (kg)
M 8	32.6	20	6.3	16	5	17	33.3	15	3	6	1	9.2	4	1.2	80
M10	41	25	8.8	20	7	21	41.5	18	4	7.7	1.2	11.2	4	1.5	150
M12	50	30	10	25	9	26	51	22	5	9.4	1.4	14.2	6	2	220
M16	60	35	12.5	30	11	30	60	27	5	13	1.6	18.2	6	2	450
M20	72	40	16	35	13	35	71	30	6	16.4	2	22.4	8	2.5	630
M24	90	50	20	45	18	45	90	35	8	19.6	2.3	26.4	12	3	950
M30	110	60	23	60	22	55	110	45	8	25	3	33.4	15	3.5	1500
M36	133	70	31.5	70	26	65	131.5	55	10	30.3	3	39.4	18	4	2300
M42	151	80	35.5	80	30	75	150.5	65	12	35.8	3.5	45.6	20	4.5	3400
M48	170	90	40	90	35	85	170	70	12	41	4	52.6	22	5	4500
M54	210	110	50	110	42	105	210	90	14	56.7	5	71	25	6	9000

(4) 금형 무게 중심 계산 예

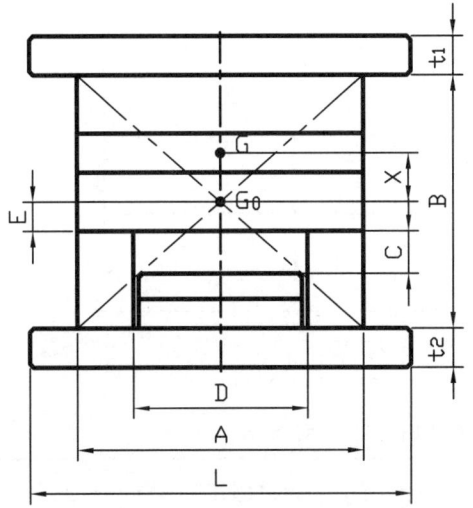

G: 금형의 무게 중심
G_0: 금형의 대각선의 교점
G_W: 금형의 무게(kg)
Y: 금형재료의 비중량
 (강: 7.8kg/cm²)

그림 5.2.2 금형 무게중심

① 위 그림에서 $t_1=t_2$일 경우 $G_W=(A\times B-C\times D+2\times t_1\times L)\times 7.8$
② 위 그림에서 $t_1\neq t_2$일 경우 $G_W=[A\times B-C\times D+(t_1+t_2)\times L]\times 7.8$
③ 무게중심 거리(x) $X=\dfrac{(E+C/2)\times C\times D}{(A\times B)-(C-D)}$

표 5.2.2 금형 무게중심

금형중량 (Ton)	사 용 아이볼트	걸이 수	사 용 Rope	아이볼트의 허용수직하중
0.1이하	W 1/2	2	2-1/2	0.22(Ton)
0.1초과 0.5이하	W 3/4	2	2-1/2	0.6
0.5초과 1이하	W 1	2	2 - 2	1.1
1초과 1.5이하	W 1 1/4	2	2 - 2	1.8
1.5초과 2.0이하	W 1 1/2	2	2 - 2	2.5
2초과 2.5이하	W 1 3/4	4	4-5 (2-5)	2.5
4초과 8이하	W 2	4	4-10 (2-5)	5.2
8초과 15이하	W 2 1/2	4	4-15(2-10)	8.6

5.3 6각볼트 (KS B 1002 발췌)

(1) 6각볼트 모양 및 치수

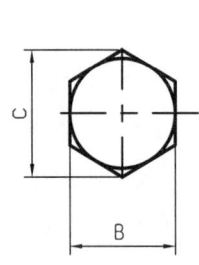
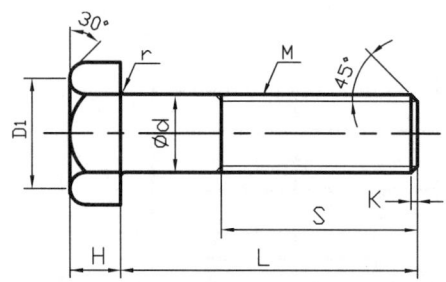

그림 5.3.1 6각볼트

표 5.3.1 6각 미터나사의 치수

호 칭	피치(P)	d	H	B	C	D_1	r(최대)	K(약)	S	L
M 10	1.5	10	7	17	19.6	16.5	0.5	1.5	20	14~100
M 12	1.75	12	8	19	21.9	18	0.5	2	22	18~130
M 16	2	16	10	24	27.7	23	1	2	28	25~140
M 20	2.5	20	13	30	34.6	29	1	2.5	32	35~170
M 24	3	24	15	36	41.6	34	1.5	3	38	50~170
M 30	3.5	30	19	46	53.1	44	1.5	3.5	42	60~250
M 36	4	36	23	55	63.5	53	2	4	52	70~250

(2) 6각볼트 적용 예

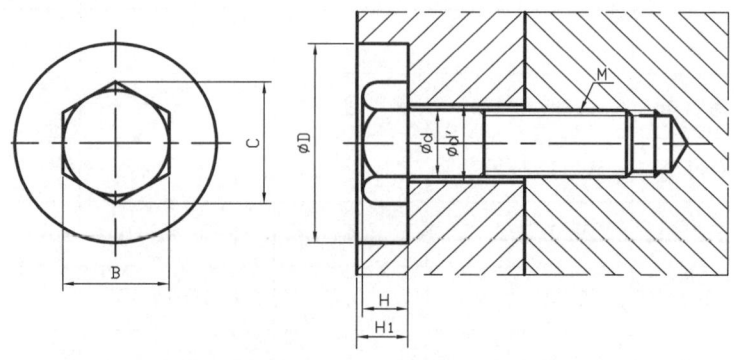

그림 5.3.2 6각볼트 적용 예

표 5.3.2 6각볼트 적용 치수

호 칭	d	d'	B	C	D	H	H_1
M 10	10	11	17	19.6	30	7	8
M 12	12	13	19	21.9	38	8	9
M 16	16	18	24	27.7	44	10	11
M 20	20	22	30	34.6	50	13	14
M 24	24	26	36	41.6	62	15	16
M 30	30	33	46	53.1	72	19	21
M 36	36	39	55	63.5	84	23	25

5.4 6각 구멍붙이 볼트 (KS B 1003 발췌)

(1) 6각 구멍붙이 볼트 모양 및 치수

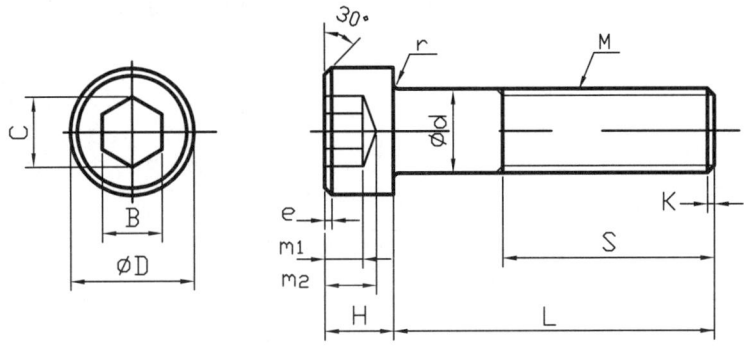

그림 5.4.1 6각 구멍붙이 볼트

표 5.4.1 6각 구멍붙이 볼트

호 칭	피치(P)	d	H	e(약)	B	C	m_1	m_2	D	r(최대)	K(약)	S	L
M 4	0.7	4	4	0.3	3	3.6	2.2		7	0.2	0.8	14	4~ 25
M 6	1	6	6	0.4	4	5.9	3	5.7	10	0.5	1	18	10~ 50
M 8	1.25	8	8	0.5	5	7	4	7.4	13	0.5	1.2	22	12~100
M 10	1.5	10	10	0.6	8	9.4	5	9.3	16	0.8	1.5	26	14~125
M 12	1.75	12	12	0.7	10	11.7	6	11.4	18	0.8	2	30	18~125
M 16	2	16	16	1	14	16.3	8	15	24	1.2	2.5	38	25~160
M 20	2.5	20	20	1	17	19.8	10	18	30	1.2	2.5	46	35~180
M 24	3	24	24	1	19	22.1	12	21.5	36	1.6	3	54	50~300
M 30	3.5	30	30	1.5	22	25.6	15	26.5	45	1.6	3.5	66	55~300
M 36	4	36	36	1.5	27	31.4	18	31	54	2	4	78	65~250

(2) 6각 구멍붙이 볼트 적용 예

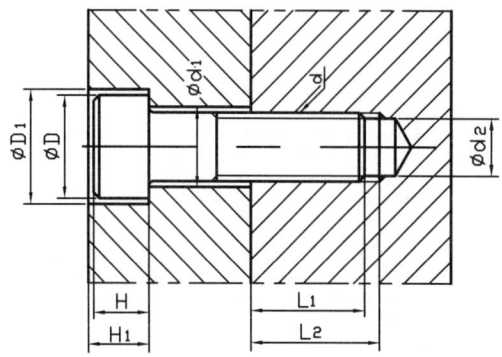

그림 5.4.2 6각 구멍붙이 볼트 적용 예

표 5.4.2 6각 구멍붙이 볼트 적용

호칭(d)×피치(P)	D	D_1	d_1	d_2	H	H_1	L_1	L_2
M 4×0.7	7	8	4.5	3.4	4	5	5	8
M 5×0.8	8.5	9.5	5.5	4.3	5	6	6	10
M 6×1	10	11	7	5	6	7	7	11
M 8×1.25	13	14	9	6.8	8	10	10	14
M 10×1.5	16	17.5	11	8.5	10	12	12	16
M 12×1.75	18	20	13	10.3	12	15	15	20
M 14×2	21	23	16	12	14	16	21	25
M 16×2	24	26	18	14	16	18	23	28
M 20×2.5	30	32	22	17.5	20	22	27	32
M 24×3	36	39	26	21	24	26	31	36

5.5 세트 스크류

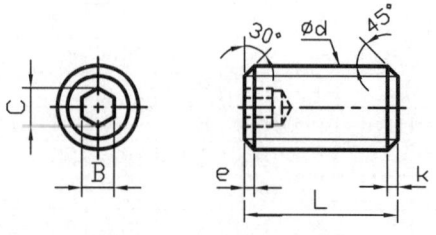

그림 5.5.1 세트 스크류

표 5.5.1 세트 스크류

호칭(ød)	피치(P)	B	C	e	K	L
M 3	0.5	1.5	1.7	0.3	0.6	3~10
M 4	0.7	2	2.3	0.3	0.8	4~16
M 5	0.8	2.5	2.9	0.5	0.9	5~20
M 6	1	3	3.6	0.5	1	6~25
M 8	1.25	4	4.7	0.6	1.2	8~32
M 10	1.5	5	5.9	0.8	1.5	10~40
M 12	1.75	6	7	1	2	12~50
M 16	2	8	9.4	1.1	2	18~50
M 20	2.5	10	11.7	1.2	2.5	20~50

5.6 스페이서 링

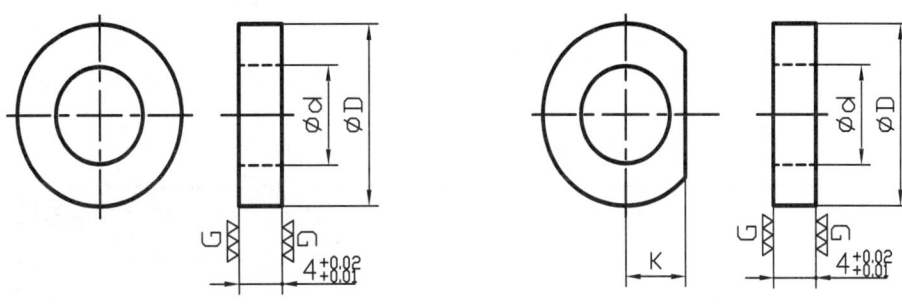

(a) 원형 타입　　　　　　　　(b) 잘라낸 원형 타입

그림5.6.1 스페이서 링

표 5.6.1 스페이서 링

호칭	D	d	K	적용볼트
5	13	5.5	5	M 5
6	14	6.5	6	M 6
8	18	8.5	6	M 8
10	22	10.5	7	M10
12	24	12.5	9	M12

5.7 압축 및 인장스프링 (KS B 2400~2406 발췌)

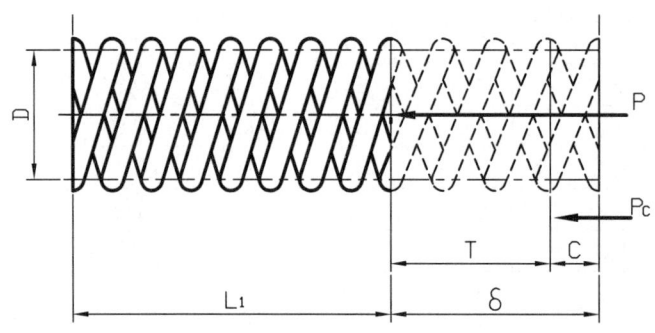

그림5.7.1 압축 스프링

L: 스프링 자유장 전체길이   T: 작동 압축길이   L1: 압축 전체길이
C: 초기 압축길이   P: 최대 압축하중   Pc: 최기 압축하중   δ: 전체 압축길이

1) 스프링 선정 방법

(1) 자유장 전체 길이 L을 구한다.
　① 표 5.7.1에서 장수명, 보통수명에 의하여 허용휨비 α값을 찾아
　　$L = \dfrac{L_1}{1-\alpha}$ 식에서 구한다

표 5.7.1 스프링 허용휨비의 α 값

	경하중용 (輕荷重用)	중하중용 (中荷重用)	중하중용 (重荷重用)	극중하중용 (極重荷重用)
장 수 명	0.25	0.25	0.2	0.13
보통수명	0.30	0.30	0.25	0.17
사용한계	0.375	0.35	0.30	0.20

(2) 스프링 작용 총압력 W에서 스프링의 지름 D와 필요수량 Na을 결정한다.
　① 스프링 한 개에 걸리는 최대 하중 $P = \dfrac{W}{Na}$에 의하여 $\dfrac{P}{\delta} = K$(스프링상수)를 구한다.
　② 카다로그에 의하여 L과 K에서 스프링 외경 D1과 D2를 찾아낼 수 있다.
　③ 스프링 자유장 길이는 보통 L/D의 값이 1/2~5배 정도가 바람직한 조건이다.

2) 스프링의 계산식

(1) 둥근선 코일 스프링

① 휨량 δ의 계산식 : $\delta = \dfrac{8N_a \times D^3 \times P}{G \times d^4}$

② 스프링에 걸리는 최대하중 P의 계산식 : $P = \dfrac{\pi d^3}{8D} \times \tau_0$

③ 스프링 상수 K의 계산식 : $K = \dfrac{P}{\delta}$

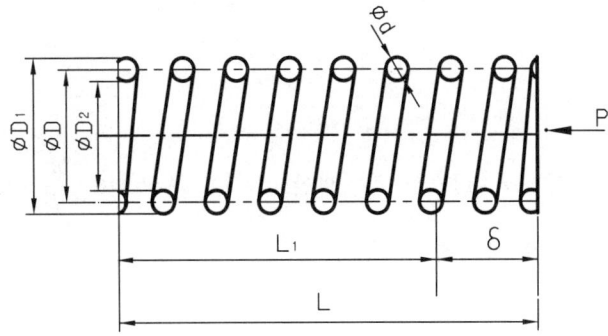

그림 5.7.2 둥근 코일스프링

D: 코일 평균지름=1/2(D1+D2)mm   d: 코일선의 지름   P: 압축하중(kg)
Na: 유효 감김 수   G: 전단 탄성계수(kg/mm²) τ_0: 비틀림 응력(kg/mm²)

표 5.7.2 압축 코일스프링의 τ_0 값

스프링 재료	스프링 강선	피아노 선	강선	인청동 선	특수동선
τ_0(kg/mm²)	50이하	80이하	75이하	18이하	70이하

표 5.7.3. G의 개략 값(kg/mm²)

직경 D의 범위	스프링용 재료		
	스프링 강선	피아노 선	인청동 선
3.5 까지	8500	10200	4200
3.5 ~ 6	8300	9960	4100
6 ~ 8	8000	9600	4000
8 이상	7700	9000	3800

(2) 각형 코일스프링

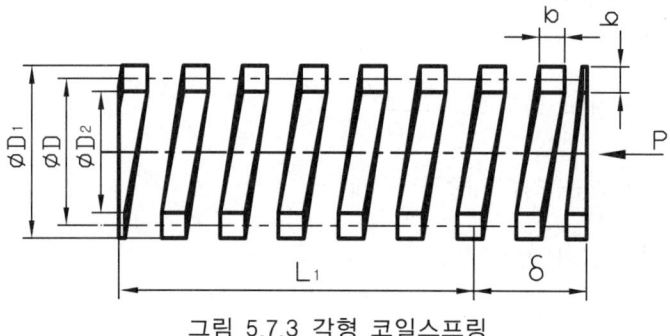

그림 5.7.3 각형 코일스프링

① 휨량 δ의 계산식: $\delta = \dfrac{5.58 N_a \times D^3 \times P}{G \times d^4}$

② 스프링에 걸리는 최대하중 P의 계산식: $P = 0.416 \times \dfrac{b^3}{D} \times \tau_0$

③ 스프링 상수 K의 계산식: $K = \dfrac{P}{\delta}$

(3) 직사각형 코일스프링(重荷重, 極重荷重)

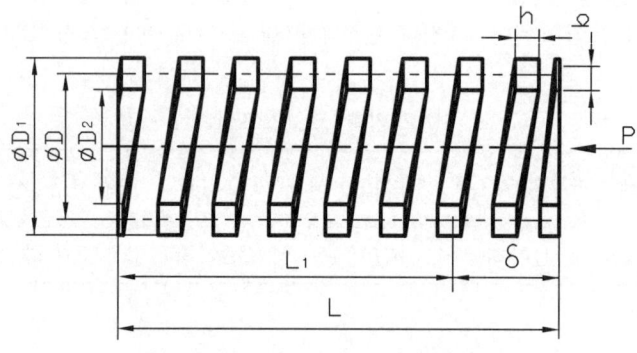

그림 5.7.4 직사각형 코일스프링

① 직사각형의 단면 치수의 조건: h<b≤3.3h
② 압축하중 P에 대한 휨량 δ의 계산식

$$\delta = \dfrac{2\pi N_a (D/2)^3 \cdot P}{K_2 \cdot b \cdot h^3 \cdot G} \fallingdotseq \dfrac{2.75 \cdot N_a \cdot P \cdot D^3 (h^2 + b^2)}{b^3 \cdot h^3 \cdot G}$$

③ 최대 안전하중 P의 계산식

$$P = \dfrac{2 K_1 \cdot b \cdot h^2}{D} \cdot \tau_0 \fallingdotseq 5.11 \times \dfrac{h^2}{D} \cdot \tau_0$$

④ 스프링 상수 K의 계산식

$$K = \frac{P}{\delta}$$

P: 압축하중(kg), D: 코일 평균지름=1/2(D_1+D_2)mm, b, h: 직사각형 선의 폭과 두께, Na: 유효 감김 수(권수), G: 전단 탄성계수(kg/mm²), τ_0: 비틀림 응력(kg/mm²), K_1: b/h로 정하는 스프링 계수, K_2: b/h로 정하는 스프링 계수

표 5.7.4 스프링 계수 K_1의 값

b/h	K_1	b/h	K_1	b/h	K_1	b/h	K_1
1.0	0.2082	1.6	0.2343	3.0	0.2672	8.0	0.3071
1.1	0.2140	1.7	0.2375	3.5	0.2752	9.0	0.3100
1.2	0.2189	1.8	0.2403	4.0	0.2817	10.0	0.3123
1.3	0.2234	1.9	0.2427	5.0	0.2915	∞	0.3333
1.4	0.2273	2.0	0.2459	6.0	0.2984		
1.5	0.2310	2.5	0.2576	7.0	0.3033		

3) 스프링의 적용 예

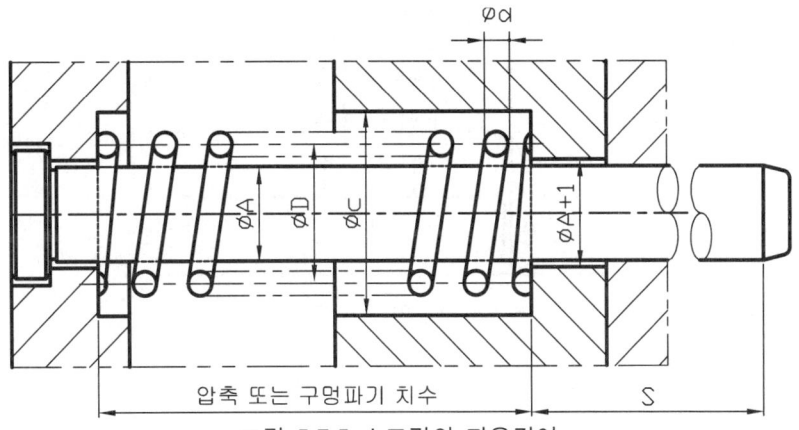

그림 5.7.5 스프링의 자유길이

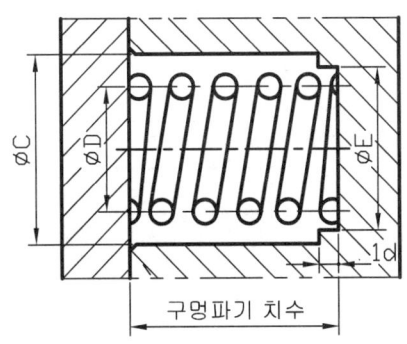

그림 5.7.6 자유길이가 짧은 경우

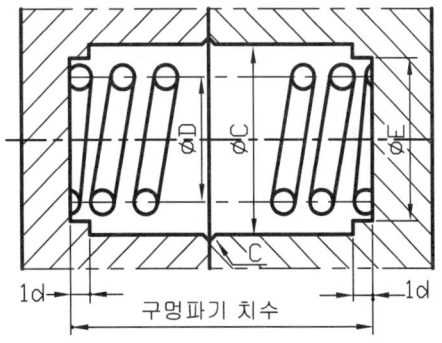

그림 5.7.7 자유길이가 비교적 긴 경우

표 5.7.5 스프링 적용 자리치수

D	A	C	E	S
10이하	D-d-(0.5~1)		D+d+(0.5~1)	스트로크+ 5
10~30	D-d-(1~1.5)	D+3d	D+d+(1~1.5)	스트로크+10
30이상	D-d-(1.5~2)		D+d+(1.5~2)	스트로크+15

4) 리턴핀에 스프링 사용 예

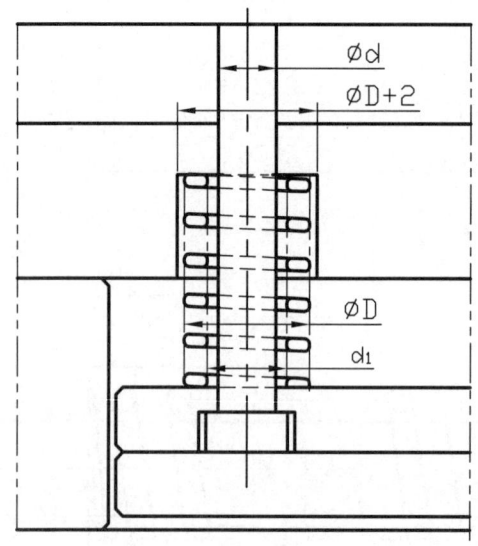

그림 5.7.8 리턴핀에 스프링 사용 예

표 5.7.6 리턴핀에 적용 스프링 자리치수

리터언 핀 직경(d)	스프링 치수		스프링 자리경 (D+2)
	외경(D)	내경(d_1)	
10	20	11	22
12	25	13.5	27
15	30	16	32
20	40	22	42
25	50	27.5	52
30	60	33	62

5.8 스프링와셔 및 플러볼트용 칼라

1) 스프링와셔

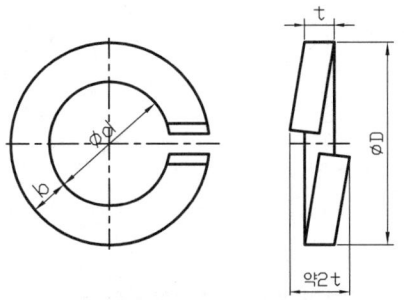

그림 5.8.1 스프링와셔

표 5.8.1 스프링와셔의 치수

호칭	내경(d)	단면치수(b×t)		외경(D)		압축시험후의 자유높이		시험하중 (kg)
		2호	3호	2호	3호	2호	3호	
6	6.1	2.7×1.5	2.7×1.9	12.2	12.2	2.5	3.2	420
8	8.2	3.2×2	3.3×2.5	15.4	15.6	3.35	4.2	760
10	10.2	3.7×2.5	3.9×3	18.4	18.8	4.2	5	1200
12	12.2	4.2×3	4.4×3.6	21.5	21.9	5	6	1800
16	16.2	5.2×4	5.3×4.8	28	28.3	6.7	8	3300
20	20.2	6.1×5.1	6.4×6.0	33.8	34.4	8.5	10	5000
24	24.5	7.1×5.9	7.6×7.2	40.3	41.3	9.85	12	7300

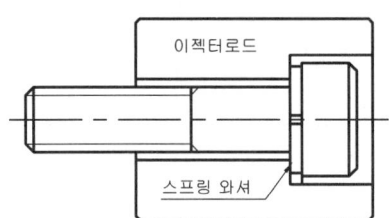

그림 5.8.2 스프링와셔 적용 예

표 5.8.2 이젝터 로드용 스프링와셔의 치수

적용볼트	d		D	t
M 6	6.1	+0.5 / 0	10.0	1.5
M 8	8.2		13.0	2.0
M10	10.2		16.0	2.5

2) 플러볼트용 칼라

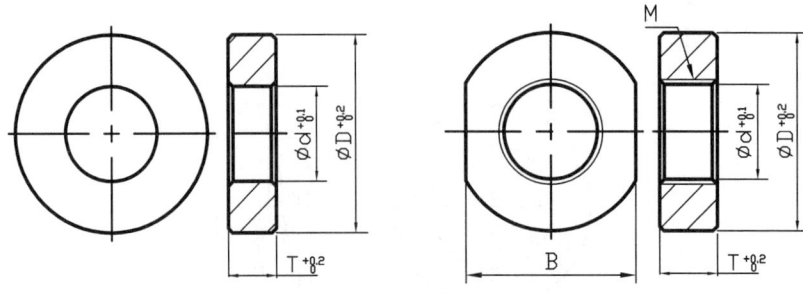

A Type   B Type

그림 5.8.3 플러볼트용 칼라

표 5.8.3 플러볼트용 칼라 A형 치수

호칭규격	T	D	d
10	5	16	6.1
13	6	18	8.1
16	8	24	10.1
20	10	28	12.1
25	12	33	16.1

표 5.8.4 플러볼트용 칼라 B형 치수

호칭규격	T	D	M	B
10	6.5	16	M 8	14
13	8	18	M10	14
16	10	24	M12	19
20	13	28	M16	24
25	16	33	M20	30

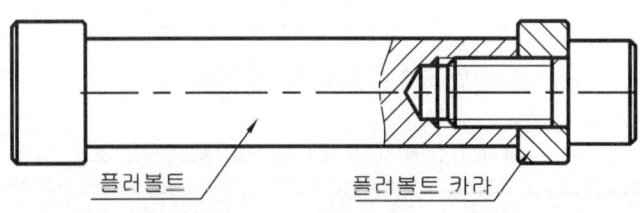

그림 5.8.4 플러볼트용 칼라 적용 예

6장

사출금형설계

1. 금형설계의 요점

성형품의 제품도면, 제품사양서, 제작수량이 정해지면 성형품 설계자, 가공자, 금형 설계자의 3자 회의를 갖고, 성형상, 금형제작상의 문제들을 성형품 사양을 기준으로 해서 기술적인 검토를 충분히 하여야 한다.

1.1 금형구조설계

3자 회의를 기본으로 해서 금형의 기본구조가 설계된다. 그 다음에는 성형 가공업자에게 승인을 얻어야 한다.

(1) 금형 기본구조의 설계시 성형 가공업자에게 다음 사항을 알려야 한다.
  ① 캐비티 수는 몇 개로 하는가?
  ② 사출성형기의 형식과 몇 온스인가? (성형기의 제원)
  ③ 적용수지의 수축률은 얼마로 하는가?
(2) 3자회의를 통하여 다음 사항에 대하여 기술적인 협의를 한다.
  ① 파팅라인을 결정한다.
  ② 게이트위치, 크기 및 형상을 결정한다.
  ③ 성형품의 이젝팅 시스템을 결정한다.
  ④ 언더컷의 구조
  ⑤ 기타 금형의 구조

위 사항을 고려하여 금형설계자는 금형기본구조를 설계한 후, 승인도를 작성하여 성형가공자의 승인을 얻은 다음에 세부도의 설계로 들어간다.

(3) 기본설계는 성형가공이나 금형제작에 미숙한 설계자라도 경험적인 자료와 계산에 의하여 설계할 수 있다.
  ① 성형품의 배치
  ② 금형재료의 크기
  ③ 사용 성형기의 적부검토
  ④ 금형코어의 삽입방식
  ⑤ 금형 재질에 따른 가공법 및 열처리 여부 등을 검토해서 최종적으로 구조를 결정한다.
(4) 금형제작기간을 단축시키기 위하여 금형소재를 바로 수배한다.
(5) 금형설계 전에 주무부서와 또는 사용자와 충분한 기술적 협의를 하여 검토하는 것이 중요하다. 다음 표는 주요사항을 기록하기 위한 예이다.

표 1.1.1 금형설계시 승인 사항 예

승인을 득할 사항	내 용
1. 캐비티 수 및 배열의 결정	o 사용할 성형기의 용량에 의해 결정되나 일반적으로 생산량이 적은 경우, 성형품이 큰 경우 또는 정밀도가 높은 경우에는 단일 캐비티 또는 2~4 캐비티 수를 사용한다. 한편 생산량이 많거나 또는 생산가격을 낮추는 경우에는 다수 개 캐비티의 금형을 사용한다.
2. 파팅라인과 러너 및 게이트의 결정	o 여기서 금형의 기본적 구조를 정하게 되며, 따라서 제품의 성형상 결정사항의 위치가 결정되므로 외관 및 다듬질 공정도 정해지게 된다.
3. 언더컷 처리 및 이형 방법의 결정	o 성형품에 언더컷 부분이 있을 경우, 이것을 어떤 방법으로 성형해서 뽑아낼 것인가에 따라서 파팅라인, 성형부 분할, 슬라이드 코어, 나사로 돌려 뽑는 방법 등의 형 구조를 결정한다. o 이형방법은 핀과 슬리브를 사용하나 성형품에 핀 자국이 있어서는 안 되는 경우, 살 두께가 얇은 경우, 혹은 케이스, 컵류의 형상은 스트리퍼 판방식이 사용된다. 또 폴리에치렌 수지를 사용한 성형품에는 공기 추출방법이 이용된다.
4. 캐비티 및 코어의 재료와 가공방법	o 금형의 재료강도 또는 가공방법에 의해 코어를 해 넣거나 분할할 필요가 생긴다. 이런 경우에는 코어의 분할 위치 및 방향에 대해서 합의가 필요하다.
5. 온도조절 방법의 결정	o 사출성형시 성형품 냉각을 위해 금형온도를 적절히 조절하어야 한다. 물, 냉각액 또는 공기 등 어느 것을 이용하며, 어떤 방법으로 금형에 냉각회로를 만들 것인가를 결정한다.

표 1.1.2 주요 기록사항

성형품	품 명			금형구조	캐비티 수	
	성형재료				파팅라인	
	성형 수축률				이형방식	
	색상	투명성			러너 방식	
		색 명				
	중 량				러너 형상치수	
	투영면적				게이트 형식	
사출성형기	형 식				게이트 위치 형상치수	
	사출중량				언더컷처리	
	형체력				냉각·가열방식	
	제작소명				주요 부품 사용재료	
	타이바 간격	가 로			특수가공유무	
		세 로				
	이젝터 구멍				도금유무	
	금형높이	최 대			내구수명	
		최 소				
	스프루 부시의 노즐구멍과 노즐 R(Round)			기타	금형납기	
					주문부서 및 공장	
					금형단가	
지급품	성형품, 견본, 도면 Model, 기계사항					

1.2. 금형설계와 출도

(1) 승인을 받은 기본구조로 재료 황삭가공 도면을 출도시켜 황삭가공을 진행시킨다.
(2) 다음에 설계의 제1단계로 성형제품도면에 수축률을 적용한 금형 성형부의 치수 도면을 만들고 빼기구배와 금형가공 기준선에서의 치수기입을 완전하게 한다.
(3) 제2단계로 고정측설치판, 고정측형판, 가동측형판, 받침판, 밀판, 다리, 가동측 설치판 등의 주요 부품도를 그린다. 이때 냉각수의 누수 발생가능 부분, 성형부의 강도상 약한 부분, 비대칭형에서의 좌우가 틀리지 않도록 주의를 요한다.
(4) 검도는 일반 기계도면과 같은 방법으로 해도 좋으나 한 제품에 한 벌의 금형을 제작하게 되므로 제작일수를 위해서는 도면의 착오는 검도에서 발견 정정되어야 한다.
(5) 다음과 같은 검도방법을 이용한다면 금형도면의 착오를 용이하게 발견한다.

표 1.2.1 검도사항

검도종류	검도 자	적 용
1. 치수 검도	설계자가 아닌 다른 사람	제품도에서 옮긴 착오를 조사
2. 제품도 대조 검도	설계자가 아닌 다른 사람	〃
3. 소재비교 검도	설계자가 아닌 다른 사람	수배된 소재치수와 도면치수를 대조확인
4. 그림 자체에서의 비교 검도	설계자가 아닌 간단한 설계를 할 수 있는 사람	일반적 제도의 착오를 조사
5. 규격정도	설계자 이외의 간단한 설계를 할 수 있는 사람	규격품의 치수와 규격지정치수의 비교검도 및 적용의 착오조사
6. 조합부분의 치수검도	계장 또는 지정된 검도자	
7. 가공 및 표면기호검도	〃	
8. 한계치수검도	〃	
9. 성능치수검도	〃	금형의 기능조사

예를 들어 검도의 개소를 ?: 의문개소 X:착오개소 △: 可의 개소 등을 기호로 표시하고 의문개소는 다음 단계에서 불가 혹은 가로 변경 처리한다.

(6) 검도에서 정정된 주요 부품도면을 우선 출도 한다. 다음에 가능한 표준화된 규격품을 채용하고 소 부품도는 짧은 공기에서 할 수 있으므로 주요 부품의 가공기간 등에 제도하여 출도 하도록 한다.
(7) 금형설계에 필요한 사항은 다음 표1.2.2와 같다.

표1.2.2

사 항	적 요
1. 성형품 요소 형상과 치수 정도를 득할 수 있는 구조일 것.	성형품설계의 특징을 살리고, 기능을 충분히 발휘할 수 있는 정밀도를 가진 성형품을 생산할 수 있도록 설계되어야 한다.
2. 성형품의 다듬질 또는 2차 가공이 적을 것	성형품의 다듬질 가공이 필요 없고, 구멍 또는 홈 같은 형상은 금형에서 전부 성형되도록 설계되어야 한다.
3. 선형능률이 좋은 금형 구조일 것	짧은 시간에 사출될 수 있는 러너시스템과 성형품 냉각이 빠르고, 이젝터 시스템이 신속 정확하며, 러너 게이트의 제거가 쉬워야 한다.
4. 내구성이 있는 금형 구조일 것.	마모손상이 적고 장시간 연속 운전하여도 고장이 일어나지 않을 것
5. 제작기간이 짧고 제작비가 싼 구조일 것	위 사항을 만족하면서 불필요한 사항은 가능한 약할 수 있는 구조로 결정하여 설계할 것.

1.3. 금형설계의 검토내용

설계자는 정확한 설계와 설계상의 착오를 없게 하기 위하여 설계 완료 전에 도면을 검토한다. 주의해서 설계한 도면이라도 완전한 설계도면이라 볼 수 없으므로 치수보기 같은 기본적인 사항까지 주의 깊게 검토되어야 한다.

표1.3.1 금형설계 검토내용

분류		검토내용
1. 성형품 또는 도면		(1) 수축, 유동성, 빼기구배, 웰드, 크랙 등이 성형품의 외관에 영향을 주는 사항은 없는가. (2) 성형품의 기능, 의장 등에 지장이 없는 범위 내에서 가공을 쉽게 할 수 있도록 성형품을 변경할 수 없는가. (3) 성형수지의 종류, 수축률, 성형조건을 조사해 보았는가. (4) 치수, 형태, 형합 관계를 알아보았는가.
2. 성형조건 (성형기)		(1) 성형기의 구조, 제원(사출량, 사출압력, 형체력 등)등을 알아보았는가. (2) 성형조건에 맞는 거래처에서 성형하는가. (3) 취부조건, 즉 금형설치 나사위치, 로케이팅링 지름, 스프루 부시의 구멍 지름, 노즐 R, 이젝터 핀용 구멍위치와 지름, 형의 크기와 높이 등을 알아보았는가. (4) 성형 후 가공 등에 관하여 알아보았는가.
3 기본구조	1) 파팅면	(1) 파팅면은 도면 및 수주회사의 요구조건에 맞는가. (2) 금형 가공상 불리한 조건으로 파팅면이 정해지지 않았는가. (3) 외관부 또는 보이는 부분이 가동측(하원판)으로 되어 있지 않았는가.
	2) 돌출 관계	(1) 돌출방법(이젝터 핀, 슬리브 핀, 스트리퍼 플레이트, 에어, 블록 등)이 성형품에 적합한가. (2) 핀의 크기, 위치, 수, 장치 등에 무리가 따르지 않았는가. (3) 금형의 형식이 다르지 않은가(Standard외에 2중장치 등).
	3) 러너, 게이트 및 스프루	(1) 게이트의 형태(사이트, 터널, 핀 포인트, 태브, 필름게이트)는 적합한가. (2) 게이트의 크기, 랜드 길이 및 위치는 적절한가. (3) 러너의 형태 및 크기는 맞는가. (4) 스프루 입구부의 R 및 구멍지름(ø)은 성형기와 성형수지에 맞는가.
	4) 온도 조절	(1) 온도조절방법(가열용 히터, 냉각수, 히터 밴드 등)이 맞는가. (2) 냉각수의 크기, 위치, 수 등이 적합한가. (3) 성형수지에 적합한 금형온도에 대하여 알아보았는가.
	5) 언더컷 부	(1) 언더컷 부 처리방법(사이드코어, 기어, 에어실린더, 이중 돌출 등)은 적합한가. (2) 작동량, 작동방법, 작동순서 등은 고려되었는가. (3) 돌출시에 무리는 없는가. (4) 돌출 후 작동상 문제는 없는가.

분 류		검 토 내 용
4. 공정관리		(1) 검토 내용은 수주회사 설계자와 연락이 되었는가. (2) 공정표, 일정표, 작업지시서, 재료수배서 등은 작성되었는가. (3) 회의, 영업부 통보사항, 수주회사와의 의견교환 사항은 없는가. (4) 금형 설계 사양서는 작성 했는가(금형수정, 변경사항 기재용지는 확보되었는가.)
5. 금형재료 (금속)		(1) 수요자의 요구사항을 충족시킬 수 있는 금형재질, 경도, 정밀도에 적합한 금형재질을 선정하였는가. (2) 금형재질과 가공상의 문제점은 없는지 찾아보았는가. (3) 재료의 단가와 금형제작금액이 맞는지 조사해 보았는가. (4) 가공재료는 충분한가(청구, 수배).
6 설 계 제 도	1) 조립도	(1) 금형의 크기는 내구력을 가지며 낭비 없이 적절한 크기인가 (2) 각 부품의 배치는 적당한가(필요한 부품이 다 들어갔는가). (3) 성형품의 중심선이 금형의 어느 곳에 있는가. (4) 성형기에 금형이 들어갈 수 있는 크기인가 조사했는가.(Clamping 위치 등) (5) 기준 품과 척도관계가 맞는가(GP, GB, EP, RP, Bolt, spring) (6) 기준면, 고정측, 가동측은 구분되었는가. (7) 표제란 기타 사양 란 및 주의사항은 기재되었는가. (8) 조립도에 표기되어야 할 사항은 모두 표기되었는가.(게이트형식, 러너크기, EP의 위치 및 크기 등)
	2) 부품도	(1) 부품명칭, 번호, 재질, 수량 등이 표기되었는가. (2) 작업자가 알기 쉽게 치수가 명확히 쓰여 있는가. (3) 부식, 헤어라인 유무 등 특기사항은 표기되었는가. (4) 정밀도가 요구되는 부위는 수정가능하게 설계가 고려되어 있는가. (5) 필요한 부분의 열처리, 표면처리 등 2차 가공부분에 대하여 표시 및 지시되었는가. (6) 가공순서, 가공방법, 기호 등은 기입되어 있는가. (7) 가능한 표준부품 및 시판부품이 사용되었는가. (8) 필요부품의 정밀도와 끼워 맞춤정도가 적합하게 표기되었는가. (9) 각 조립부위는 이상 없이 조립될 수 있도록 되었는가. (10) 현장에서 복잡한 계산을 하지 않아도 되도록 계산되어 있는가. (11) 치수, 선 및 수자는 적당한 위치에 정확하게 표기되었는가. (12) 사내에서 가공이 가능하게 설계되어 있는가.
	3) 가공에 대한 고려	(1) 각 공작기계에 맞는 주의사항이 표기되었는가. (2) 재료의 가공이 쉽게, 빨리 가공할 수 있도록 되어 있는가. (3) 공구, 측정기구, 사람이 가공상 충분하게 준비되고 검토되어 있는가. (4) 조립분해가 쉽도록 뽑는 구멍, 지렛대 홈, 나사 등이 지시되어 있는가. (5) 맞춤조정 여우 및 조립시 유의사항이 표기되었는가. (6) 가공자의 도면파악능력, 기능 등을 고려되어 도면이 배포될 수 있는가

		(7) 운반, 조립, 보관 등에 관하여 모든 준비는 되어있는가.
		(8) 가공도중 잘못으로 인하여 도면 변경시에 문의해답은 준비되어 있는가.
7. 도면 보관		(1) 제작 번호별, 연도별, 정리는 되어 있으며 수주대장, 수정변경지시서 등은 잘 정리 했는가.
		(2) 기타 서류들은 제자리에 들어있는가.

2. 금형설계 제도법

사출 금형의 제도는 KS의 기계제도를 기본으로 하고, 사출금형의 설계, 구조, 공작, 조립 등이 독특한 제도방법으로 표시한다. 따라서 플라스틱 금형설계·제도시의 선긋기, 치수기입, 단면표시, 다듬질 정도, 공차, 끼워 맞춤, 기계요소 등은 KS의 기계제도법이 따르며 투상법은 3각법을 기본으로 한다.

2.1. 금형설계의 기초사항

(1) 완성된 제품도면에 실제로 필요한 것 이외의 제2의 암시나 추정하는 것을 전달하려고 하면 안 된다.
   ① 성형제품도면의 부정확한 정보나 미비한 세부사항은 제품도면 작성자에게 조회 및 협의하여 확실히 한 후 금형설계를 수행한다.
   ② 금형설계자의 입장에서 확실히 할 수 있는 것, 즉 성형품의 개선, 제작비의 절감 또는 실제 오차의 방지 등을 하기 위한 성형품의 설계변경은 서면에 의한 설계변경 승인을 받아 두어야 한다.
(2) 성형품에 사용되는 수지와 성형방법을 고려할 때 플라스틱 금형으로 만족하고, 일관성 있게 성형가능한가를 생각하여 필요하다면 성형품 설계 변경이나 설계를 완전히 다시 요구하여야 한다.
(3) 금형수주 계약은 성형품 생산량에 요구된 설계조건이 별도의 승인을 받기 전까지는 계약 조건에 따라 설계를 진행한다.
(4) 빼기구배는 양(陽)이 되도록 하는 것이 원칙이지만 영(零) 또는 음(陰)으로 하여 더 좋은 결과가 나온다면 이 방법을 무시하여서는 안 된다.
(5) 제품설계에서 불가피하게 요구되는 가늘고 긴 코어(core)나 형(型)의 부분은 인서트(Insert)방식으로 금형을 설계하는 것이 바람직하다.
(6) 이젝터 핀, 가이드 핀, 가이드부시, 온도제어기용 구멍, 냉각수구멍 등 구멍과 구멍 또는 다른 부품과 구멍사이는 충분한 간격을 주도록 한다. 금형제작에서 다루기가 용이한 간격은 최소 3mm 이상의 치수이며, 이 이하의 치수로 하는 경우에는 주기(註記)로서 주의를 하여야 한다. 또한 냉각수 구멍과 같이 구멍

길이가 긴 경우에는 길이에 비례하여 구멍간의 간격을 크게 하는 것이 바람직하다.
(7) 최대의 생산능률 향상을 위해 온도 조절기 설계는 밀핀 설계보다 우선하여 설계하여야 한다.
   ① 대부분의 열가소성 수지는 냉각을 많이 시켜주어야 하나 많은 엔지니어링 플라스틱과 열경화성 수지는 금형을 가열하는 경우도 있다.
   ② 냉각을 용이하게 하기 위하여 냉각구멍을 크게, 수를 적게 하는 것 보다는 구멍의 크기를 적게 하더라도 수를 많이 하는 것이 효과적이다.
   ③ 냉각수 구멍지름이 커서 충류상태로 흐르는 것 보다는 구멍지름을 적게 해서 난류상태의 흐름으로 하는 것이 냉각효과가 더 좋다.
   ④ 캐비티 코어에서 냉각과 가공성을 고려하여 열전도성이 좋은 베릴륨 동(Be-Cu)같은 재료를 고려하며, 가늘고 긴 코어에는 가열 파이프(heat pipe)를 사용하여 원격제어 매개체에 의한 냉각 또는 가열을 할 수 있도록 하는 것이 바람직하다.
(8) 볼트, 밀핀(Ejector pin), 가이드 핀(Guide pin), 가이드 부시(Guide bush) 또는 형판 등 규격이 표준화되어 있는 것은 표준화치수를 사용한다. 표준으로부터 약간 차가 있어도 가격이 비싸진다.
(9) 중요한 치수나 특수한 형상 부위는 주기로써 주의를 환기시킨다.
   ① 금형제작 부서에서 이들 요구사항에 대하여 주의하도록 하여 가공하는데 착오가 발생하지 않도록 한다.
   ② 반경의 접촉선부, 역(-)빼기구배, 예리하게 각진 구석 부분 및 열 경화나 템퍼링(tempering)이 필요한 것을 알기 쉽게 세부적으로 기술하여 알려 주어야 한다.
(10) 금형제작에 적용하는 공작기계 및 제작방법을 숙지하며 그 공장의 공장기계에 적합한 설계방법으로 설계하고 도면에 치수를 나타내어야 한다.
(11) 금형설계도면에 지시한 치수대로 기계가공을 쉽게 할 수 있도록 하기 위하여 준비 작업방법을 지정하여 주어야 한다.
(12) 금형 설계도면의 중요한 치수는 소수점 이하 두 자리까지 표시하며, 초정밀치수는 소수점 이하 셋째자리까지 표시한다.
   ① 제품도에 정밀한 공차가 요구되는 부분은 금형 설계도면에도 공차가 나타나도록 한다.
   ② 금형 설계도면의 공차는 제품도 공차의 30%이내에서 공차를 부여하도록 한다.
(13) 반원의 중심, 구멍의 위치, 부품의 형상 등 금형설계 치수에 필요한 계산서는 잘 보관하여 변경이나 검토가 요구될 때 다시 치수를 결정하기 위하여 계산할 경우 참조한다.
   ① 설계계산 치수검토는 도면 전체가 검토 완료되어 치수가 확실할 때까지는 모

든 치수가 틀린다고 생각하고 검토하여야 한다.
② 치수 오차가 발견되면 어떠한 이유에 의하여 오차가 발생하게 되었나를 찾아내어야 한다.
③ 오차를 찾아내기 위하여 모든 세부사항을 검토하여 같은 실수가 반복되지 않도록 하여야 한다. 오차가 있는 도면을 제작할 경우에는 금형제작 불량원인이 된다.

(14) 사용하고자 하는 사출성형기의 다음 사항은 설계 전에 확인하여야 한다.
① 1쇼트시의 최대용량 : 사출용량[cm3. g(oz)]
② 금형의 형체(型締)하기 위하여 죄는 힘: 형체력(型締力)[Ton]
③ 금형을 개폐(開閉)하기 위한 다이 플레이트의 최대 이동거리인 형체 스트로크와 사출 성형기에 설치 가능한 금형의 최대·최소 금형두께
④ 금형의 형판크기를 설정하기 위하여 성형기의 다이플레이트 치수와 타이어 간격
⑤ 밀어내기 기구, 구동장치 등 금형설치 및 작동에 직접 관련되는 사출성형기의 제 규격 및 성능표는 확보되어 있어야 한다.

(15) 금형공장의 제작 및 설계에 관련된 사내규격자료와 표준자료를 준비하고 설계를 수행하여야 한다.
① 플라스틱 수지의 수축률, 빼기구배 등 수지의 물성에 관한 기술자료
② 강제의 재고량과 치수를 알려주는 재고표(stock list)
③ 드릴, 탭(tap)의 치수와 구멍과의 관계시방서
④ 금형제작에 일반적으로 사용되는 스프링의 용량과 치수 규격표
⑤ 금형부품의 사내 설계표준화 자료
⑥ 일정한 수지를 전과 동일한 성형조건 또는 유사한 성형조건으로 성형하고자 할 때, 전의 실제 경험에 의한 기술자료 예로, 수축률, 거스러미의 형상 등
⑦ 기계공학의 여러 기술자료 와 계산식

2.2. 평면도, 측면도 및 조립도의 정의

1) 평면도
① 평면도는 파팅(parting)면에서 고정측형판 방향으로 본 것을 고정측 평면도, 가동측형판 방향으로 본 것을 가동측 평면도라고 하며, 금형의 중심선을 연결한 선을 반으로 접어 고정측 평면도와 가동측 평면도를 절반씩 복합하여 그린도면을 복합평면도라 한다. (그림2.2.3)
② 평면도에서 가동측 평면도 절반은 평면도 중심선의 좌측이나 또는 아래 측, 고정측 평면도 절반은 평면도 중심선의 우측이나 또는 위 측에 그린다.(그림2.2.3

참조)
③ 성형부가 평면도 중심선에서 좌·우 또는 아래·위가 서로 대칭이 아닌 경우에는 고정측 평면도, 가동측 평면도를 각각 그린다.(그림 2.2.1, 2)

2) 측면도
① 금형의 중심선에서 좌측과 우측 방향으로 본 것을 측면도, 정면에서 본 것을 정면도라 하며 측면도와 정면도를 절반씩 그린 것을 측면도라 하고 그 중심선을 일치시키지 않는다.(그림 2.2.6)
② 성형부가 금형 중심선에 좌·우 또는 전·후로 서로 대칭이 아닌 경우에는 좌·우 측면도와 정면도를 각각 그린다.(그림 2.2.4~5)
③ 측면도에서 단면표시는 금형이 닫혀있는 상태로 그린다.
④ 조립되어 있는 금형부품을 가장 많이 표현될 수 있는 단면을 골라서 평면도상에 나타난 모든 부품이 중복되지 않고 표현되도록 복수단면으로 그린다(그림 2.2.6).

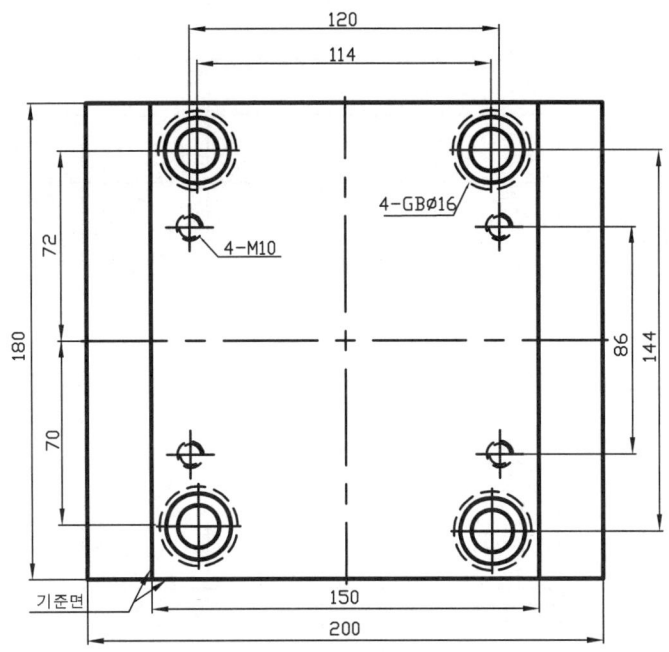

그림 2.2.1 1518MOLD BASE 고정측 평면도

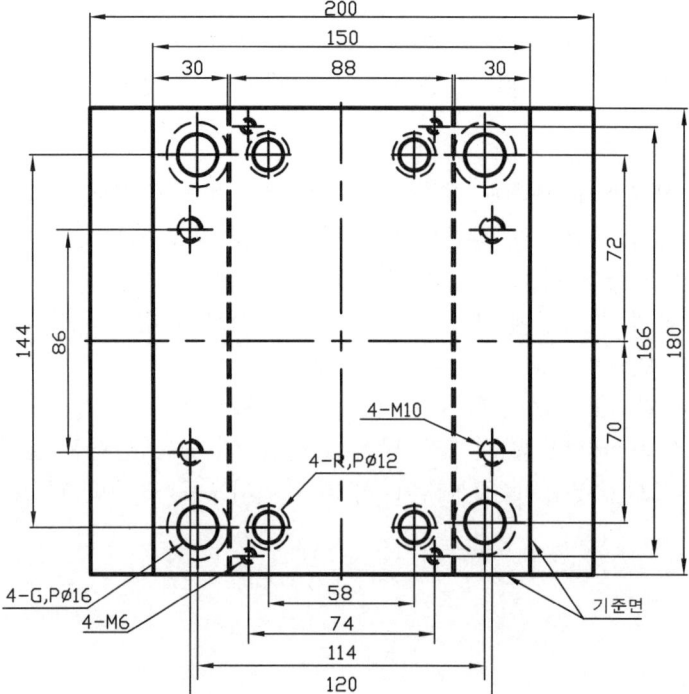

그림 2.2.2 1518MOLD BASE 가동측 평면도

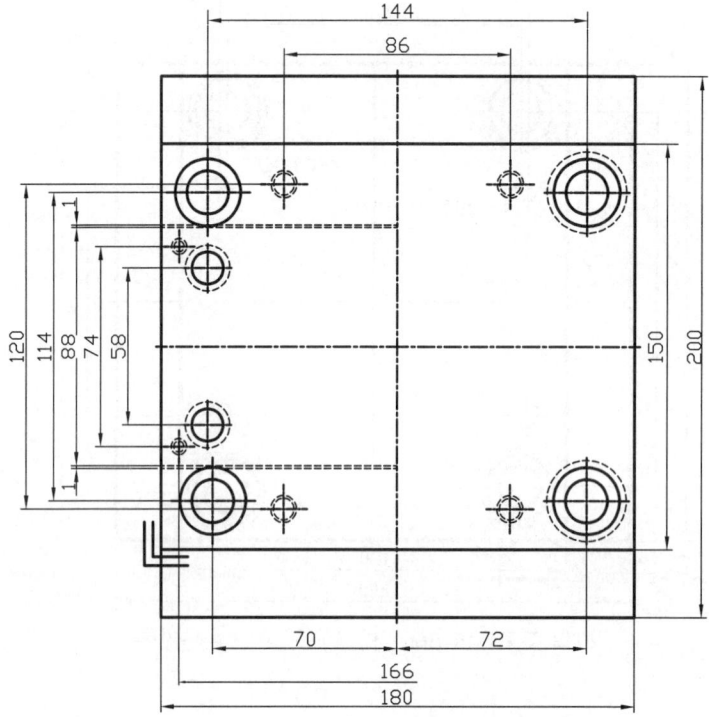

그림 2.2.3 1518MOLD BASE 복합 평면도

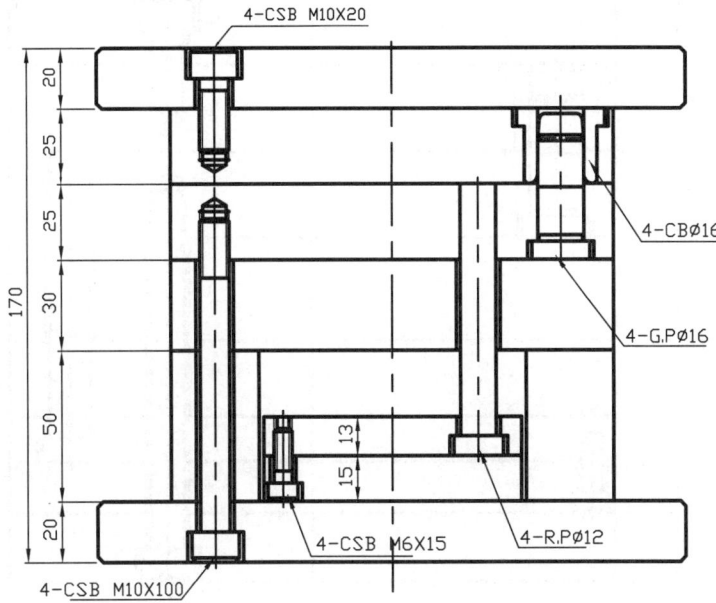

그림 2.2.4 1518MOLD BASE 정면도

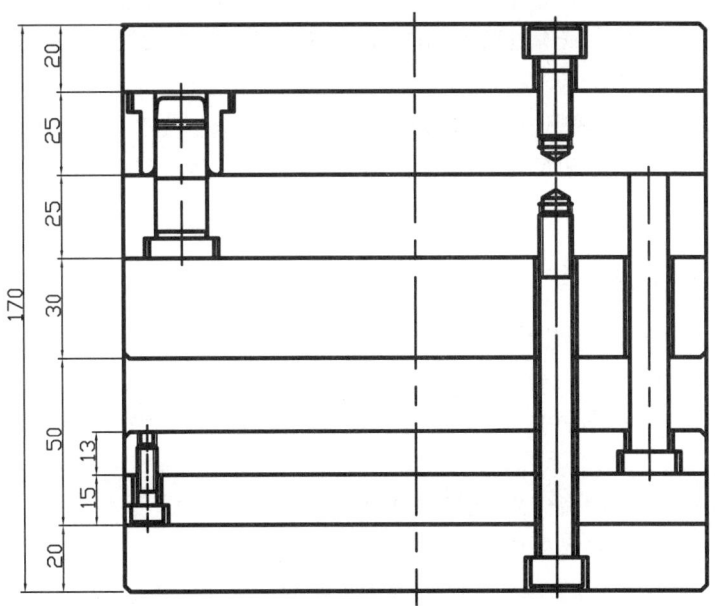

그림 2.2.5. 1518MOLD BASE 측면도

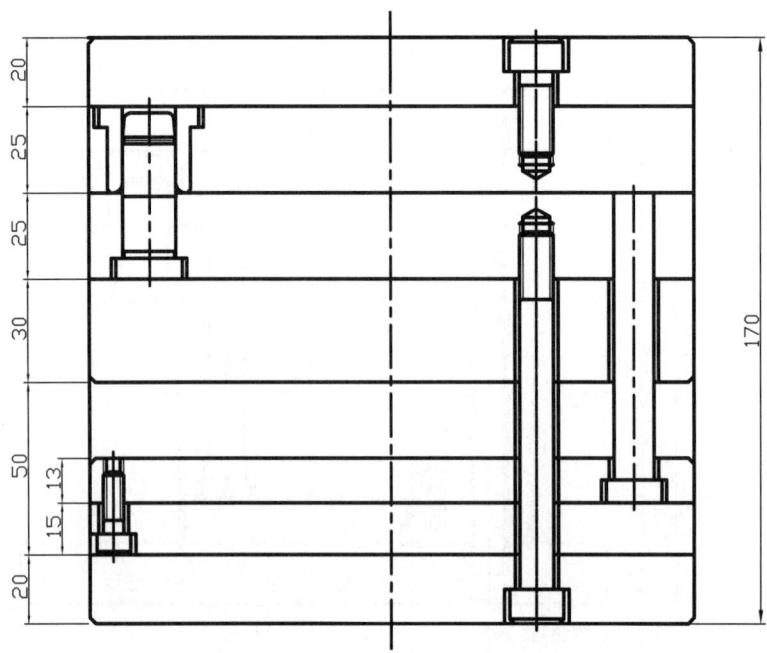

그림 2.2.6. 1518MOLD BASE 복합측면도

3) 조립도

① 조립도에서 평면도(고정측 평면도와 가동측 평면도의 복합한 평면도)는 도면 중심에서 위쪽, 측면도(정면도와 측면도를 복합한 측면도)는 도면 중심에서 아래쪽에 그린다. (그림 2.3.1)
② 조립도에서 평면도와 측면도의 중심선을 일치시키는 방법은 평면도·정면도의 중심선을 일치시켜 조립도를 그리는 2가지 방법이 있다. (그림 2.3.1)

2.3. 조립도 작성방법

(1) 한 장의 용지 상에 평면도와 측면도가 있는 조립도를 그리며 척도는 1:1로 작성한다. 즉 평면도와 측면도를 제도한 조립도.
(2) 용지가 작아 분리하여 그려야 할 경우에는 다음과 같이 각각 분리해서 그릴 수 있다.
   ① 고정측 평면도와 측면도 또는 정면도
   ② 가동측 평면도와 측면도 또는 정면도
   ③ 고정측 평면도, 가동측 평면도, 정면도를 각각 작성하는 방법이 있다.
(3) 몰드 베이스의 치수는 KS규격에 의함을 원칙으로 하고, 몰드베이스 제작회사

규격을 참조 한다.
(4) 조립도의 측면도 작성시 단면표기는 평면도에 표시되어 있는 모든 부품들을 나타내도록 하기 위하여 복수단면으로 그려도 된다.
(5) 측면도의 단면에는 해칭을 하지 않음을 원칙으로 하나 성형재질이 들어가는 부위, 즉 스프루, 러너, 게이트, 캐비티는 해칭 또는 스모징(smoging)한다.
(6) 평면도상의 이젝터핀에는 알아보기 쉽도록 해칭을 한다. 원형 밀핀인 경우에는 4등분 원을 대칭되게 해칭한다.
(7) 금형의 부품들은 조립도상에 형상 및 치수를 모두 표기한다.
(8) 구조가 간단한 부품들은 조립도에 그 부품의 형상 및 치수를 표기하고 부품도를 별도로 작성하지 않는 방법도 있다.
(9) 복잡한 부품구성인 경우에는 별도로 부품도를 작성한다.
 ① 조립도에 부품치수를 기입하기 어려운 부품이 2~3개 있을 때는 그것을 조립도 여백에 상세도로 표기해도 좋다.
 ② 조립도와 부품도를 병용하는 경우에, 조립도는 금형이 닫혀있는 사양적인 치수, 슬라이드코어, 자동낙하 핀 셋트 등의 가동부품이나 이동량 등 금형의 기능적인 치수를 기재한다.
(10) 가공자에게 보다 알기 쉽게 모든 명칭은 약어로 표기할 수 있다
(11) 설계규정에 있는 부품들은 간략하게 그릴 수 있으며 호칭명과 주 호칭치수로 표기한다.
예)
 ① 가이드 핀은 호칭명과 호칭치수×가이드 핀 전체 길이로 표시한다.
  보기 : 가이드 핀A형 ø25×47, G.P.A ø25×47
 ② 가이드 부시는 호칭명과 호칭치수×가이드 부시 전체 길이로 표시한다.
  보기 : 가이드 부시 A형 ø25×29 또는 G. B. A ø25×29
 ③ 리턴 핀은 호칭명과 호칭치수×리턴 핀 전체 길이로 표시한다.
  보기 : 리턴 핀 ø12×55 또는 R. P ø12×55
 ④ 6각 구멍붙이 볼트는 호칭명과 나사지름×머리아래의 볼트길이를 표시한다.
  보기 : 6각 구멍붙이 볼트 M12×30또는 C. S. B M12×30
(12) 치수기입은 1:1로 그리며 도면의 치수와 수자의 오차는 ±1m/m를 넘지 않도록 한다.
(13) 기본적으로 표기하여야 할 사항
 ① 금형중량, ② 러너, 게이트 형상 및 치수, ③ 슬라이드 코어 삽입시 작동량
 ④ 캐비티 수 ⑤ 성형재질(수지) ⑥ 수지의 수축률 ⑦ 밀핀의 위치와 치수
 ⑧ 기준면, 고정측, 가동측 표기 ⑨ 天地방향표기 ⑩ 상하 파팅면 표기
 ⑪ 조립도 하단의 사양란 ⑫ 기타 주의사항

288 현장실무자를 위한 사출금형설계

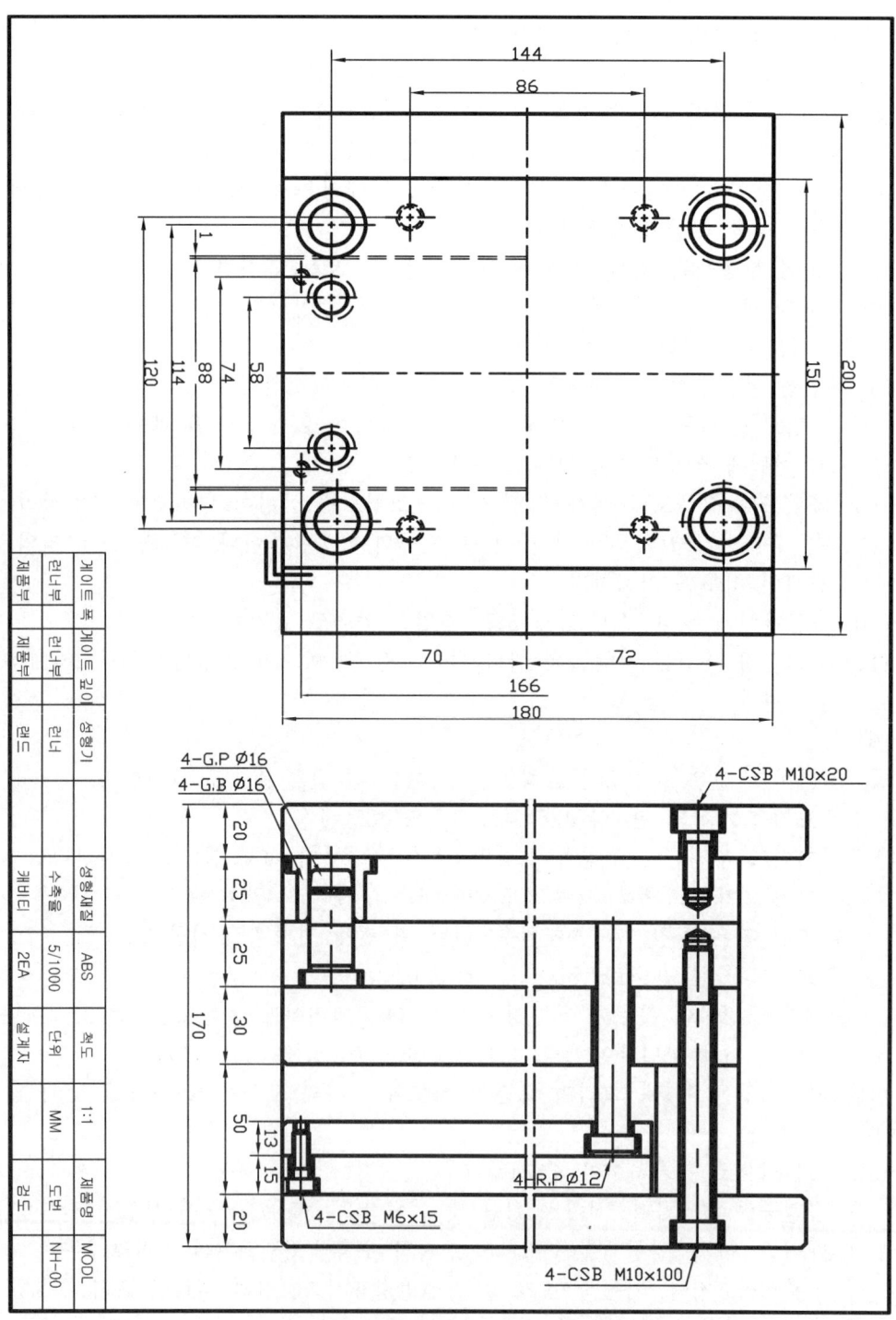

그림 2.3.1 1518MOLD BASE 조립도

2.4. 부품도 작성방법

가능한 관련되는 부품들을 정리하여 같은 용지에 제도한다. 부품단위로 제도, 치수 넣기를 원칙으로 하지만 주요한 부품 등에서는 조합한 상태의 치수로 나타내는 것이 이해나 제작에 편리한 경우에는 조합한 상태로 제도하여도 좋다.

(1) 주요 부품은 조립도의 평면도에 그린 방향 그대로 부품도의 평면도와 측면도 또는 단면도를 제도한다. (그림2.4.1)

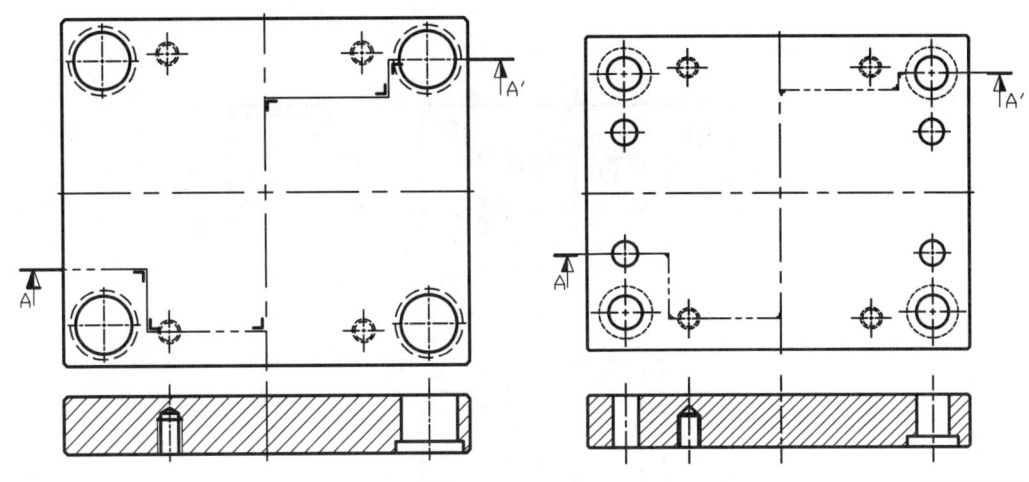

그림 2.4.1 1518MOLD 고정측형판   그림 2.4.2 1518MOLD 1518MOLD 가동측형판

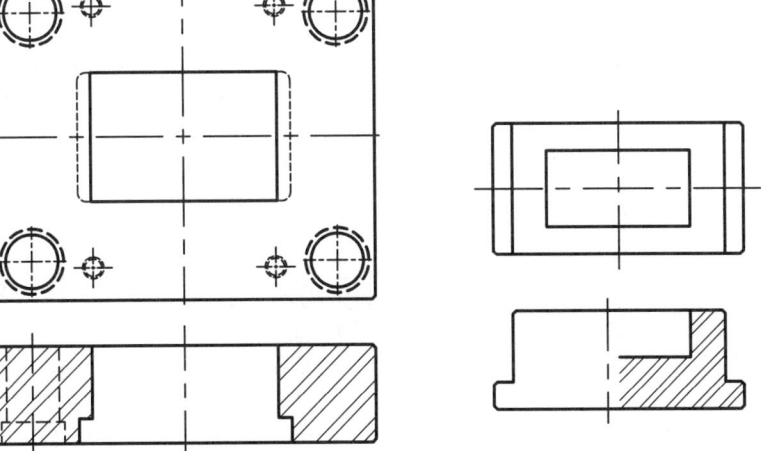

그림 2.4.3 형판의 단면도(중심선 기준)   그림 2.4.4 반 단면도

(2) 측면 또는 정면을 단면으로 제도할 때는 기본 중심선에서 본 것을 표시하는 것이 원칙이다. 이 경우 평면도에는 단면 표시선을 표시하지 않는다. (그림 2.4.3)

(3) 상·하 또는 좌·우 대칭인 부품에서 외형과 단면을 하나의 도형으로 표시할 때는 각각 대칭 중심선에서 위쪽 또는 우측을 단면으로 표시한다. (그림2.4.4)

(4) 필요에 따라서 기본 중심선이 아닌 곳에서 절단한 단면을 표시하여도 좋으며 면이 중복되지 않는 한 단면선을 계단모양으로 표시하여도 된다. 이 경우는 단면 표시선, 화살표, 코너표 등 기호를 표시하여 단면의 위치를 명확하게 한다. (그림 2.4.5)

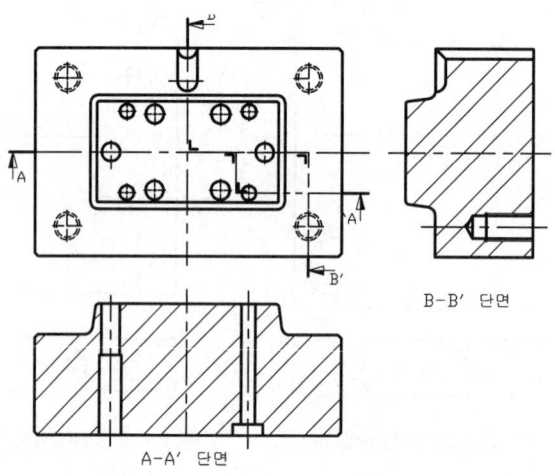

그림 2.4.5 계단 단면도

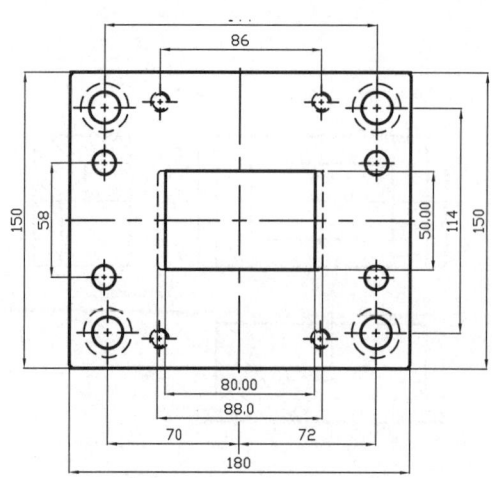

그림 2.4.6 중심선 기준 치수선 사용 예

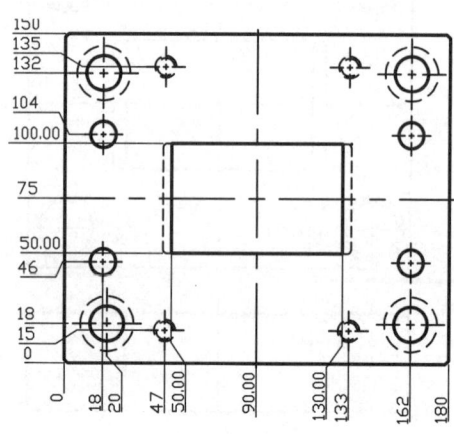

그림 2.4.7 기준면에서 치수기입 예

(5) 구멍이나 홈의 중심위치를 나타내는데 치수선을 사용하여 표기하는 것이 원칙이나 그들의 중심선을 인출하여 기준면에서 치수를 기입하여도 좋다. (그림 2.4.6~7)
(6) 치수 값에 대하여서는 양측공차(플러스, 마이너스공차)와 편측공차를 채용한다.
   ① 양측공차의 절대 값이 A±1, A±0.01, A±0.001 일 경우에는 A, A.0, A.00, A.000의 호칭치수의 소수점 이하의 함수로 표시한다.(그림 2.4.8)
   ② 양측공차의 절대 값이 다르거나 편측공차를 요구할 때에는 KS의 「끼워 맞춤」 기호를 호칭치수 뒤에 붙여서 표시하거나, $A^{+0.1}_{-0}$, $A^{+0.02}_{-0.01}$과 같이 치수 오른쪽 뒤에 공차를 표기한다. 이 기호 공차치수의 표시는 축과 구멍의 끼워 맞춤 또는 홈과 돌기의 평면치수에도 적용된다.(그림 2.4.9)

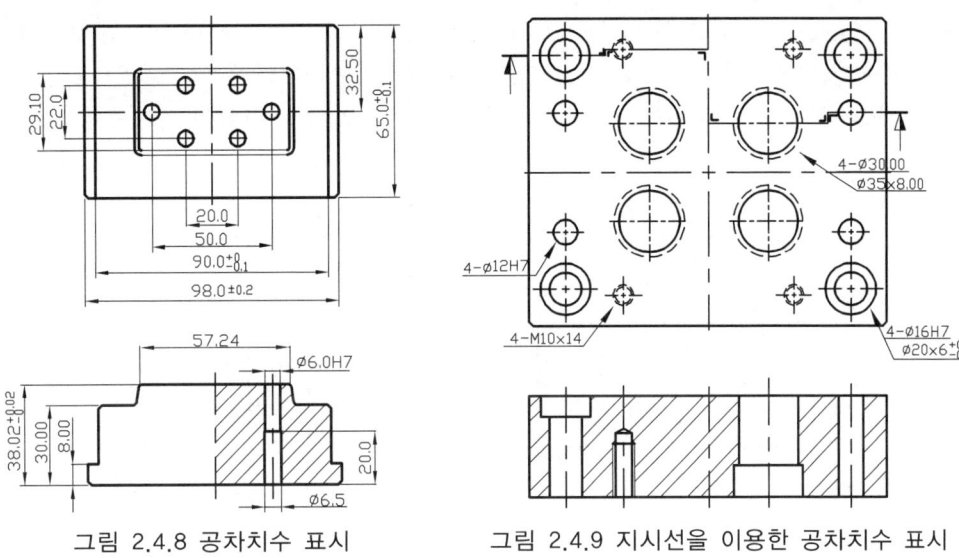

그림 2.4.8 공차치수 표시   그림 2.4.9 지시선을 이용한 공차치수 표시

(7) 볼트구멍, 탭 구멍, 핀 구멍 등의 치수는 그 구멍에 인출선을 그어 치수를 표기한다.
   ① 표기방법은 구멍수와 숫자표기 다음에 단선을 긋고 호칭치수를 기입한다. 그림 2.4.9에서 4-ø12H7은 구멍직경 12이고 공차는 H7급 4군데를 의미한다. 4-M10×14는 평면도의 뒷면에서 M10의 나사 길이가 14mm로 4군데를 의미한다. 4-ø30.00 ø35×8.00은 구멍직경 30±0.01이고 평면도 뒷면에서 ø35로 길이 8±0.01의 카운터 보링구멍 4군데를 의미한다. 4-ø16H7, ø20×$6^{+0.01}_{-0.01}$는 ø16H7의 구멍에 평면도의 윗면에서 ø20로 깊이$6^{+0.1}_{-0}$의 카운터 보링구멍 4군데를 의미한다.(그림2.4.9)

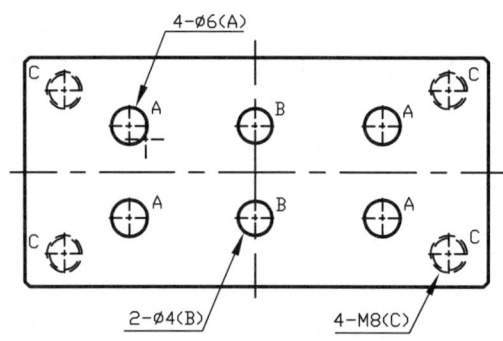

그림 2.4.10 지시선을 이용한 치수 표시

② 볼트, 탭, 핀 등의 구멍이 하나의 부품에 많이 있고, 그들의 도형만으로 구별하는데 혼돈이 올 경우에는 같은 치수별로 각 구멍 가까이에 A, B, C…, 또는 ○, △, × 등의 문자나 기호를 붙여서 표시하면 편리하다. (그림 2.4.10)

(8) 돌출부, 오목 부는 약호로 대신 표시하되 기준면에서 얼마라는 것을 표기한다.
(9) 상대방과 맞닿는 부위는 <合>을 치수 뒤 또는 앞에 표기한다. (그림 2.4.11)
(10) 구배 면에서 각도를 표기한 경우에는 계산상의 치수에 (   )를 붙여 참고 치수로 표기한다. (그림 2.4.12)

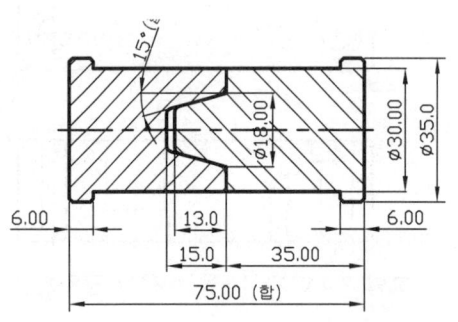

그림 2.4.11 부품 결합 부 표시 예

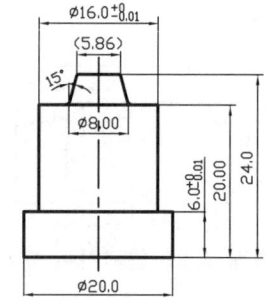

그림 2.4.12 참고치수 표시 예

(11) 치수기입은 그 부품을 대표하는 도형(정면도 또는 평면도)에 가능한 집중하도록 하며, 이곳에 표기하기 어려운 치수만을 다른 도형(측면도)에 기입하는 것이 바람직하다.
(12) 금형부품의 일부분에 특수가공 또는 특수처리를 필요로 하는 경우는 필요한 부분에 구간 화살표를 하고 그 가공이나 처리방법을 기입한다.(그림 2.4.13)
(13) 판독이 힘들거나 이해가 곤란할 경우에는 공간 여백에 입체도 또는 확대도를 그린다. (계산이 어려운 것은 확대도를 그려서 계산하되 계산식의 종이는 보관한다.)

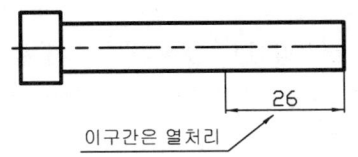

그림 2.4.13 특수 가공 부 표시 예

(14) 치수기입은 다음과 같은 방법으로 한다.
　① 부품의 중심선 또는 치수기준선에서 좌·우, 전·후로 대칭일 경우에는 항상 0.00의 마지막 치수는 짝수가 되도록 한다.
　② 한 도면상에 치수가 중복되는 경우에는 주된 치수이외에는 ( )를 붙여서 참고 치수로 표기하고 주된 치수를 우선으로 한다.
　③ 상대편과 맞닿는 치수는 항상 +쪽으로 기입하고, 그 +량을 ( )하여 표기한다.
　④ 구배는 최소 1°이상으로 하되 맞닿는 부분의 구배는 °로만 나올 수 있도록 유도한다.
　⑤ 수축률 계산으로 인한 성형부의 금형치수 공차는 성형품의 공차 쪽으로 표기한다.
(15) 수축률이 적용되는 성형부에 해당되는 금형치수는 다음과 같은 방법으로 구한다.
　① 수지의 수축률을 적용한 금형치수 계산식
　　ⓐ A : $M = A + (1+S)$　　A: 제품치수
　　ⓑ $A^{+\alpha}_{-0}$: $M = (A + \frac{\alpha}{2})(1+S)$　　M: 금형치수
　　ⓒ $A^{+0}_{-\alpha}$: $M = (A - \frac{\alpha}{2})(1+S)$　　S: 수지의 수축률
　　ⓓ $A^{+\alpha}_{-\beta}$: $M = (A + \frac{\alpha \pm \beta}{2})(1+S)$　　α, β: 제품의 공차치수
　② 제품이 대칭이며 금형치수가 소수점 이하 두 자리까지 필요한 경우 다음과 같이 한다.
　　ⓐ 제품이 대칭인 경우에는 소수점이하 둘째자리의 수는 짝수가 되도록 한다.
　　ⓑ 제품의 공차 쪽으로 소수점이하 셋째자리의 수를 올림 또는 삭제하여 소수점 이하 둘째자리의 수가 짝수가 되도록 한다.
　　ⓒ 성형부에 해당하는 금형부품치수는 수정 가능한 쪽으로 올림 또는 삭제하여 소수점이하 둘째자리의 수가 짝수가 되도록 한다.
　③ 제품이 대칭이 아니며, 금형치수가 소수점이하 두 자리까지 필요한 경우는 다음과 같이 한다.
　　ⓐ 제품이 대칭이 아닌 경우에는 소수점이하 둘째자리의 수는 짝수, 홀수 어

느 것이나 관계없다.
ⓑ 제품의 공차 으로 소수점이하 셋째자리의 수를 올림 또는 삭제한다.
ⓒ 성형부에 해당하는 금형부품치수는 수정가능한 쪽으로 소수점이하 셋째자리의 수를 올림 또는 삭제한다.

예) 제품치수 ⓐ $120±0.1$ ⓑ $120^{+0.2}_{-0.0}$ ⓒ $120^{+0.0}_{-0.1}$ ⓓ $120^{+0.2}_{-0.1}$
인 경우에 제품부에 해당되는 금형치수를 얼마로 가공하여야 하는가?
단, 수지의 수축률은 20/1000을 적용한다.

(15) ①의 식에서
ⓐ $120×(1+20/1000)=122.4$로 대칭 및 대칭이 아닌 경우 122.40으로 한다.
ⓑ $(120+\frac{0.2}{2})(1+20/1000)=123.42$로 대칭 및 대칭이 아닌 경우 123.42로 한다.
ⓒ $(120-\frac{0.1}{2})(1+20/1000)=122.349$가 대칭인 경우 122.34, 대칭이 아닌 경우 수정 가능한 쪽(122.35 또는 122.34)으로 한다.
ⓓ $[120+(\frac{0.2-0.1}{2})](1+20/1000)=122.451$을 대칭인 경우 122.46, 대칭이 아닌 경우 122.45로 한다.

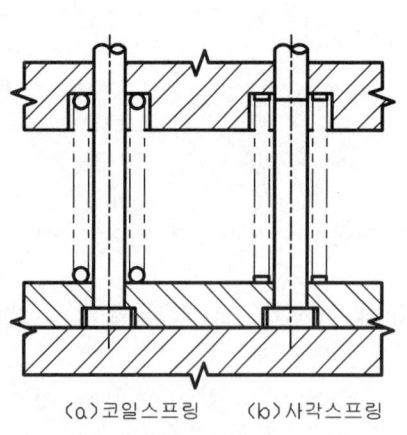

그림 2.4.14 스프링 약도

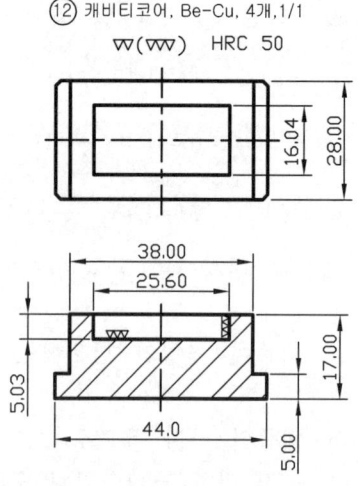

그림 2.4.15 캐비티 코어 부품도

(16) 조립도에서 스프링 표시는 약식으로 제도한다. 평행 두 줄의 2점 쇄선은 스프링의 외경, 내경치수이며 중요치수는 호칭치수로 표시한다. (그림 2.4.14)

(17) 각 부품마다 부품번호(○ 안에 부품번호 표시), 부품명, 재료, 필요개수, 척도, 표면가공정도, 표면처리(경도를 표시하는 경우가 많다)를 기입한다. (그림 2.4.15)

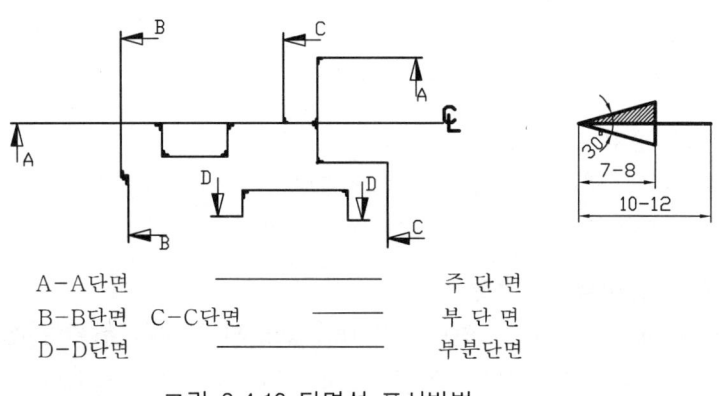

A-A단면 ——————— 주 단 면
B-B단면 C-C단면 ——————— 부 단 면
D-D단면 ——————— 부분단면

그림 2.4.16 단면선 표시방법

2.5 금형의 설계제도 과정

사출성형금형의 제도에 알맞은 순서로 하면 시간을 절약할 수 있다. 다음 작도법은 9단계로 설명한다.

1 단계 : 금형의 형식
(1) 제품생산량 및 성형기 제원을 고려한 캐비티 수
(2) 캐비티 배열형식
(3) 게이트 형식
(4) 성형품 밀어내기 방법
(5) 캐비티 코어 및 하 코어의 가공형상
(6) (1)~(5)에 적합한 금형 형판 구성을 설정한다.

2 단계 : 캐비티 코어 및 하 코어치수 계산
(1) 캐비티 코어 성형부 치수
(2) 캐비티코어 외측 가공치수
(3) 하 코어의 성형부 치수
(4) 하 코어의 인서트 부 치수

3 단계 : 형판치수
(1) 고정측형판 두께치수

(2) 가동측형판 두께치수
(3) 스프루 부시 치수
(4) 형판 가로, 세로 높이치수
(5) 받침판 두께치수
(6) 스페이스 블록 높이치수
(7) 형판치수에 의하여 결정되는 표준화 부품치수

4 단계 : 냉각수 구멍
(1) 밀어내기 계통보다 우선하여 캐비티나 코어를 균일하게 냉각할 수 있는 방법을 설정한다.

5 단계 : 밀어내기 계통
(1) 밀핀(Ejector pin)과 리턴핀(Return pin)의 치수와 위치를 설정한다.
(2) 이제터 로드와 이젝트 부시와 같은 연관 부분도 추가한다.

6 단계 : 평면도 작성
(1) 주 중심선(수평, 수직)을 긋고, 각 캐비티의 중심 위치를 결정한다. 이때에 스프루 부시, 캐비티 치수와 위치가 평면도에 설정된다.
(2) 냉각수 순환 계통과 밀핀 등의 위치와 치수를 정하고, 형판 외부 윤곽크기를 결정 제도한다.
(3) 스프루 부시, 캐비티, 코어, 가이드핀, 가이드부시, 체결볼트, 냉각수 구멍, 밀핀, 러너 등을 제도한다.

7 단계 : 측면도 작성
(1) 평면도에 제도한 모든 부품을 측면도에 단면으로 정확히 제도한다. 여기서 두 개의 동일한 부품을 나타내어도 별 도움이 되지 않는다.
(2) 조립도 작성 방법 참조

8 단계 : 부품도 작성
(1) 관련되는 부품들을 같은 용지에 제도한다.
(2) 부품도 작성방법 참조

9 단계 : 도면의 완성
(1) 도면을 청결하게 다듬질하고 필요 없는 선 등은 지우고, 검토하여 누락 및 오기되어 있으면 정정한다.
(2) 표제란 등을 완성시킨다.

2.6 금형설계 전 고려사항

(1) 성형기의 용량은 적절한가?
  ① 사출용량은 몇 cm^3인가?
  ② 형 체력은 몇 Ton 인가?
  ③ 타이어의 간격은 몇 mm×mm인가?
  ④ 다이플레이트의 스트로크의 크기는 몇 mm인가?
  ⑤ 성형기 노즐 선단부 R과 구멍경은 몇 mm인가?
  ⑥ 로케이팅링 자리경은 몇 mm인가?
  ⑦ 이젝터 로드의 직경은 몇 mm인가?
  ⑧ 캐비티 수는 몇 개인가?

(2) 게이트 형식은?
  ① 표준게이트, 오버랩게이트, 터널게이트, 다이렉트 게이트인가?
  ② 핀 포인트 게이트인가?
  ③ 기타 어느 게이트인가?

(3) 제품 밀어내기 방식은?
  ① 원형 핀, 각핀 또는 슬리이브 핀 방식인가?
  ② 스트리퍼 플레이트 방식인가?
  ③ 유압, 공기압방식인가?
  ④ 2단 돌출방식인가?

(4) 캐비티 코어와 하 코어의 가공형식은?
  ① 일체식인가, 분할식인가?
  ② 형판에 직접 가공하는가?
  ③ 인서트형식인가?
  ④ 부시형식인가?

(5) 금형형식은?
  ① A, B, C형인가?
  ② DA, DB, DC형인가?
  ③ EA, EB, EC형인가?
  ④ 기타 어느 형 인가?

(6) 캐비티 코어 및 하 코어의 치수 계산은?
  ① 캐비티 코어 성형부 치수는 수축여유치수를 (+)하였는가?
  ② 하 코어 성형부 치수는 수축여유치수를 (+)하였는가?
  ③ 캐비티 코어 및 하 코어의 성형부 치수에 빼내기 구배량을 (+)(-)하였는가?

(7) 금형강도 계산은?
  ① 캐비티 코어의 벽두께는 몇 mm인가?
  ② 캐비티 코어의 높이는 몇 mm인가?

③ 하 코어의 높이는 몇 mm인가?
④ 받침판두께는 몇 mm인가?
(8) 형판크기는?
① 고정측형판, 가동측형판 두께는 몇 mm인가?
② 러너 스트리퍼 플레이트의 두께는 몇 mm인가?
③ 스프루 부시 호칭치수는 몇 mm인가?
④ 스프루 부시와 캐비티 코어의 간격은 몇 mm인가?
⑤ 형판 A×B는 몇 mm×mm인가?
⑥ 스페이스 블록 높이는 몇 mm인가?
(9) 러너 시스템 및 냉각수 순환계통은?
① 러너 단면형상은 원형, 반원, 사다리꼴 형인가?
② 게이트 위치는?
③ 러너 및 게이트의 치수는?
④ 러너 배열형식은?
⑤ 냉각회로는 성형부를 균일하게 냉각시킬 수 있는가?
⑥ 냉각구멍과 다른 부품사이의 간격은 몇 mm인가?
(10) 밀핀의 위치는?
(11) 금형 열림 계산은?
① 러너 스트리퍼판 작동 량은 몇 mm인가?
② 플러보트 길이는 몇 mm인가?
③ 서포트핀 길이는 몇 mm인가?
④ 언더컷 량은 몇mm인가?
(12) 언더컷 처리방식?
① 언더컷 부분의 처리를 슬라이드 코어, 분할형 및 회전형 중 어느 구조로 하는가?
② 언더컷 처리 작동방식은?
  ⓐ 강제로 밀어내기?
  ⓑ 앵귤러핀 방식?
  ⓒ 도그레그캠 방식?
  ⓓ 앵귤러캠(판캠) 방식?
  ⓔ 래크와 피니언 방식?
  ⓕ 유압방식, 기타 어느 방식인가?

3. 금형설계 실예

3.1 사이드 게이트형 금형설계

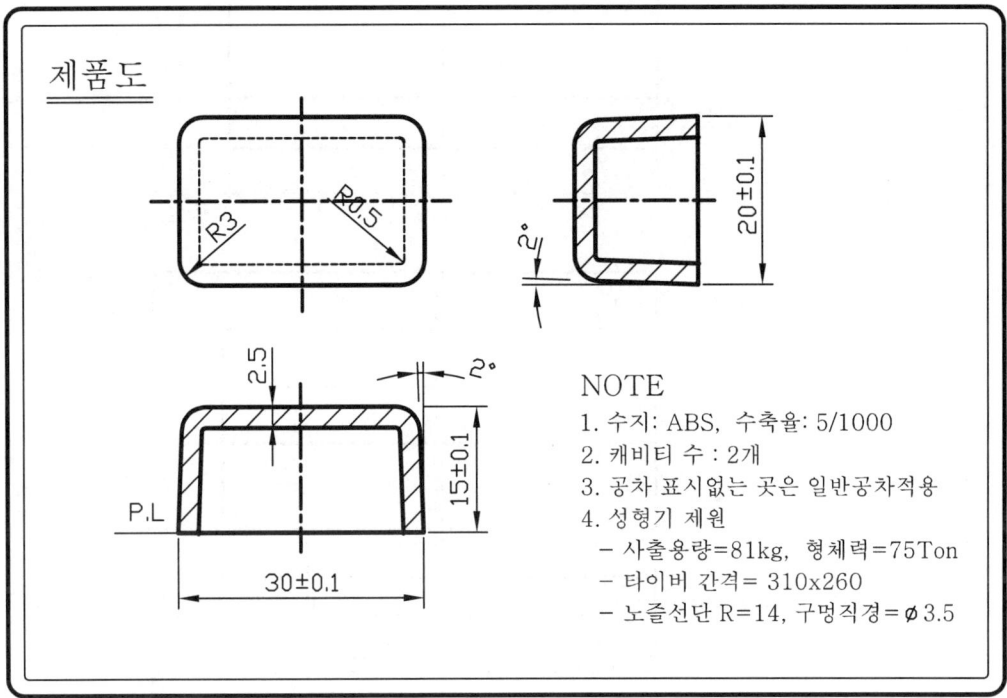

1) 금형형식 설정

① 게이트는 표준게이트(사이드 게이트)로 한다.
② 성형품 밀어내기 기구는 원형 밀핀을 사용한다.
③ 캐비티 코어는 일체식 부시형으로 한다.
④ 하 코어는 일체식 부시형으로 한다.
⑤ 위항에 의하여 금형구조는 고정측설치판, 고정측형판, 가동측형판, 받침판, 스페이스 블록(다리), 가동측설치판이 있는 금형구조(B형)로 한다.(그림 3.1.1)
※ (그림 3.1.1은 몰드베이스구조(B형)를 표시하며 h1, h2,… .A.B 등 문자를 표시한 것은 다음에 전개되는 식들을 간결하게 하기 위하여 표시한 것이다.)

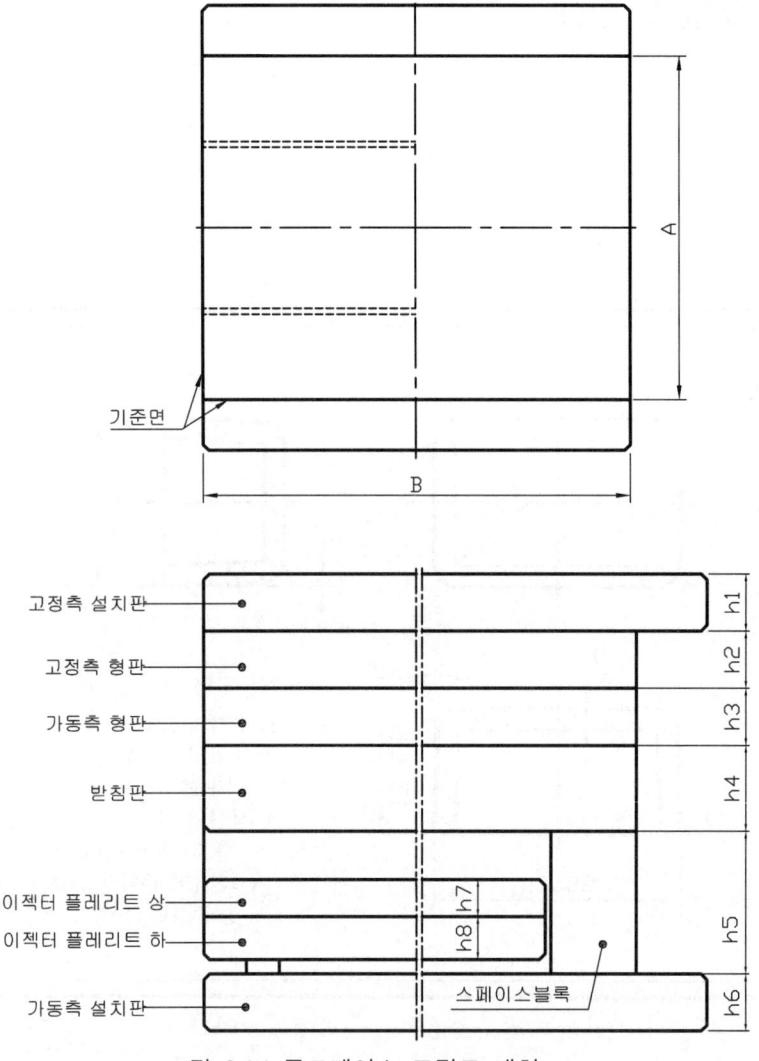

그림 3.1.1 몰드베이스 조립도 배치

2) 캐비티 코어 및 하 코어치수(제품도에 의한 계산)

(1) 캐비티 코어의 성형부 치수

M=A×(1+S)에서 M: 금형치수 A: 제품치수 S: 수지의 수축률(5/1000)
① M30 = 30×(1+0.005)=30.15이므로 30.14로 보정
② M20 = 20×(1+0.005)=20.1이므로 20.10
③ M15 = 15×(1+0.005)=15.075이므로 15.07로 보정
   (이 경우 높이는 대칭이 아니므로 15.07이나 15.08로 정한다.)

(2) 캐비티 코어의 벽두께 (캐비티 코어는 일체형으로 한다.)

$$h = \sqrt[3]{\frac{cpa^4}{E\delta}}$$

    h: 벽두께(mm) E: 강의 영률 2.1×10^6kg/cm² p: 성형압력(kg/cm²)
    δ: 허용휨량 a: 캐비티 코어깊이(mm) c: l/a의 상수

p=500kg/cm², a=15mm, δ=0.05mm이며 $l/a = \frac{30}{15}$ 일 때 c=0.111이므로

$$h = \sqrt[3]{\frac{0.111 \times 500 \times 15^4}{2.1 \times 10^6 \times 0.05}} = 2.99$$

금형재료의 안전성을 고려하여 2.5배, 2.99×2.5=7.48를 10mm로 캐비티 두께를 설정한다. (단 볼트 체결 시에는 더 두껍게 한다)

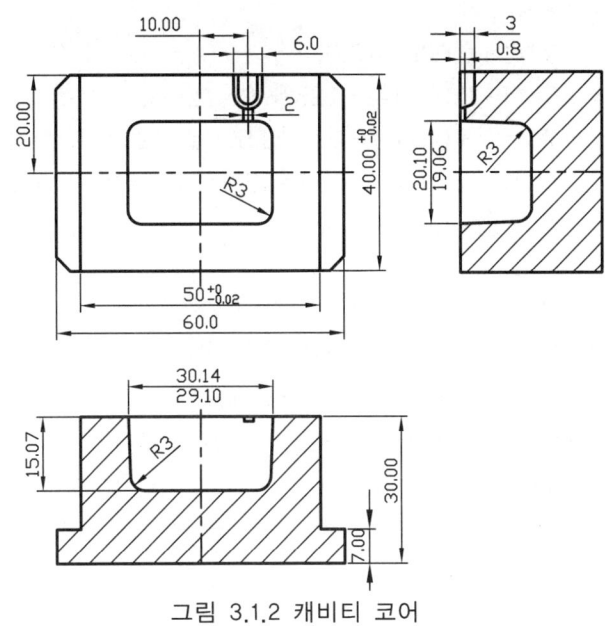

그림 3.1.2 캐비티 코어

(3) 캐비티 코어의 외관치수
  ① 캐비티 코어의 가로치수 =M30의 성형치수+ 벽두께×2
                            =30.14 + 10×2=50.14≒$50_{-0.02}^{0}$
  ② 캐비티 코어의 세로치수 =M20의 성형부 치수+ 벽두께×2
                            =20.10 + 10×2=40.10≒$44_{-0.02}^{0}$
  ③ 캐비티 코어의 높이 =M15의 성형부 치수+ 바닥 두께
                    =15.07 + 10이상=25.07이상≒30±0.01
  ④ 캐비티 코어의 턱 외측치수 =캐비티 코어 길이치수+5×2=50 + 5×2=60.0
  ⑤ 캐비티 코어의 턱 높이 =7±0.01

표 3.1.1 l/a의 정수 C값

l/a	C	l/a	C	l/a	C
1.0	0.044	1.5	0.084	2.0	0.111
1.1	0.053	1.6	0.090	3.0	0.134
1.2	0.062	1.7	0.096	4.0	0.140
1.3	0.070	1.8	0.102	5.0	0.142
1.4	0.078	1.9	0.106		

(4) 하 코어의 성형부 치수

$M = A \times (1+S)$

① M20-5 = $15 \times (1+0.005) = 15.075$을 15.08mm로 수정
② M30-5 = $25 \times (1+0.005) = 25.125$을 25.12mm로 수정
③ M15-2.5 = $15 \times (1+0.005) - 2.5 = 12.575$을 12.58로 수정

※ ③의 경우, 식$(15-2.5)(1+0.005) = 12.563$은 코어 성형부 높이를 수정할 필요가 있을 때 수정하기가 어렵다.

(5) 하 코어의 치수

① 하 코어의 가로치수=$50_{-0.02}^{0}$, 세로치수=$40_{-0.02}^{0}$
(캐비티 코어의 치수와 연관하여 정한다)
② 하 코어의 인서트부 높이(성형부를 제외한 높이)
=성형부 코어높이$\times (2 \sim 3) = 12.58 \times (2 \sim 3) = 25.16 \sim 37.74 \fallingdotseq 30$mm
③ 하 코어의 높이 = 하 코어 인서트부의 높이 + 코어 성형부의 높이
= $30 + 12.58 = 42.58$mm
④ 하 코어의 턱 외측치수 = 하 코어 가로치수 + 턱량 = $50 + 5 \times 2 = 60.0$
(턱량은 코어 가로치수$\times (0.1 \sim 0.2)$ 정도 적용한다.)
⑤ 하 코어의 턱 높이=7 ± 0.01

(6) 빼내기 구배량

$S = h \times \tan\theta$

S: 구배량   h: 구배높이   θ: 구배각도

① 캐비티 코어의 성형부 테이퍼 량
= 캐비티 깊이$\times \tan\theta \times 2 = 15.07 \times \tan 2° \times 2 = 1.05 \fallingdotseq 1.04$mm
② 하 코어의 성형부 테이퍼 량
= 코어 성형부 높이$\times \tan\theta \times 2 = 12.58 \times \tan 2° \times 2 = 0.88 \fallingdotseq 0.90$mm

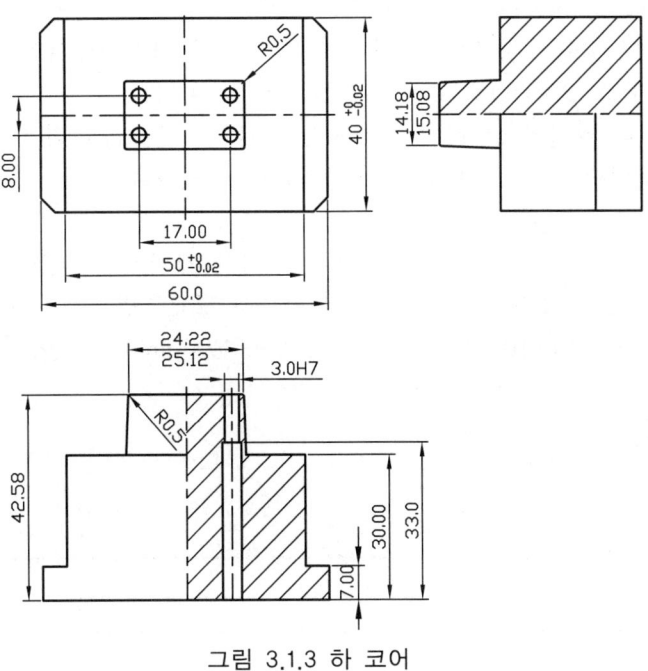

그림 3.1.3 하 코어

3) 형판두께

① 고정측형판 두께(h2)

　　h2= 캐비티 코어 높이=30mm

② 가동측형판 두께(h3)

　　h3= 하 코어 인서트부의 높이=30mm

4) 형판크기(A× B)

(1) 스프루 부시 치수(øD)

　　h1= 20mm, h2=30mm, 스프루 데이퍼 각=2.5°,

　　스프루 부시 입구직경 =ø4mm일 때

　øD=스프루 부시 입구직경+스프루 부시 출구 구멍직경+스프루 부시 출구부의
　　　벽두께×2

　　　= ød+(h1+h2)×tan2.5°+스프루 부시 출구부의 벽두께×2

　　　= 4+(20+30)×tan2.5°+(3×2)=12.18을 16mm로 한다.

(2) 스프루 부시와 캐비티 코어의 간격을 3mm이상으로 한다.

(3) 형판크기(A×B)
  ① A치수
    = 캐비티 코어 Y치수 + 캐비티 코어 외측부터 형판측면까지의 거리×2
    = 50+(50×2)=150를 표준규격 180mm로 한다.
      (캐비티 코어외측부터 형판측면까지 거리를 50mm하면 가이드 핀
      과 리턴핀 사이로 냉각 수 구멍가공이 용이하다.)
  ② B치수
    = 스프루 부시 호칭치수 + 스프루 부시와 캐비티 코어의 간격×2 + 캐비티
      코어 치수×2 + 캐비티 코어 외측부터 형판측면까지의 거리×2
    = 16+(3×2)+(40×2)+(50×2)= 202를 200mm로 설정한다.

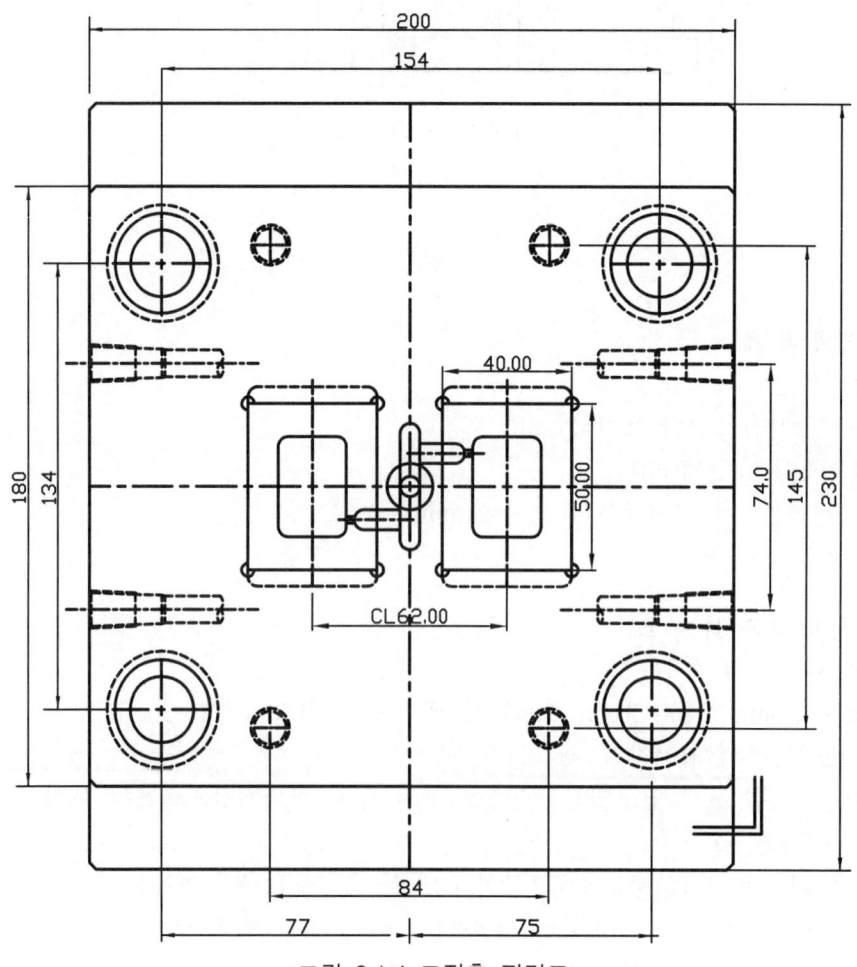

그림 3.1.4 고정측 평면도

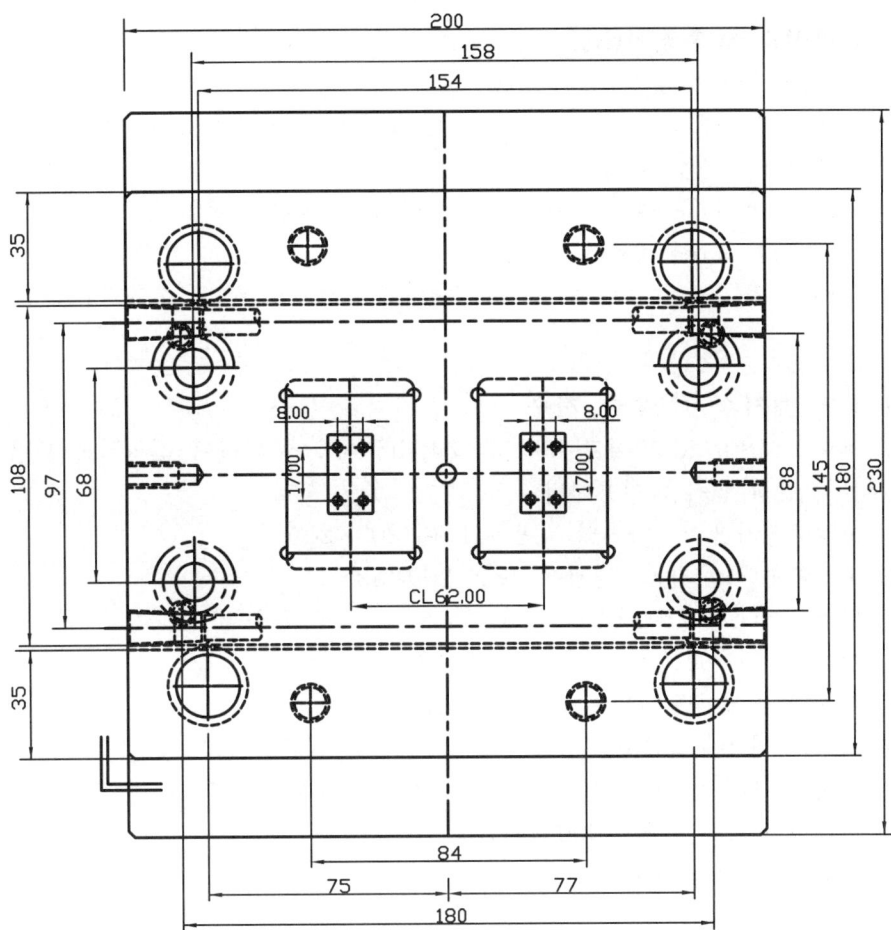

그림 3.1.5 가동측 평면도

5) 받침판 두께(h_4)

$h = \sqrt[3]{\dfrac{5pbL^4}{32EB\delta}}$ 식에서

h: 받침판 두께   E: 강의영률 $2.1 \times 10^6 \text{kg/cm}^2$ p: 성형압력   δ: 허용함량
b: 투명면적의 폭   B: 형판길이   L: 스페이스 블록 사이의 간격

p=500kg/cm², b=30mm, L=110mm, B=200mm,
δ=0.05mm, E=2.1×10^6kg/cm²

(1) h4=h + 받침판 보정 값(10mm정도)

$= \sqrt[3]{\dfrac{5 \times 500 \times 30 \times 110^4}{32 \times 2.1 \times 10^6 \times 200 \times 0.05}} + 10 = 25.375 + 10 ≒ 35\text{mm}$

6) 스페이스 블록높이(h_5)

① 하 코어 성형부 높이(ℓ_1)=12.58
② 성형품 밀어내기 길이(ℓ_2)=ℓ_1+여유길이(ℓ_3)=2.58+(5~10)=18~23≒20
③ 스페이스 블록높이(h_5)

  h_5 = ℓ_2+이젝터 플레이트(상·하)두께(h_8+h_9)+스톱핀 높이(h_{10})
   = 20+(13+15)+5=53≒60mm

 (스페이스 블록높이 표준화규격은 60mm부터 10mm단위로 커진다)

7) 몰드 베이스 각 부품 치수

몰드 베이스 180×200규격과 h2, h3, h4, h5 치수에 의하여 결정되는 다음 부품의 치수는 표준화 규격을 이용한다.

① 고정측설치판 = 가동측설치판 = 230×200×20
② 고정측형판 = 가동측형판 = 180×200×30
④ 받침판 = 180×200×35
⑤ 이젝터 플레이트(상) = 200×108×13
⑥ 이젝터 플레이트(하) = 200×108×15
⑦ 가이드 핀 = ø20×58
⑨ 가이드 부시 = ø20×29
⑩ 스페이스 블록 = 35×200×60
⑪ 리턴 핀 = ø12×105

8) 러너 및 게이트 치수

(1) 러너치수(D)

$D = 0.2654 \sqrt{W} \sqrt[4]{L}$ 식에서

  D: 러너직경, W: 성형품 중량(≒4.3g), L: 러너길이(≒2.8cm)

$D = 0.2654 \sqrt{4.3} \sqrt[4]{2.8} = 0.712 ≒ 6(mm)$

(2) 표준게이트의 치수

게이트 높이(h)=n×T, 게이트 폭 $(W) = \dfrac{n \times \sqrt{A}}{30}$ 식에서

h: 게이트 높이 W:게이트 폭 n: 수지상수(ABS=0.8)
T: 성형품 살 두께 A: 성형품 표면적
T=2.5mm, n=0.8 A≒2100mm² W: 게이트 폭을 구하는 방법은

① h=0.8×2.5=2
② $W = \dfrac{0.8\sqrt{2100}}{30} = 1.22$

③ ①②에서 게이트 단면적=h×W=2×1.22=2.44를 일정하게 놓고 h:W=1:3의 비율이 되게 h, W를 보정하여 h=1mm, W=2.5mm로 설정하고 게이트 랜드는 수정 가능하도록 L=2.5mm로 한다.

표 3.1.2 수지상수

재 료 명	수지상수(n)
PS, PE	0.6
POM, PC, PP	0.7
PVAC, PMMA, PA	0.8
PVC	0.9

9) 유의사항
(1) 부품리스트는 정확히 작성한다.
 - 고정측설치판: 230×200×20, SM50C, 1개, HB123~235
 - 고정측형판: 180×200×30, SM50C, 1개, HB 183~235
 - 가동측형판: 180×200×30, SM50C, 1개, HB 183~235
 - 받침판: 180×200×35, SM50C, 1개, HB 183~235
 - 스페이스 블록: 35×200×60, SM50C, 2개, HB 123~235
 - 이젝터 플레이트(상): 108×200×13 ,SM50C, 1개, HB 123~235
 - 이젝터 플레이트(하): 108×200×15, SM50C, 1개, HB 123~235
 - 가동측설치판: 230×200×20, SM25C, 1개, HB 123~235
 - 가이드 A형: ø20×58, STS3, 4개,HRC 55이상
 - 가이드부시 A형: ø20×29, STS3, 4개,HRC 55이상
 - 리턴 핀: ø12×92, STS3, 4개, HRC 55이상
 - 볼트(고정측): M12×20, SM20C, 4개
 - 볼트(가동측): M12×115, SM20C, 4개
 - 볼트(이젝터 플레이트): M6×15, SM20C, 4개
 - 캐비티 코어: 60.0×40.00×30.00, SKD11 2개, HRC 50이상
 - 하 코어 : 60.0×40.00×42.58, SKD11, 2개, HRC60~62
 - 로케이팅링: ø100×15, SM50C, 1개, HB183~235
 - 스프루 부시: ø14×52, SM50C, 1개, HB183~235
 - 밀핀: ø3×157.58, STS3, 8개, HRC 55이상
   - 스프루로크핀: ø6×98, STS3, 1개, HRC 55이상
 - 스프링: ø25×62, SWF, 4개
 - 스톱핀: ø8, SM25DC, 4개

(2) 설계제도 시간은 12시간
(3) 숫자적인 데이터 값은 책의 자료를 활용한다.

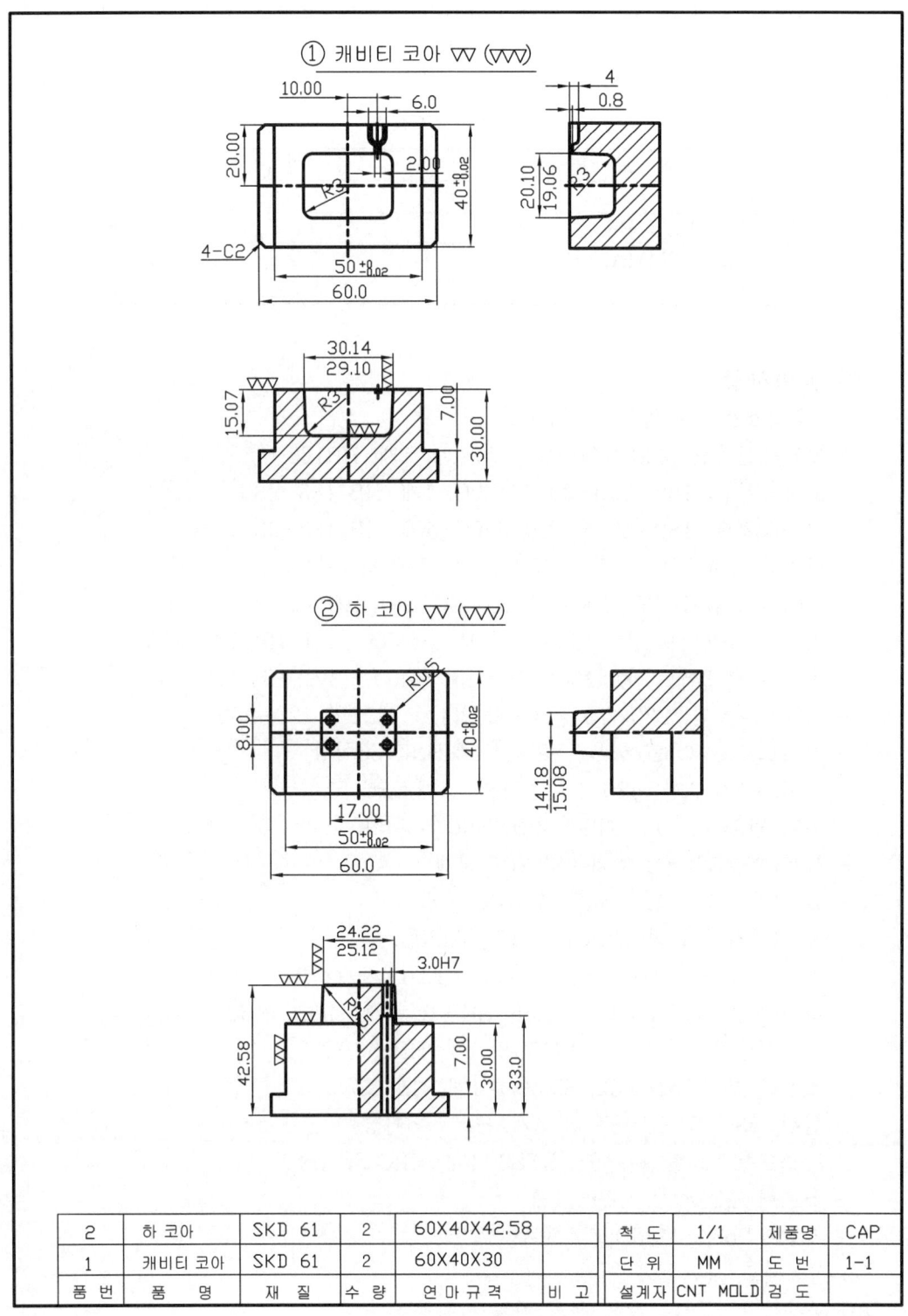

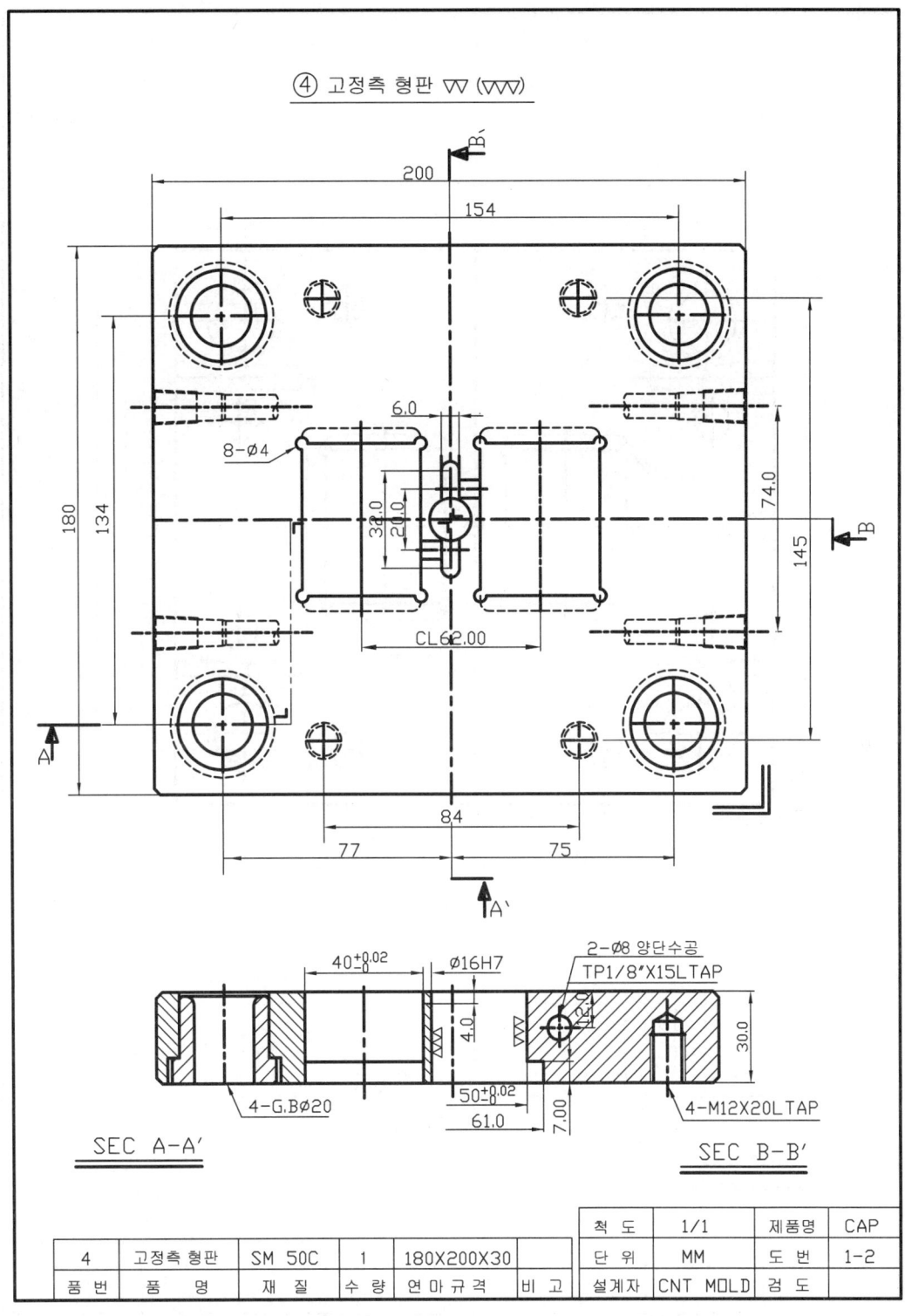

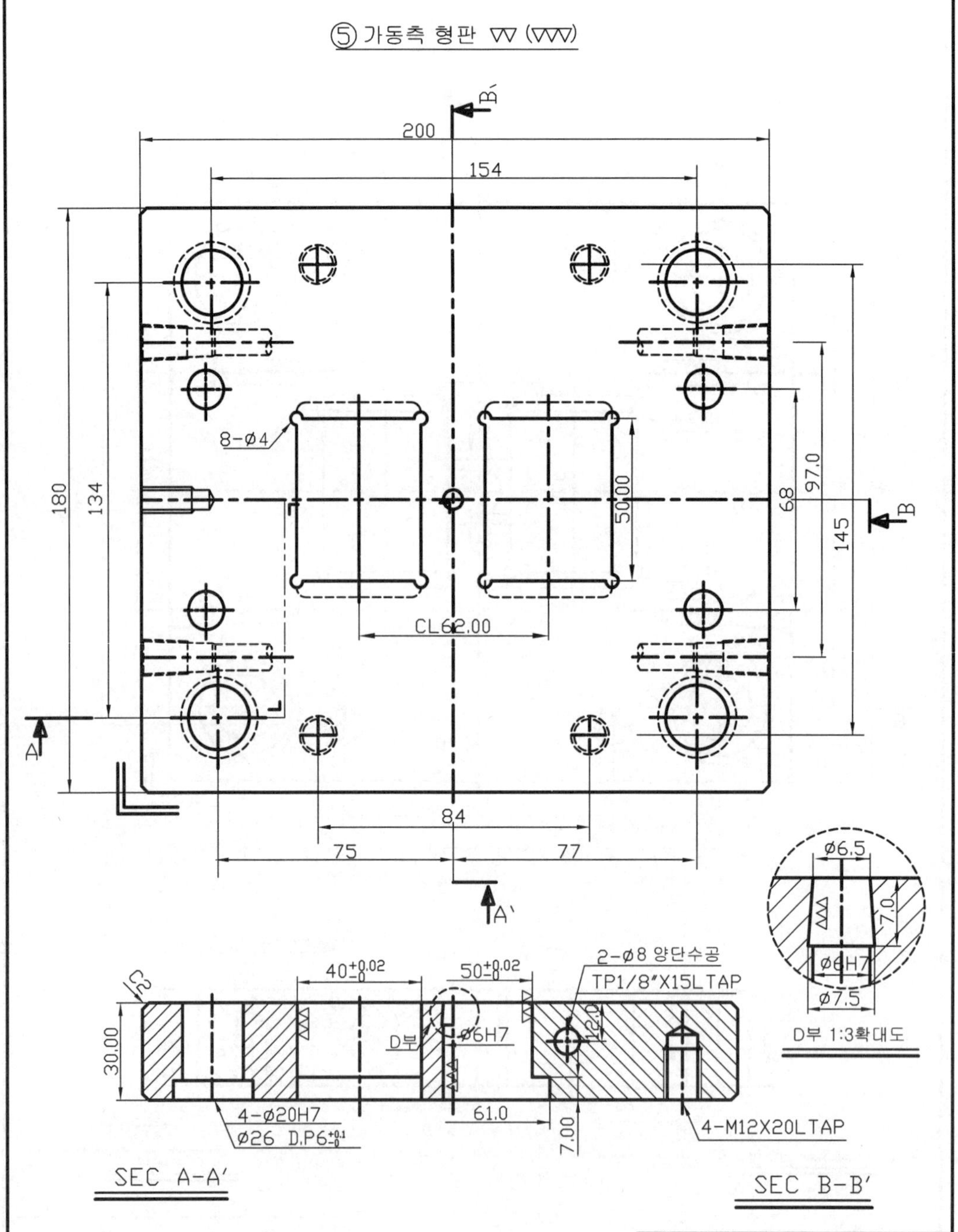

						척 도	1/1	제품명	CAP
5	가동측 형판	SM 50C	1	180X200X30		단 위	MM	도 번	1-3
품 번	품 명	재 질	수 량	연 마 규 격	비 고	설계자	CNT MOLD	검 도	

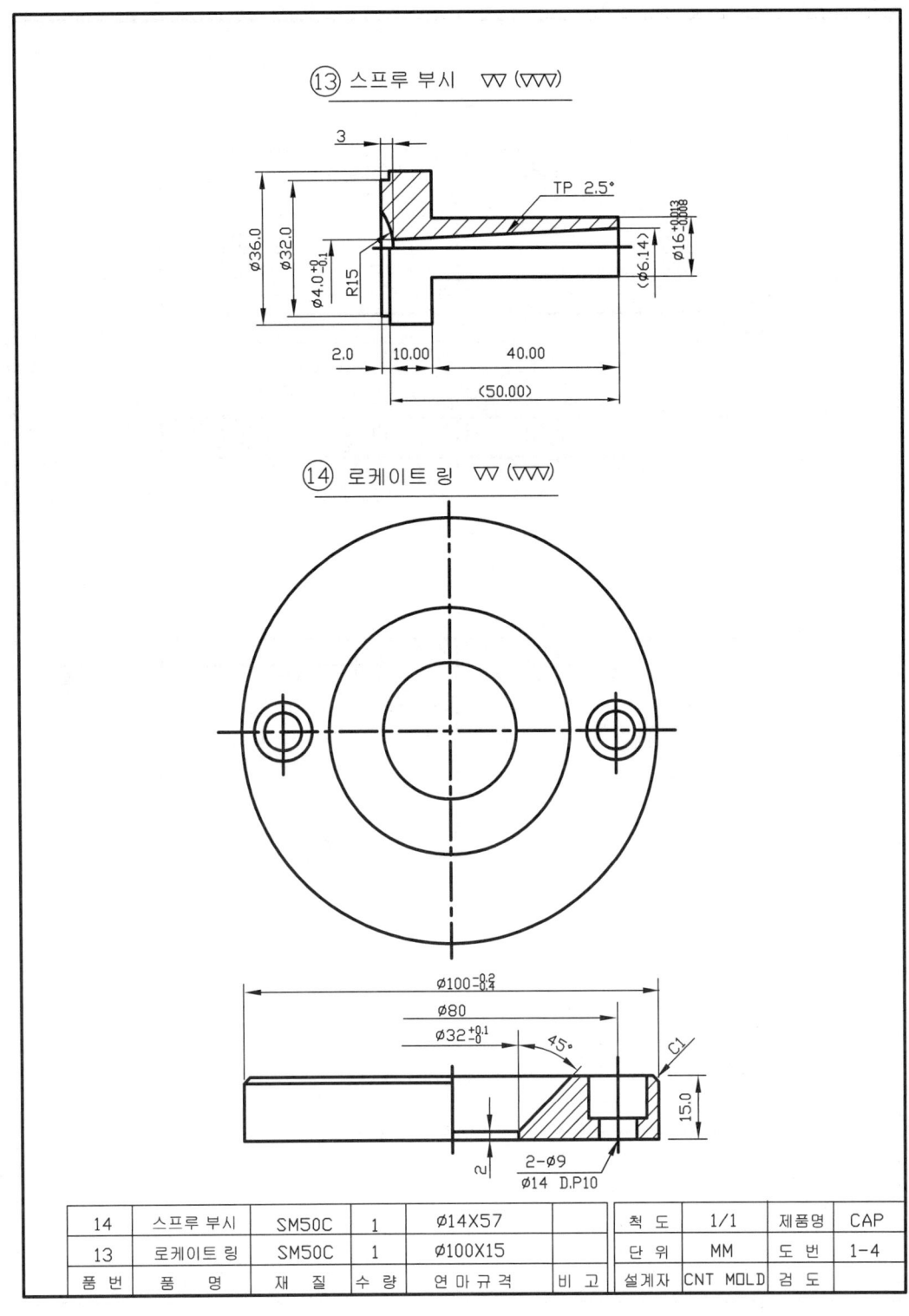

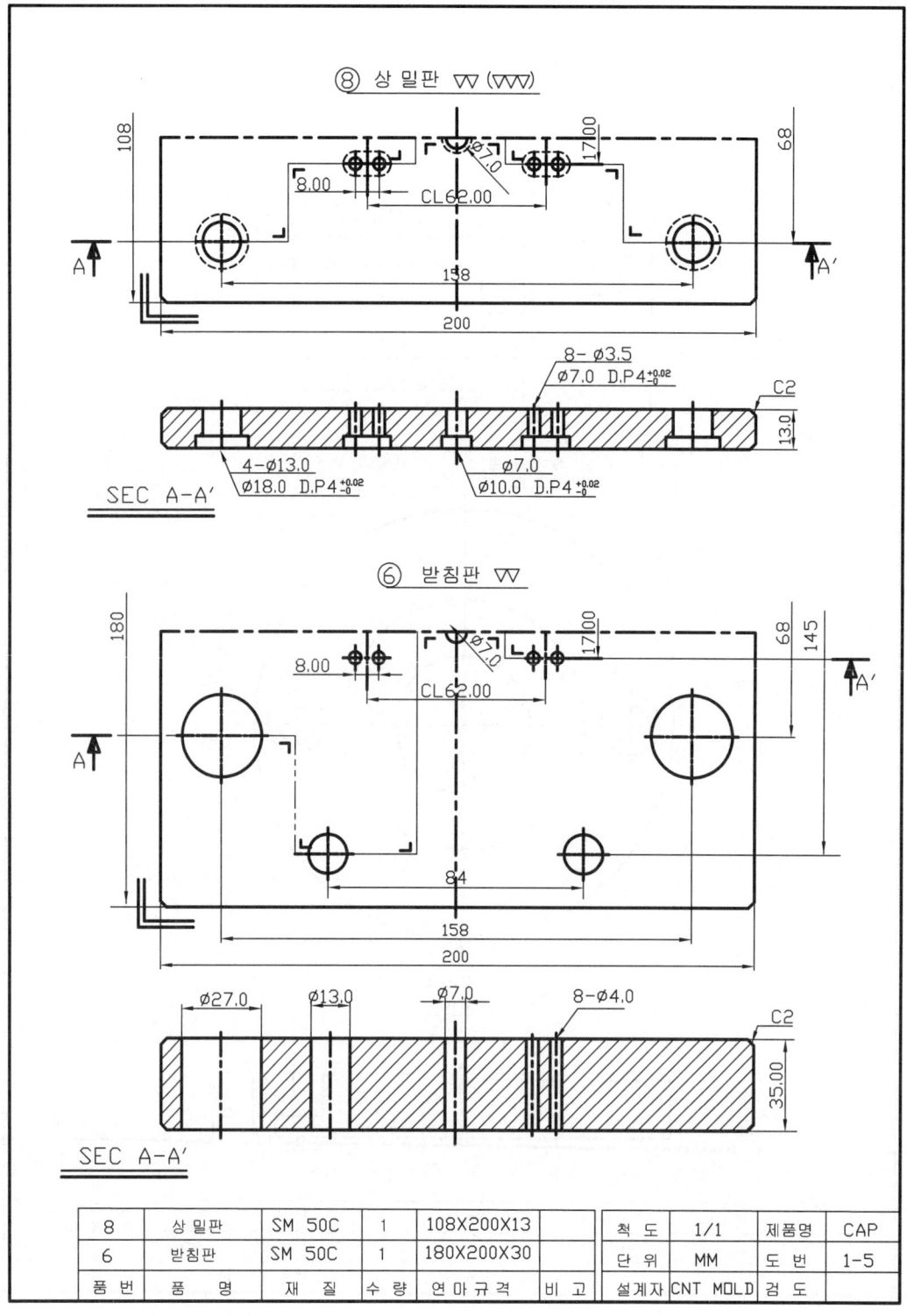

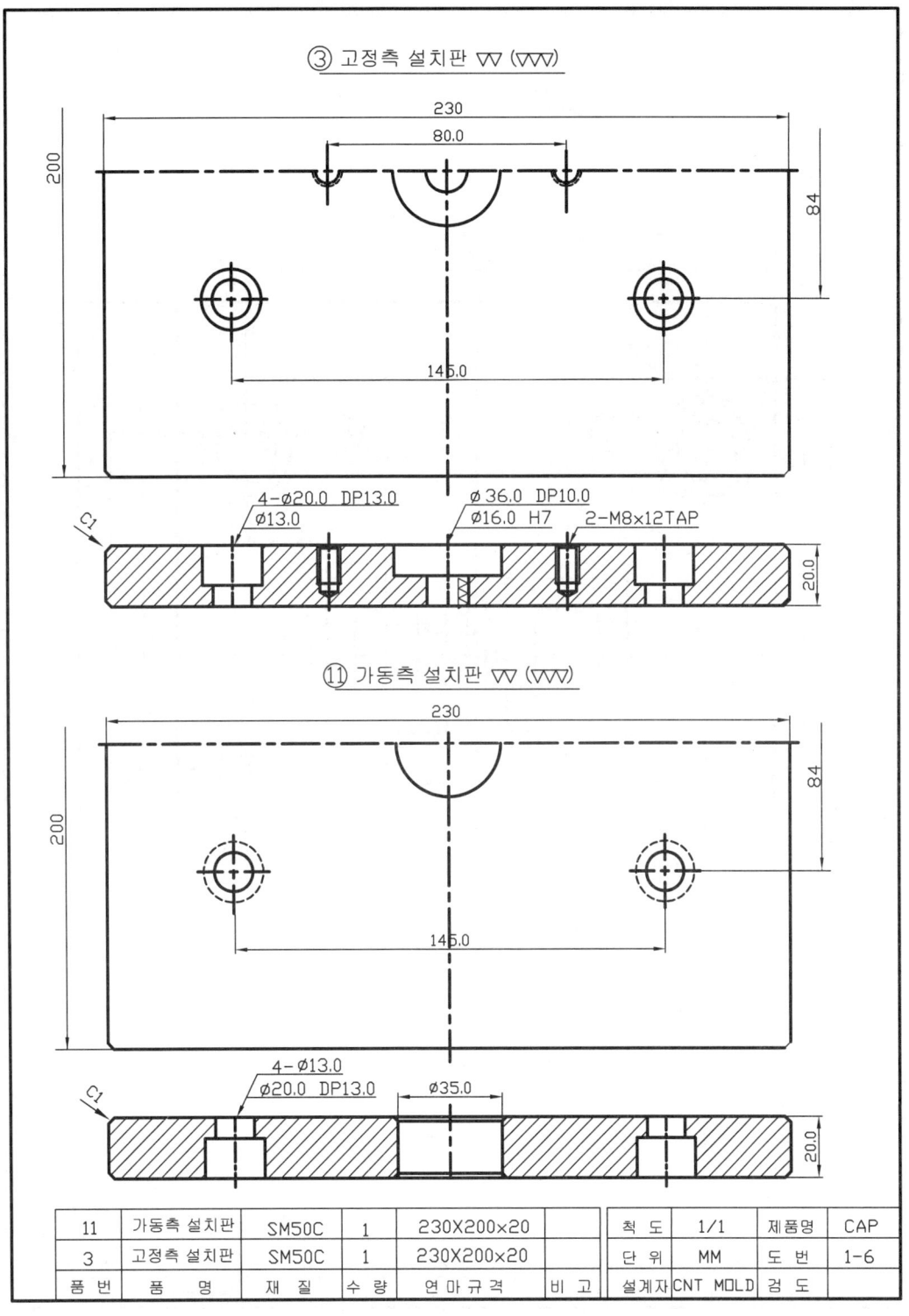

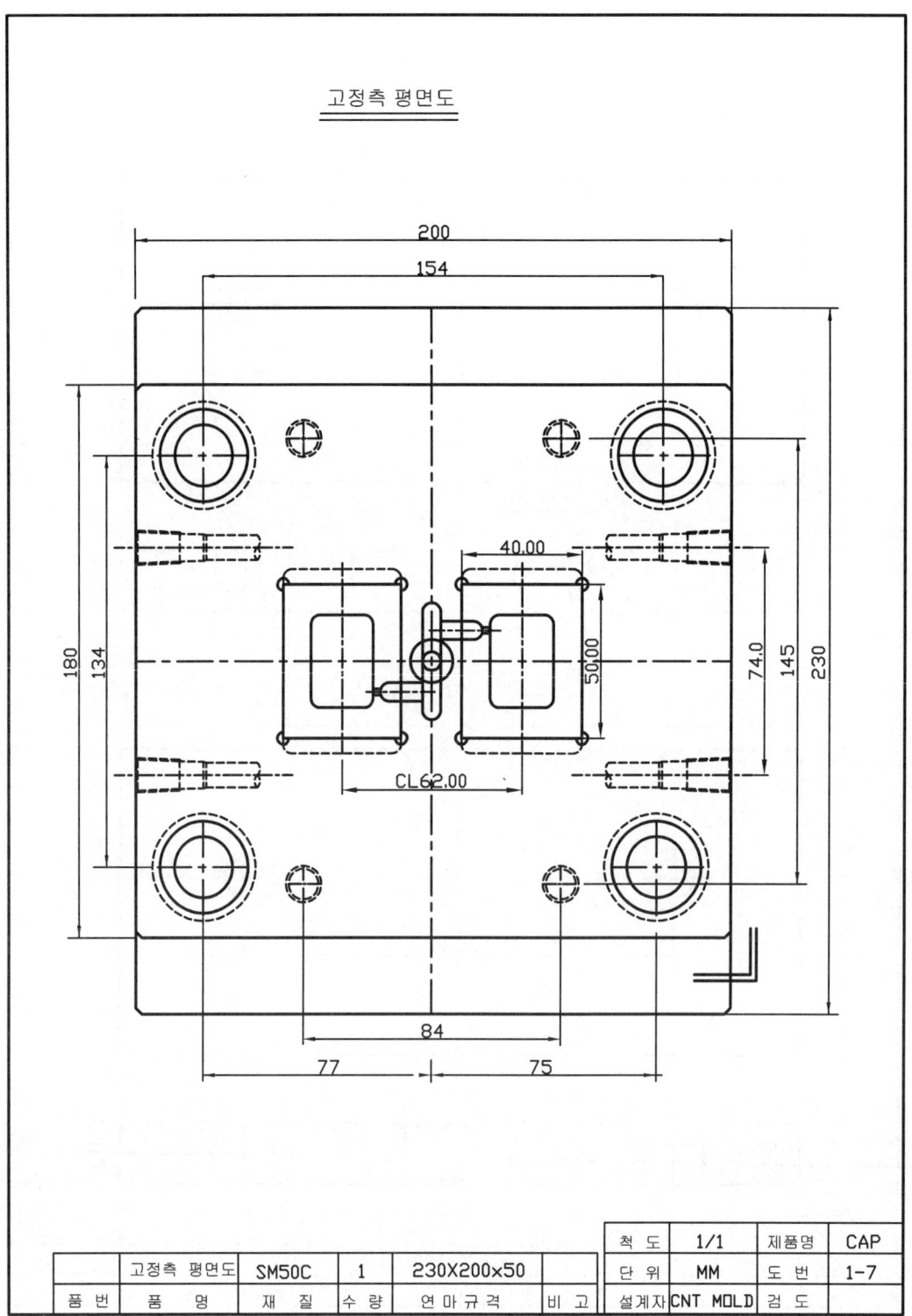

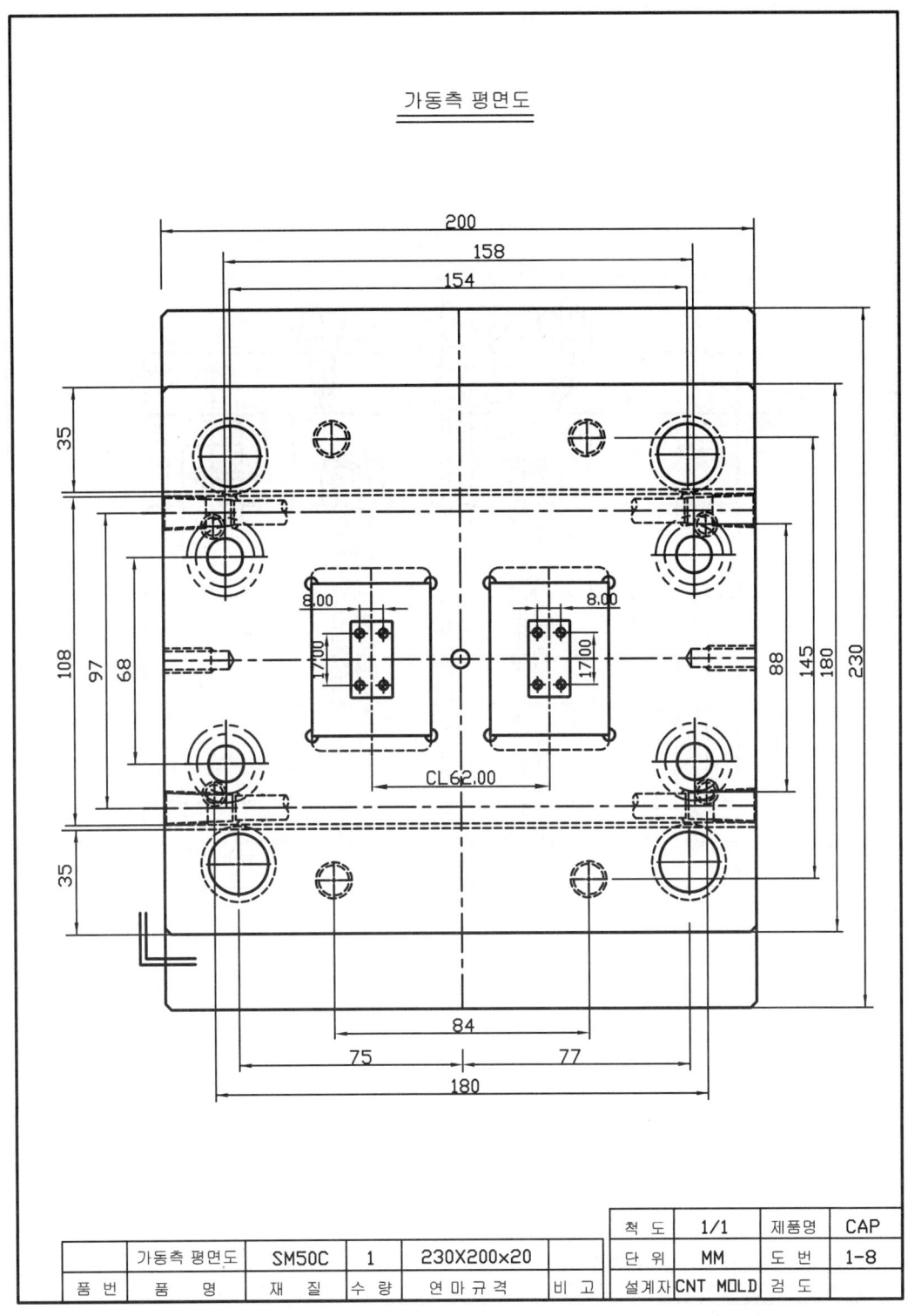

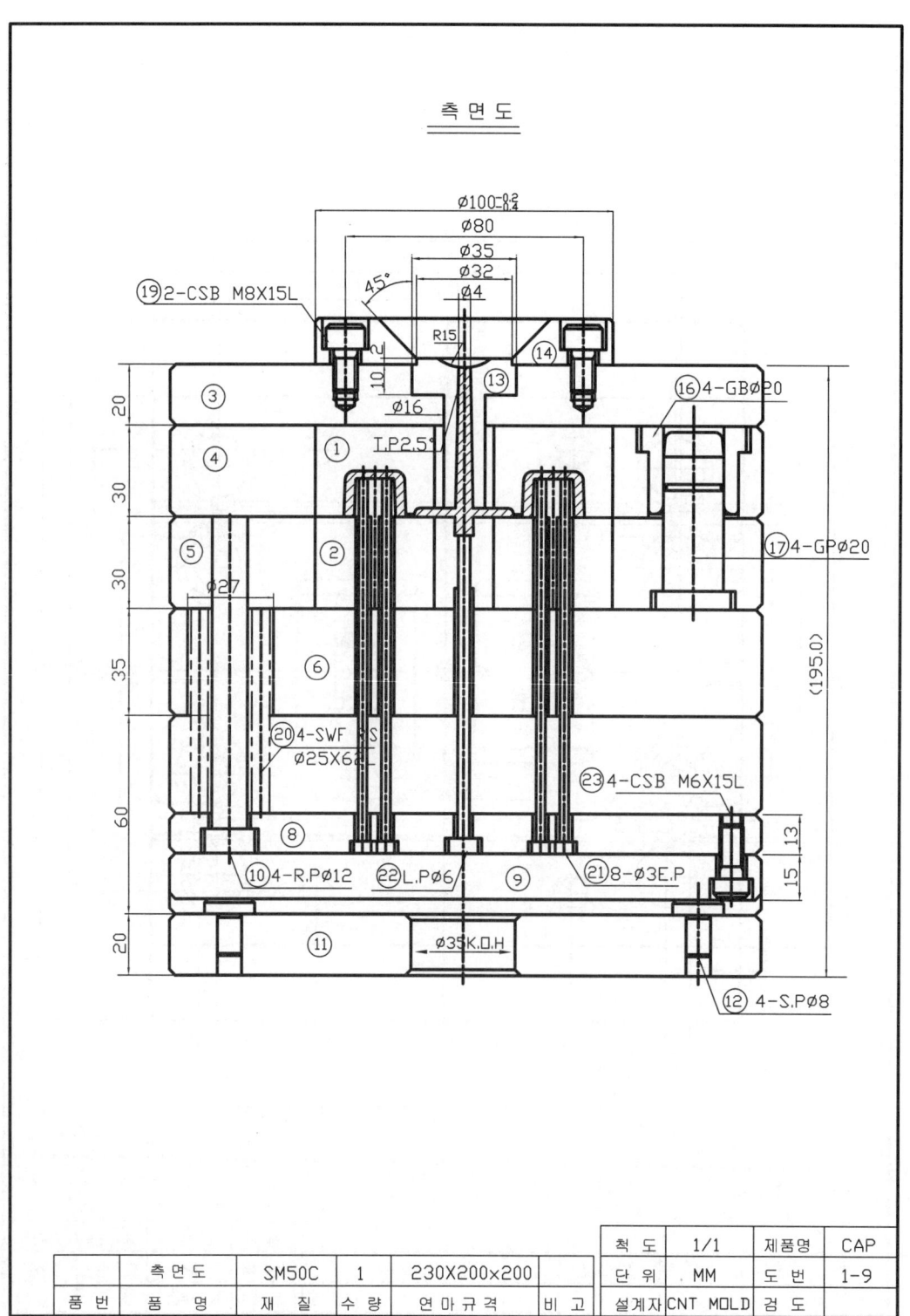

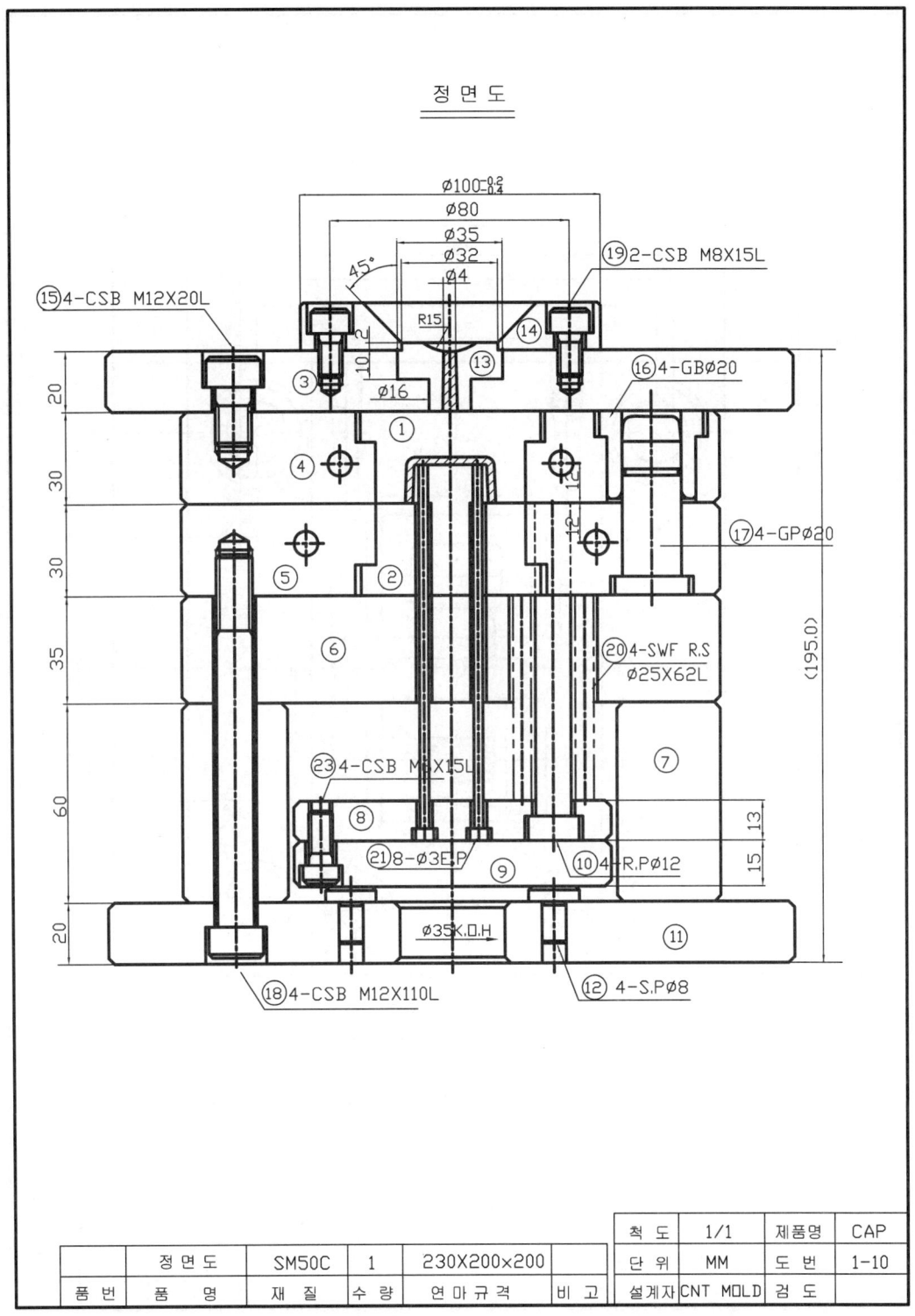

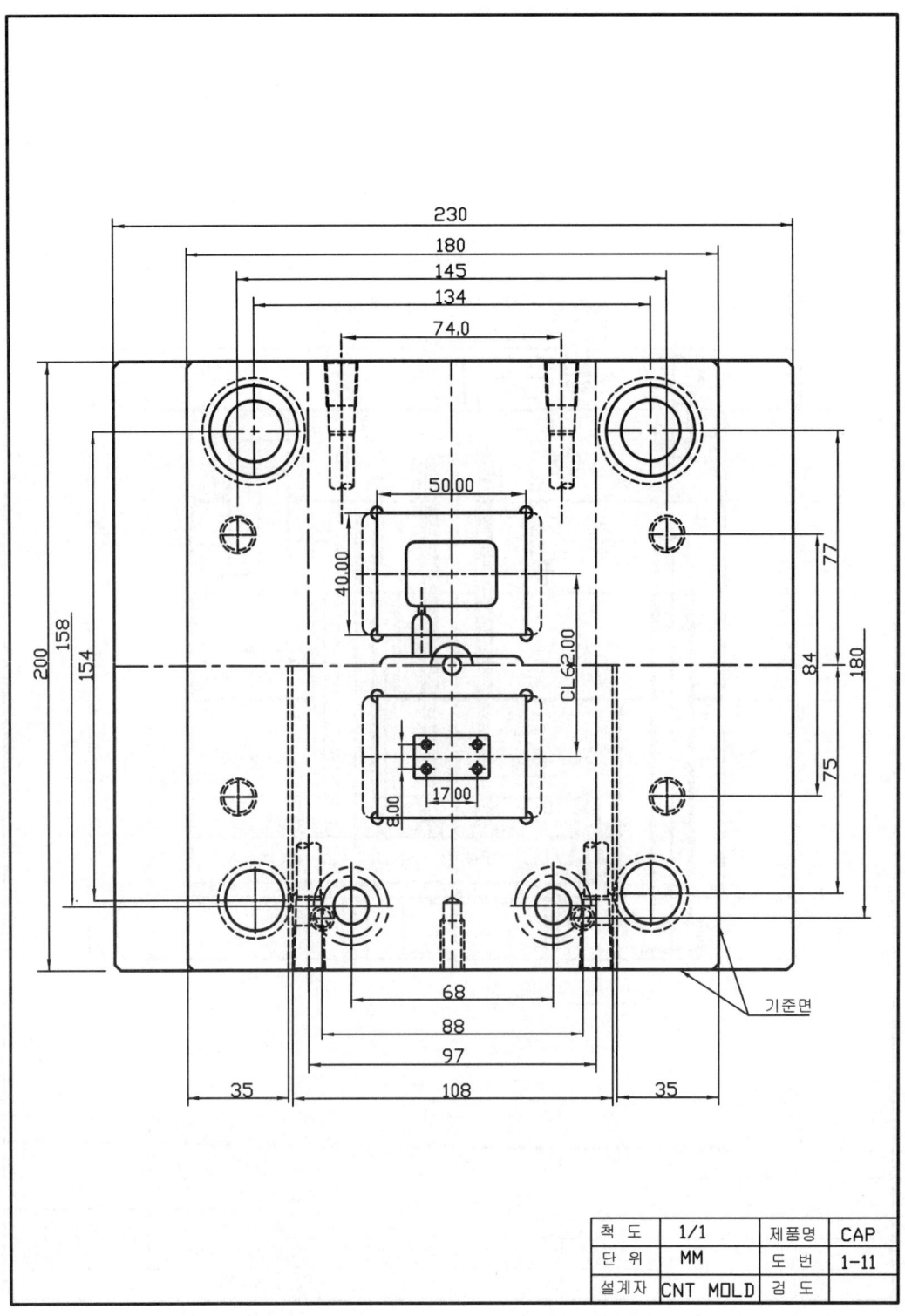

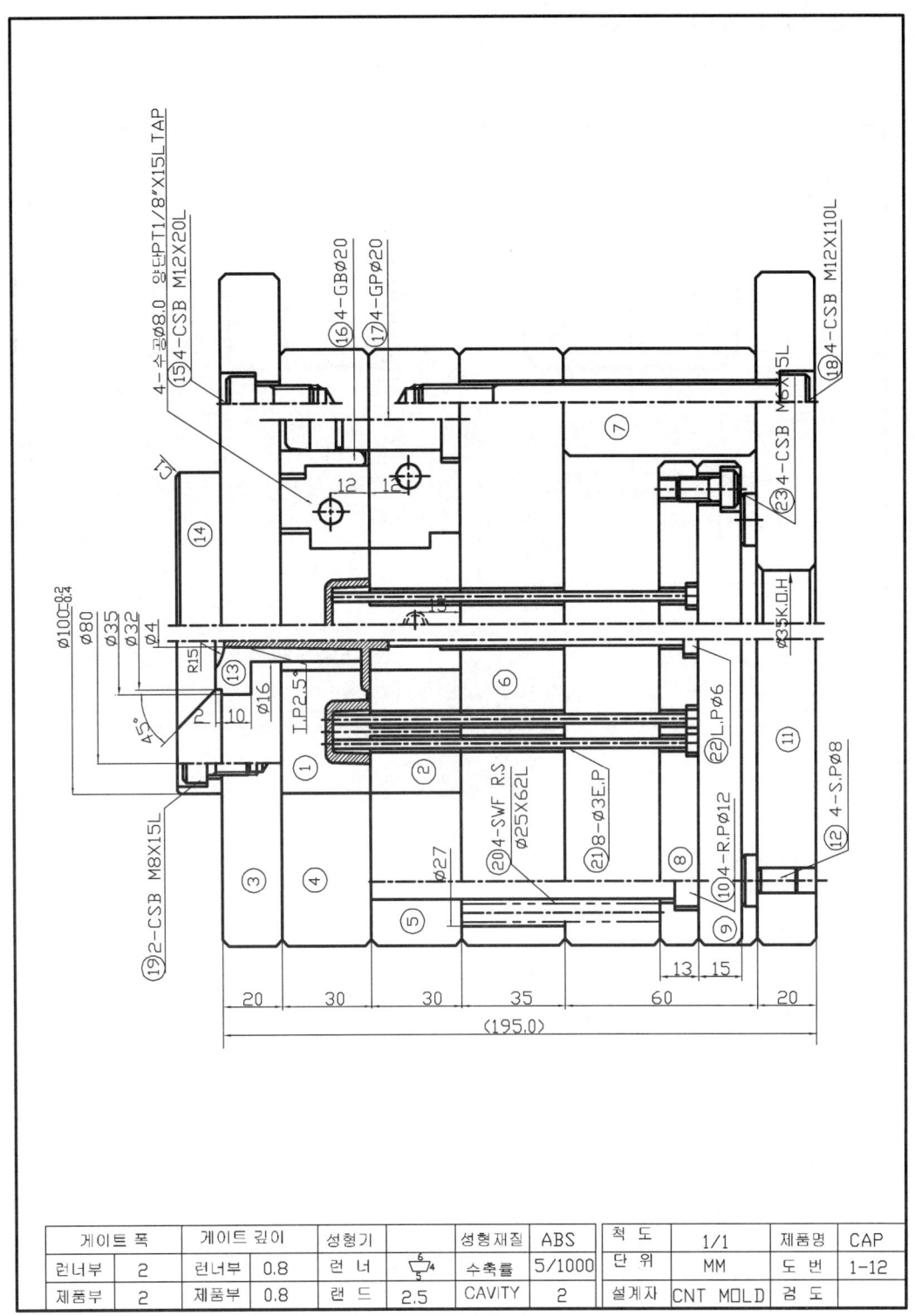

3.2. 터널 게이트형 금형설계

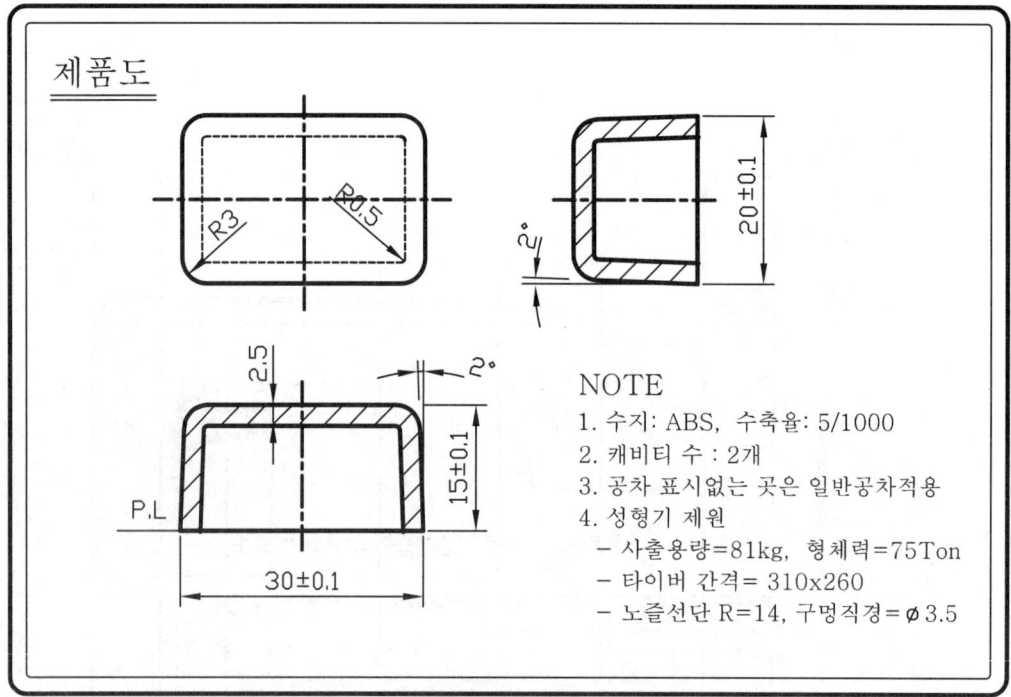

1) 금형형식 설정

(1) 터널 게이트를 적용한다.
(2) 성형품 밀어내기 기구는 스트리퍼 플레이트를 사용한다.
(3) 캐비티 코어 및 하 코어는 인서트 형으로 한다.
(4) 받침판이 있는 형으로 한다.
(5) 위항에 의하여 금형구조는 고정측설치판, 고정측형판, 스트리퍼 플레이트 가동 측형판, 받침판, 스페이스블록, 가동측설치판이 있는 금형구조(C형)로 한다.(그림 3.2.1)
* 그림 3.2.1은 몰드베이스구조(B형)를 표시하며 h_1, h_2,⋯ , A, B 등 문자를 표시 한 것은 다음에 전개되는 식들을 간결하게 하기 위한 것이다.

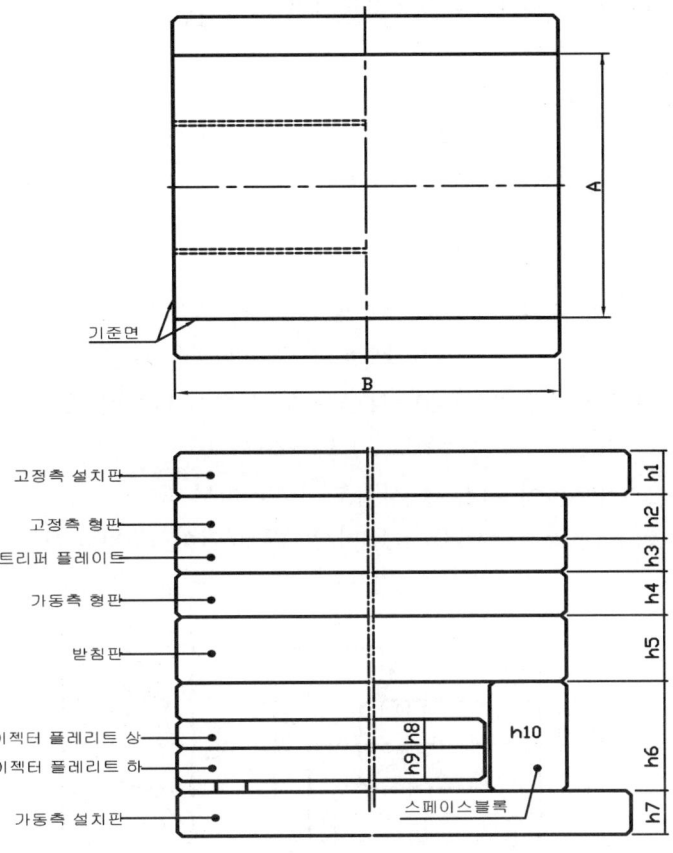

그림 3.2.1 몰드베이스 조립도 배치

2) 캐비티 코어 및 하 코어 치수

(1) 캐비티 코어의 성형부 치수

M=A×(1+S)   M: 금형치수   A: 제품치수   S: 수지의 수축률(5/1000)

① M_{30} = 30×(1+0.005)=30.15이므로 30.14로 보정
② M_{20} = 20×(1+0.005)=20.1이므로 20.10
③ M_{15} = 15×(1+0.005)=15.075이므로 15.07로 보정
   (이 경우 높이는 대칭이 아니므로 15.07이나 15.08로 정한다.)

(2) 캐비티 코어의 벽두께 (캐비티 코어는 일체형으로 한다.)

$$h = \sqrt[3]{\frac{cpa^4}{E\delta}}$$

h: 벽두께(mm)   E: 강의 영률 $2.1×10^6$ kg/cm²   p: 성형압력(kg/cm²)
δ: 허용 휨 량   a: 캐비티 코어깊이(mm)   c: ℓ/a의 상수

p=500kg/cm², a=15mm, δ=0.05mm이며 $l/a = \frac{30}{15}$ 일 때 c=0.111이므로

$$h = \sqrt[3]{\frac{0.111 \times 500 \times 15^4}{2.1 \times 10^6 \times 0.05}} = 2.99(mm)$$

* 금형재료의 안전성을 고려하여 2.5배, 2.99×2.5=7.48로 체결 등을 고려하여 캐비티 두께는 12㎜로 설정한다(단, 볼트 체결 시에는 더 두껍게 한다).

(3) 캐비티 코어의 외관치수
   ① 캐비티 코어의 가로치수 = M_{30}의 성형치수 + 벽두께×2
                    = 30.14 + 12×2 = 54.14 ≒ 54 $^{\ 0}_{-0.02}$
   ② 캐비티 코어의 세로치수 = M_{20}의 성형부 치수 + 벽두께×2
                    = 20.10 + 12×2 = 44.10 ≒ 44 $^{\ 0}_{-0.02}$
   ③ 캐비티 코어의 높이 = M_{15}의 성형부 치수 + 바닥 두께
                    = 15.07 + 12이상 = 27.07이상 ≒ 30±0.01

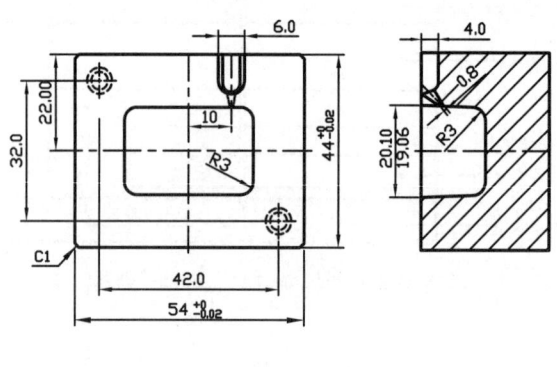

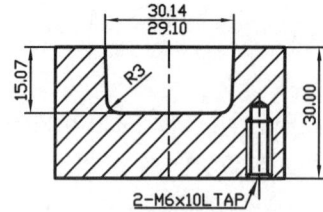

그림3.2.2 캐비티 코어

표 3.2.1 l/a의 정수 C값

l/a	C	l/a	C	l/a	C
1.0	0.044	1.5	0.084	2.0	0.111
1.1	0.053	1.6	0.090	3.0	0.134
1.2	0.062	1.7	0.096	4.0	0.140
1.3	0.070	1.8	0.102	5.0	0.142
1.4	0.078	1.9	0.106		

(4) 하 코어의 성형부 치수

   M=A×(1+S)

   ① M_{20-5} = 15×(1+0.005)=15.075을 15.08mm로 수정
   ② M_{30-5} = 25×(1+0.005)=25.125을 25.12mm로 수정
   ③ $M_{15-2.5}$ = 15×(1+0.005)−2.5=12.575을 12.58로 수정
   ※ ③의 경우, 식 (15−2.5)(1+0.005)=12.563은 코어 성형부 높이를 수정할 필요가 있을 때 수정하기가 어렵다.

(5) 하 코어의 치수

   ① 하 코어의 가로치수=$54_{-0.02}^{\ 0}$, 세로치수=$44_{-0.02}^{\ 0}$
      (캐비티 코어의 치수와 연관하여 정한다)
   ② 하 코어의 인서트부 높이(성형부를 제외한 높이)
      = 성형부 코어높이×(2~3)=12.58×(2~3)=25.16~37.74≒30mm
   ③ 하 코어의 높이 = 코어 성형부의 높이+스트리퍼 플레이트 높이
                      +하 코어 인서트부의 높이
              = 12.58+15+30=57.58mm
   ④ 하 코어의 턱 외측치수 = 하 코어 가로치수+턱 량 = 54+5×2=64.0
      (턱 량은 코어 가로치수×(0.1~0.2)정도 적용한다.)
   ⑤ 하 코어의 턱 높이= $7_{-0}^{+0.02}$

(6) 빼내기 구배량

   S=h×tanθ   S: 구배 량   h: 구배높이   θ: 구배각도

   ① 캐비티 코어의 성형부 테이퍼 량
      = 캐비티 깊이×tanθ×2 =15.07×tan2°×2=1.05≒1.04mm
   ② 하 코어의 성형부 테이퍼 량
      = 코어 성형부 높이×tanθ×2=12.58 ×tan2°×2=0.88≒0.90mm

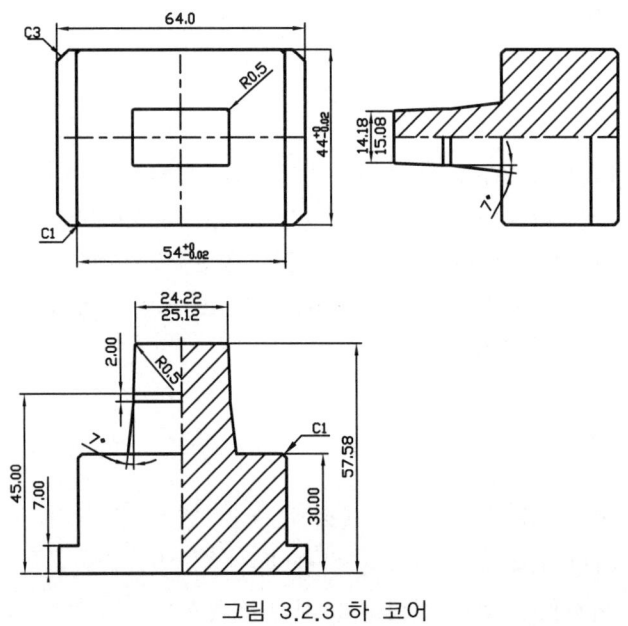

그림 3.2.3 하 코어

3) 형판크기(A× B)
(1) 스프루 부시 치수(øD)

　　h_1= 20mm,　h_2= 30mm,　스프루 데이퍼 각=2.5°,

　　스프루 부시 입구경 =ø4mm일 때

　øD=스프루 부시 입구직경+스프루 부시 출구 경

　　+스프루 부시 출구부의 벽두께 ×2

　=스프루 부시 입구직경+(h_1+h_2)×tan2.5°+스프루 부시 출구부의 벽두께×2

　= 4+(20+30)×tan2.5°+(3×2)=12.18을 16mm로 한다.

(2) 스프루 부시와 캐비티 코어의 간격을 3mm이상으로 한다.

(3) 형판크기(A×B)

① A치수

　= 캐비티 코어 가로치수+ 캐비티 코어 외측부터 형판측면까지의 거리 ×2

　= 54+50×2=154를 표준규격 180mm로 한다.

　　(캐비티 코어 외측부터 형판측면까지 거리를 50mm하면 가이드핀과
　　리턴핀 사이로 냉각수 구멍가공이 용이하다.)

② B치수

　= 스프루 부시 호칭치수+ 스프루 부시와 캐비티 코어의 간격×2+ 캐비티 코어
　　세로치수×2+ 캐비티 코어 외측부터 형판측면까지의 거리×2

　= 16+(3×2)+(44×2)+(50×2)=210mm를 200mm로 설정한다.

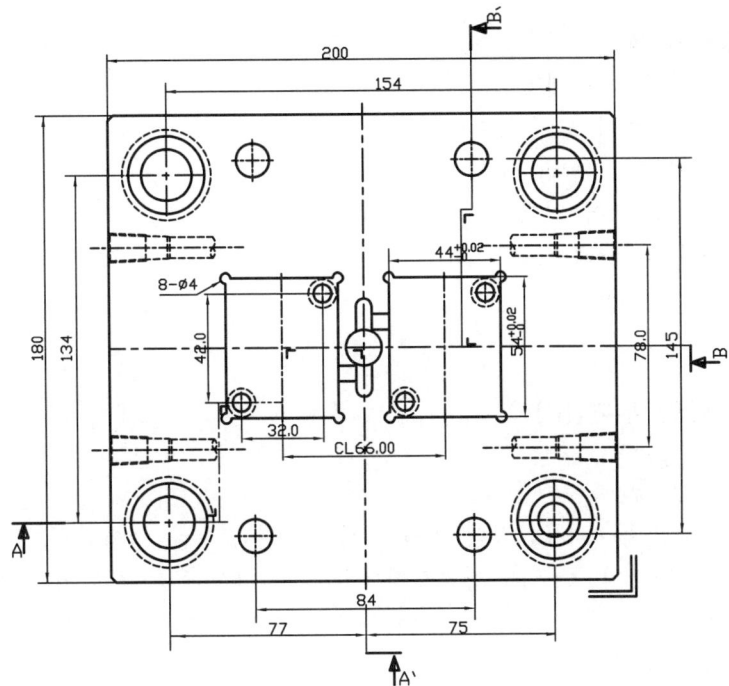

그림 3.2.4 고정측 평면도

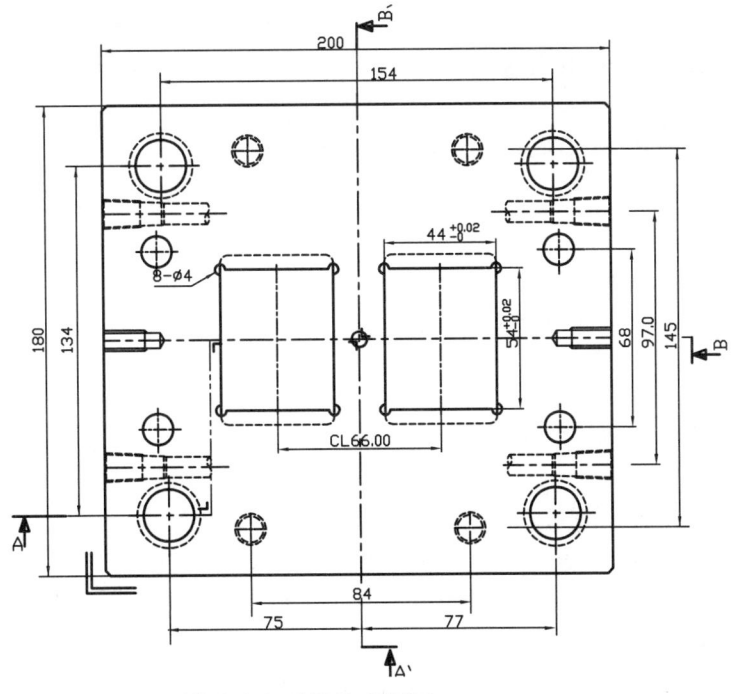

그림 3.2.5 가동측 평면도

4) 형판두께
① 고정측형판 두께(h_2)
h_2= 캐비티 코어 높이= 30mm
② 가동측형판 두께(h_4)
h_4= 하 코어 인서트부의 높이= 30mm
③ 스트리퍼 플레이트 두께(h_3)
h_3= 15mm

5) 받침판 두께(h_4)

$$h = \sqrt[3]{\frac{5pbL^4}{32EB\delta}}$$

h: 받침판 두께, E: 강의 영률 2.1×10^6kg/㎠, p: 성형압력, δ: 허용함량
b: 투명면적의 폭, B: 형판길이, L: 스페이서 블록 사이의 간격,
p= 500kg/㎠, b= 30mm, L= 110mm, B= 200mm, δ= 0.05mm,
E= 2.1×10^6kg/㎠

(1) h_4= h+ 받침판 보정 값(10mm정도)

$$= \sqrt[3]{\frac{5 \times 500 \times 30 \times 110^4}{32 \times 2.1 \times 10^6 \times 200 \times 0.05}} + 10 = 25.375 + 10 ≒ 35mm$$

6) 스페이스 블록높이(h_5)
① 하 코어 성형부 높이(ℓ_1)= 12.58
② 성형품 밀어내기 길이(ℓ_2)= ℓ_1+여유길이(ℓ_3)
   = 12.58+(5~10)=18~23≒20
③ h_5= ℓ_2+이젝터 플레이트(상·하)두께(h_8+h_9)+스톱핀 높이(h_{10})
   = 20+(13+15)+5= 53 ≒ 60mm
   (스페이스 블록높이 표준화규격은 60mm부터 10mm 단위로 커진다.)

7) 몰드 베이스 각 부품 치수
몰드 베이스 180×200규격과 h_2, h_3, h_4, h_5 치수에 의하여 결정되는 다음 부품의 치수는 표준화 규격을 이용한다.
① 고정측설치판 = 가동측설치판 = 230×200×20
② 고정측형판 = 가동측형판 = 180×200×30
③ 밭침판 = 180×200×35
④ 이젝터 플레이트(상) = 200×108×13

⑤ 이젝터 플레이트(하) =200×108×15
⑥ 가이드핀 = ø20×58
⑦ 가이드 부시 = ø20×29
⑧ 스페이서 블록 = 35×200×60
⑨ 리턴핀 = ø12×105

8) 러너 및 게이트 치수
(1) 러너치수(D)

$D = 0.2654\sqrt{W}\sqrt[4]{L}$ 식에서

$D = 0.2654\sqrt{4.3}\sqrt[4]{2} = 0.65 ≒ 6(mm)$

 D: 러너직경, W: 성형품 중량(≒4.3g), L: 러너 길이(≒2cm)

$D = 0.2654\sqrt{4.3}\sqrt[4]{2} = 0.65 ≒ 6(mm)$

(2) 터널게이트의 치수

 n: 수지상수(ABS=0.8)   A: 성형품 표면적(≒2100mm^2) 살 두께가 2.5mm일 때 살 두께의 함수 C: 0.065

① PL면과 게이트 입구의 경사각은 25°~45°임으로 45°로 설정
② 터널부의 테이퍼는 15°~25°임으로 25°로 설정
③ 랜드는 일반적으로 0.8~1.2mm임으로 1.2설정
④ $d = n \times C \times \sqrt[4]{A} = 0.8 \times 0.065 \times \sqrt[4]{2100} = 0.35$을 0.4mm로 설정

표 3.2.2 수지상수

재 료 명	수지상수(n)
PS, PE	0.6
POM, PC, PP	0.7
PVAC, PMMA, PA	0.8
PVC	0.9

표 3.2.3 살 두께 함수

t	0.80	0.90	1.30	1.50	1.80	2.00	2.30	2.50
C	0.036	0.041	0.047	0.055	0.057	0.058	0.062	0.065

9) 유의사항

(1) 부품리스트는 정확히 작성한다.
 - 고정측설치판: 230×200×20, SM 50C, 1개, HB123~235
 - 고정측형판: 180×200×45, SM 50C, 1개, HB 183~235
 - 가동측형판: 180×200×30, SM 50C, 1개, HB 183~235
 - 받침판: 180×200×35, SM 50C, 1개, HB 183~235
 - 스페이스 블록: 35×200×60, SM 50C, 2개, HB 123~235
 - 이젝터 플레이트(상): 108×200×13 ,SM 50C, 1개, HB 123~235
 - 이젝터 플레이트(하): 108×200×15, SM 50C, 1개, HB 123~235
 - 가동측설치판: 230×200×20, SM25C, 1개, HB 123~235
 - 가이드핀 A형: ø20×88, STS 3, 4개,HRC 55이상
 - 가이드 부시 A형: ø20×44, STS 3, 4개,HRC 55이상
 - 리턴핀: ø12×105, STS 3, 4개, HRC 55이상
 - 볼트(고정측): M12×20, SM 20C, 4개
 - 볼트(가동측): M12×115, SM 20C, 4개
 - 볼트(이젝터 플레이트): M6×15, SM 20C, 4개
 - 캐비티 코어: 54.0×44.00×30.00, SKD 11 2개, HRC 50이상
 - 하 코어: 60.0×40.00×57.58, SKD 11, 2개, HRC60~62
 - 로케이팅링: ø100×15, SM 50C, 1개, HB183~235
 - 스프루 부시: ø14×67, SM 50C, 1개, HB183~235
 - 러너로크핀: ø6×48, STS 3, 1개, HRC 55이상
 - 스프링: ø25×62, SWF, 4개
 - 스톱핀: ø8, SM 25C, 4개

(2) 설계제도 시간은 12시간

(3) 숫자적인 데이터 값은 책의 자료를 활용한다.

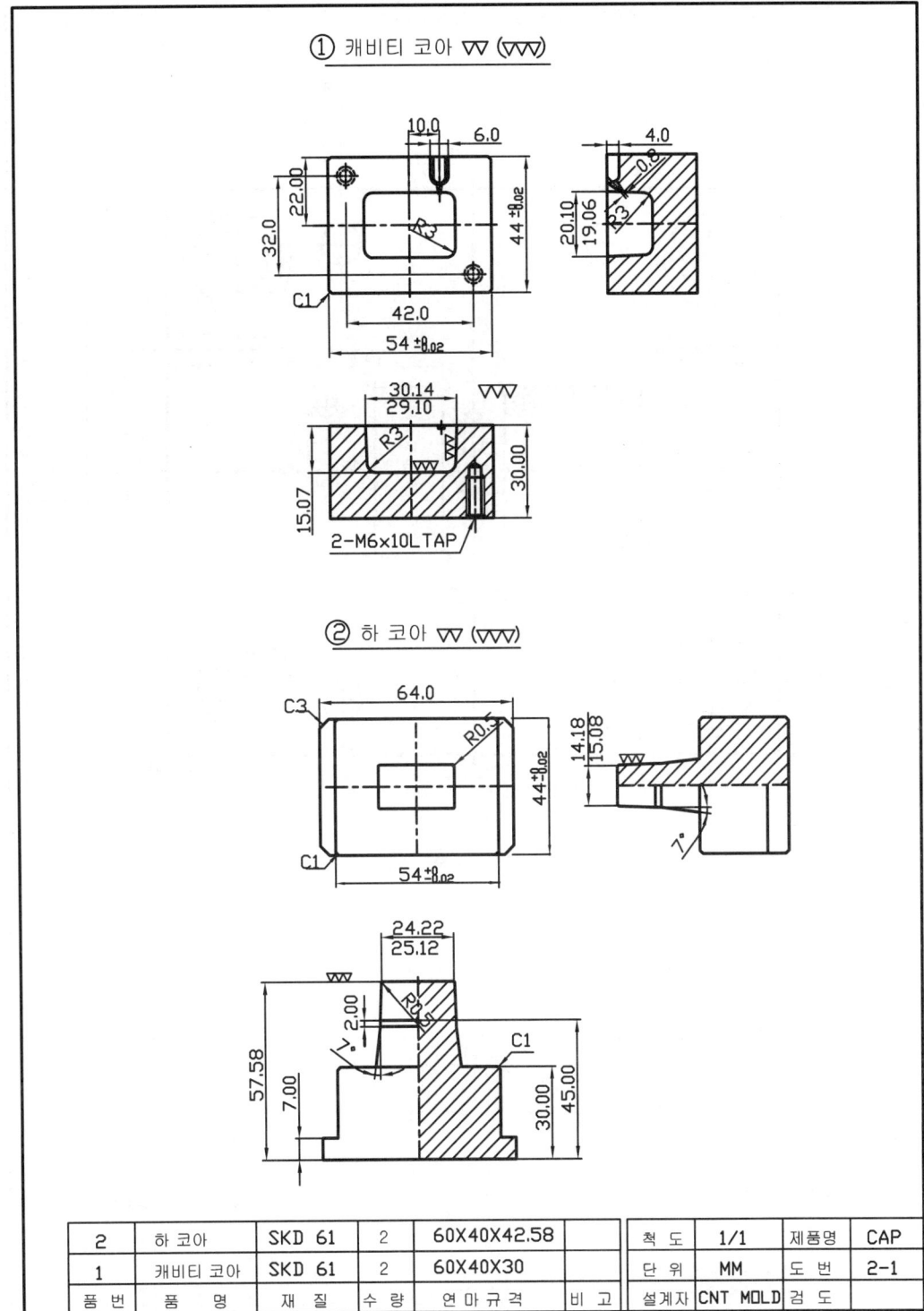

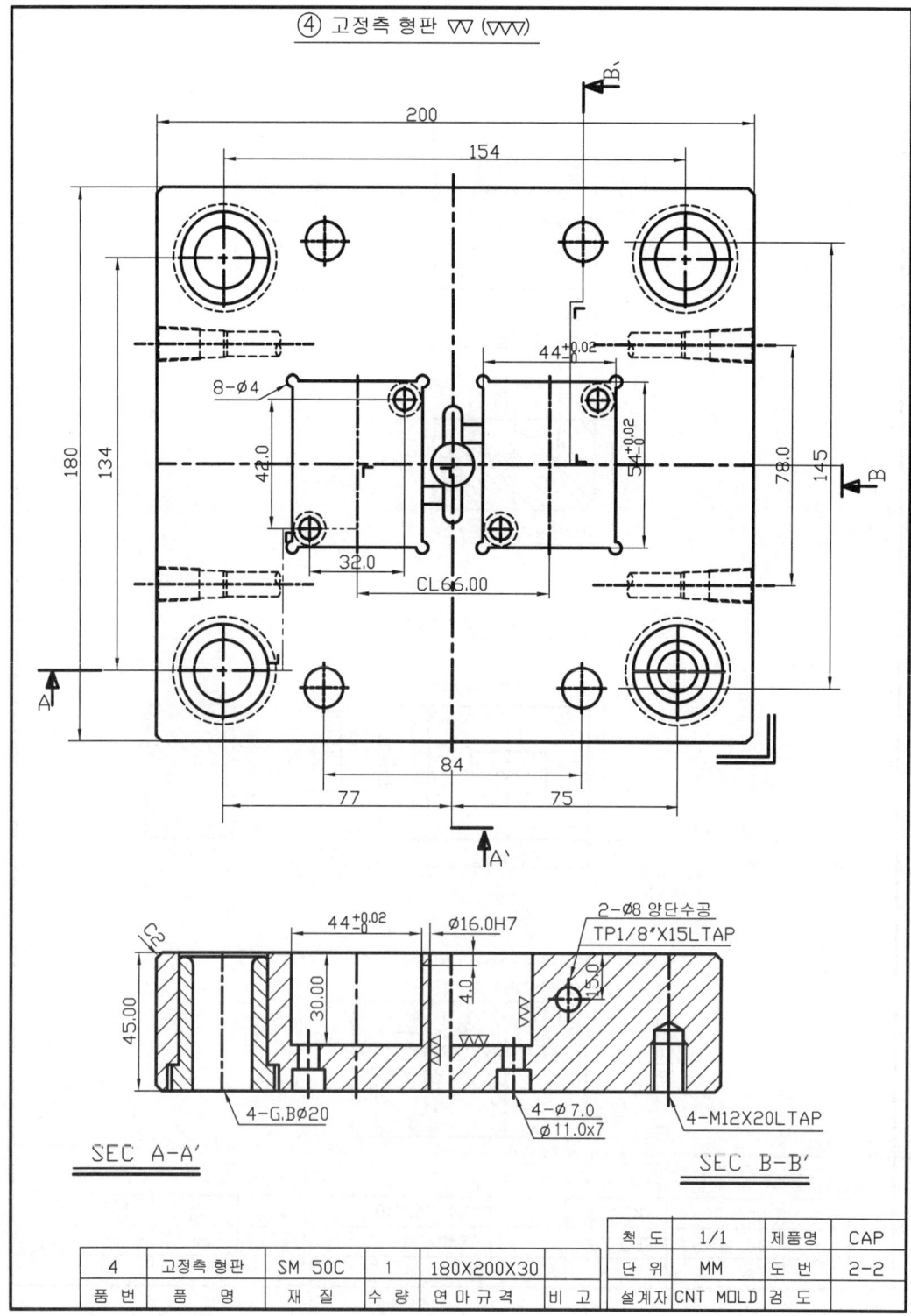

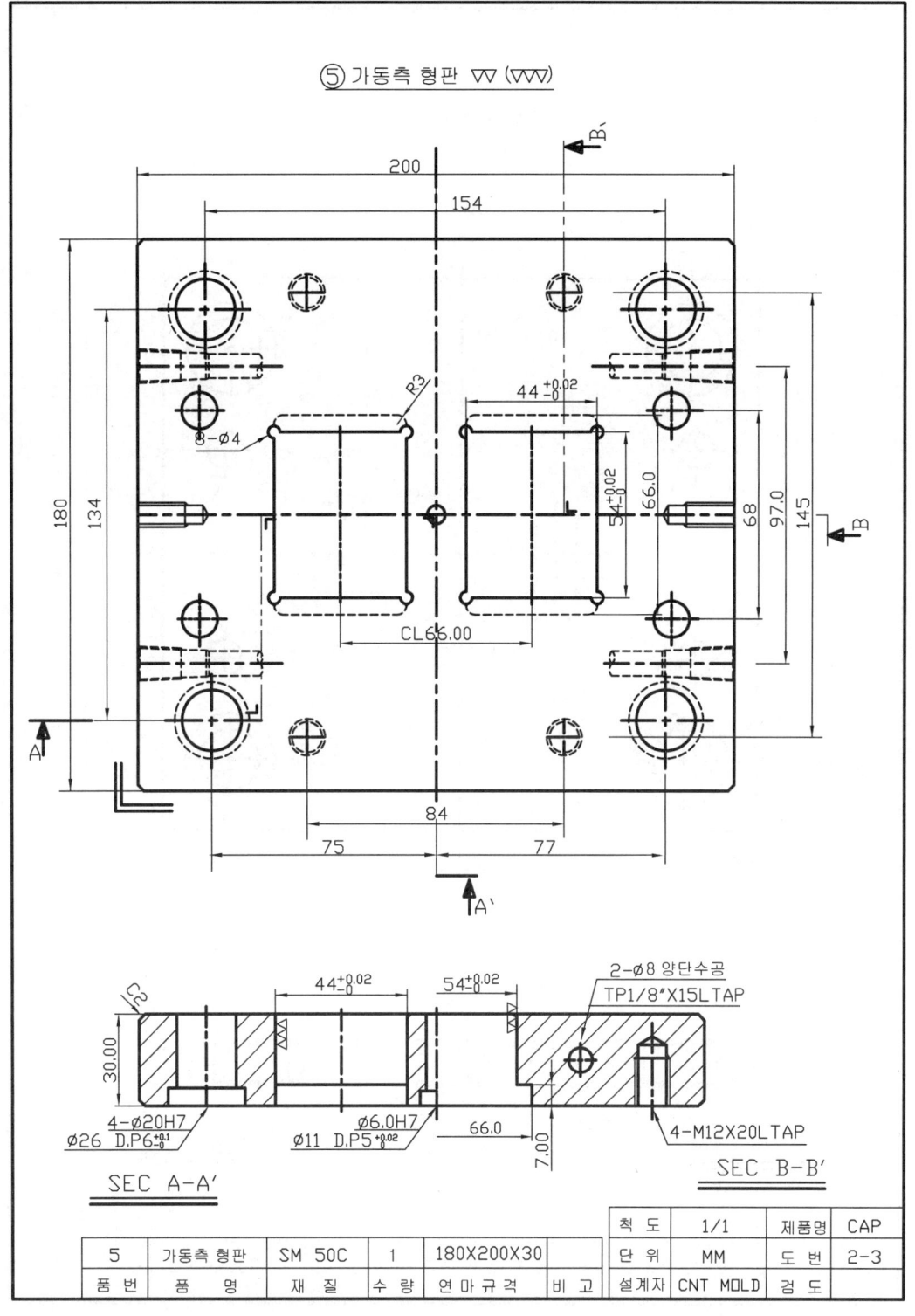

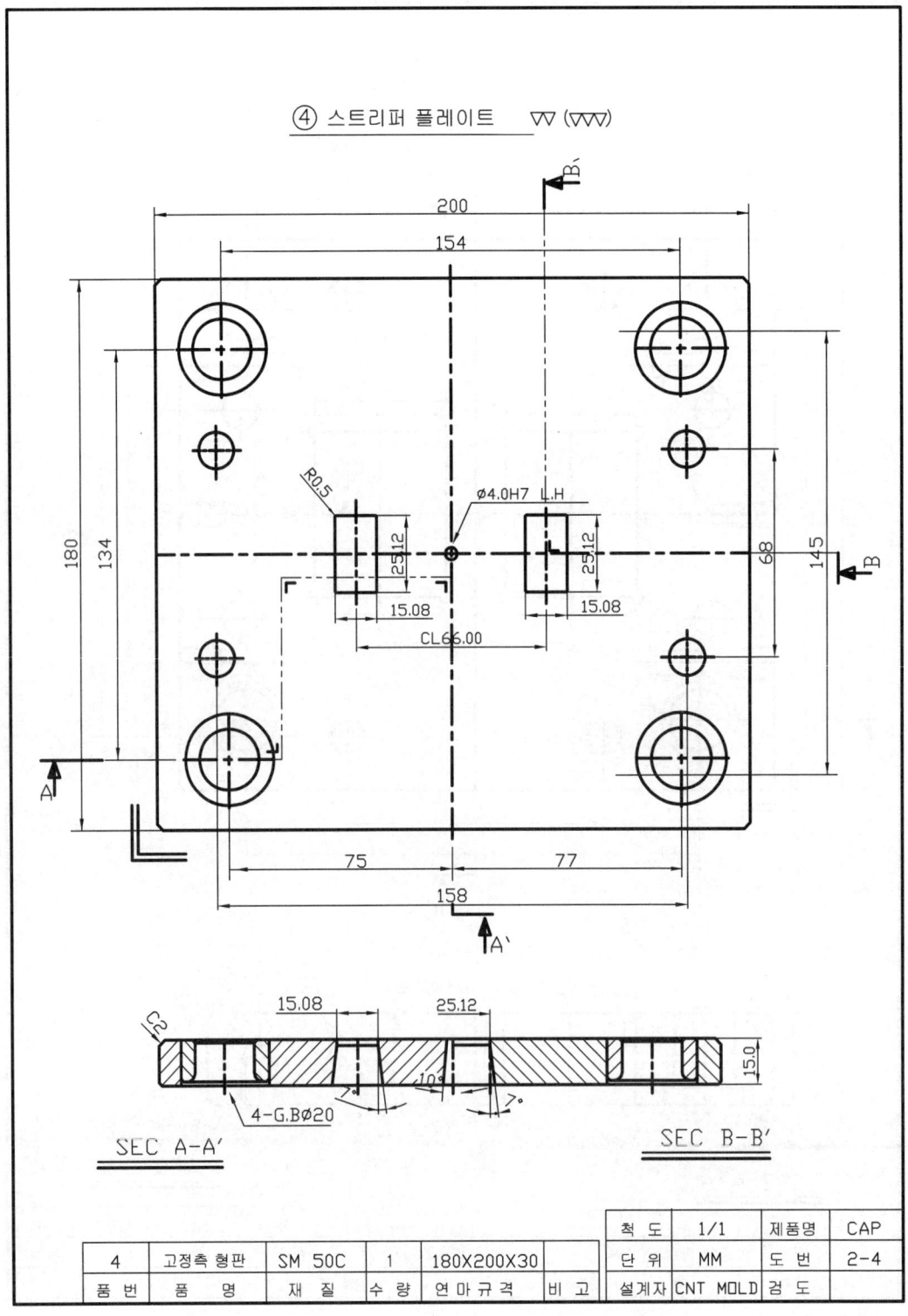

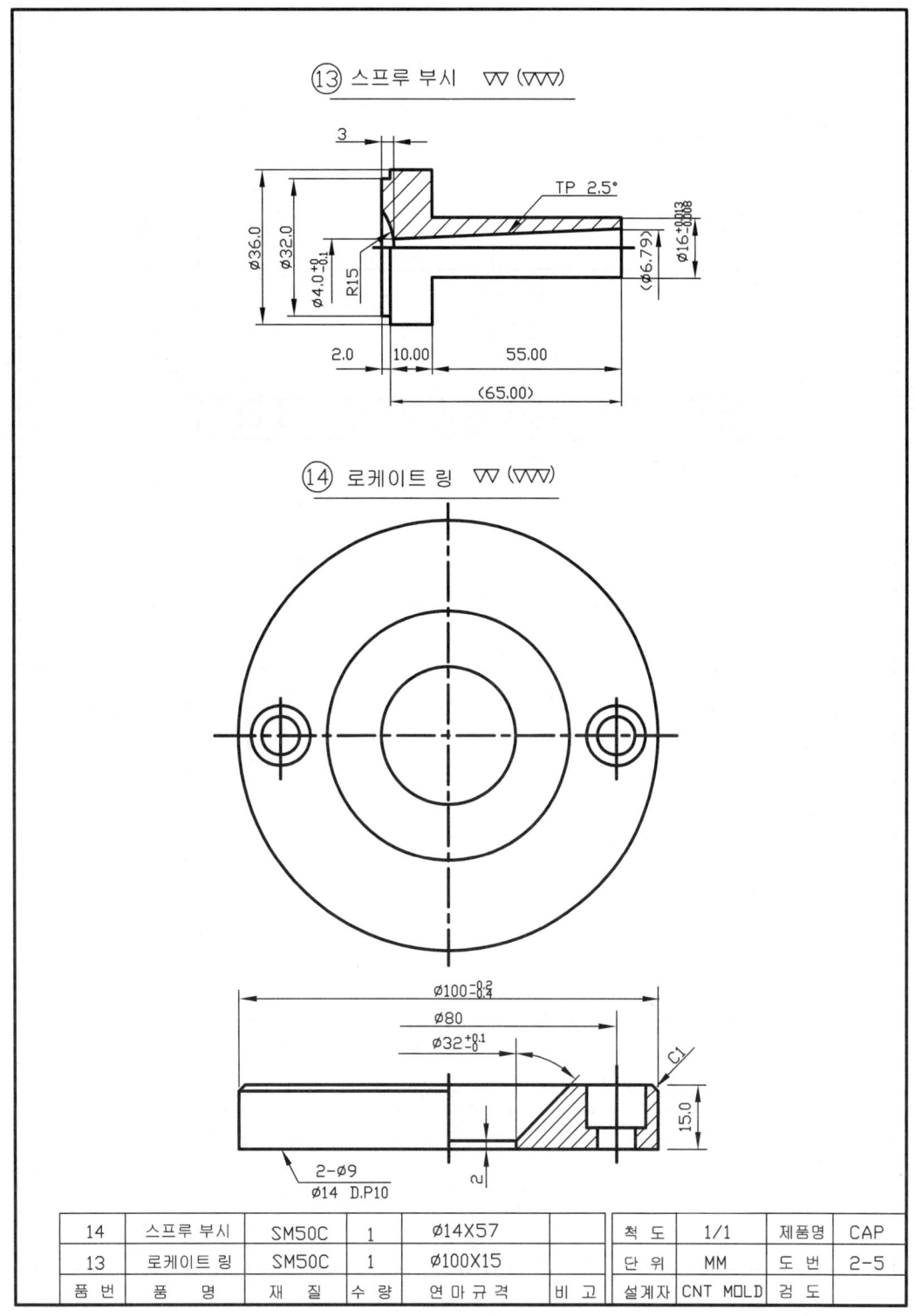

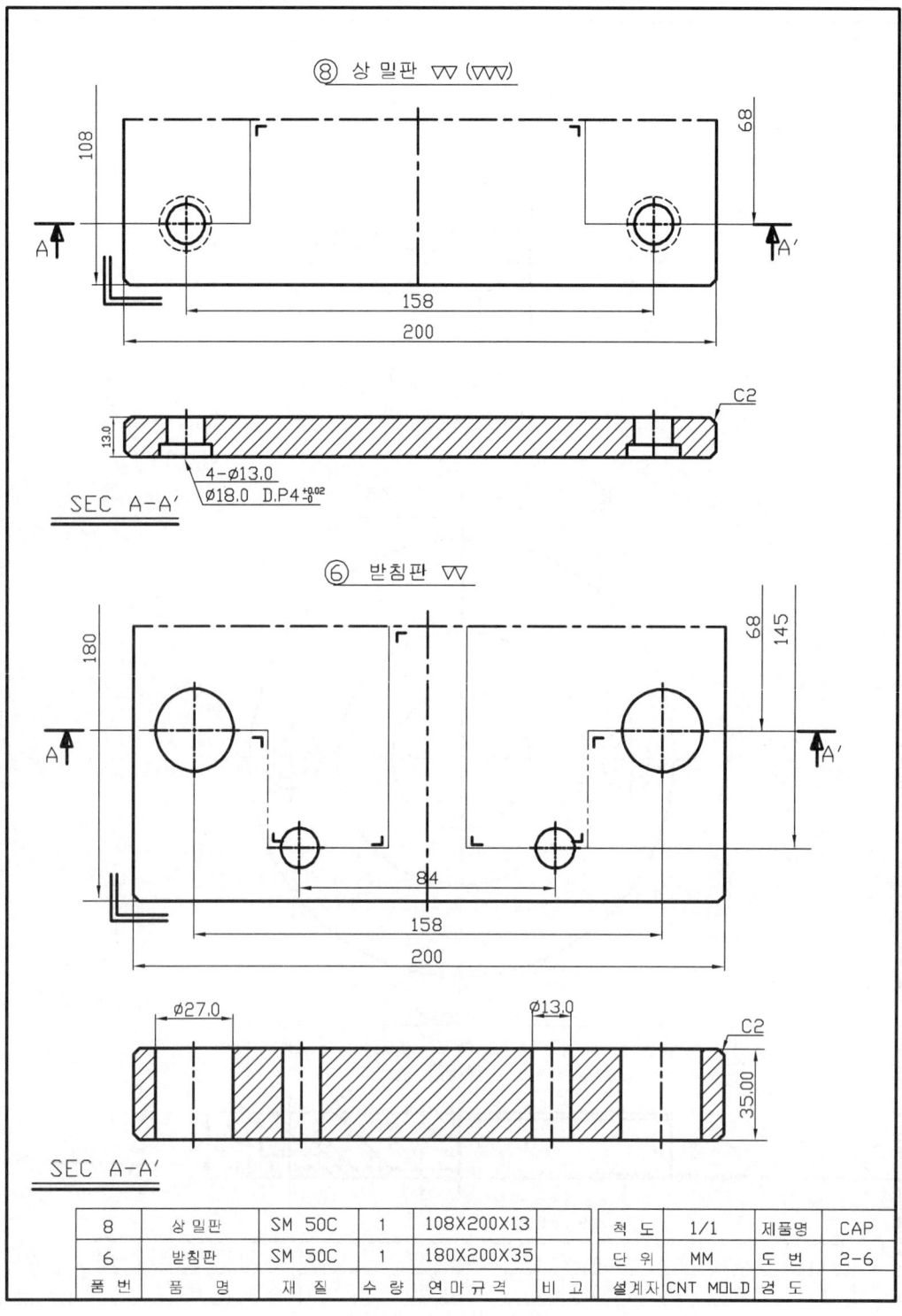

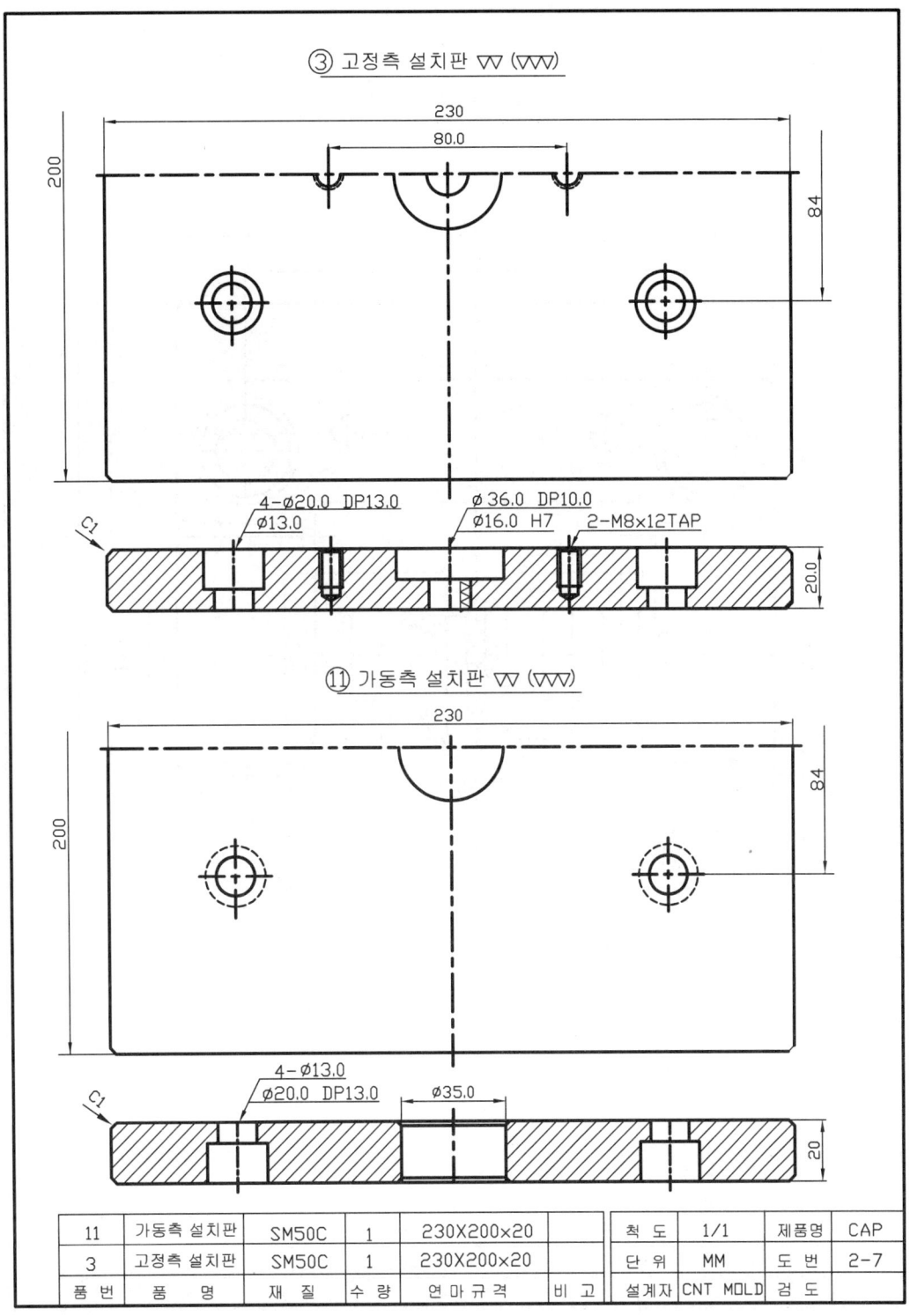

336 현장실무자를 위한 사출금형설계

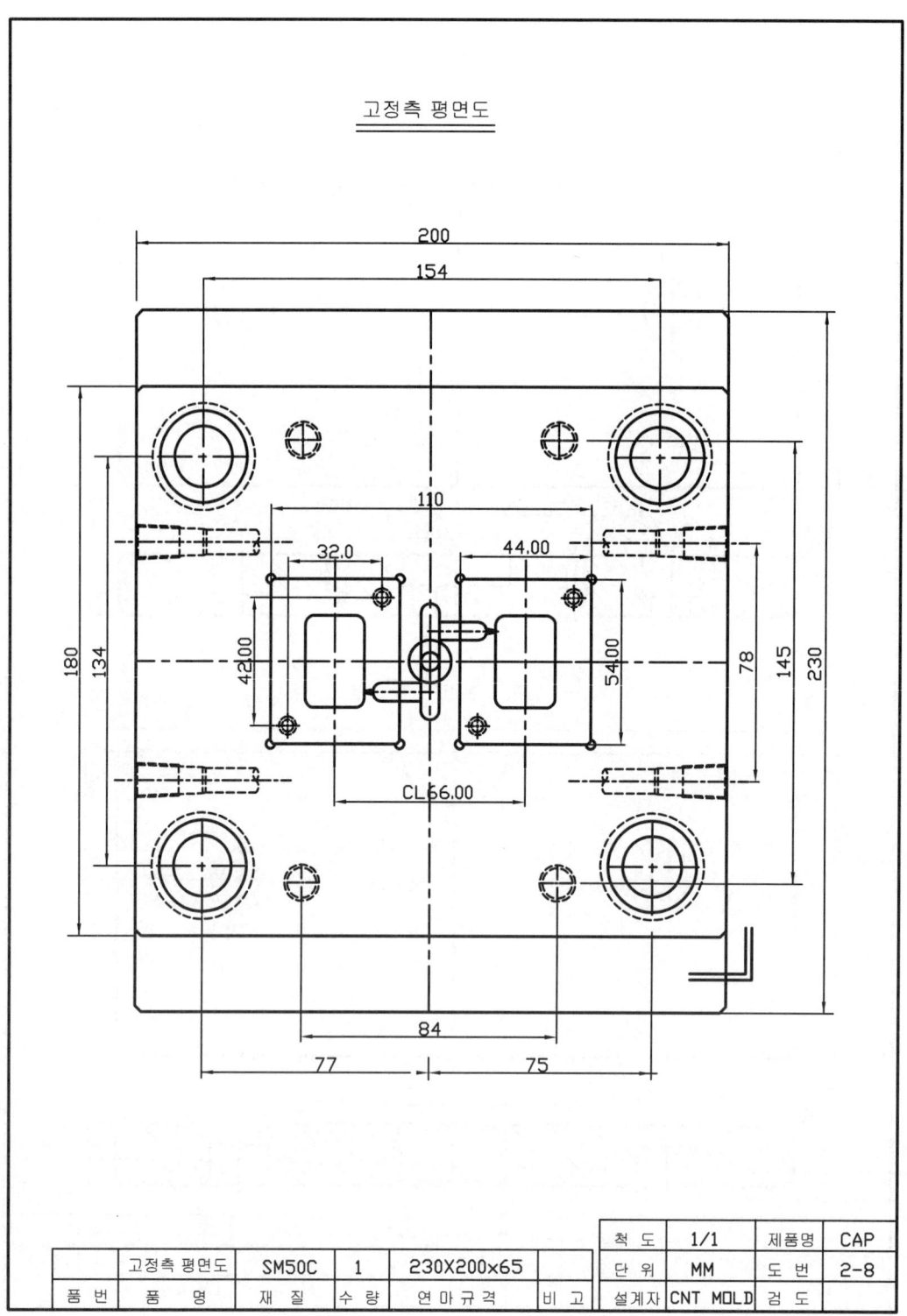

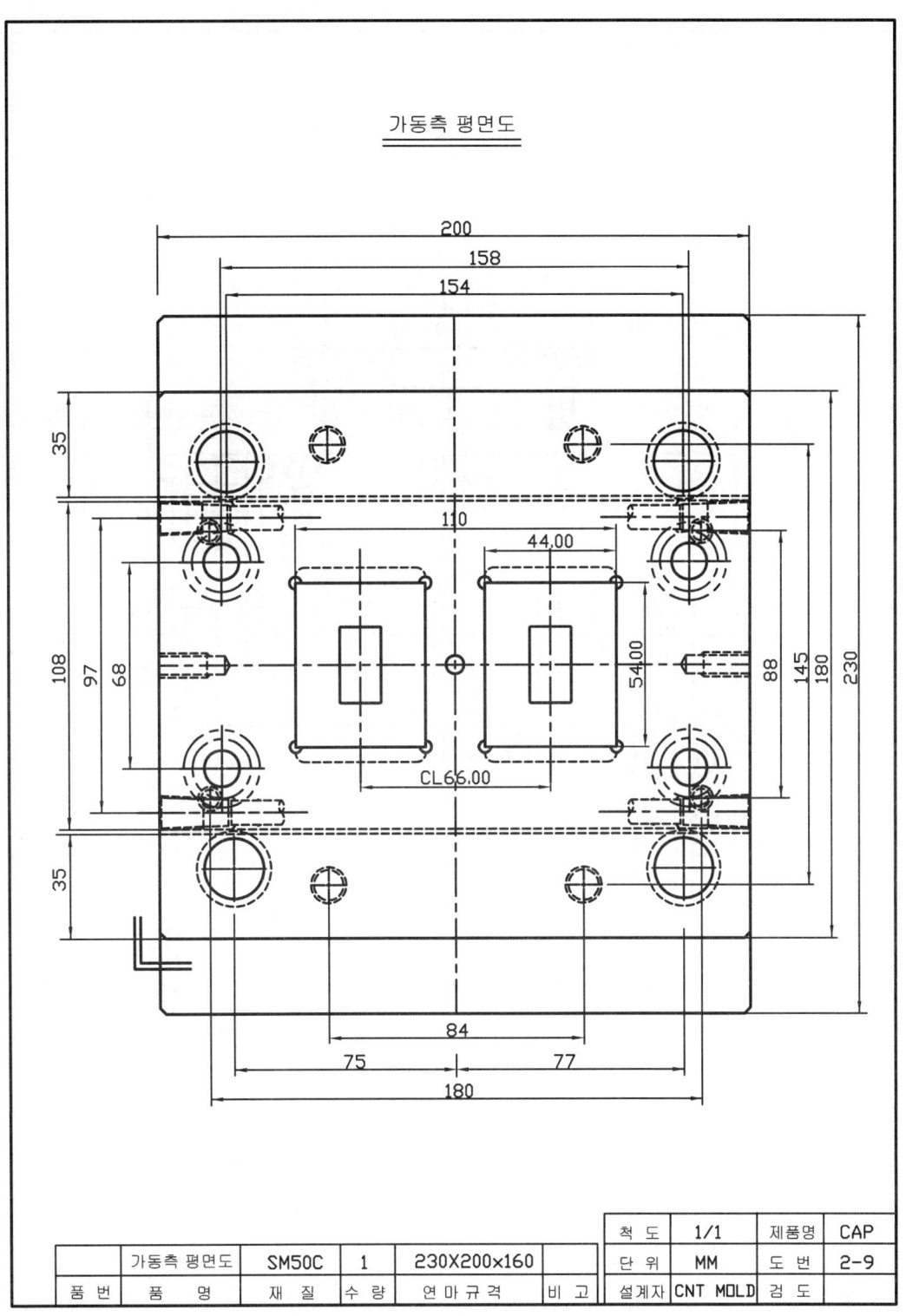

338 현장실무자를 위한 사출금형설계

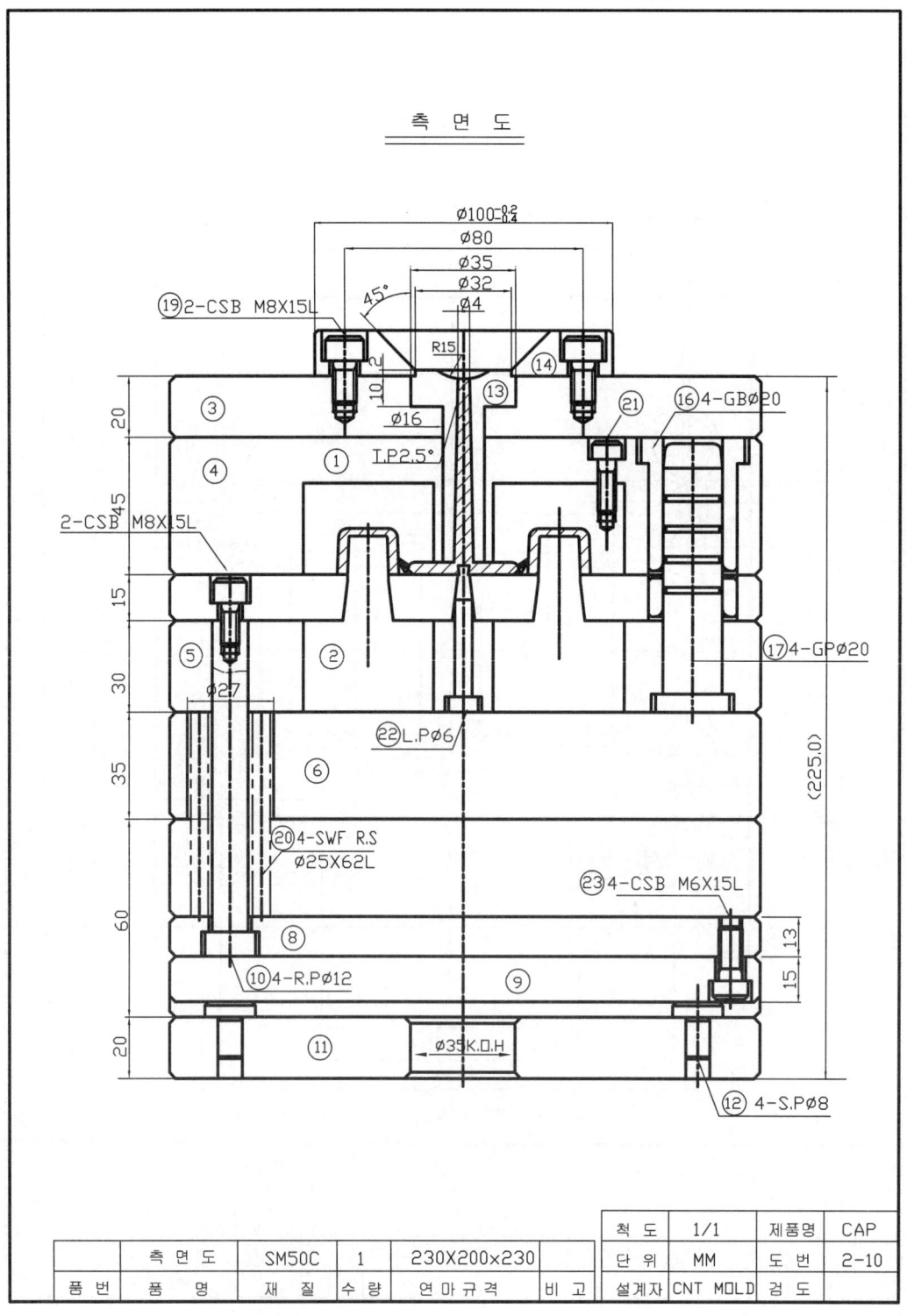

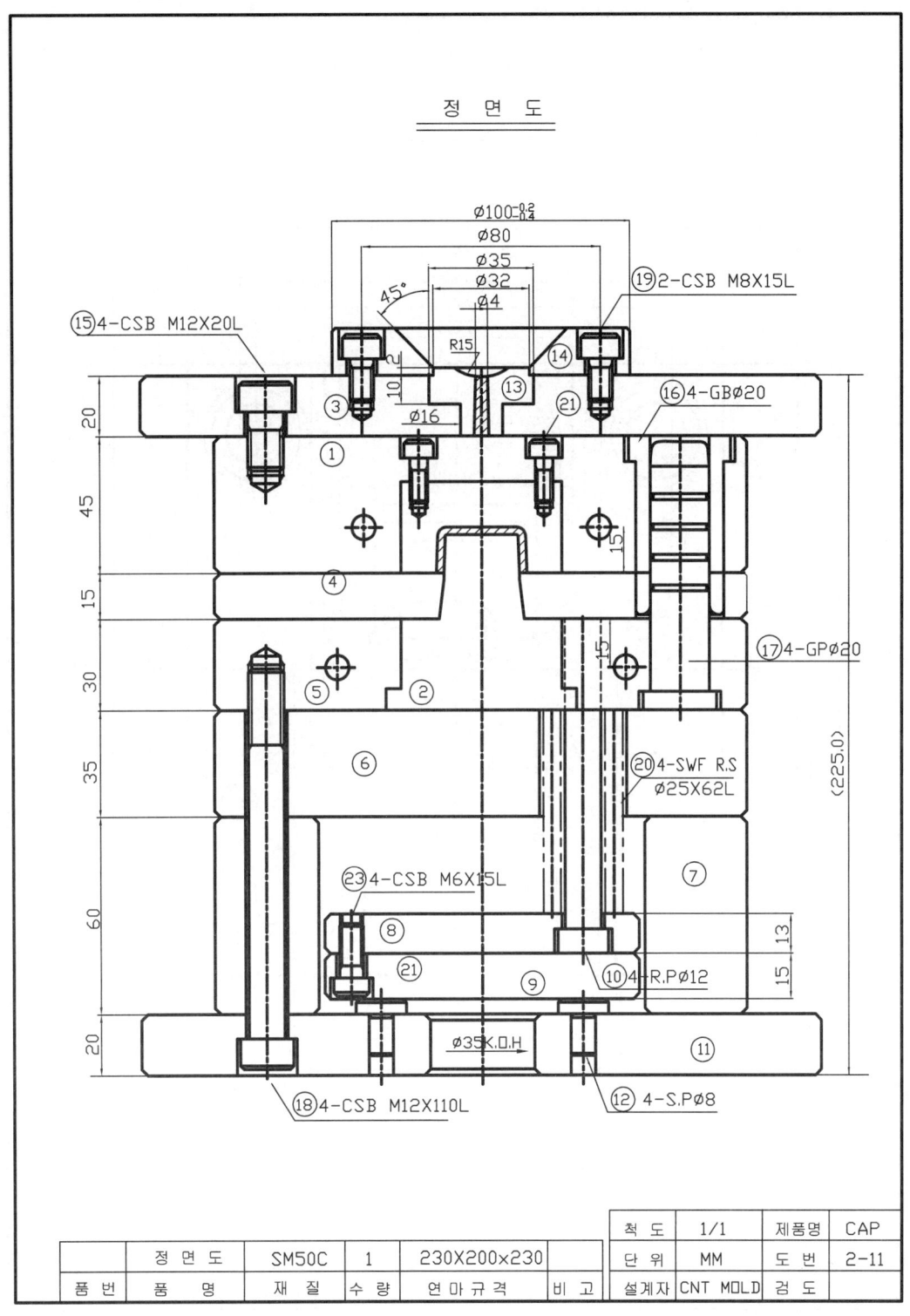

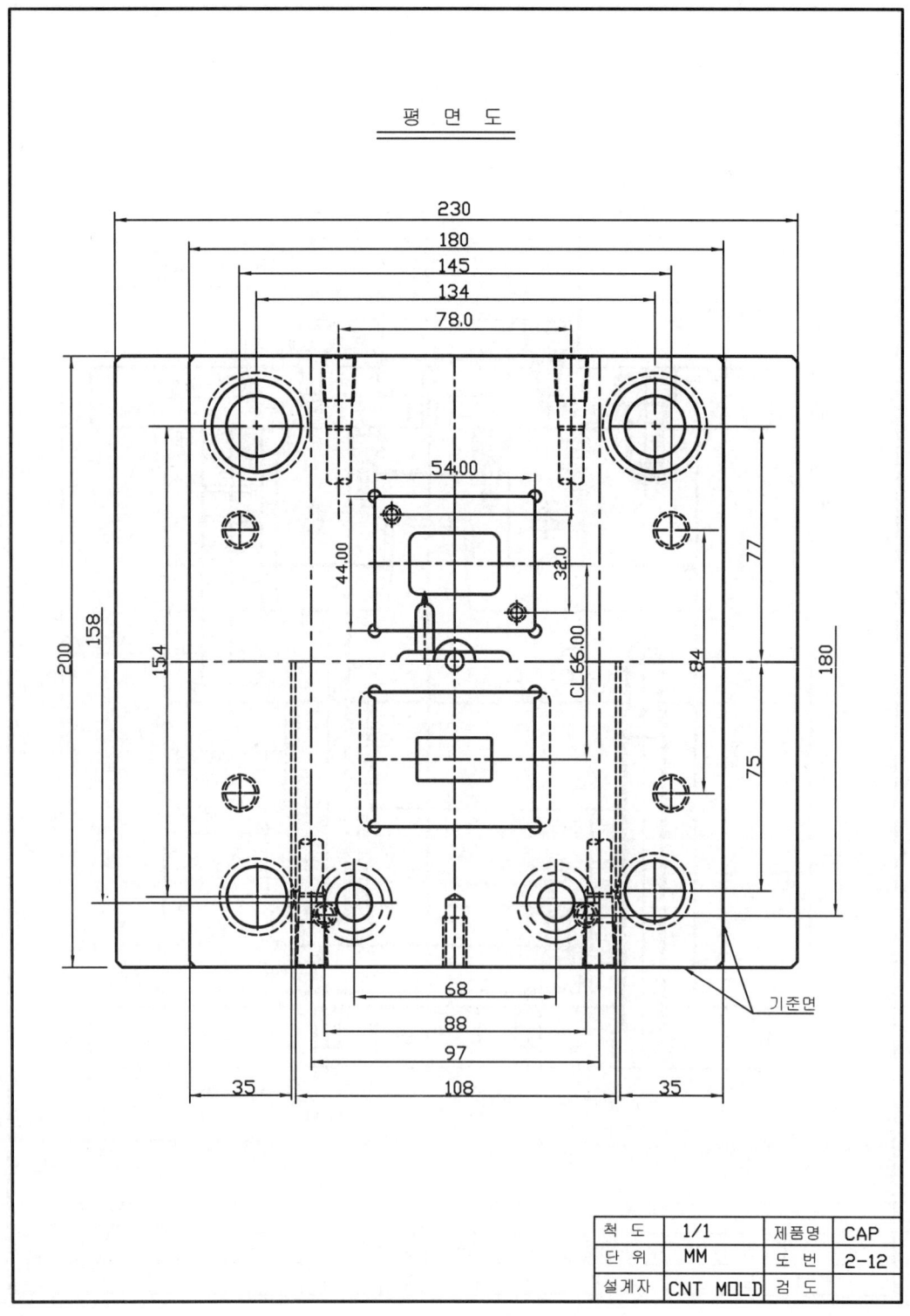

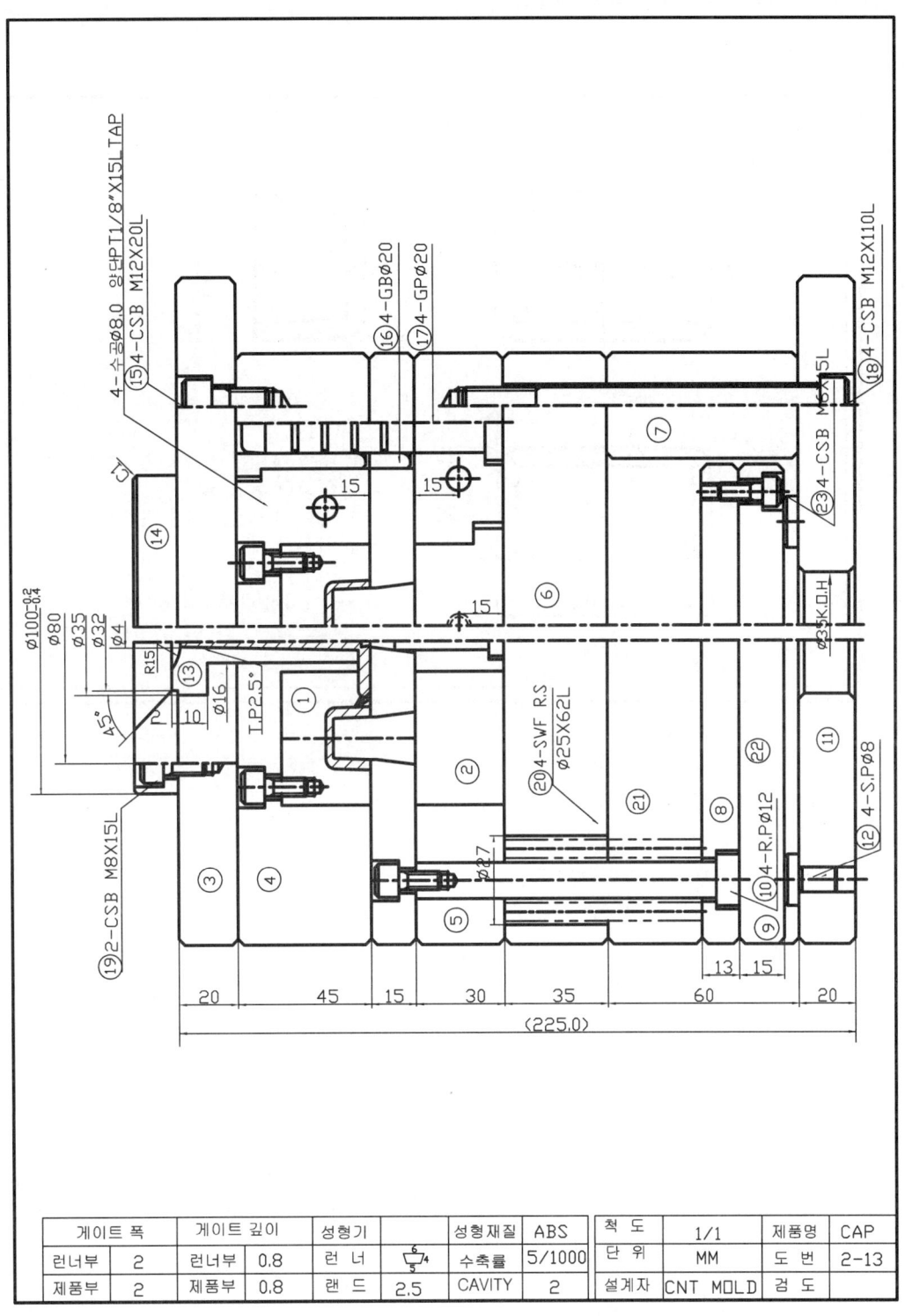

3.3. 핀포인트 게이트형 금형설계

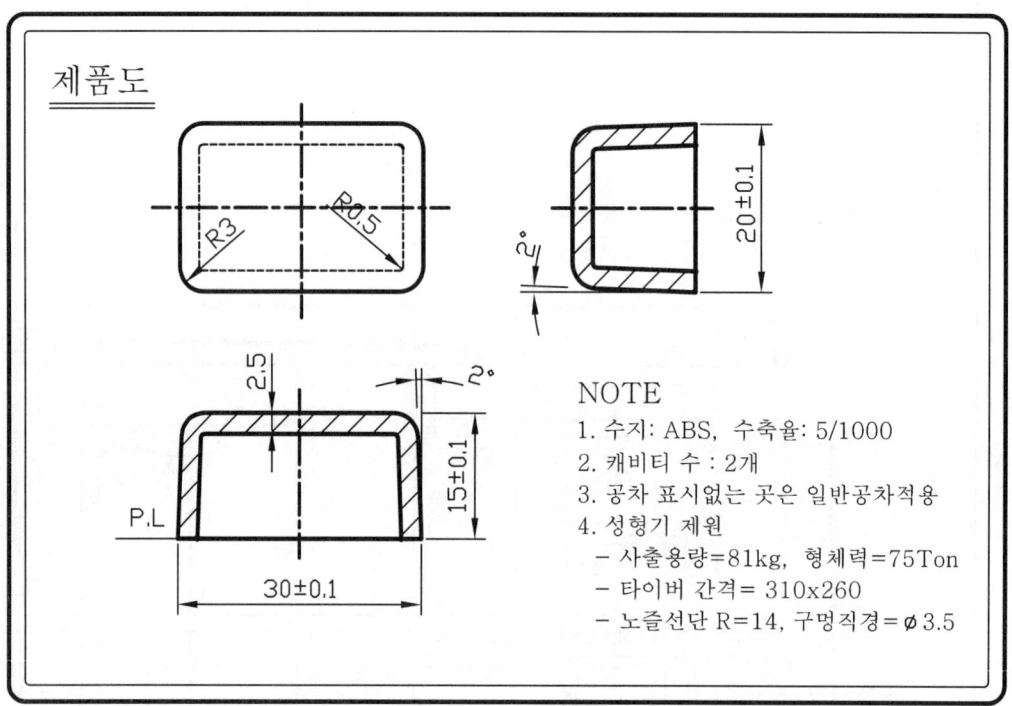

1) 금형형식 설정

① 게이트는 핀포인트 게이트로 한다.
② 성형품 밀어내기 기구는 스트퍼 플레이트를 사용한다.
③ 캐비티 코어 및 하 코어는 일체식 부시형으로 한다.
④ 러너 낙하는 러너 자동낙하 핀방식을 적용한다.
⑤ 위항에 의하여 금형구조는 고정측설치판, 러너 스트퍼 플레이트, 고정측형판, 가동측형판, 스트퍼 플레이트, 받침판, 스페이서 블록(다리), 가동측설치판이 있는 금형구조(DC형)로 한다.(그림 3.3.1)

※ 그림 3.3.1은 몰드베이스구조((DC형)를 표시하며 h_1, h_2,⋯ .A. B 등 문자를 표시한 것은 다음에 전개되는 식들을 간결하게 하기 위하여 표시한 것으로 참고 바람.

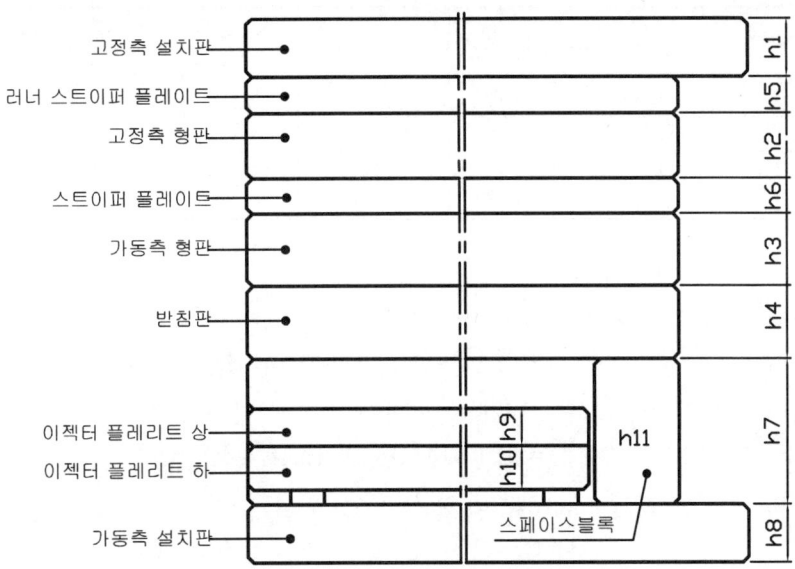

그림 3.3.1 몰드베이스 조립도 배치

2) 캐비티 코어 및 하 코어치수(제품도에 의한 계산)

(1) 캐비티 코어의 성형부 치수

   M=A×(1+S)   M: 금형치수, A: 제품치수, S: 수지의 수축율(5/1000)
   ① M30 = 30×(1+0.005)=30.15이므로 30.14로 보정
   ② M20 = 20×(1+0.005)=20.1이므로 20.10
   ③ M15 = 15×(1+0.005)=15.075이므로 15.07로 보정
      (이 경우 높이는 대칭이 아니므로 15.07이나 15.08로 정한다.)

(2) 캐비티 코어의 벽두께(캐비티 코어는 일체형으로 한다)

$$h = \sqrt[3]{\frac{cpa^4}{E\delta}}$$

   h: 벽두께(mm), E: 강의 영률 2.1×10^6kg/cm², p: 성형압력(kg/cm²),
   δ: 허용휨 량, a: 캐비티 코어 깊이(mm), c: ℓ/a의 상수

   p=500kg/cm², a=15mm, δ=0.05mm이며 $l_a = \frac{30}{15}$일 때 c=0.111이므로

$$h = \sqrt[3]{\frac{0.111 \times 500 \times 15^4}{2.1 \times 10^6 \times 0.05}} = 2.99(mm)$$

금형재료의 안전성을 고려하여 2.5배, 2.99×2.5=7.48로 체결 등을 고려하여 캐비티 두께는 10mm로 설정한다(단, 볼트 체결 시에는 더 두껍게 한다).

표 3.3.1 l/a의 정수 C값

l/a	C	l/a	C	l/a	C
1.0	0.044	1.5	0.084	2.0	0.111
1.1	0.053	1.6	0.090	3.0	0.134
1.2	0.062	1.7	0.096	4.0	0.140
1.3	0.070	1.8	0.102	5.0	0.142
1.4	0.078	1.9	0.106		

(3) 캐비티 코어의 외관치수

① 캐비티 코어의 가로치수 = M30의 성형치수 + 벽두께×2
　　　　　　　　　　　　= 30.14 + (10×2) = 50.14 ≒ 50 $_{-0.02}^{\ 0}$

② 캐비티 코어의 세로치수 = M20의 성형부 치수 + 벽두께×2
　　　　　　　　　　　　= 20.10 + (10×2) = 40.10 ≒ 40 $_{-0.02}^{\ 0}$

③ 캐비티 코어의 높이 = M15의 성형부 치수 + 바닥 두께
　　　　　　　　　　= 15.07 + 10이상 = 27.07이상 ≒ 30±0.01

④ 캐비티 코어의 턱 외측치수 = 캐비티 코어 길이치수 + 5×2
　　　　　　　　　　　　　= 50 + (5×2) = 60.0

⑤ 캐비티 코어의 턱 높이 = 7±0.01

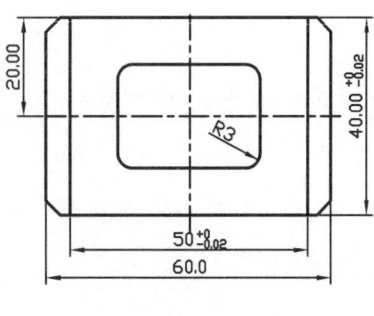
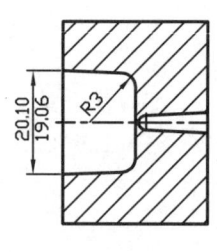
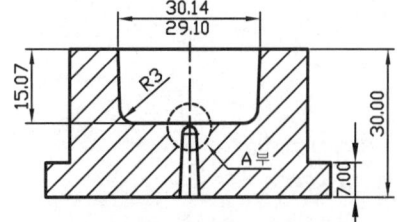

그림 3.3.2 캐비티 코어

(4) 하 코어의 성형부 치수

M = A×(1+S)

① M20-5　= 15×(1+0.005) = 15.075을 15.08mm로 수정
② M30-5　= 25×(1+0.005) = 25.125을 25.12mm로 수정
③ M15-2.5 = 15×(1+0.005) - 2.5 = 12.575을 12.58로 수정

※ ③의 경우, 식(15−2.5)(1+0.005)= 12.563은 코어 성형부 높이를 수정할 필요가 있을 때 수정하기가 어렵다.

(5) 하 코어의 치수

① 하 코어의 가로치수=$50 _{-0.02}^{\ 0}$, 세로치수=$40 _{-0.02}^{\ 0}$
 (캐비티 코어의 치수와 연관하여 정한다)

② 하 코어의 인서트부 높이(성형부를 제외한 높이)
  =성형부 코어높이×(2~3)=12.58×(2~3)=25.16~37.74≒30mm
  (가동측 형판 두께와 연관하여 정한다.)

③ 스트리퍼 플레이트 높이(볼트 체결을 고려한다)= 15mm

④ 하 코어의 높이= 하 코어 인서트부의 높이 + 스트리퍼 플레이트 높이
      + 코어 성형부의 높이
    = 30 + 15 + 12.58 = 57.58mm

⑤ 하 코어의 턱 외측치수 = 하 코어 가로치수+턱량 = 50+5×2=60.0
  (턱 량은 코어 가로치수×(0.1~0.2)정도 적용한다.)

⑥ 하 코어의 턱 높이=10±0.01

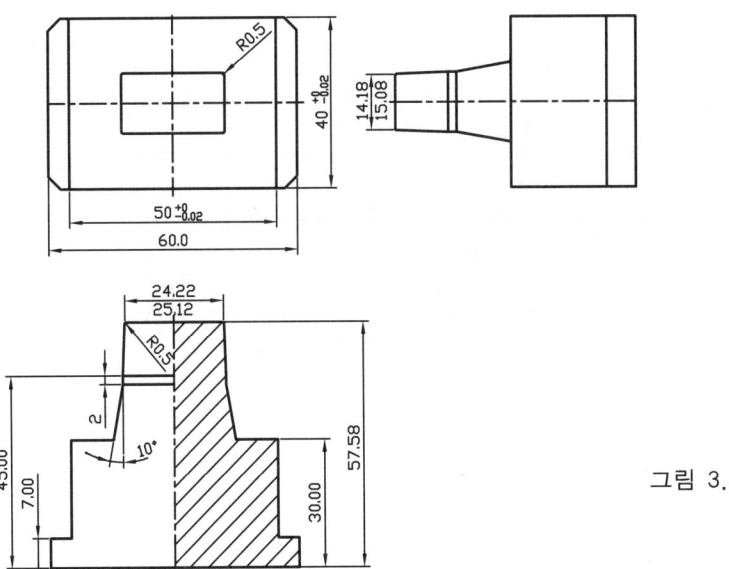

그림 3.3.3 하 코어

(6) 빼내기 구배량

 $S = h \times \tan\theta$ S:구배량 , h: 구배높이, θ: 구배각도

① 캐비티 코어의 성형부 테이퍼 량
  = 캐비티 깊이×$\tan\theta$×2 = 15.07×$\tan 2°$×2 = 1.05 ≒ 1.04mm

② 하 코어의 성형부 테이퍼 량
  = 코어 성형부 높이×$\tan\theta$×2 = 12.58 ×$\tan 2°$×2 = 0.88 ≒ 0.90mm

3) 형판크기(A× B)

(1) 형판크기(A×B)

① A치수
= 캐비티 코어 Y방향치수+ 캐비티 코어 외측부터 판 측면까지의 거리×2
= 50+(50×2)=150을 표준규격 180mm로 한다.
(캐비티 코어 외측부터 형판측면까지 거리를 50mm하면 가이드핀과 리턴핀 사이로 냉각수 구멍가공이 용이하나 캐비티 코어 뒤판 체결을 고려한다)

② B치수
= 캐비티 코어 X방향치수 + 캐비티 코어의 간격
    + 캐비티 코어 외측부터 형판측면까지의 거리×2
= (40×2)+10+(50×2)=190을 200mm로 설정한다.

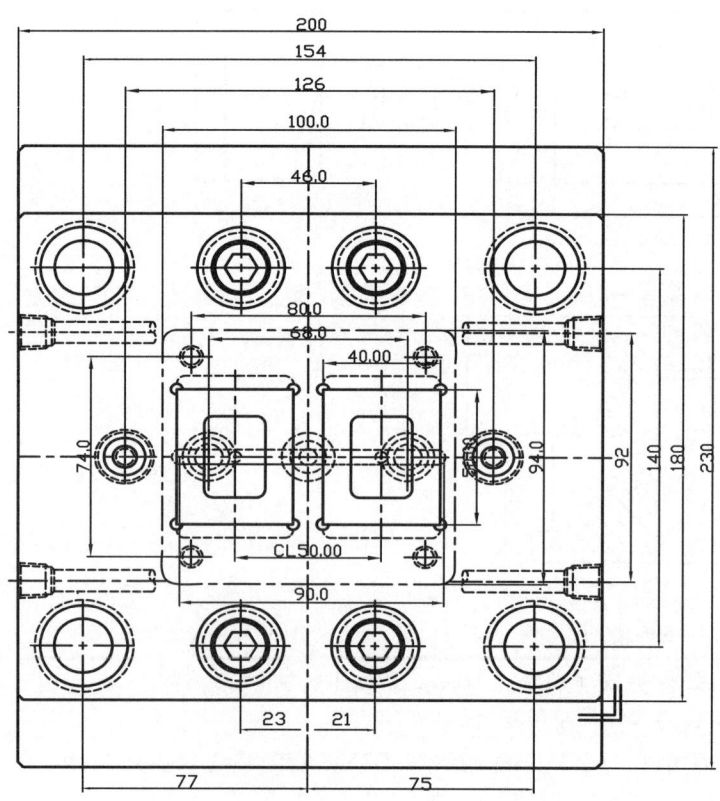

그림 3.3.4 고정측 평면도

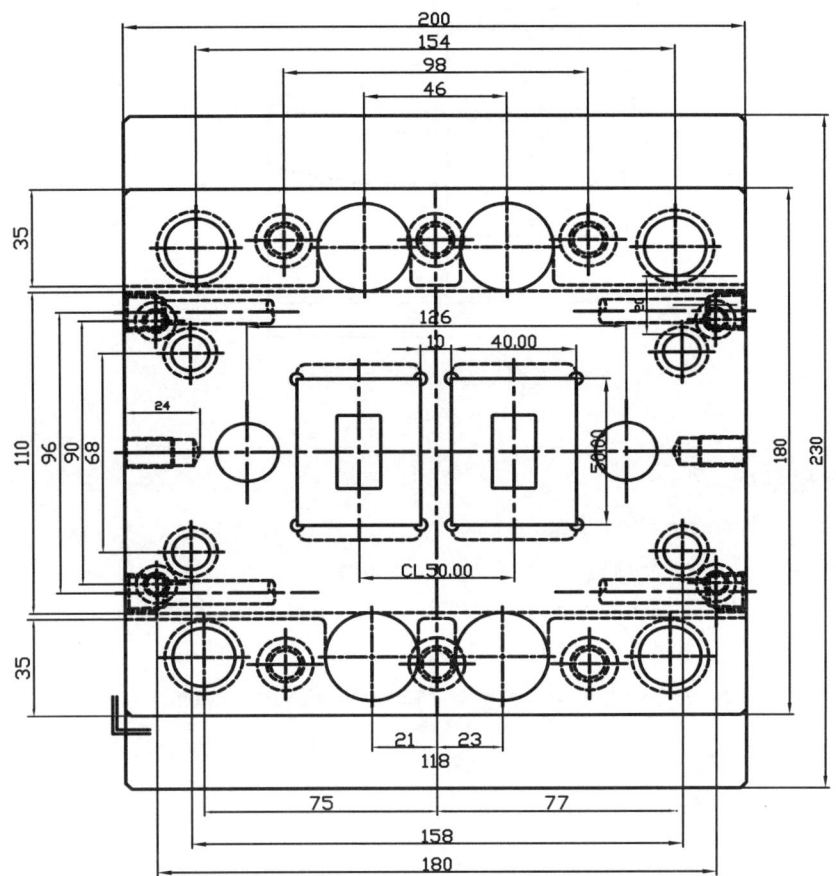

그림 3.3.5 가동측 평면도

4) 스프루 부시 치수(ø D)

h1=30mm, h5=20mm, 스프루 테이퍼 각=3°,
스프루 부시 입구경=ø4mm일 때

ø D= 스프루 부시 입구직경+스프루 부시 출구 구멍경
+스프루 부시 출구부의 벽두께×2+ 접합부의 경사량

= 스프루 부시 입구직경+(h1+h5)×tan3°
+스프루 부시 출구부의 벽두께×2 + 접합부의 경사량

= 4+(30+20)×tan3°+(3×2)+(22×tan10°×2) ≒20.4를 20mm로 한다.

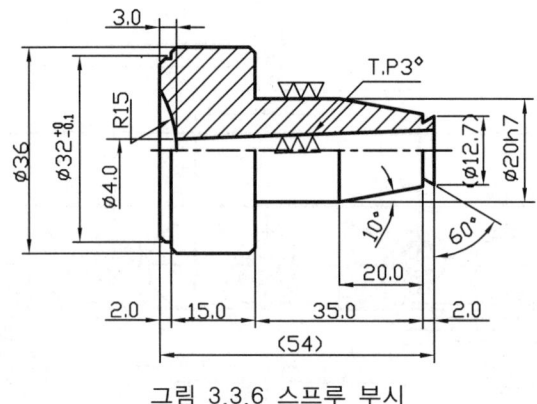

그림 3.3.6 스프루 부시

5) 형판두께
① 고정측설치판(h1)= 30mm
② 러너 스트리퍼 플레이트 두께(h5)= 20mm
③ 고정측형판 두께(h2)= 캐비티 코어 높이+지지부 두께=45mm
④ 스트리퍼 플레이트 두께(h6)= 15mm
⑤ 가동측형판 두께(h3)= 하 코어 인서트부의 높이=30mm

6) 받침판 두께(h_4)

$$h = \sqrt[3]{\frac{5pbL^4}{32EB\delta}}$$

h: 받침판 두께, E: 강의영률 2.1×10^6kg/cm², p: 성형압력,
b: 투영면적의 폭, B: 형판 길이 δ: 허용함량, L: 스페이스 블록 사이의 간격
p=500kg/cm², b=30mm, L=110mm, B=200mm, δ=0.05mm, E=2.1×10^6kg/cm²

(1) h4 = h+받침판 보정 값 (10mm정도)

$$= \sqrt[3]{\frac{5 \times 500 \times 30 \times 110^4}{32 \times 2.1 \times 10^6 \times 200 \times 0.05}} + 10 = 25.375 + 10 ≒ 35mm$$

7) 스페이서 블록 높이(h_7)
① 하 코어 성형부 높이(ℓ_1) = 12.58
② 성형품 밀어내기 길이(ℓ_2) = ℓ_1+여유길이(ℓ_3)
　　　　　　　　　　　= 12.58+(5~10)= 18~23≒ 20
③ $h_7 = \ell_2$+이젝터 플레이트(상·하)두께($h_9 + h_{10}$)+스톱핀 높이
　　= 20+(13+15)+5= 53≒ 60mm
　　　　(스페이스 블록높이 표준화규격은 60mm부터 10mm단위로 커진다.)

8) 몰드 베이스 각 부품 치수

몰드 베이스 180×200규격과 h_2, h_3, h_4, h_7 치수에 의하여 결정되는 다음 부품의 치수는 표준화 규격을 이용한다.

① 고정측설치판= 가동측설치판= 230×200×30
② 러너 스트리퍼 플레이트= 180×200×20
③ 고정측형판= 180×200×45
④ 스트리퍼 플레이트= 180×200×15
⑤ 가동측형판= 180×200×30
⑥ 받침판= 180×200×35
⑦ 가이드핀= ø20×88
⑧ 가이드 부시= ø20×44
⑨ 스페이스 블록= 35×200×60
⑩ 리턴핀=ø12×105
⑪ 이젝터 플레이트(상)=200×108×13
⑫ 이젝터 플레이트(하)=200×108×15

9) 러너 및 게이트 치수

(1) 러너치수(D)

$D=0.2654\sqrt{W}\sqrt[4]{L}$ 식에서

D: 러너직경, W: 성형품 중량(≒4.3g), L: 러너 길이(≒2.5cm)

$D=0.2654\sqrt{4.3}\sqrt[4]{2.5}=0.692≒6$(mm)

(2) 핀 포인트 게이트

$d=n\times c\times\sqrt[4]{A}$ 식에서 n: 수지상수, c: 살 두께의 함수, A: 성형품 표면적
T=2.5mm, n=0.8 , A≒2100mm^2

① 랜드 길이 L≒ 0.8~1.2mm에서 0.8mm로 한다
② $d=0.8\times0.065\times\sqrt[4]{2100}$= 0.35mm에서 0.6mm로 설정

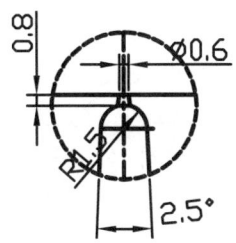

그림 3.3.7 핀 포인트 게이트

표 3.3.2 수지상수

재 료 명	수지상수(n)
PS, PE	0.6
POM, PC, PP	0.7
PVAC, PMMA, PA	0.8
PVC	0.9

표 3.3.3 살 두께의 함수(c)

T	0.80	0.90	1.30	1.50	1.80	2.00	2.30	2.50
c	0.036	0.41	0.047	0.051	0.055	0.058	0.062	0.065

9) 유의사항

(1) 부품리스트는 정확히 작성한다.
 - 고정측설치판: 230×200×30, SM 50C, 1개, HB123~235
 - 고정측형판: 180×200×45, SM 50C, 1개, HB 183~235
 - 가동측형판: 180×200×30, SM 50C, 1개, HB 183~235
 - 받침판: 180×200×35, SM 50C, 1개, HB 183~235
 - 스페이스 블록: 35×200×60, SM 50C, 2개, HB 123~235
 - 이젝터 플레이트(상): 108×200×13 ,SM 50C, 1개, HB 123~235
 - 이젝터 플레이트(하): 108×200×15, SM 50C, 1개, HB 123~235
 - 가동측 설치판: 230×200×20, SM 25C, 1개, HB 123~235
 - 가이드핀 A형: ø20×88, STS 3, 4개,HRC 55이상
 - 가이드 부시 A형: ø20×44, STS 3, 8개,HRC 55이상
 - 가이드 부시 B형: ø20×14, STS 3, 4개,HRC 55이상
 - 리턴핀: ø12×105, STS 3, 4개, HRC 55이상
 - 볼트(가동측): M12×112, SM 20C, 4개
 - 볼트(이젝터 플레이트): M6×15, SM 20C, 4개
 - 캐비티 코어: 60.0×40.00×30.00, SKD 11 2개, HRC 50이상
 - 하 코어 : 60.0×40.00×57.58, SKD 11, 2개, HRC60~62
 - 로케팅링: ø100×15, SM 50C, 1개, HB183~235
 - 스프루 부시: ø18×54, SM 50C, 1개, HB183~235
 - 스프링: ø25×57, SWF, 4개
 - 스톱핀: ø8, SM 25C, 4개

- 서포트 핀: ø20×217, SM 20C, 4개
- 러너 스트리퍼 플레이트: 180×200×20, SM 50C, 1개, HB 183~235
- 스트퍼 플레이트: 180×200×15, SM 50C, 1개, HB 183~235
- 플러볼트: ø13×175, SM 20C, 4개
- 플러 스톱볼트: ø13×54, SM 20C, 4개

(2) 설계제도 시간은 12시간

(3) 숫자적인 데이터 값은 책의 자료를 활용한다.

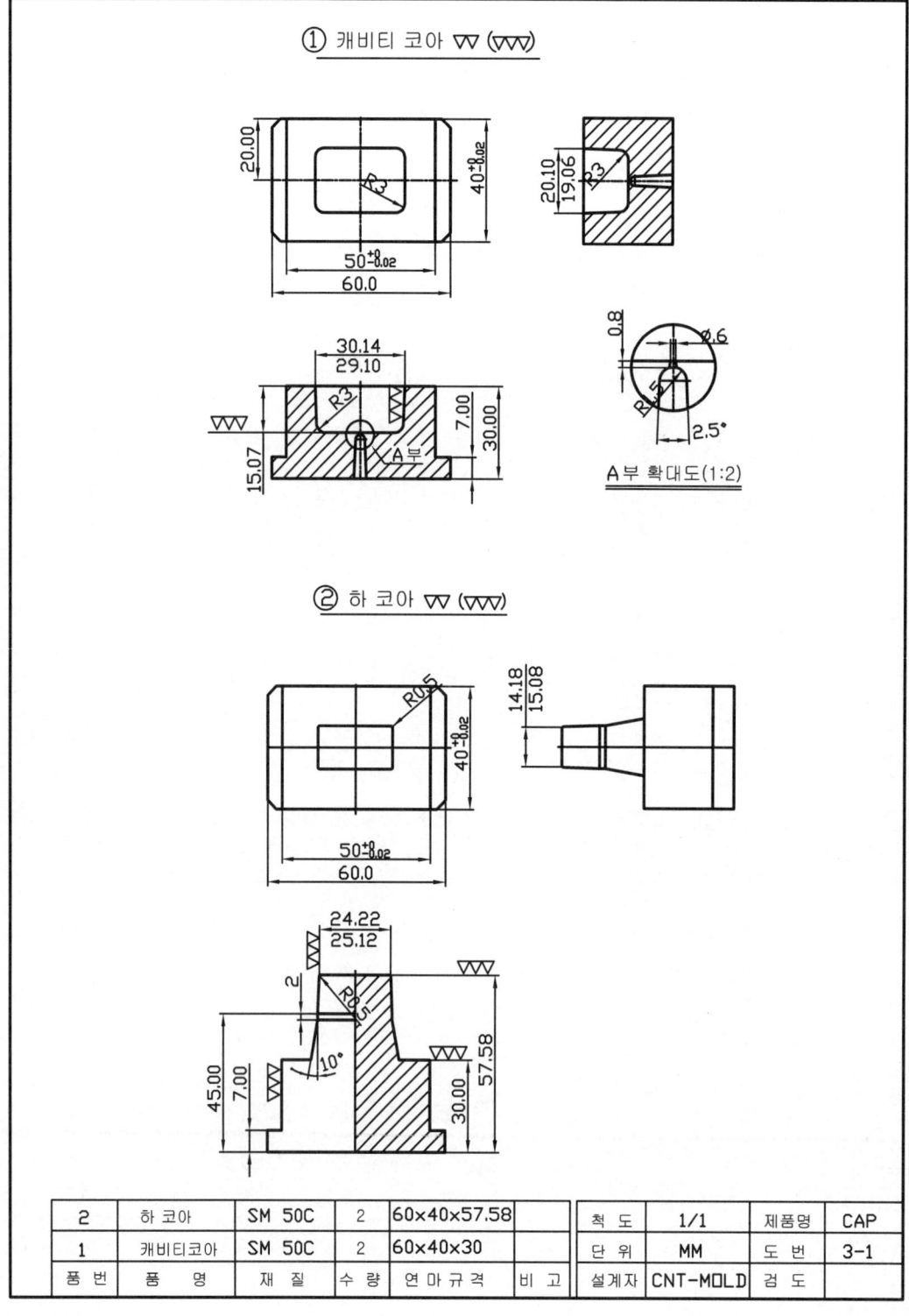

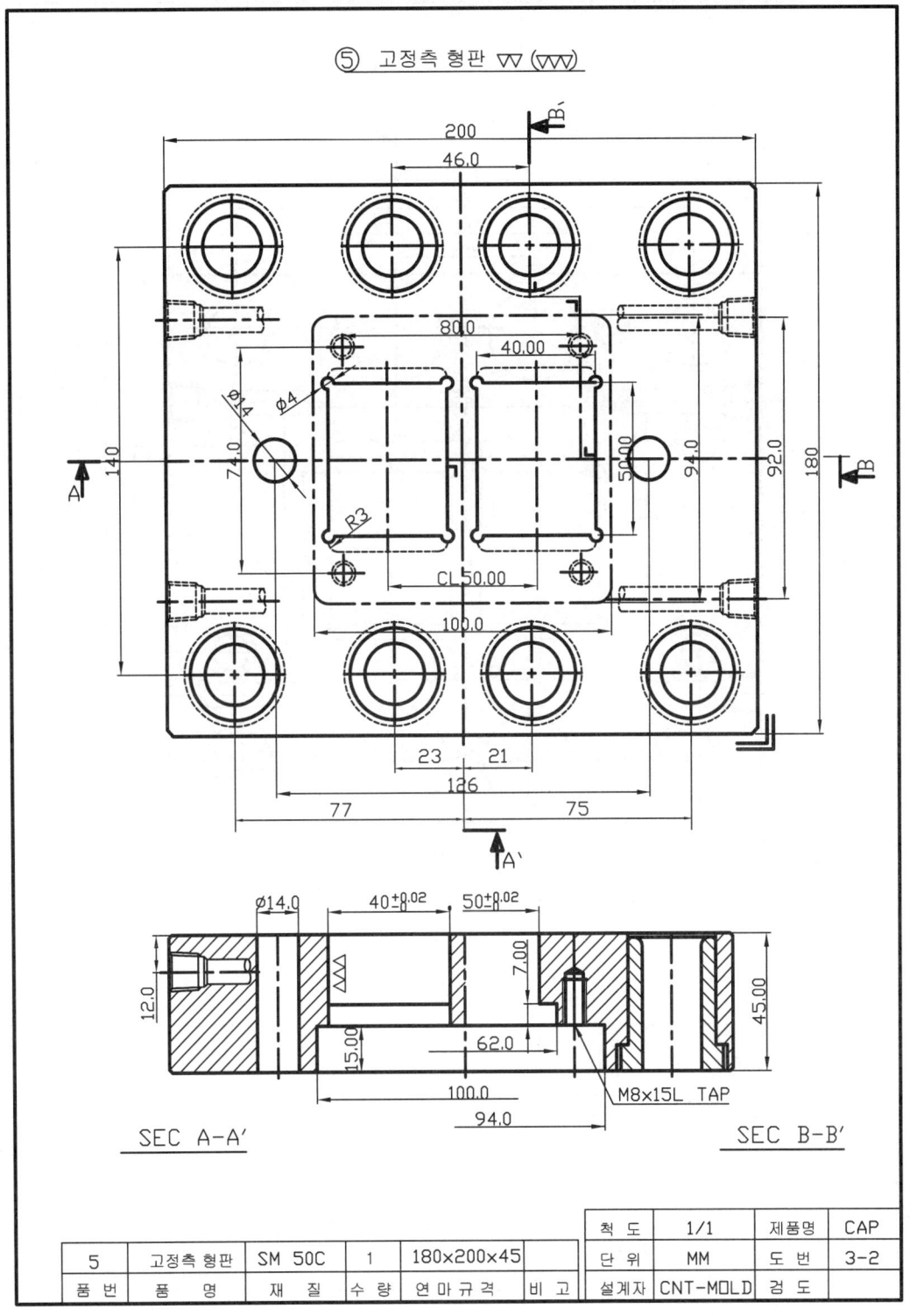

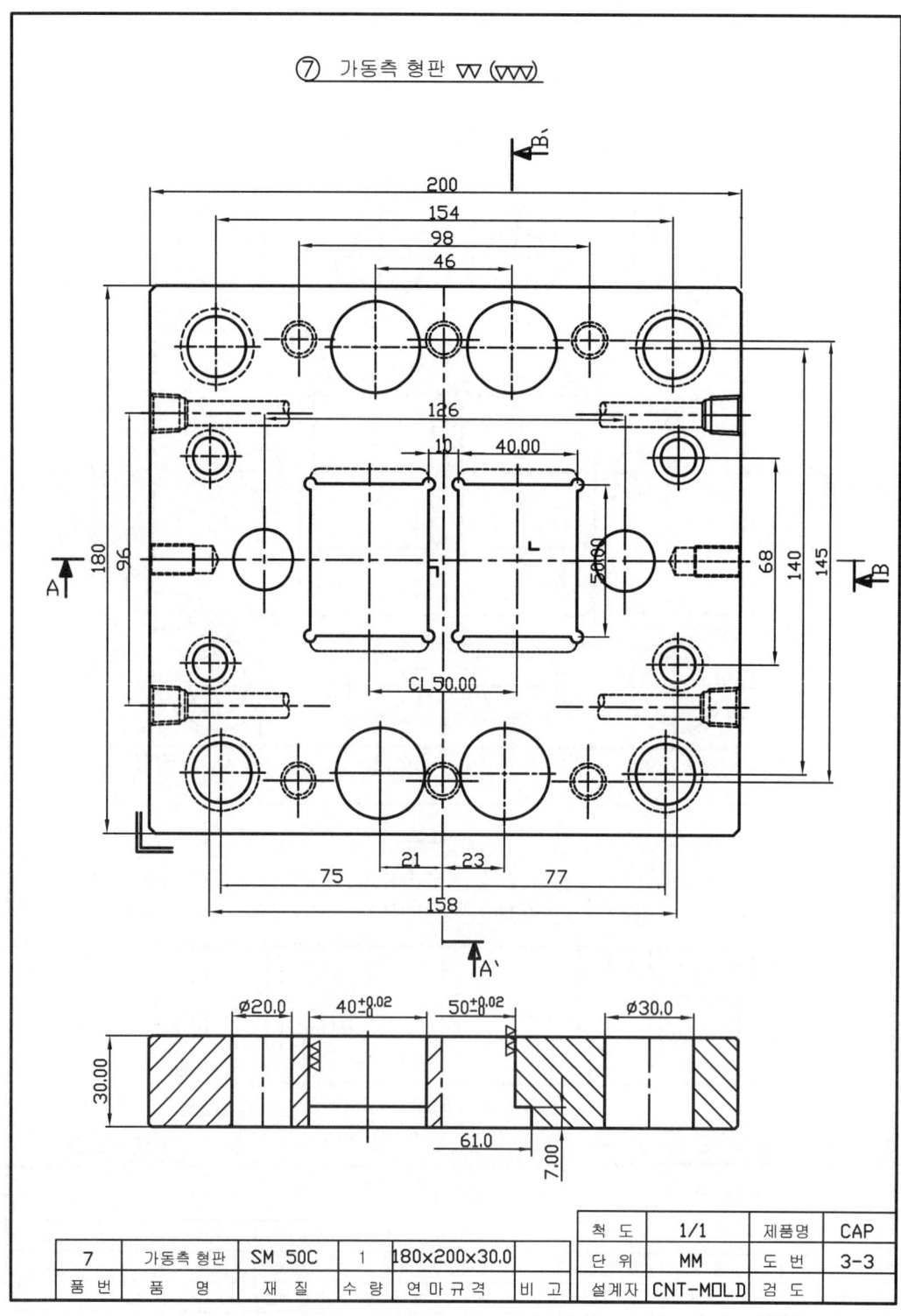

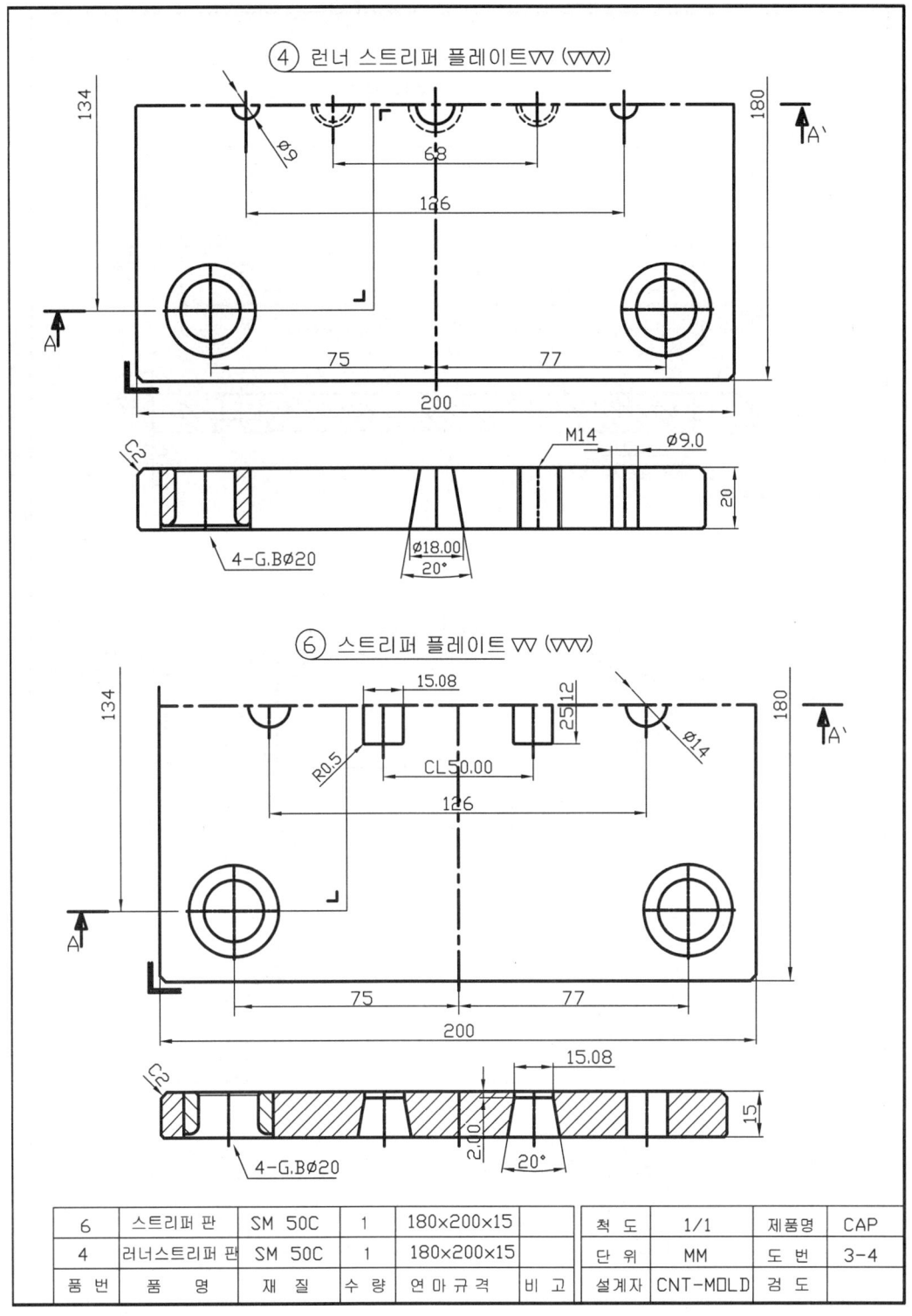

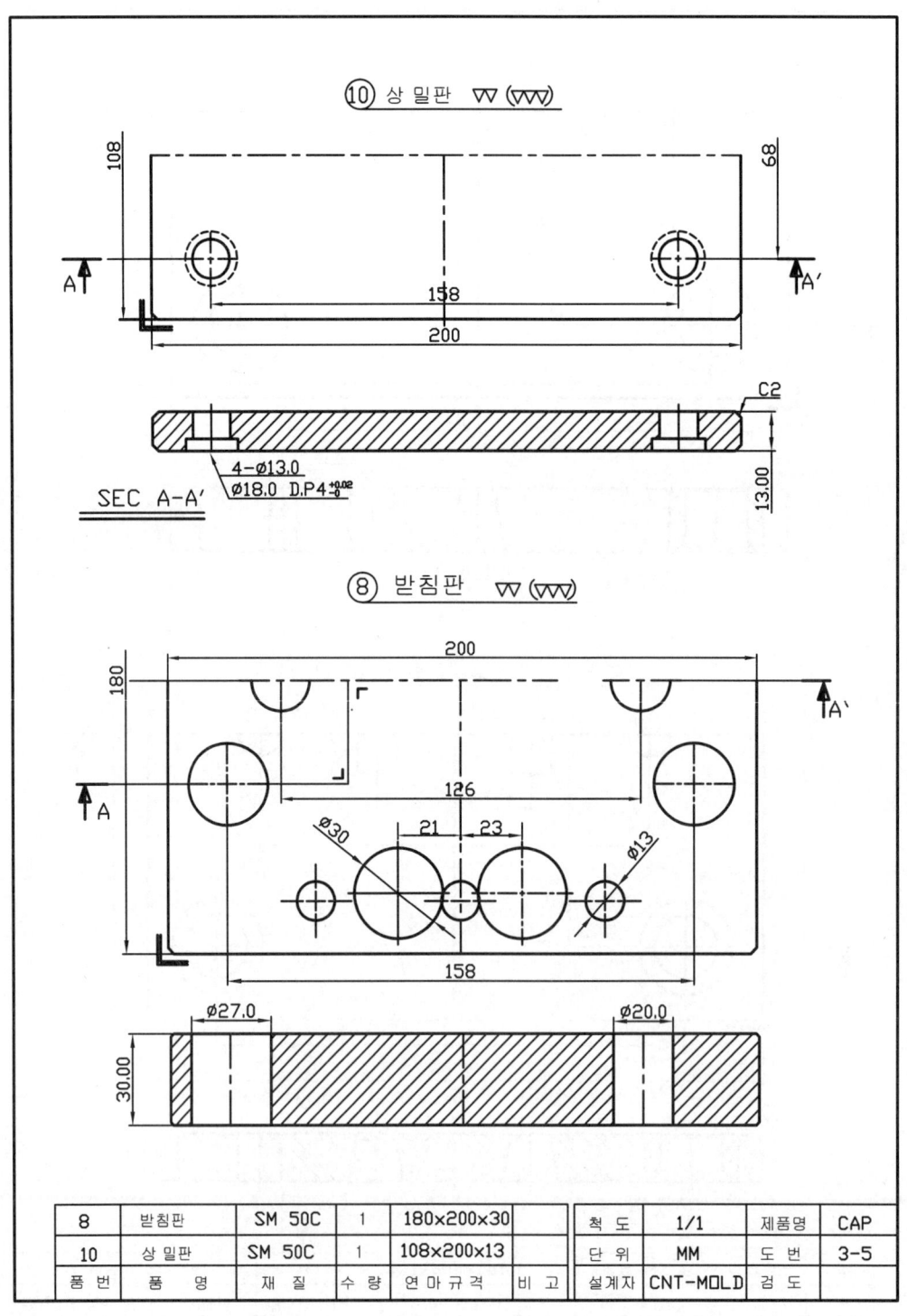

⑯ 스프루우부시 ▽ (▽▽▽)

⑮ 자동낙하 핀셋트 ▽ (▽▽▽)

⑬ 로케이트링 ▽ (▽▽▽)

16	스프루우부시	SM 50C	1	Ø36×49	
15	자동낙하 핀	SM 50C	2셋트	Ø18×39	
13	로케이트링	SM 50C	1	Ø100×15	
품 번	품 명	재 질	수 량	연마규격	비 고

척 도	1/1	제품명	CAP
단 위	MM	도 번	3-6
설계자	CNT-MOLD	검 도	

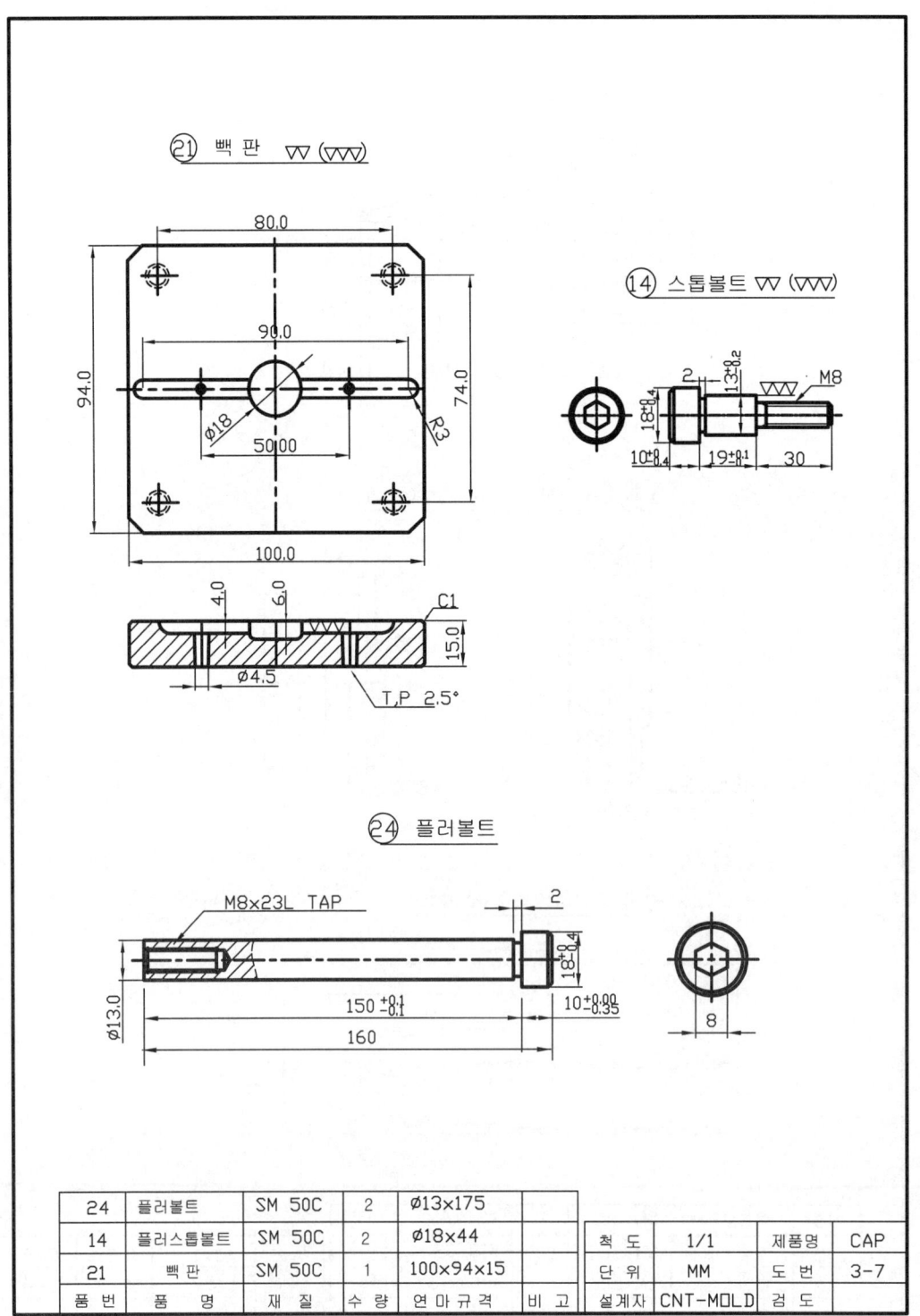

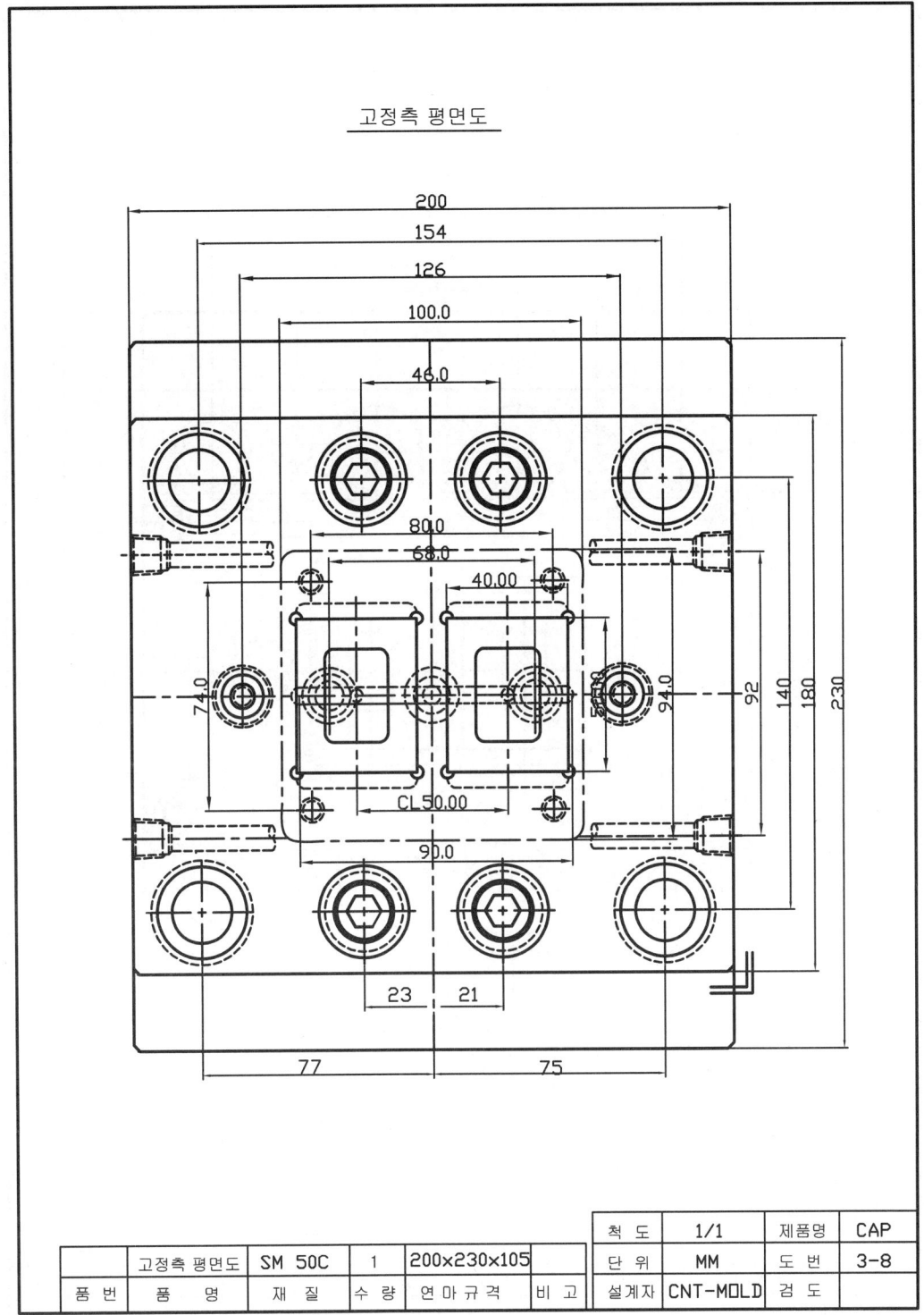

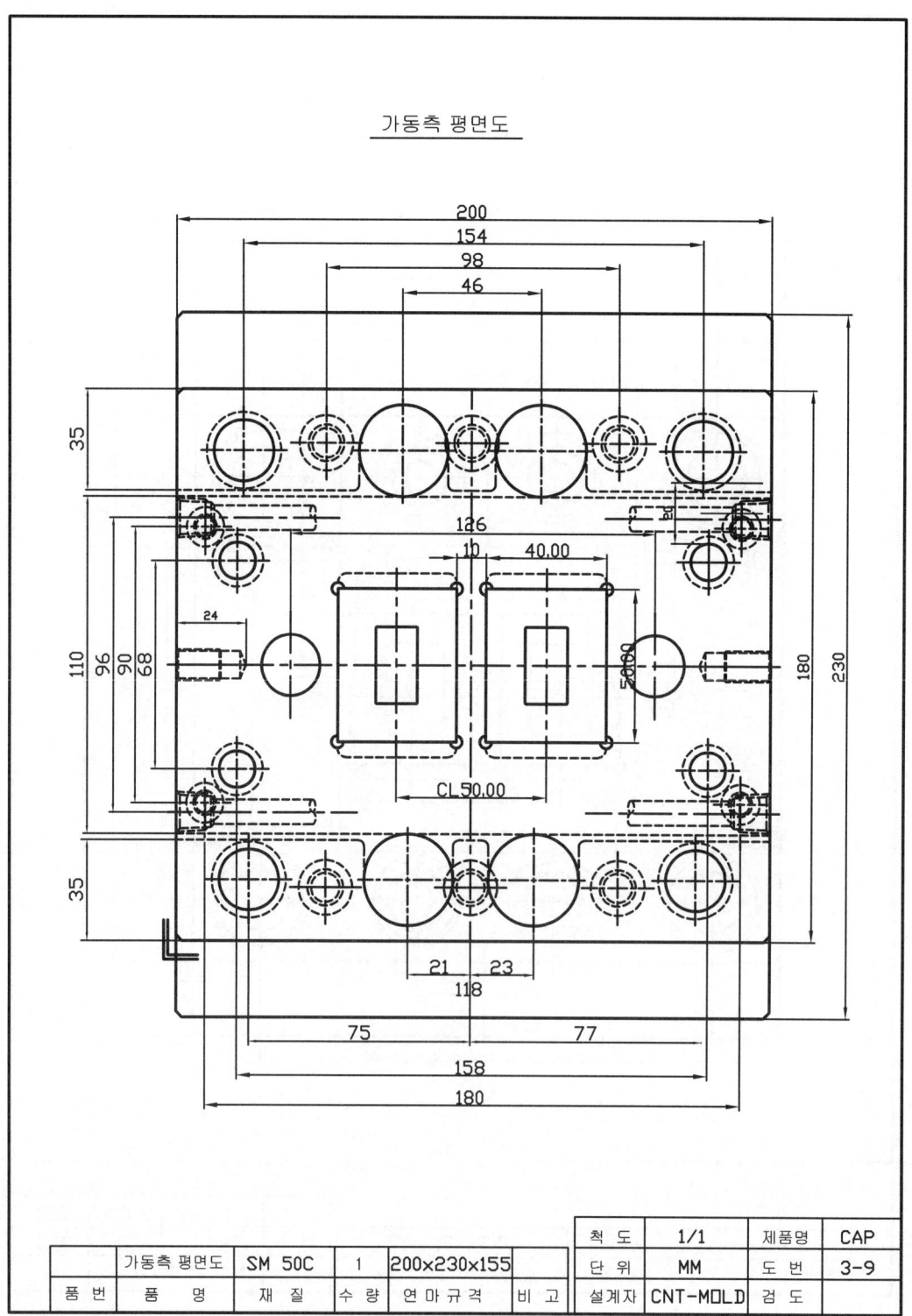

제6장_사출금형설계 361

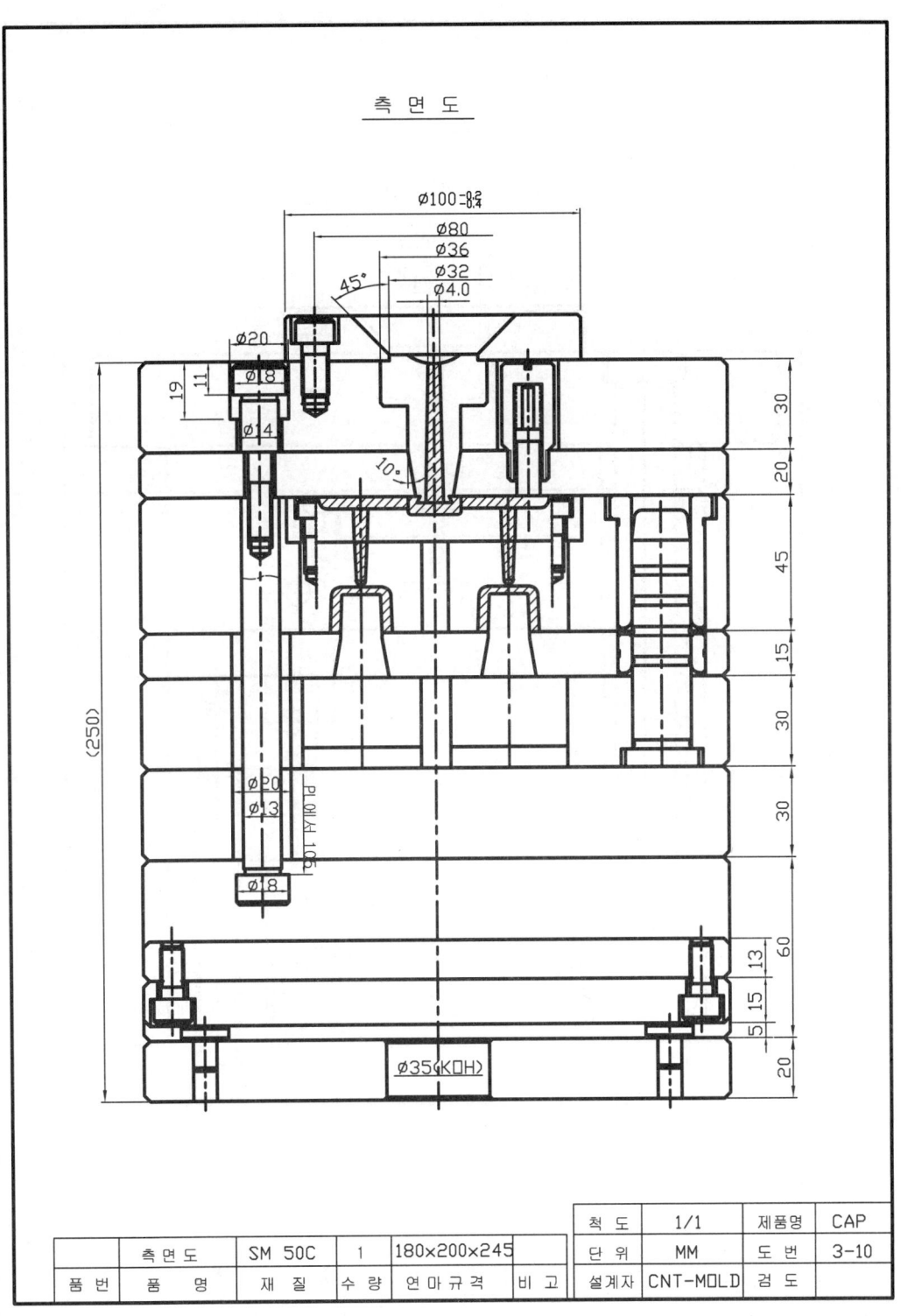

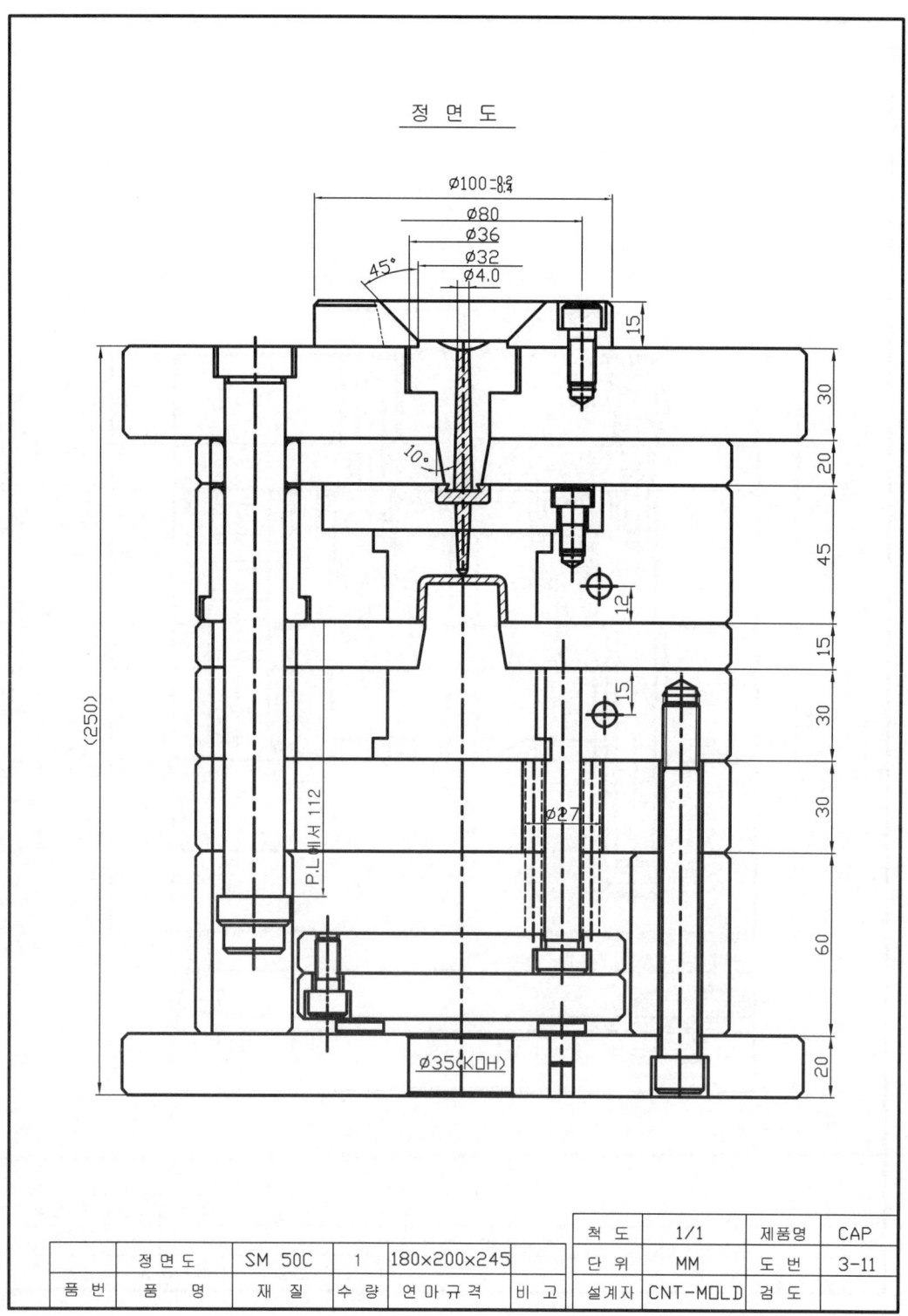

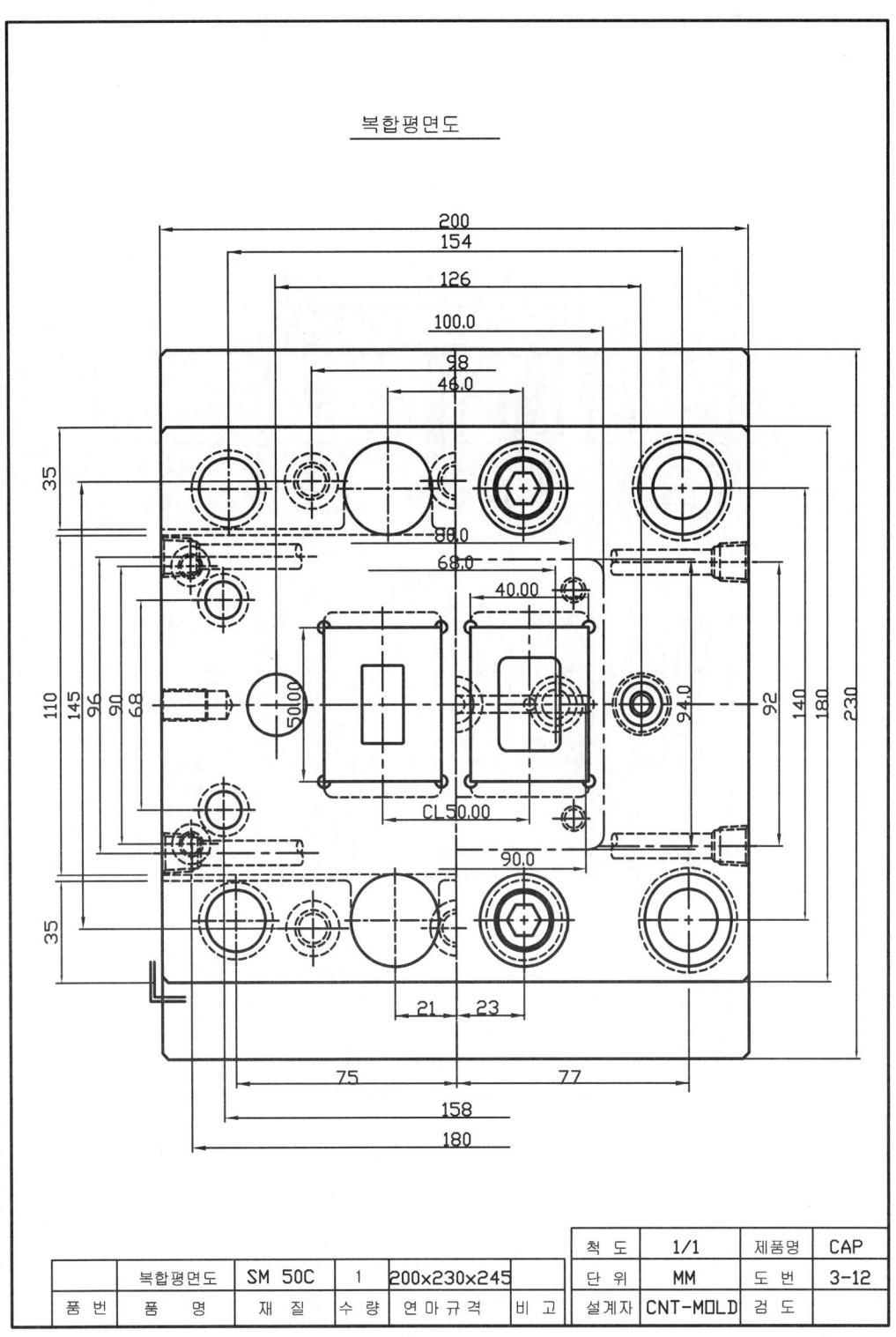

364　현장실무자를 위한 사출금형설계

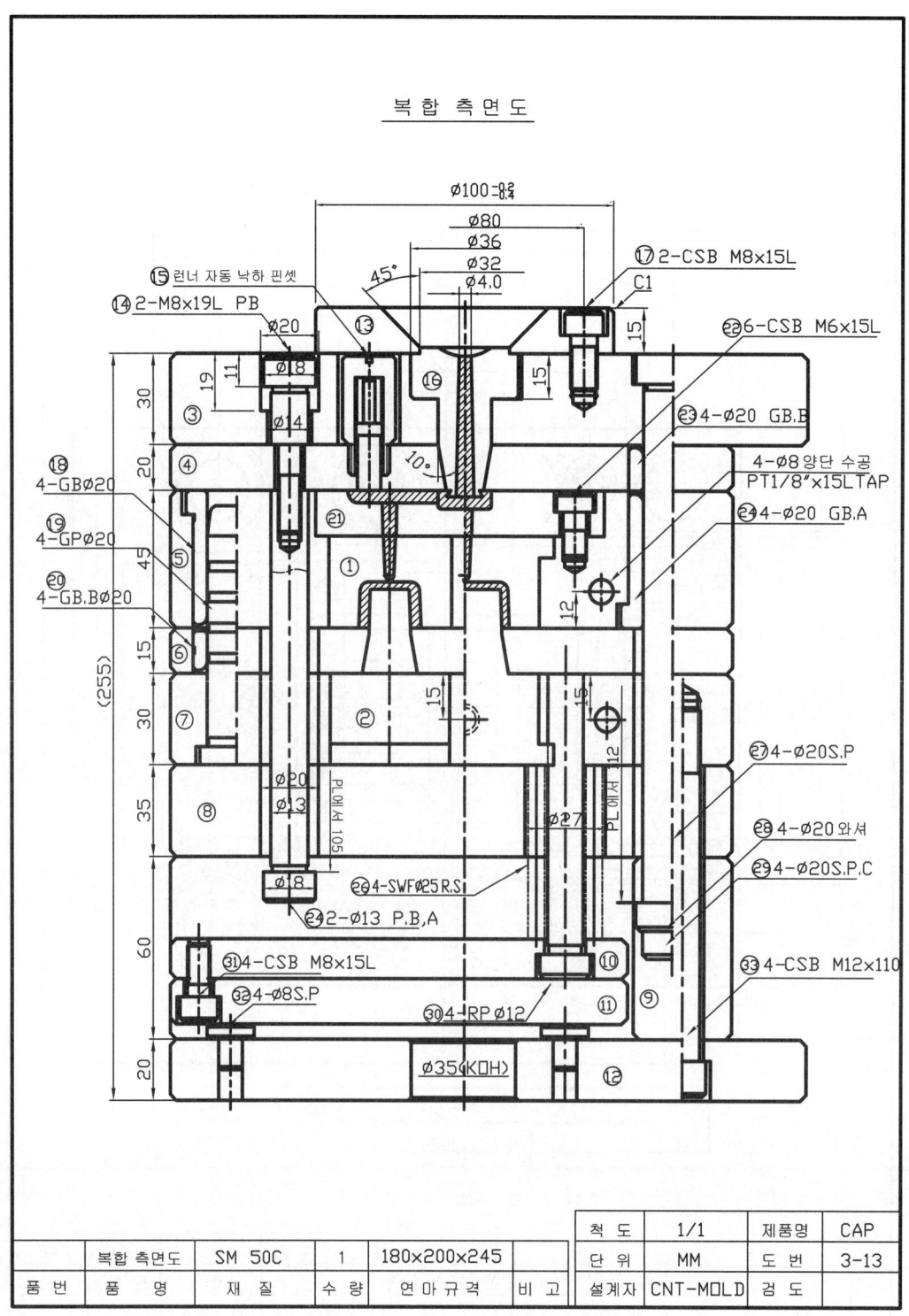

3.4. 슬라이드 코어형 금형설계

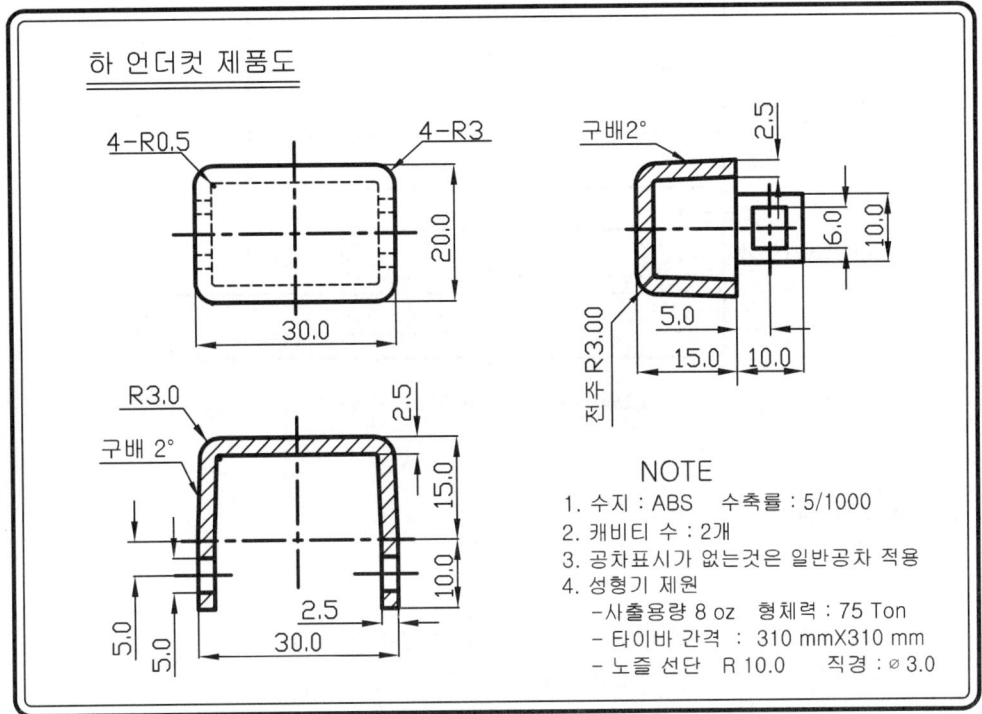

1) 금형형식 설정

(1) 게이트는 표준 (사이드) 게이트로 한다.
(2) 성형품 밀어내기 기구는 원형 밀핀으로 사용한다.
(3) 캐비티 코어 및 하 코어는 일체형의 인서트 형으로 한다.
(4) 받침판이 없는 형으로 한다.
(5) 슬라이드코어 작동은 앵귤러핀으로 설계한다.
(6) 슬라이드코어 지지레일은 하 형판에 직접 가공한다.
(7) 스트로크 제한기구는 볼 부런저를 사용한다.
(8) 스프루 블록을 사용하여 포켓가공을 하나의 공정으로 처리한다.
(9) 슬라이드코어 로킹블록은 고정측형판에 삽입형식으로 한다.

위항에 의하여 금형구조는 고정측설치판, 고정측형판, 가동측형판, 스페이스 블록, 가동측설치판이 있는 금형구조 형식으로 한다.(그림 3.4.1)

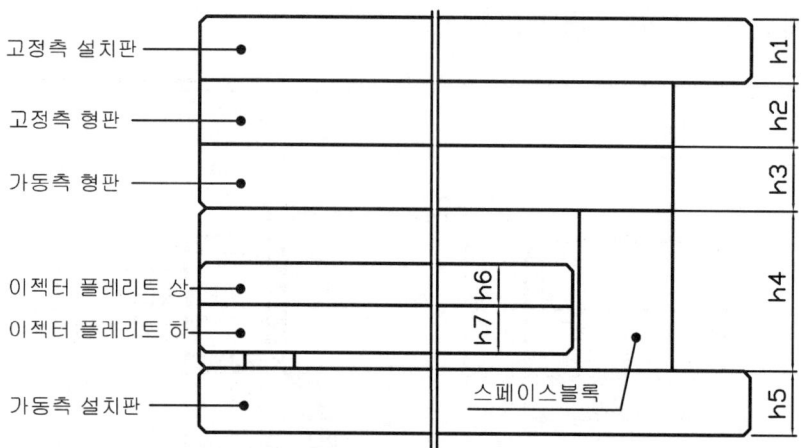

그림 3.4.1 몰드베이스 구조

2) 캐비티 코어 및 하 코어 치수

(1) 캐비티 코어의 성형부 치수

M=A×(1+S)

M: 금형치수, A: 제품치수, S: 수지의 수축률(5/1000)

① M30 = 30×(1+0.005)=30.15이므로 30.14로 보정
② M20 = 20×(1+0.005)=20.1이므로 20.10
③ M15 = 15×(1+0.005)=15.075이므로 15.07로 보정
　　(이 경우 높이는 대칭이 아니므로 15.07이나 15.08로 정한다.)

그림 3.4.1은 몰드베이스 구조를 표시한 것으로 h1, h2,… A. B 등 문자를 표시한 것은 다음에 전개되는 식들을 간결하게 하기 위하여 표시

(2) 캐비티 코어의 벽두께 (캐비티 코어는 일체형으로 한다.)

$h = \sqrt[3]{\dfrac{cpa^4}{E\delta}}$

h: 벽두께(㎜), E: 강의 영률 2.1×10^6 kg/㎠, p: 성형압력(kg/㎠),

δ: 허용휨량, a: 캐비티 코어깊이(㎜), c: ℓ/a의 상수

p=500kg/㎠, a=15mm, δ=0.05mm이며 $l/a = \dfrac{30}{15}$일 때 c=0.111이므로

$h = \sqrt[3]{\dfrac{0.111 \times 500 \times 15^4}{2.1 \times 10^6 \times 0.05}} = 2.99(mm)$

금형재료의 안전성을 고려하여 3배, 2.99×3=8.97로 체결 등을 고려하여 캐비티 두께는 10㎜로 설정한다.(단 볼트 체결 시에는 더 두껍게 한다)

표 3.4.1 l/a의 정수 C값

l/a	C	l/a	C	l/a	C
1.0	0.044	1.5	0.084	2.0	0.111
1.1	0.053	1.6	0.090	3.0	0.134
1.2	0.062	1.7	0.096	4.0	0.140
1.3	0.070	1.8	0.102	5.0	0.142
1.4	0.078	1.9	0.106		

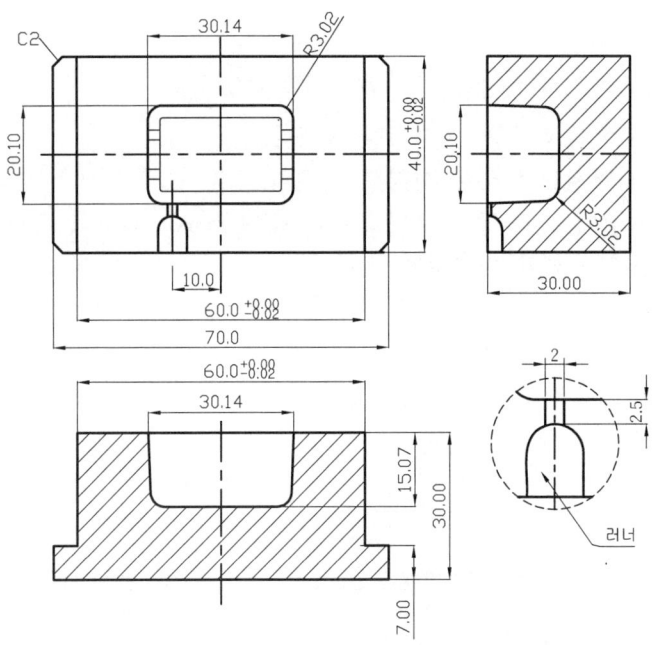

그림 3.4.2 캐비티 코어

(3) 캐비티 코어의 외관치수

① 캐비티 코어의 가로치수 = M30의 성형치수 + 벽두께×2
  = 30.14 + 10×2 = 50.14 = $60.0_{-0.02}^{0}$

(사이드 코어를 고려하여 60.0mm로 결정)

② 캐비티 코어의 세로치수 = M20의 성형부 치수 + 벽두께×2
  = 20.10 + 10×2 = 40.10 ≒ $40_{-0.02}^{0}$

③ 캐비티 코어의 높이 = M15의 성형부 치수 + 바닥 두께 = 15.07 + 10이상
  = 25.07이상 ≒ 30±0.01

④ 캐비티 코어 턱 외측치수 = 하 코어 가로치수 + 턱 량 = 60 + 5×2 = 70.0
  (턱 량은 코어 가로치수×(0.1~0.2)정도 적용한다.)

⑤ 캐비티 코어의 턱 높이 = $7_{-0}^{+0.02}$

(4) 하 코어의 성형부 치수

  M=A×(1+S)

  ① M20-5 = 15×(1+0.005)=15.075을 15.08mm로 수정
  ② M30-5 = 25×(1+0.005)=25.125을 25.12mm로 수정
  ③ M15-2.5 = 15×(1+0.005)-2.5=12.575를 12.58로 수정
  ※ ③의 경우, 식(15-2.5)(1+0.005)=12.563은 코어 성형부 높이 수정을 요할 때 수정하기가 어렵다.

(5) 하 코어의 치수

  ① 하 코어의 가로치수=$60_{-0.02}^{\ 0}$, 세로치수=$40_{-0.02}^{\ 0}$
  (캐비티 코어의 치수와 연관하여 정한다.)
  ② 하 코어의 인서트부 높이(성형부를 제외한 높이)
    = 성형부 코어높이×(2~3)=12.58×(2~3)=25.16~37.74≒30mm
  (가동측형판 두께와 연관하여 정한다.)
  ③ 하 코어의 높이= 코어 성형부의 높이+ 하 코어 인서트부의 높이
          = 12.58+30=42.58mm
  ④ 관통형이 아니므로 볼트로 체결한다.

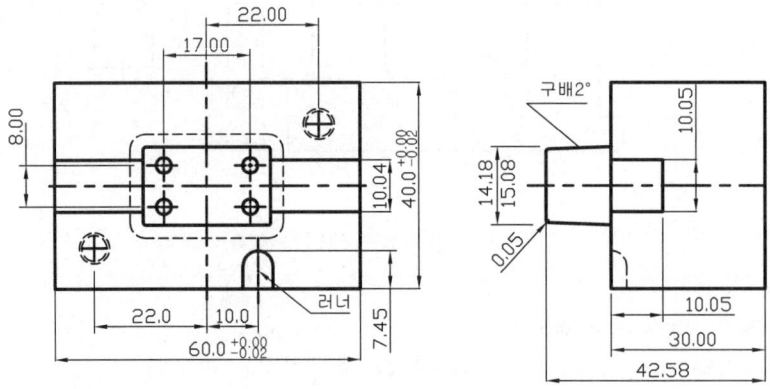

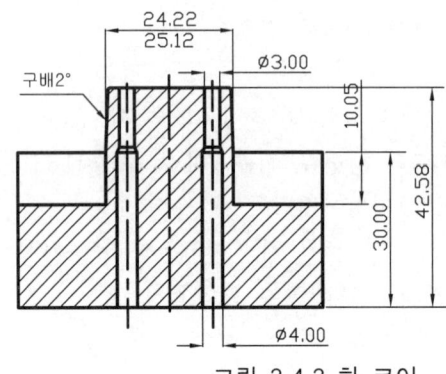

그림 3.4.3 하 코어

(6) 빼내기 구배량

S=h×tanθ   S:구배량, h: 구배높이, θ: 구배각도,

① 캐비티 코어의 성형부 테이퍼 량
= 캐비티 깊이×tanθ×2 = 15.07×tan2°×2=1.05≒ 1.04mm

② 하 코어의 성형부 테이퍼 량
= 코어 성형부 높이×tanθ×2= 12.58 ×tan2°×2= 0.88≒ 0.90mm

3) 형판크기(A×B)

(1) 스프루 부시 치수 (øD)

h_1= 20mm, h_2= 30mm, 스프루 데이퍼 각=2.5°, 스프루 부시 입구 경=ø4mm

øD= 스프루 부시 입구직경+스프루 부시 출구 구멍경
+스프루 부시 출구부의 벽두께×2

(이때에 스프루의 출구부 벽두께는 최소 3.0mm이상 이어야한다.)

= 스프루 부시 입구직경+(h_1+h_2)×tan2.5°+스프루 부시 출구부의 벽두께 ×2
= 4+(20+30)×tan2.5°+(3×2)= 12.18mm 수치가 나오나 표준 스프루 부시의 최소 치수가 Ø16.0mm 이므로 치수를 Ø16.0mm로 한다.

(이때에 스프루 부시 출구의 측벽두께가 4.91mm가 되어 최소3.0mm을 만족하게 된다.)

참고: 최소 치수를 Ø16.0mm로 하는 것은 일반적으로 원판의 두께가 두껍든지 혹은 투명제품에서 스프루 출구의 치수가 Ø8.0mm가 되는 것이 많으며 차후 출구의 치수를 키울 때를 대비하여 결정한 치수이다.

(2) 러너블록과 캐비티 코어의 간격을 최소 2mm이상으로 한다.

(이때에 러너의 블록크기는 스프루 크기가 16.0mm이므로 편측당 2.0mm 여유를 두면 16.0mm+ 2×2.0mm= 20.0mm 로 한다.)

(3) 형판크기(A×B)(그림 3.4.4)

① A치수
= (캐비티 치수 가로치수)+ 캐비티 코어 외측부터 형판측면까지의 거리×2
= 60+(50×2)=160를 표준규격 180mm로 한다.

(이때에 캐비티 코어와 형판의 외부까지 거리는 실제로 60.0mm가 되므로 가이드 핀과 리턴 핀 사이에 냉각 수 구멍가공이 용이하다.)

② B치수
= 러너블록치수 + 캐비티 코어 치수×2
+캐비티 코어 외측부터 형판 측면까지의 거리×2
= 20+(40×2)+(50×2)= 200mm로 설정한다.

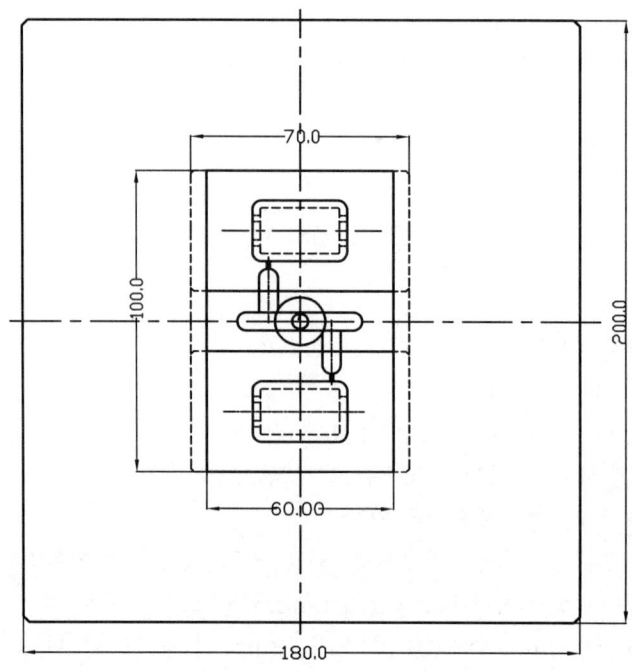

그림 3.4.4 형판 A, B의 크기

4) 스페이서 블록 높이(h_5)

① 하 코어 성형부 높이($ℓ_1$)=12.58
② 성형품 밀어내기 길이($ℓ_2$)=$ℓ_1$+여유길이($ℓ_3$) = 12.58+(5~10)=18~23≒20
③ 스페이스 블록높이(h_5)

 h_5= $ℓ_2$+이젝터 플레이트(상·하) 두께(h_8+h_9)+스톱핀 높이(h_{10})
    = 20+(13+15)+5=53≒60mm
 (스페이스 블록높이 표준화규격은 60mm부터 10mm단위로 커진다.)

5) 러너 및 게이트치수

(1) 러너치수(D)

$D = 0.2654\sqrt{W}\sqrt[4]{L}$ 식에서

 D: 러너직경, W: 성형품 중량(≒4.3g), L: 러너 길이(≒2.8cm)

$D = 0.2654\sqrt{4.3}\sqrt[4]{2.8} = 0.712 ≒ 6$(mm)

(2) 표준게이트의 치수

 게이트높이(h)=n×T, 게이트폭 $(W) = \dfrac{n \times \sqrt{A}}{30}$ 식에서

 h: 게이트높이, W: 게이트 폭, n: 수지상수(ABS=0.8), T: 성형품 살 두께,

A: 성형품 표면적 T=2.5mm, n=0.8, A≒2100mm², W: 게이트 폭

① h= 0.8×2.5= 2
② $W = \dfrac{0.8\sqrt{2100}}{30}$ = 1.22
③ ①②에서 게이트 단면적= h×W=2×1.22= 2.44를 일정하게 놓고 h:W=1:3의 비율이 되게 h, W를 보정하여 h=1mm, W=2mm로 설정하고 게이트 랜드는 수정 가능하도록 L=2.5mm로 한다.

표 3.4.2 수지상수

재 료 명	수지상수(n)
PS, PE	0.6
POM, PC, PP	0.7
PVAC, PMMA, PA	0.8
PVC	0.9

6) 캐비티 및 러너블록 설계

(1) 캐비티와 러너블록 설계
 ① 제품의 중심거리가 60.0mm이고 캐비티 코어의 크기가 40.0mm가 되어 러너블록의 치수는 60.0mm-40.0mm = 20.0mm 이다.
 ② 한 변의 길이는 캐비티 코어 치수와 같게 60.0mm이며 체결방법도 캐비티 코어와 같고, 좌굴의 높이도 같게 하여 아래 그림과 같게 한다.

(2) 포켓가공을 하나의 공정으로 하기 위한 캐비티 간격치수 결정.
 ① 스프루 삽입블록 치수는 캐비티와 캐비티의 거리를 10의 배수로 맞춘다.

(3) 코어러너블록 설계
 ① 제품의 중심거리가 60.0mm이고 캐비티 코어의 크기가 40.0mm이므로 러너블록의 치수는 60.0mm - 40.0mm = 20.0mm 이다
 ② 한 변의 길이는 캐비티 코어 치수와 같게 되어 60.0mm이며 체결방법도 코어와 같고, 좌굴의 높이는 볼트로 체결함으로 그림과 같게 된다.

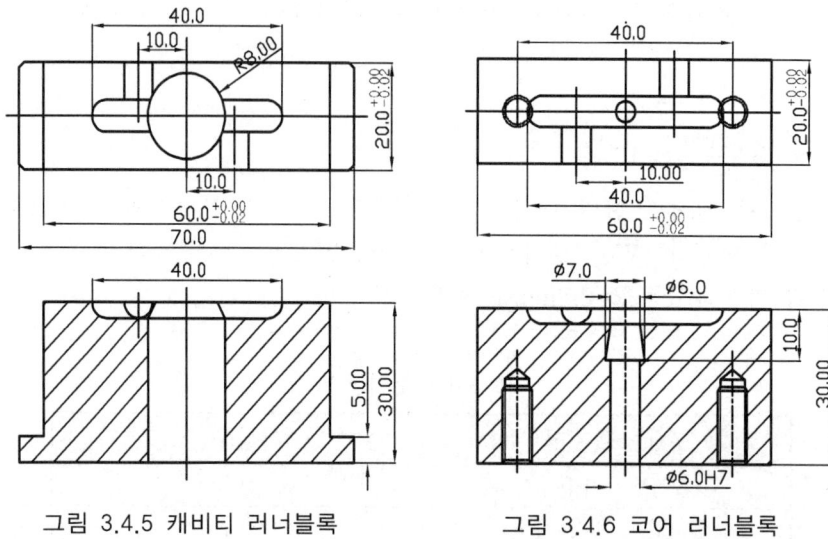

그림 3.4.5 캐비티 러너블록   그림 3.4.6 코어 러너블록

7) 슬라이드코어 설계

(1) 가로치수 설정 방법
  ① 언더컷이 들어가는 부위가 제품의 중심에 있고 그 폭이 10.04mm 이므로 60.0mm+10.04mm = 70.04 mm가 되어 71.0mm로 하는 것이 좋으나 치수를 10의 배수로 하면서 짝수로 맞추는 것이 좋다. 그러므로 71.0mm의 치수를 크게 잡아서 80.0mm로 결정한다.
  ② 슬라이드 날개 치수는 5.0mm의 컷트로 가공하기 쉽게 하기 위하여 날개의 안내가 형판에 가공되므로 편측 1.0mm의 여유를 고려하여 5.0mm-1.0mm=4.0mm로 한다, 즉 몸체의 길이는 80.0mm이고 날개를 포함하면 총 길이는 88.0mm로 한다.

(2) 세로치수 결정방법
  ① 몰드 베이스의 가로 치수가 180.0mm 이고 좌우에 슬라이드 로킹블록이 있으므로 로킹블록의 치수를 25.0mm로 한다면 슬라이드 몸체치수는 [180.0mm-60.0mm-25.0mm×2]/2= 35.0mm 이다.
  ② 로킹블록의 경사각도가 18°이므로 로킹면의 치수는 $Tan18°×10.0mm=3.25mm$가 되어 몸체의 길이는 35.0mm+3.25mm=38.25mm이다.
  ③ 그러므로 언더컷의 길이를 구하면
    ㉠ 코어 외측치수 [60.0mm-25.12mm]/2=17.44mm가 되어
    ㉡ 총길이 치수는 38.25mm+17.44mm= 55.69mm 이다.

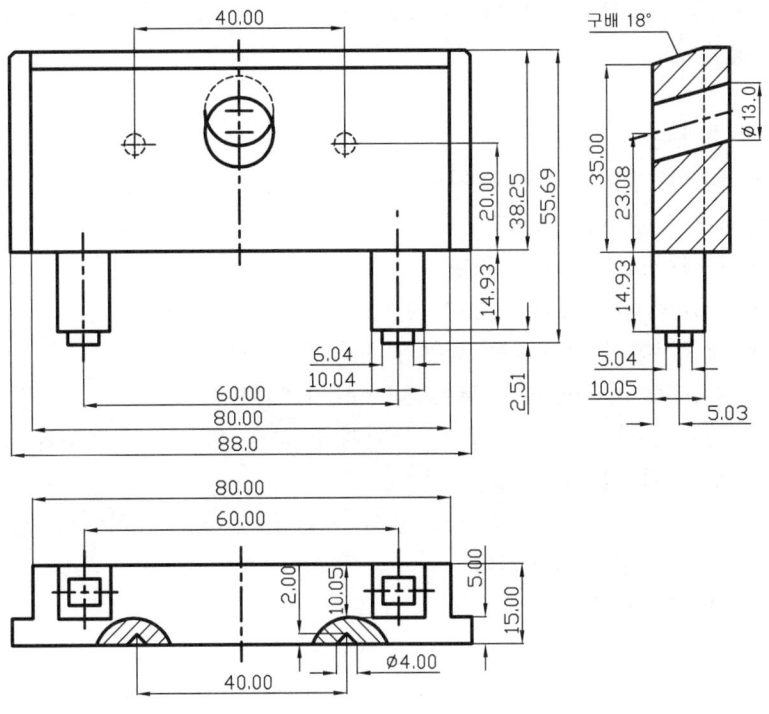

그림 3.4.7 슬라이드 코어

(3) 높이 치수 결정방법
① 언더컷이 파팅 면의 아래쪽에 있고 슬라이드 몸체를 가동측 형판에 설치하므로 분할면에서 아래로 15.0mm 낮게 설계한다.
② 슬라이드 안내 날개는 5.0mm의 컷트공구로 가공하기 쉽게 하기 위하여 5.0mm로 한다. 날개의 안내가 가동측 형판에 가공되고 날개의 높이 치수는 슬라이드 안내날개와 항상 일치하여야 하므로 5.0mm로 한다.
③ 언더컷의 부위는 코어입자에 설치되므로 몸체를 고려하여 설계하면 아래 그림과 같다.

(4) 작동량과 작동각도 설정방법
① 언더컷의 량이 2.51mm 이다.
㉠ 작동량은 언더컷이 완전히 이탈되어야 하므로 여유량을 고려해야한다.
㉡ 이때에 여유량을 작동량과 같은 치수로 한다면
㉢ 총 작동량의 치수는 2.51mm+2.51mm=5.02mm가 되나 5.0mm로 결정한다.
② 각도 설정
㉠ 일반적으로 현장에서 사용하고 있는 각도는 15°, 18°, 20°을 사용한다.

이 각도는 보통 밀링의 헤드가 돌아가는 각도로 하며, 여기서는 15°로 설정한다.

(5) 앵귤러 작동핀의 설계
① 앵귤러핀의 형상은 여러 가지의 특징을 고려하여 설정한다.
② 앵귤러핀의 길이는 조립도 상에서 보는 바와 같이 고정측 형판에서 날개 부착용 형상이므로 고정측 형판에 포함되는 치수를 구하면
30.0mm/cos15°=31.059mm가 된다.
③ 실제 앵귤러핀이 작동하는 부위의 치수를 구하면
예상 작동량 5.0mm/sin15°=19.32 mm가 된다.
㉠ 이때에 슬라이드 몸체에 잘 들어가게 하기 위하여 선단부를 구 혹은 C면으로 하여 설계한다.
④ 앵귤러핀의 크기는 일반적으로 핀의 크기를 구하는 공식에서 안전율을 고려하여 최대 치수로 계산한다.
㉠ 슬라이드 중량
슬라이드의 크기가 88.0mm×55.69mm×15.0mm이므로
중량= 88.0mm ×55.69mm×15.0mm×0.0078g/㎣ ≒ 688g(0.69Kg)
㉡ 앵귤러핀의 직경은
전단응력에 의한 핀의 지름은 $\tau=\frac{P}{A}$식에서 $d=\sqrt{\frac{4p}{\tau\pi}}$ 이므로
식에 P=0.69Kg, τ=50Kgf/㎟(강의 전단응력)를 적용하면
$d=\sqrt{\frac{4\times 0.69}{\pi\times 50}}\times 1000$ = 8.8mm를 직경 12.0mm로 결정한다.
㉢ 앵귤러핀의 길이: 31.06+ 19.32+6= 56.38mm

이와 같이 계산하여 도면을 작도하면

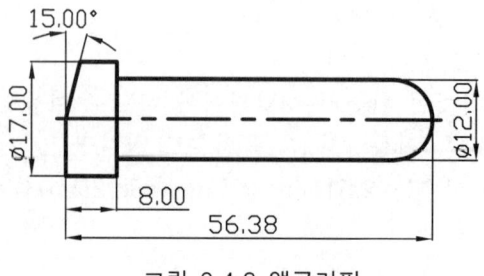

그림 3.4.8 앵귤러핀

(6) 로킹블록의 설계
   ① 조립도면에서 몰드베이스의 외측에서 25.0mm 내측에 블록을 설치하면 로킹블록이 사출압력에 밀려나는 경우가 있다
   이것을 방지하기 위하여 고정측 형판에 홈으로 가공하여 설치한 것이다
   ② 사출압력에 의한 작용력
   F=A×P= [(10.04×10.05×2)-(6.04×5.04×2)] mm^2×400Kgf/100mm^2
         = 563.68 Kgf
   사출압력= 400Kgf/cm^{2}로 가정
   ③ 전단응력에 의한 로킹블록의 단면적은 $\tau=\dfrac{P}{A}$ 식에서
   로킹블록의 단면적= 슬라이드 폭(W)×슬라이드 세로치수(h)
   h= P/ τ·W= 563.68/50×80 =0.14mm 이므로 이 값을 무시하고 그림3.4.9와 같이 로킹블록을 설계한다. 단, τ(강의 전단응력)=50Kgf/mm^2

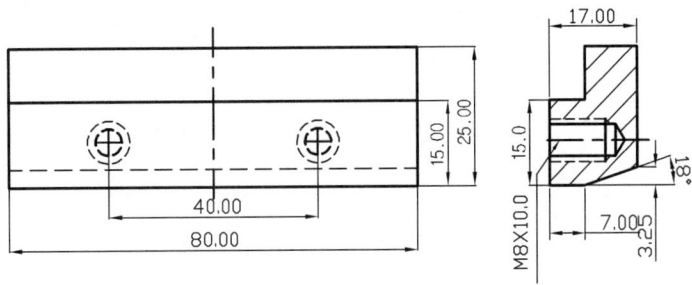

그림 3.4.9 로킹블록

8) 유의사항

(1) 부품리스트는 정확히 작성한다.
   - 고정측설치판: 230×200×20, SM 50C, 1개, HB123~235
   - 고정측형판: 180×200×30, SM 50C, 1개, HB 183~235
   - 가동측형판: 180×200×60, SM 50C, 1개, HB 183~235
   - 스페이스 블록: 35×200×60, SM 50C, 2개, HB 123~235
   - 이젝터 플레이트(상): 108×200×13 ,SM 50C, 1개, HB 123~235
   - 이젝터 플레이트(하): 108×200×15, SM 50C, 1개, HB 123~235
   - 가동측설치판: 230×200×20, SM 25C, 1개, HB 123~235
   - 가이드핀 A형: ø20×88,   STS 3, 4개,HRC 55이상
   - 가이드부시 A형: ø20×29,   STS 3, 4개,HRC 55이상
   - 리턴핀: ø12×100, STS 3, 4개, HRC 55이상

- 캐비티 코어: 60.0×40.00×30.00, SKD 11 2개, HRC 50이상
- 하 코어 : 60.0×40.00×42.58, SKD 11, 2개, HRC60~62
- 로케이팅링: ø100×15, SM 50C, 1개, HB183~235
- 스프루 부시: ø14×52, SM 50C, 1개, HB183~235
- 밀핀: ø3×112.58, STS3, 8개, HRC 55이상
- 스프루로크핀: ø6×90, STS 3, 1개, HRC 55이상
- 스프링: ø25×57, SWF, 4개
- 스톱핀: ø8, SM 25C, 4개

(2) 설계제도 시간은 12시간

(3) 숫자적인 데이터 값은 책의 자료를 활용한다.

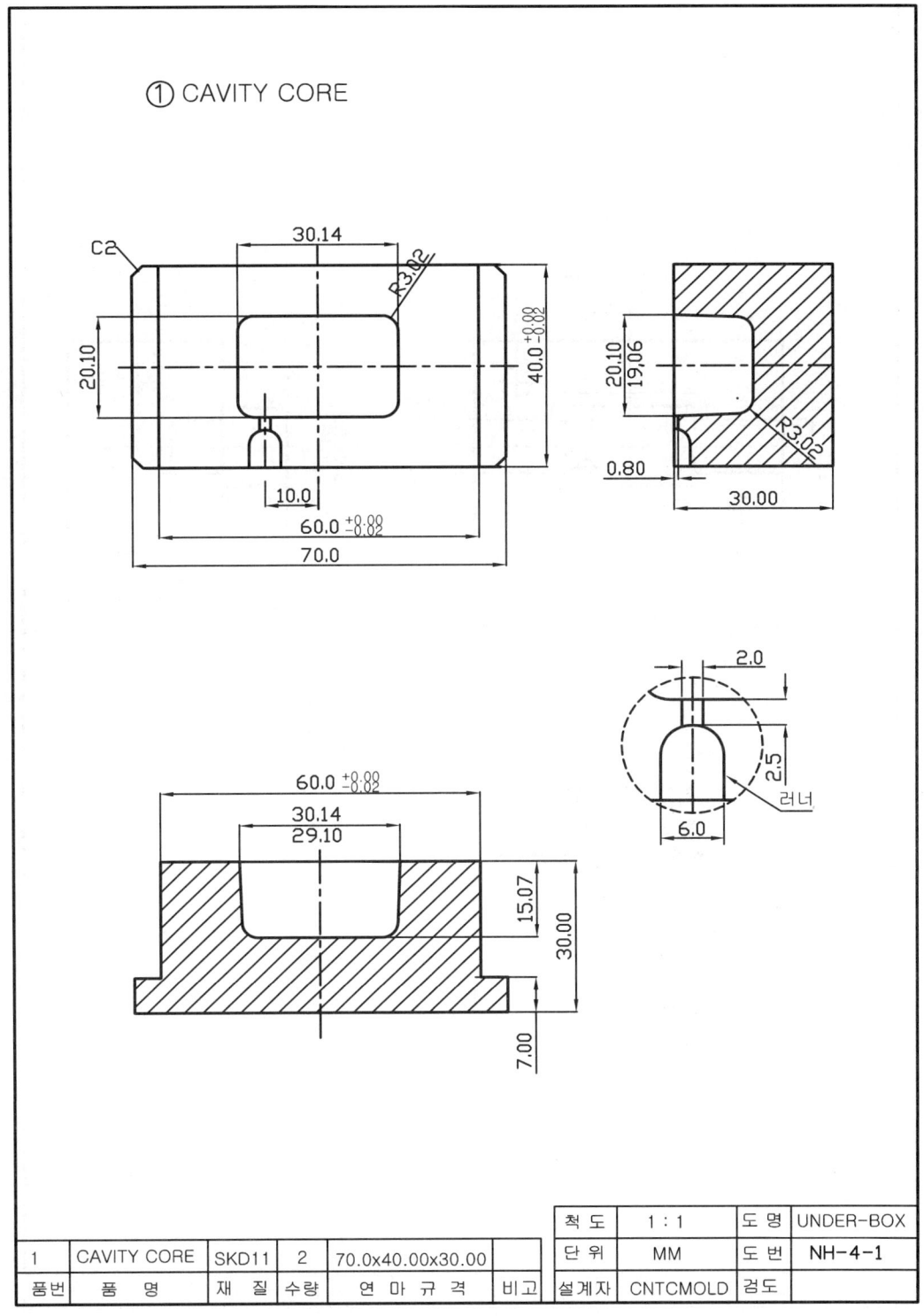

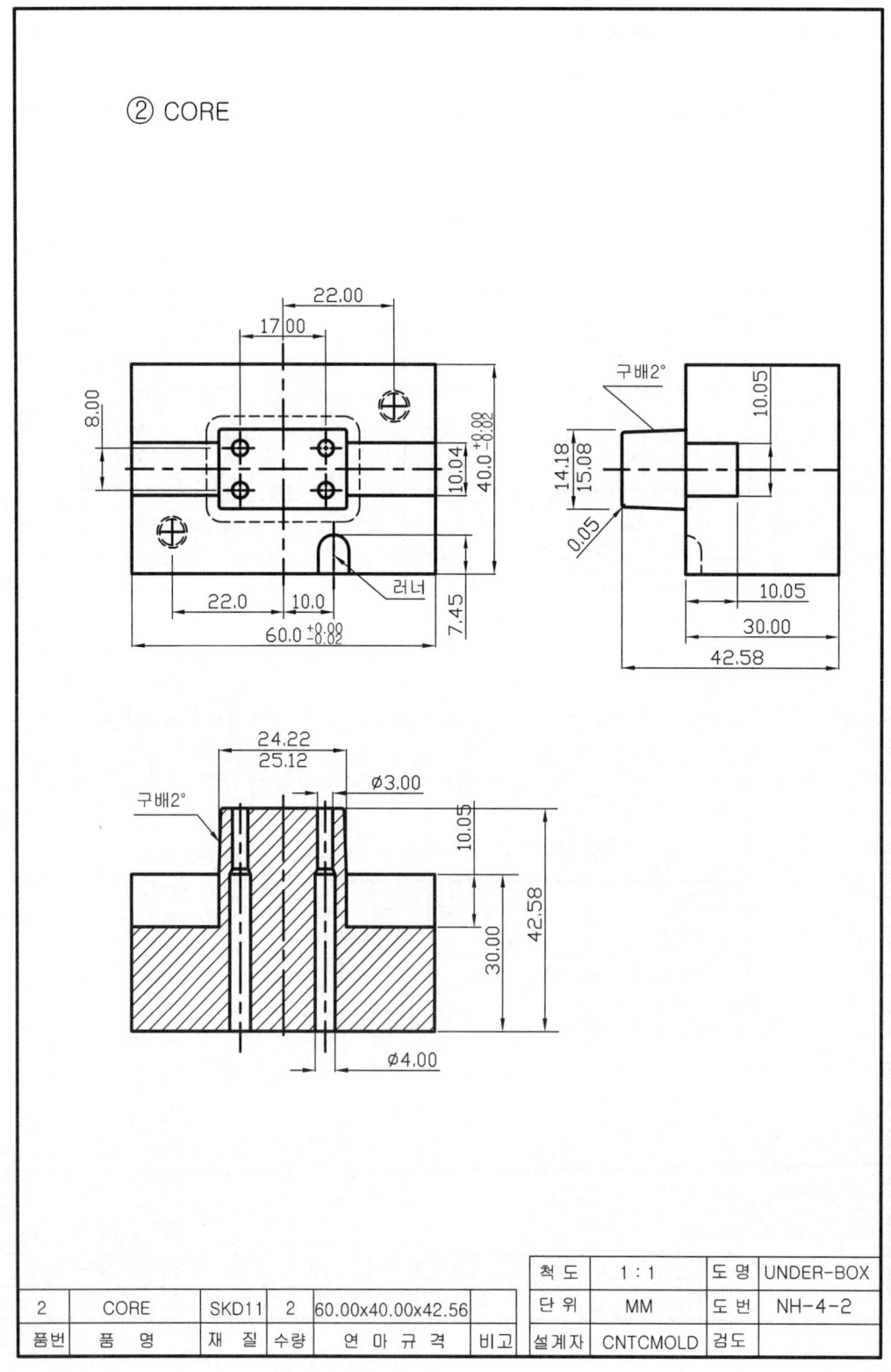

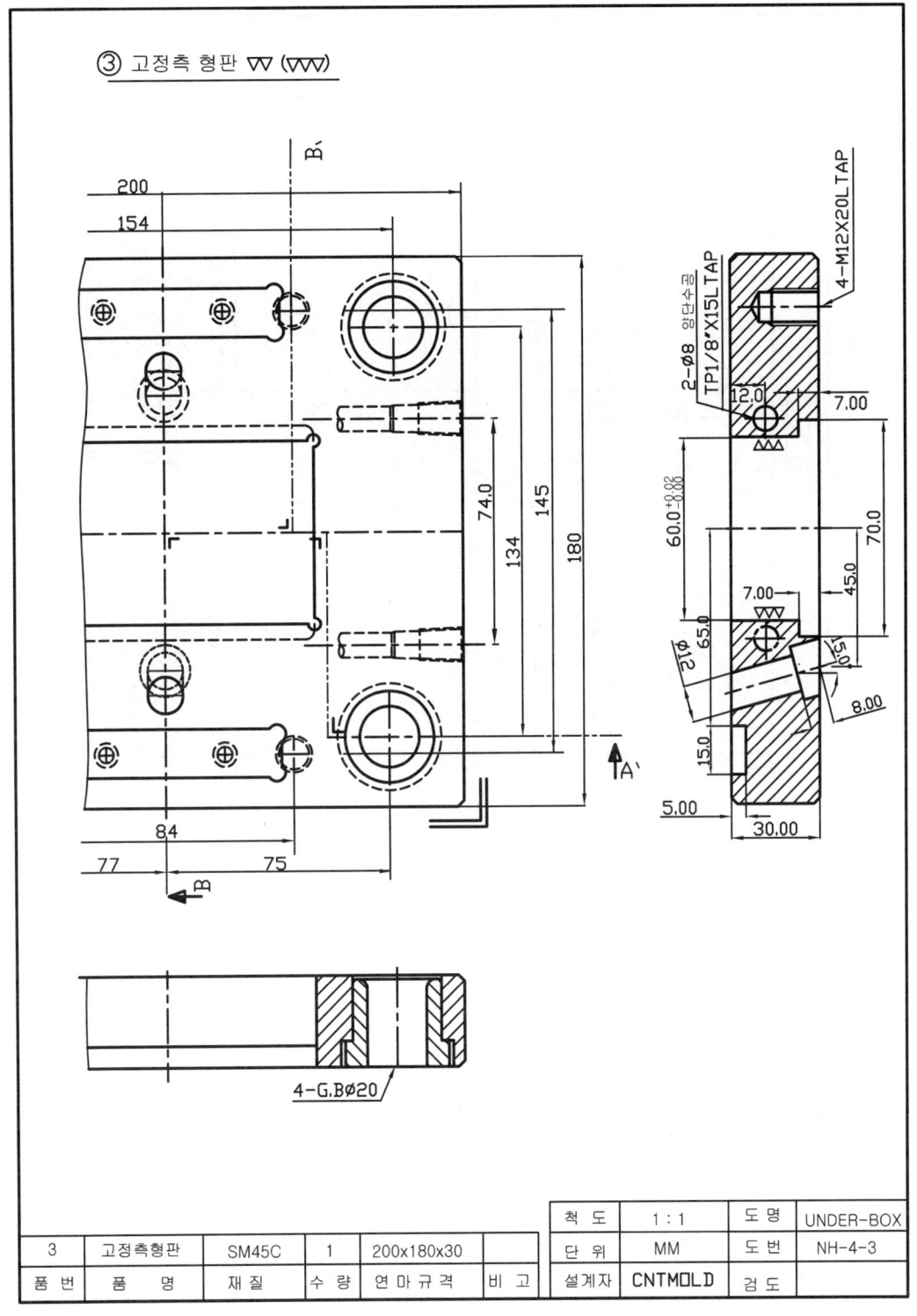

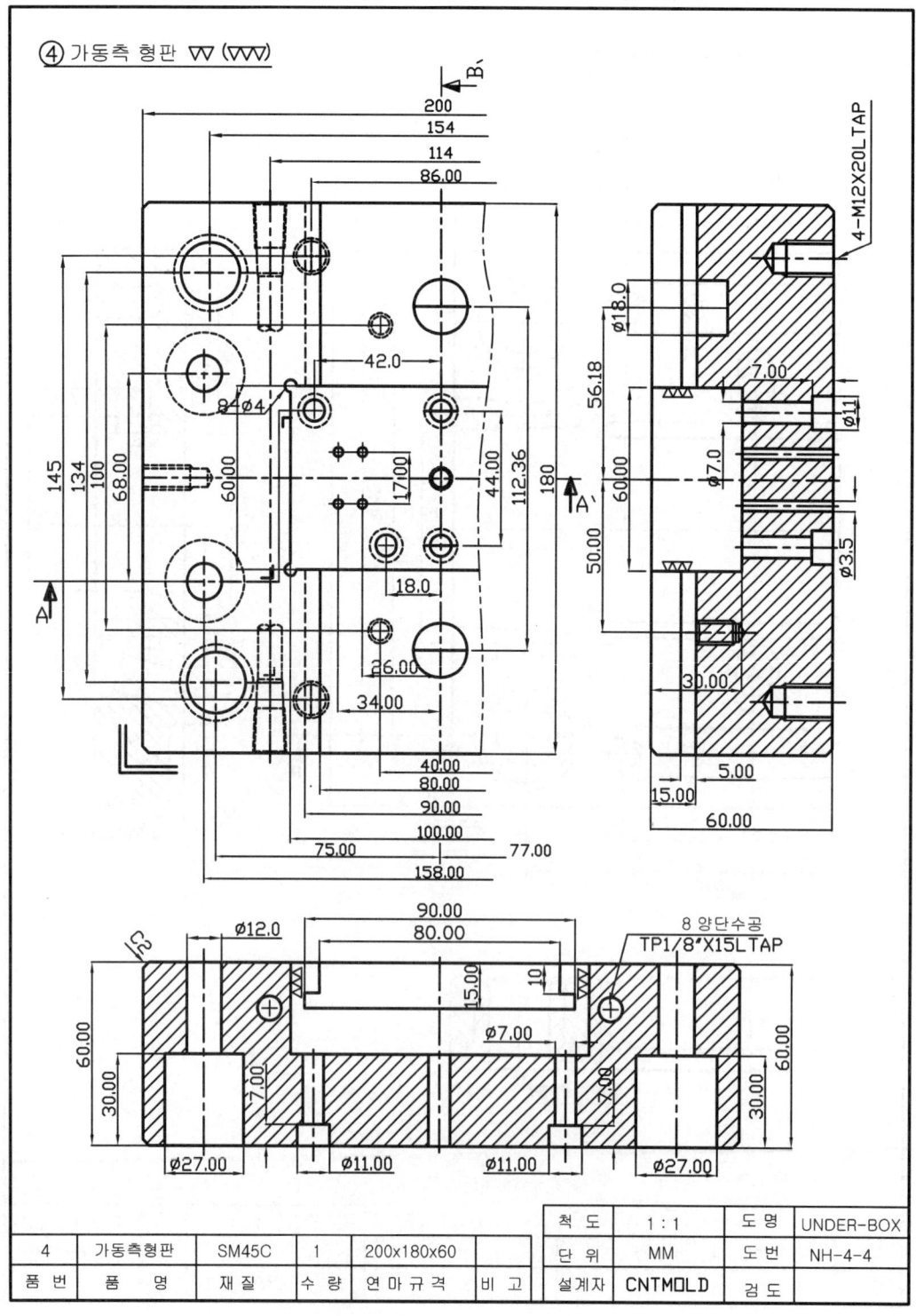

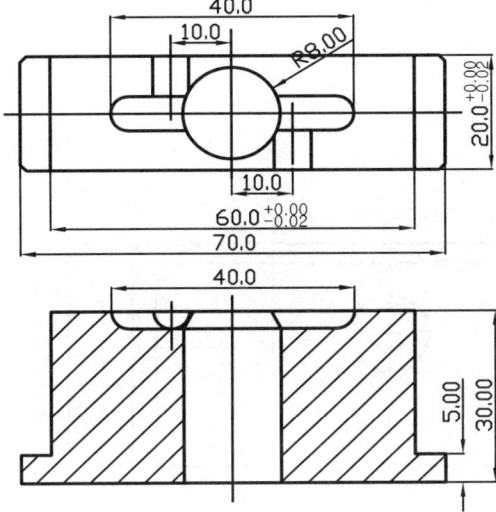
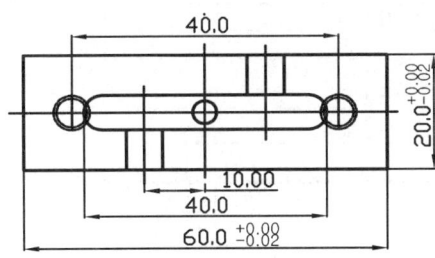
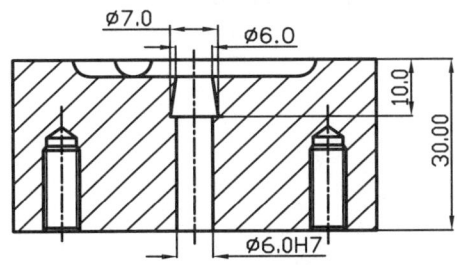

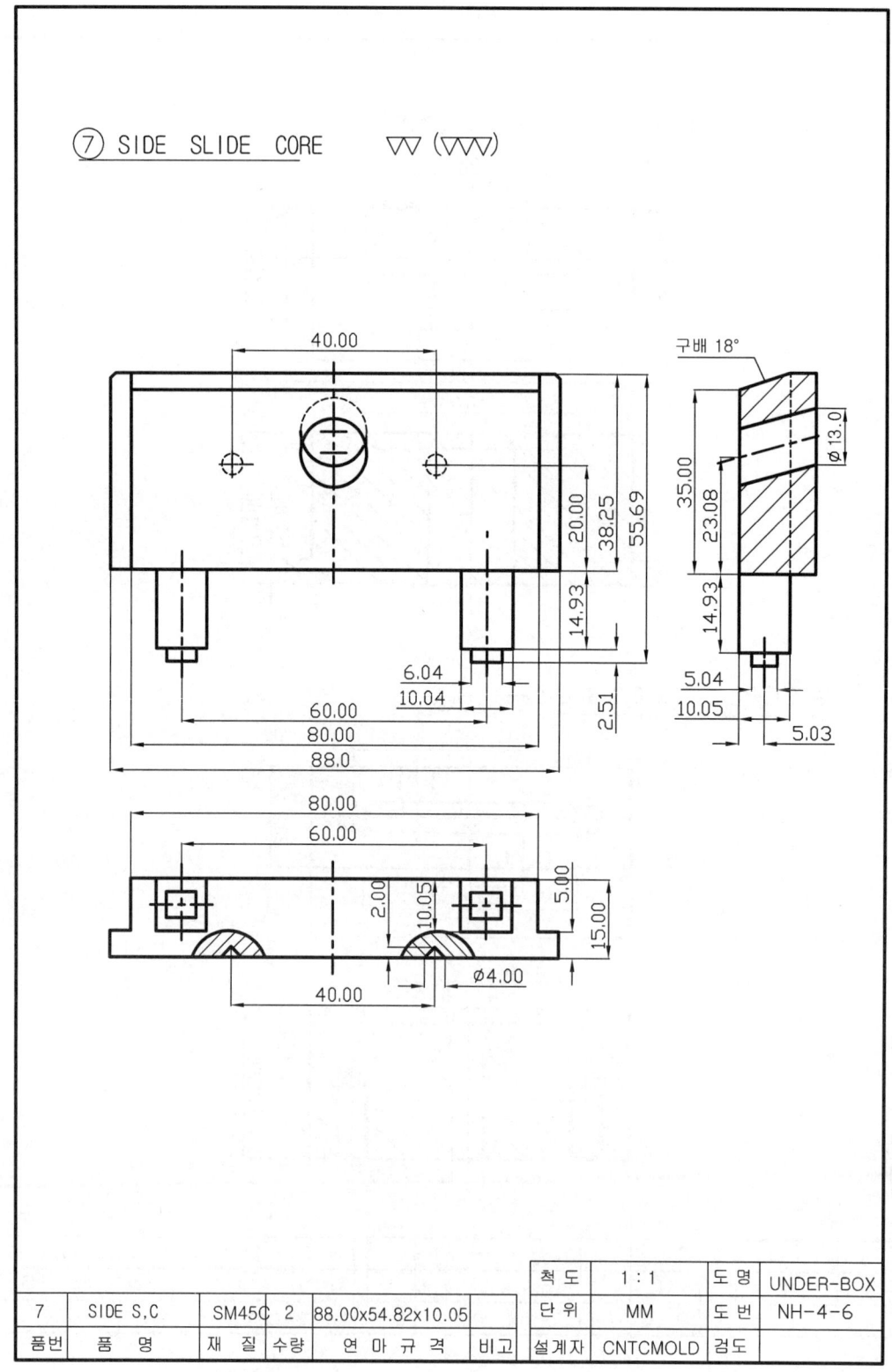

⑨ SIDE ANGULER PIN ▽ (▽▽▽)

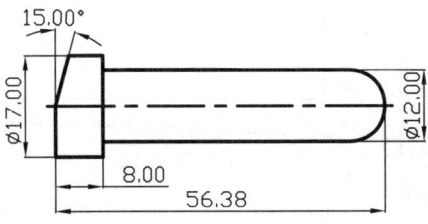

⑧ SIDE LOCKING BLOCK ▽ (▽▽▽)

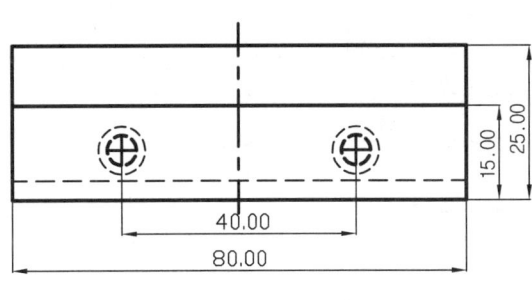

9	SIDE A, P	STD64	4	Ø17.0x56.38		척 도	1 : 1	도 명	UNDER-BOX
8	SIDE L, B	STD64	2	25.00x78.00x15.00		단 위	MM	도 번	NH-4-7
품번	품 명	재 질	수량	연 마 규 격	비고	설계자	CNTCMOLD	검도	

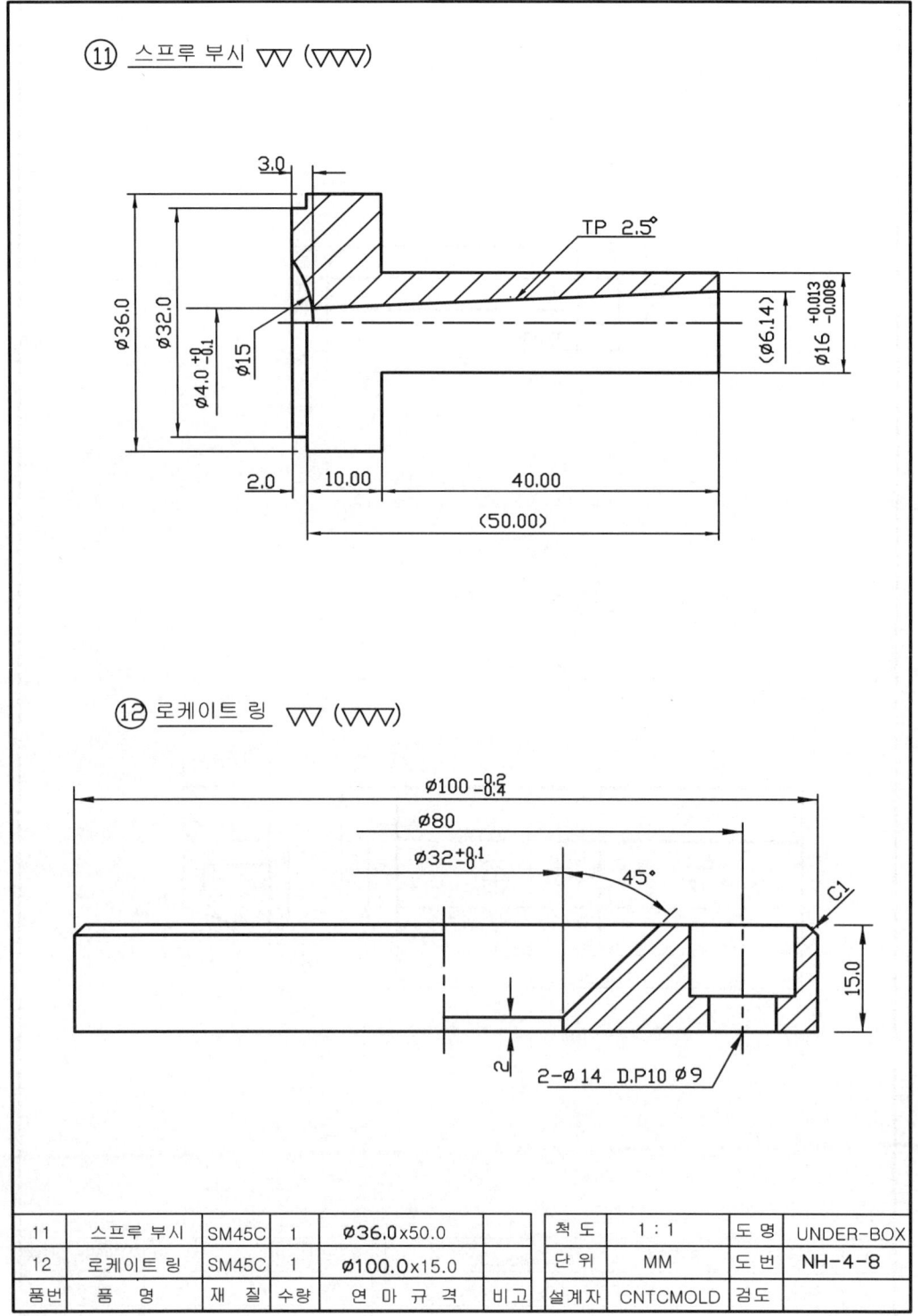

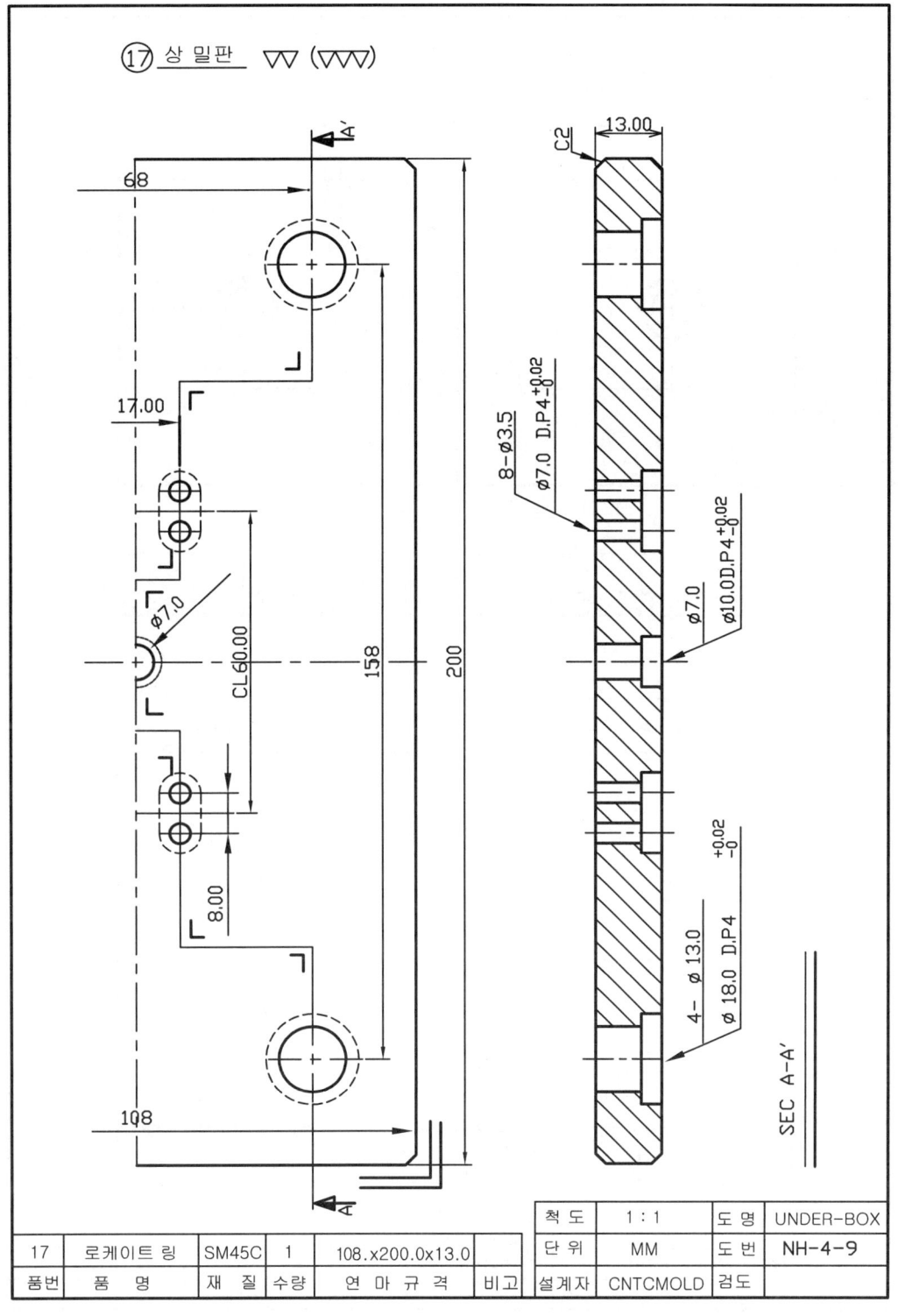

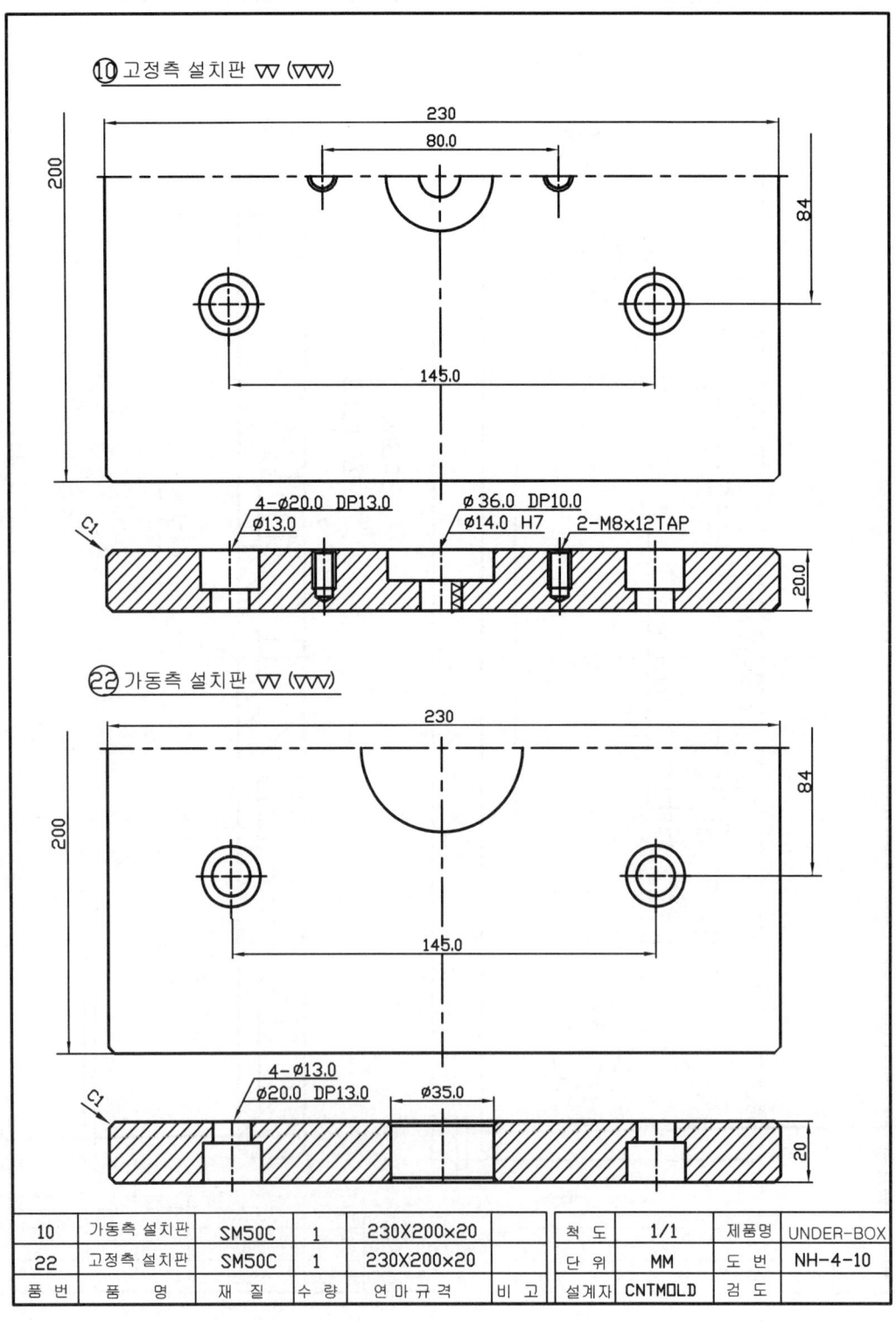

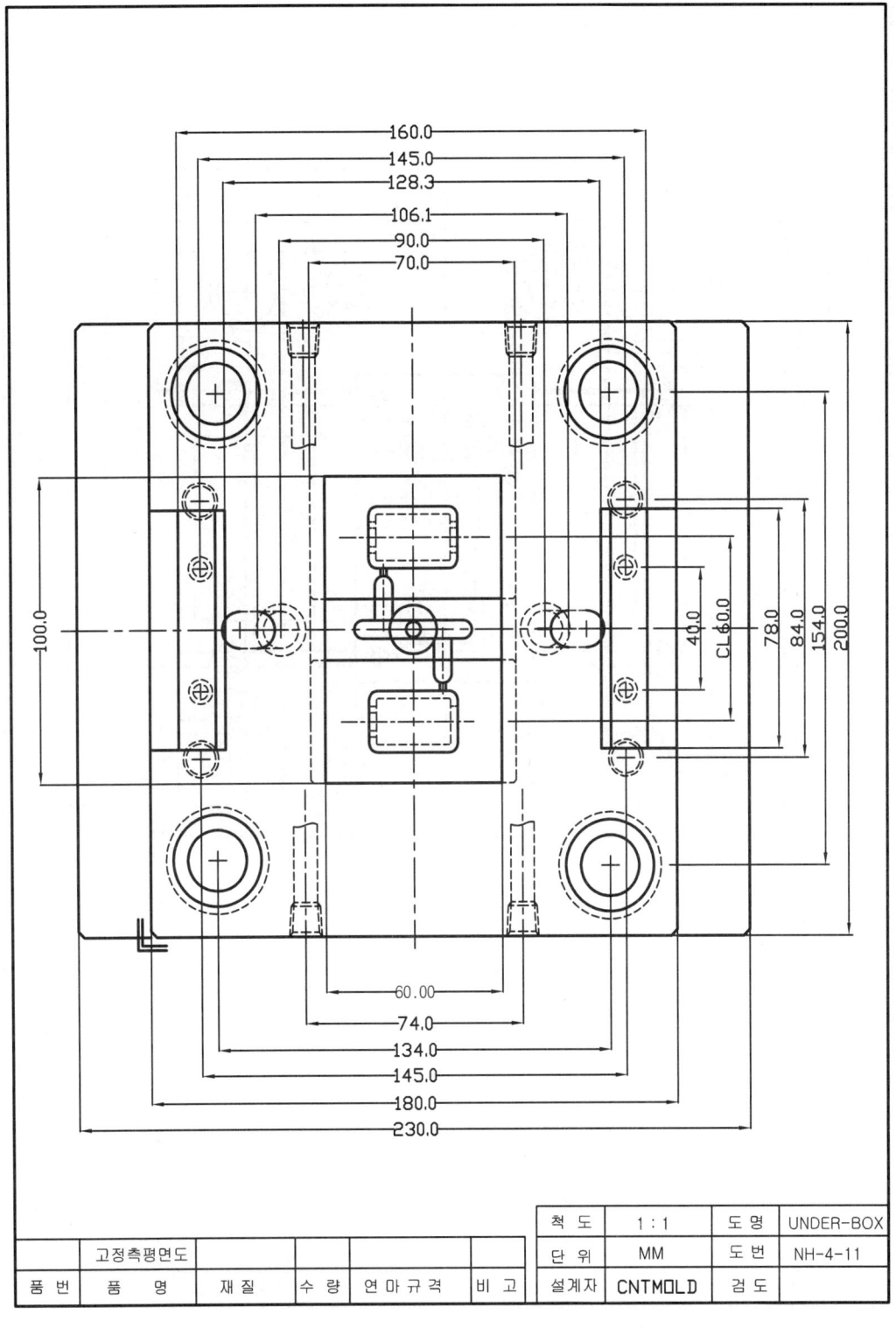

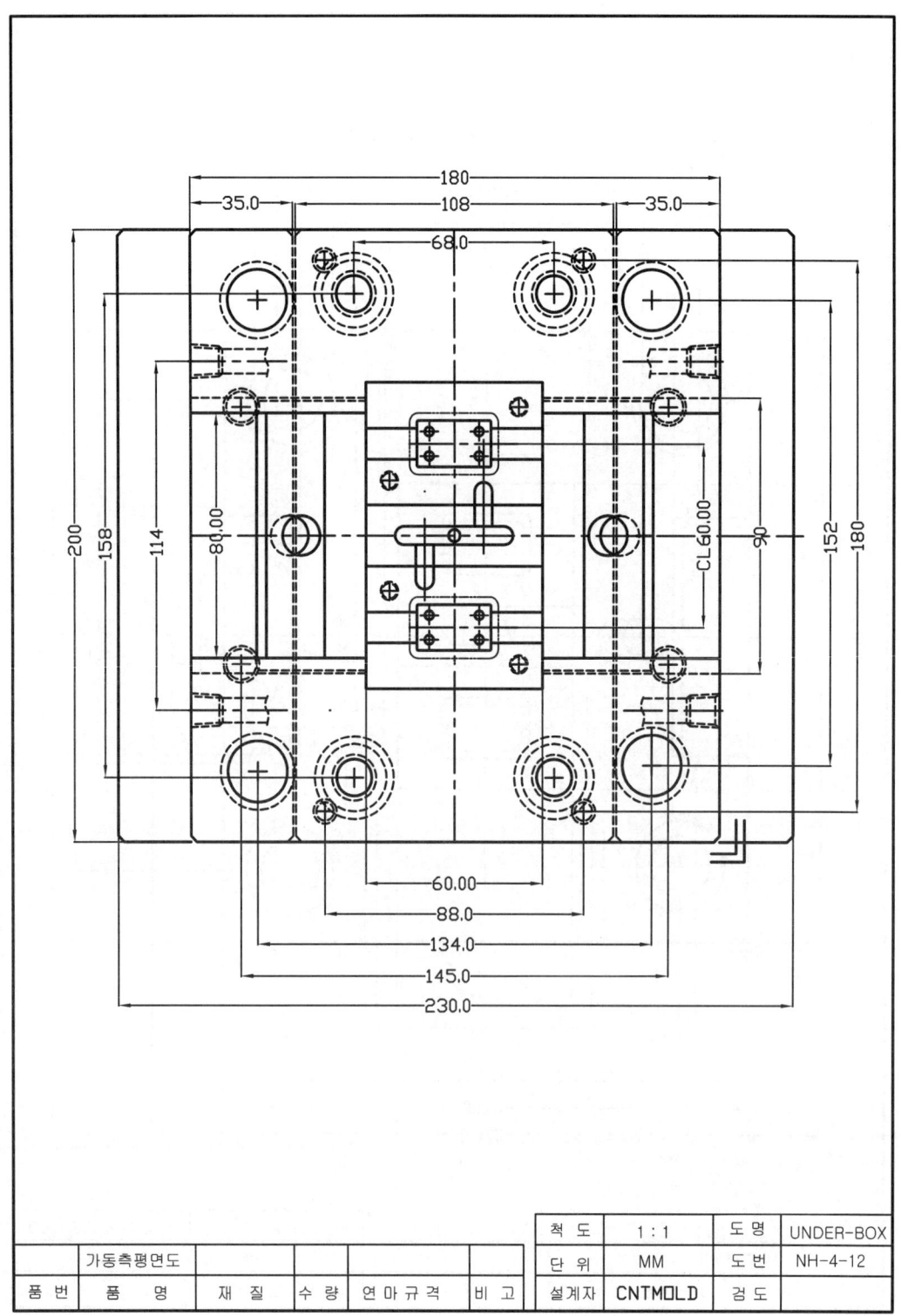

제6장_사출금형설계 389

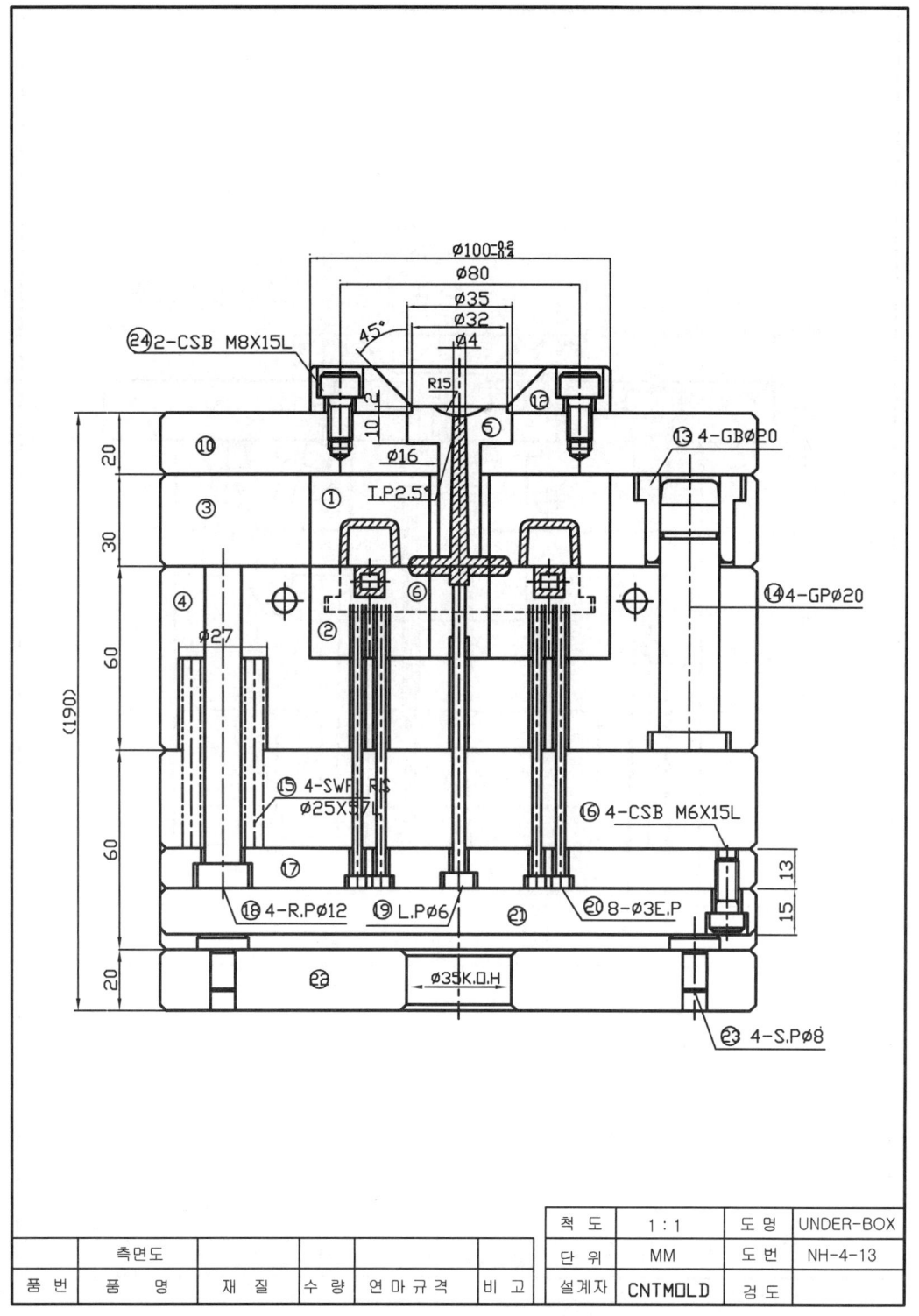

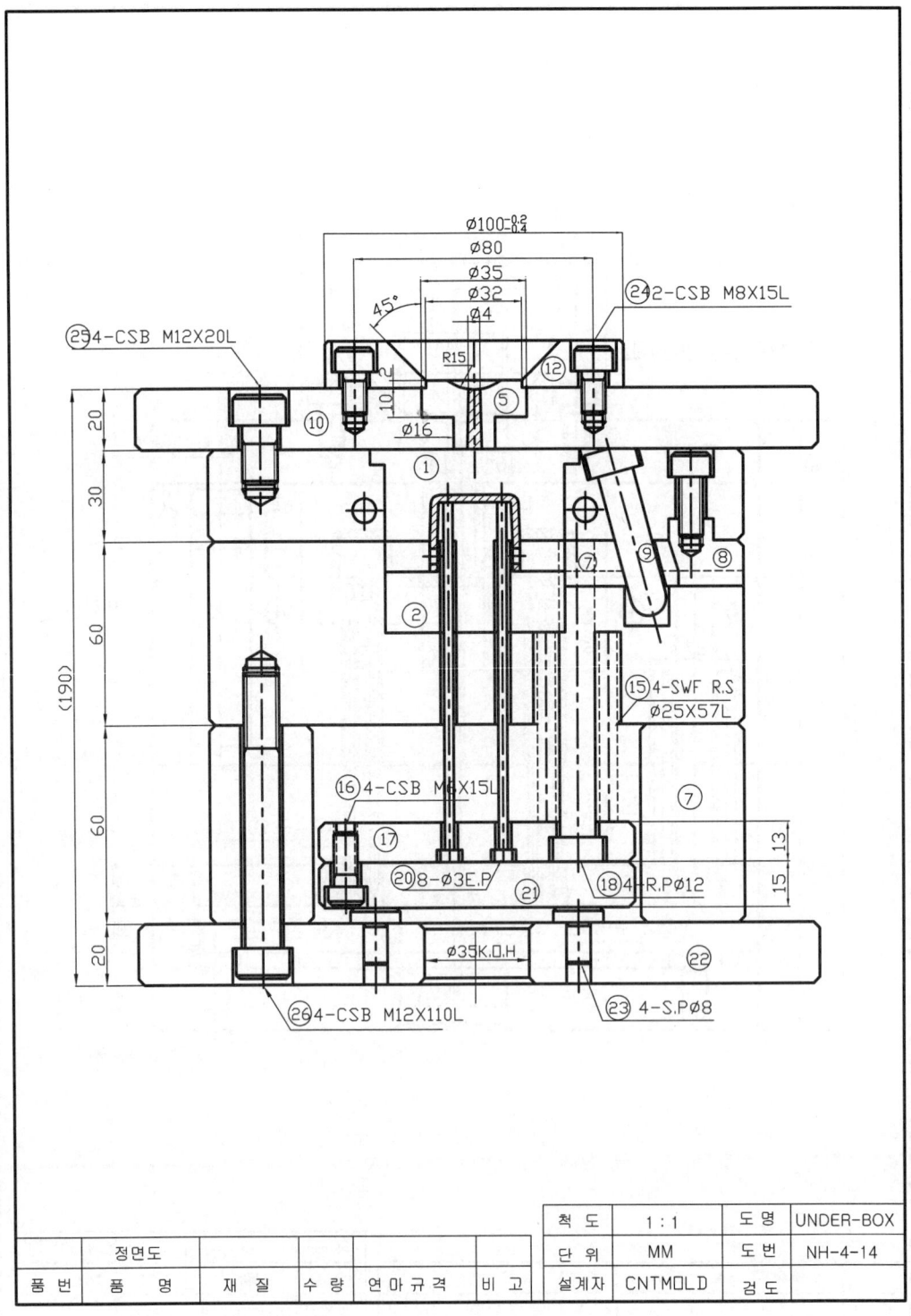